天津市科协资助出版

太阳能利用技术系列丛书

太阳能利用技术基础
与工程实践

王光伟　编著

天津大学出版社
TIANJIN UNIVERSITY PRESS

内 容 简 介

本书比较系统、全面地介绍了太阳能利用技术及其在工程实践中的应用。第 1 章阐述了地球运动及太阳能基础知识,旨在为太阳能利用技术和工程实践提供必要的知识支撑。第 2 至 6 章依次介绍了太阳能光热利用、太阳能温室、太阳房、太阳能光伏发电以及太阳能光热发电、太阳能光化学利用、太阳能海水淡化工程、太阳能污水处理工程。其中,太阳能光热利用和太阳能光伏发电是本书的重点内容,论述翔实,图文并茂。为方便读者理解和领会,每个模块都附有真实的工程案例,贴合实际,与经济社会和民众生活息息相关。

本书适合作为太阳能工程管理人员、施工技术人员、高等学校太阳能相关专业师生以及有关科研院所的研究人员参考、借鉴。

图书在版编目(CIP)数据

太阳能利用技术基础与工程实践/ 王光伟编著. --
天津:天津大学出版社,2021.11
　(太阳能利用技术系列丛书)
　ISBN 978-7-5618-6616-0

　Ⅰ.太… Ⅱ.①王… Ⅲ.①太阳能利用-研究
Ⅳ.①TK519

中国版本图书馆CIP数据核字(2020)第023543号

TAIYANGNENG LIYONG JISHU JICHU YU GONGCHENG
SHIJIAN

出版发行	天津大学出版社
地　　址	天津市卫津路92号天津大学内(邮编:300072)
电　　话	发行部:022-27403647
网　　址	www.tjupress.com.cn
印　　刷	天津泰宇印务有限公司
经　　销	全国各地新华书店
开　　本	210mm×285mm
印　　张	19.5
字　　数	703千
版　　次	2021年11月第1版
印　　次	2021年11月第1次
定　　价	56.00元

编写委员会

前　言

新能源产业是我国国民经济的支柱产业之一。作为绿色可再生能源主力的太阳能产业在我国发展极快,迅速壮大,但目前专业从事太阳能工程的专门人才缺口较大。面对人才的强劲需求,经过广泛调研,结合社会实际,借鉴国内外太阳能利用领域的先进经验,天津市人社局组织有关高校、企业和科研院所着力开发太阳能利用工职业培训包项目。该项目旨在满足高职院校学生、社会人员和业内人士的学习培训、考核与技能鉴定需求,提升参训人员的职业道德、知识和能力水平,使之能胜任相应的工作岗位。该项目的实施,可以加快落实天津市就业准入制度,成为职业教育与劳动就业的直通车,规范和提升从业人员的综合职业素质。

本书是在天津市太阳能利用工职业培训包项目的支持下,项目组集体努力完成的,是引领太阳能工程从业人员职业发展的综合性专业图书。本书有如下三个方面的特色。

第一,理论阐述简明扼要,突出与太阳能利用相关的知识体系。本书论述了太阳能基础知识、光热利用、太阳能温室、太阳房、太阳能光伏发电、太阳能光热发电、太阳能光化学利用和太阳能海水淡化及污水处理等,可以给入职太阳能工程行业的人员打下一个必要的基础,也可供高层级人员参考。

第二,立足社会化培训,采取"理论 + 实操"一体化教学模式,突出行业特色,紧跟形势发展。职业教育的核心是学以致用,担负着传承技术技能和培养应用型人才的职责,要对接市场需求,大规模开展职业教育和技能培训,帮助学员掌握一技之长,实现更高水平的就业和创业。太阳能利用行业发展迅速,新技术、新材料和新工艺不断涌现。在本书编写中,关于太阳能利用的每一方面,包括工程设计、安装施工、装置设备、操作规范和施工管理等,均以国家标准和行业标准以及太阳能利用企业(光热、光伏和温室)调研报告为依据,以目标任务为驱动,瞄准岗位工作的具体要求,与工程实践高度吻合。

第三,体现世界劳工组织(ILO)提出的依据岗位应具备的职能来划分工作任务模块的思想,结合模块中达到典型工作目标必备的知识、技能和职业素养来设计模块内容,其中单项知识和实操技能又作为任务模块中的能力单元要素,以此建立模块化培训体系,方便不同层次的人员选择适合自己的模块或能力单元进行学习或申请考核和技能鉴定。

本书被列入"天津市自然科学学术著作",并得到天津市科学技术协会出版资助。编写过程中得到了太阳能行业许多龙头企业的大力支持，如北京天普太阳能集团有限公司、天津金润天太阳能科技有限公司、京瓷（天津）太阳能有限公司（KTSE）、北京京鹏环球科技股份有限公司等。这些公司的老总、总监、总工和专业技术工程师对本书的编写提出了很多有益的意见和建议，在此表示感谢。2019年寒假和2020年暑假，是本书写作与修改的集中时间段，我住在父母家里，感谢年逾古稀的二老的支持和鼓劲。天津大学的史再峰教授和罗韬教授对本书的顺利出版提供了协助，天津市职业培训包项目管理办公室给予了大力支持，我研究室的学生们帮助收集整理资料以及绘制插图等，在此一并表示感谢。

　　由于编者水平有限，经验不足，时间仓促，不妥之处在所难免，希望广大读者和专家学者提出宝贵的意见和建议，以便进一步补充、修改和完善。

王光伟

2021 年 12 月

目　　录

第1章 地球运动及太阳能基础知识

太阳能是由太阳内部的热核聚变产生并向宇宙空间辐射的能量。它取之不尽,用之不竭,无污染,不需要运输,是理想的、洁净的绿色可再生能源,也是可重复利用的最大能源之一。但太阳能的能流密度低,且到达地面的太阳能受到日夜、阴晴和气候变化的影响,要有效利用太阳能,必须合理设计、安装、施工、使用和维护太阳能利用装置。因此,应熟悉有关地球运动规律、大气变化规律以及太阳辐射的基础知识。

1.1 地球运动与相关参数

1.1.1 地球自转

地球绕地轴自西向东自转,周期为 23 时 56 分 4 秒。研究表明,每过 100 年,地球自转减慢 0.002 秒。地球自转角动量变小,导致月球以每年 3~4 厘米的速度远离地球,使月球绕地球公转的周期变长。除潮汐摩擦外,地球半径的可能变化、地核和地幔的耦合、地表物质分布的改变及地球轨道的进动等也会引起地球自转周期变化。

1.1.2 地球公转

地球的公转轨道是椭圆形,轨道半长轴为 1.496×10^8 km,轨道的偏心率为 0.016 7,公转的平均轨道速度为 29.79 km/s,公转轨道面(黄道面)与地球赤道面的交角约为 $23°26'$,称为黄赤交角,也称太阳赤纬角,一般用 δ 表示。地球自转产生了昼夜更替,地球公转及黄赤交角的存在形成了四季,见图 1-1。

从地球上看,太阳沿黄道逆时针运动,黄道和赤道在天球上有两个成 $180°$ 的交点,其中太阳沿黄道从天赤道以南向北通过天赤道的那一点为春分点,与春分点相隔 $180°$ 的另一点为秋分点,太阳分别在每年的春分(3月

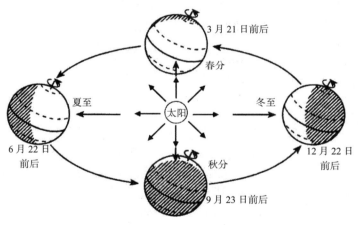

图 1-1 地球绕太阳运行示意图

21 日前后)和秋分(9 月 23 日前后)通过春分点和秋分点。对北半球,当太阳分别经过春分点和秋分点时,就进入春季或秋季。太阳越过春分点到达最北的那一点称为夏至点,与之相差 $180°$ 的另一点称为冬至点,地球分别于每年 6 月 22 日前后和 12 月 22 日前后通过夏至点和冬至点。同样,对北半球,当地球在夏至点和冬至点附近时,将进入夏季和冬季。上述情况,对于南半球正好相反。

1.1.3 地球运动规律

地球公转一周形成四季。四季有两个显著特征:一是气温高低不同,二是昼夜长短互异。黄赤交角 δ 决定了南北回归线的纬度,它是以年为周期的变化量,规定赤道以北为正值,赤道以南为负值。一年四季的变化可看作是赤纬角 δ 的变化。图 1-1 展示了地球绕太阳公转的四季节变换情况,图 1-2 表明了一年二十四节气时对应的日地相对位置。

地球绕太阳公转,每天都处在轨道的不同点上,太阳光直射在地球上的纬度范围也在变化。例如,在夏

至日,太阳光直射于北纬23°26′;冬至日,太阳光直射于南纬23°26′;春分日,太阳光直射于赤道;秋分日,太阳光再次直射于赤道。地理上将南、北纬23°26′的两条纬线称为南、北回归线。图1-3是中纬度地区一年内太阳的运行轨迹示意图。

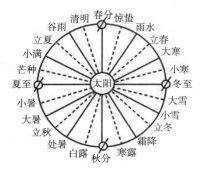

图1-2　二十四节气时对应的日地相对位置

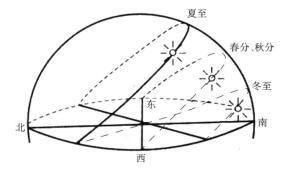

图1-3　中纬度地区一年内太阳的运行轨迹示意图

在某一地区,随季节变化的黄赤交角可由下式计算:

$$\delta = 23.43° \sin\left(360° \times \frac{284+n}{365}\right) \tag{1-1}$$

式中:n为一年中从元旦算起的天数,如春分日,$n=81$,$\delta=0$,自春分日算起的第d天的黄赤交角:

$$\delta = 23.43° \sin\left(360° \times \frac{d}{365}\right) \tag{1-2}$$

地球绕太阳运行的轨道是椭圆,日地距离在一年内是不断变化的。1月初,地球经过近日点,它离太阳比日地平均距离短1.7%;7月初,地球经过远日点,离太阳比日地平均距离长1.7%;每年4月初和10月初,日地距离接近日地平均距离,太阳光到达地球需8分18秒。日地距离变化对到达地面的太阳辐照度有直接影响。

1.1.4　太阳角的计算

1. 太阳高度角

太阳高度角是太阳辐射测量和太阳能利用中不可缺少的参数。在讨论地球的自转和公转与地球上昼夜和四季变化的关系时,先不考虑地球的公转,地球每24小时自转一周,形成昼夜。地球由西向东自转,北半球的人看到太阳东升西落,太阳光线与地平面之间的夹角称为太阳高度角,简称太阳高度,用h表示,h随着时间而变化,如图1-4所示。

一天中,太阳高度h每时每刻都在变化,太阳高度角h由下式求出:

$$\sin h = \sin\varphi \sin\delta + \cos\varphi \cos\delta \cos\omega \tag{1-3}$$

式中:φ为观测点的地理纬度;δ为观测时刻的黄赤交角;ω为观测时刻的太阳时角。

在正午时太阳时角$\omega=0°$,每隔1小时绝对值增大15°,上午为正,下午为负。例如:在上午11时,$\omega=15°$;在上午8时,$\omega=15°\times(12-8)=60°$;在下午1时,$\omega=-15°$;在下午3时,$\omega=-15°\times3=-45°$。正午时,$\omega=0°$,则$\cos\omega=1$,式(1-3)简化为:

$$\sin h = \sin\varphi \sin\delta + \cos\varphi \cos\delta = \cos(\varphi-\delta)$$

因为$\cos(\varphi-\delta)=\sin[90°\pm(\varphi-\delta)]$,所以:

$$\sin h = \sin[90°\pm(\varphi-\delta)] \tag{1-4}$$

正午时,若太阳在天顶以南,$\varphi>\delta$,取$\sin h = \sin[90°-(\varphi-\delta)]$,从而有:

$$h = 90° - \varphi + \delta \tag{1-5}$$

在南北回归线内,正午时太阳正对天顶,则$\varphi=\delta$,$h=90°$。

由式（1-3）可以算出任何纬度、任何季节、任何时刻的太阳高度角 h。计算时，通常作如下规定：在北半球，地理纬度取正值；黄赤交角在太阳位于赤道以北时取正值，位于赤道时取 $0°$，位于赤道以南时取负值。在应用中，太阳高度角一般通过式（1-3）计算得到。

2. 太阳方位角

某一时刻，从地球中心向太阳中心作连线，该连线在地平面上的投影与正南方向的夹角称为太阳方位角，用 γ 表示。一般规定正南方为 $0°$，向西为正值，向东为负值，其变化范围为 $-180° \sim 180°$。图 1-5 给出了太阳方位角和高度角的示意图。

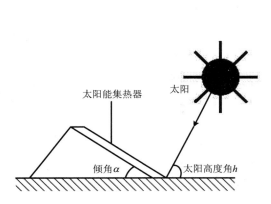

图 1-4　太阳高度角示意图

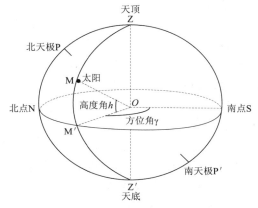

图 1-5　太阳方位角和高度角示意图

太阳方位角 γ，可按以下两式计算：

$$\cos\gamma = \frac{\sin h \sin\varphi - \sin\delta}{\cos h \cos\varphi} \tag{1-6}$$

$$\sin\gamma = \frac{\cos\delta\cos\omega}{\cos h} \tag{1-7}$$

根据地理纬度 φ、黄赤交角 δ 及观测时间，用式（1-6）或（1-7）均可求出任何地区任何季节某一时刻的太阳方位角 γ。

一天中，太阳高度角及方位角是不断变化的，同一时刻不同地点的太阳高度角和方位角也不相同。太阳在天空中的位置，通常用这两个参量描述。掌握太阳高度角和方位角的变化规律，对有效利用太阳能具有实际意义。

1.1.5　日照时间

日照时间是指一天中从日出到日落的时间。因地球自转和公转，不同纬度地区的日照时间有所不同。夏季，北半球纬度越高，日照时间越长；冬季，北半球纬度越高，日照时间越短。

根据太阳高度角的计算公式（1-3），太阳在地平线的出没瞬间，高度角 $h=0°$。若不考虑地表曲率及大气折射影响，可得日出和日落时太阳时角的表达式：

$$\cos\omega = -\tan\varphi\tan\delta \tag{1-8}$$

式中：ω 为日出或日落的太阳时角，以度表示，正值为日落时角，负值为日出时角，由此可得：

$$\omega = \arccos(\tan\varphi\tan\delta) \tag{1-9}$$

因为 $\cos\omega=\cos(-\omega)$，式（1-9）有两个解，正根对应于日落时刻，负根对应于日出时刻。

利用式（1-9）可求得任何季节、任何纬度上的日照时间。一天中可能的日照时间 N 的计算公式如下：

$$N = \frac{2}{15}\arccos(\tan\varphi\tan\delta) \tag{1-10}$$

由式(1-9)可知,两分日(春分日与秋分日), $\delta = 0°$,则 $\cos \omega = 0$, $\omega = \pm 90°$,相当于日出时间为早晨6点整,日落时间为晚上6点整,即日照时间为12小时。另外, $\delta=0°$ 说明两分日地球上各地的日出时间都相同,与地理纬度无关。当 $\varphi = 0°$ 时, $\cos \omega = 0$,表明地球赤道上一年四季的日出、日落的时间都相同。

由于云、雾等因素的影响,地面上实际日照时间 n (可用日照时间)一般都小于可能的日照时间 N ,两者的比值 n/N 称为相对日照(日照百分率)。

1.1.6　太阳常数

太阳常数是指在日地平均距离上,地球大气上界垂直于太阳光的单位面积上每秒接收到的太阳辐射通量密度(强度),单位一般用 W/m^2 。太阳辐照度是单位时间内投射到单位面积上的辐射能量,又称辐射亮度,用来衡量白天我们仰望天空时不同方向上的亮度。地面上的太阳辐照度一般用光度计测量。地球大气层外的太阳辐照度几乎是一个常数,因此用"太阳常数"来描述大气层上界的太阳辐照度。

地球自转的同时,沿着椭圆轨道绕太阳公转,因此日地距离不是一个常数。对于太阳辐射,地面上某一点的辐射强度与距光源距离的平方成反比,故地球大气上界的太阳辐照度随日地距离不同而异。当日地距离等于其平均距离时,太阳张角为 $32'$ 。

之前,世界各国所测定的太阳常数不统一,数值有一定差异。现在,用人造卫星在大气层外的空间进行直接测量,大大提高了太阳常数的测量精度。1981年10月,世界气象组织(WMO)公布太阳常数的数值为 $(1\,367 \pm 7)\,W/m^2$ 。确定太阳常数的数值有重要意义,结合太阳辐射在大气中减弱的规律,可以根据太阳常数计算出地面上某地的太阳辐照度。

1.2　太阳辐射强度和光谱

研究表明,在地面上测得的太阳光谱由于受大气吸收、散射以及空气质量、气候、大气流等因素的影响会发生较大的变化。由于穿越大气层到达地面的太阳光谱与大气上界的有所不同,太阳辐射的辐射光谱分布见图1-6。

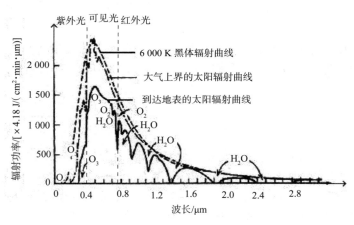

图1-6　到达地面的太阳辐射的光谱分布图

太阳辐射是由不同波长的光组成的。根据波长,太阳光谱大致可分为3个区。

1.2.1　紫外光区

紫外光波长小于 $0.38\,\mu m$,可用于太阳光催化分解水制取氢气,也可杀菌消毒,但过量波长小于 $0.3\,\mu m$ 的紫外光对生物有害。紫外光的能量约占太阳总辐射能的8.2%。

1.2.2　可见光区

可见光分为红、橙、黄、绿、蓝、靛、紫 7 种单色光,波长范围为 0.38~0.76 μm(见表 1-1)。植物生长(光合作用)取决于可见光部分。可见光的能量约占太阳辐射能的 40.3%。

1.2.3　红外光区

红外光波长大于 0.76 μm,波长超过 0.8 μm 的红外光不能引起光化学反应,只能提高植物的温度并加速水分的蒸发。红外光的能量约占太阳辐射能的 51.5%。

可利用太阳能主要分布在波长 0.4~3.0 μm,集中在可见光和红外光区,表 1-1 给出了各种不同颜色光的波长,表 1-2 给出了不同太阳光波长范围的辐射能量数值。

表 1-1　各种不同颜色太阳光的波长范围和中心波长　　　　　　单位:μm

颜色	波长	中心波长	颜色	波长	中心波长
紫	0.380~0.455	0.430	黄 - 绿	0.550~0.575	0.560
蓝	0.455~0.485	0.470	黄	0.575~0.585	0.580
靛	0.485~0.505	0.495	橙	0.585~0.620	0.600
绿	0.505~0.550	0.530	红	0.620~0.760	0.640

表 1-2　不同太阳光波长区的辐射能流密度

项目	紫外光区	可见光区	红外光区
波长范围/μm	< 0.38	0.38~0.76	> 0.76
相应的辐射能流密度/(W/m²)	95	640	618
所占总能量的百分数/%	8.2	40.3	51.5

1.3　到达地表的太阳能及其测量

1.3.1　直达日照、散乱日照与全天日照

大气中的细小尘埃会吸收或散射太阳能。然而,即使大气比较洁净也会出现散射,其散射的强度与波长的 4 次方成反比(瑞利定律)。由于短波长的蓝色光的散射强度较大,所以晴天时可以看到碧蓝色的天空。太阳光直接到达地球表面的部分称为直达日照。散射或反射日照部分称为散乱日照。直达日照与散乱日照的总和称为全天日照。图 1-7 示出了地表的直达日照和散乱日照与太阳光波长的关系。

利用太阳能时,散乱日照是不容忽视的。晴天时,散乱日照强度占全天日照强度的 10%~15%,该比例随着云量的增加而增大。太阳完全被云遮挡时,散乱日照为 100%。图 1-8 为某地区某年水平面日照量的测量值。由图可知,夏天时散乱日照所占比例较大,散乱日照量占年累计值的 52% 左右。除沙漠地带外,世界的大部分地区的散乱日照量占全天日照量的年累计值的 50% 左右。

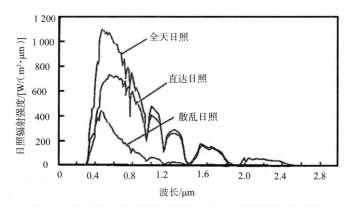

图 1-7　地表的直达日照和散乱日照与太阳光波长的关系

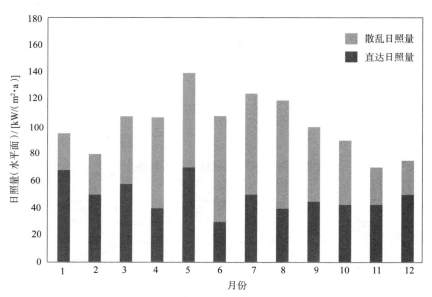

图 1-8　直达日照量与散乱日照量的年变化直方图

1.3.2　日照诸量

1. 日照强度

日照强度一般用单位面积、单位时间的太阳辐射能量来表示,单位为 W/m^2。照射到地面的太阳光强随时间而变化,是影响太阳能利用装置性能的重要变量,太阳能电池的发电功率和太阳能热水器的热效率也随太阳光的强度而变。

日照强度会因季节、时刻、天气等因素影响而变化。晴天时,全天日照强度中散乱日照强度所占比例较低,而阴天时全天日照强度与散乱日照强度基本相同,几乎无直达日照。当然,在不同地方,全天日照强度中散乱日照强度所占比例也不尽相同。

2. 日照量

日照量由日照强度与时间决定。一般来说,日照量用单位时间内单位面积上入射太阳能的平均值来衡量,单位为 $W \cdot h/m^2$。

3. 日照时间

按照世界气象组织 1981 年的定义,直达日照强度 120 W/m^2 称为日照界限值。一年内,某地太阳直接辐照度在地面不小于 120 W/m^2 的时间之和称为年日照时数,单位为 h。一般采用年平均日照小时数来衡量一个地方的日照时间。它决定了地面设施可利用太阳能的总量。某天的日照时间用日照仪测量。

1.3.3　太阳辐射测量仪

太阳辐射测量仪的基本原理是将接收到的太阳能转换成其他形式的能量（如热能、电能、化学能等）以便测量。测量总辐照度的装置有太阳热量计和日照强度计两类。太阳热量计测量垂直入射的太阳能，广泛使用的是埃斯特罗姆电补偿热量计，它用两块吸收率 98% 的锰铜薄片作接收器，一片被太阳曝晒，另一片被屏蔽太阳光，通电加热；用两个相同的热电偶连接测温，当二者温差为零时，屏蔽片的电功率便是接收的太阳能功率。日照强度计用半球形玻璃壳保护，防止外界干扰。测量太阳分光辐射的仪器有滤光片辐射计和光谱辐射计。前者在辐射接收器前安装滤光片，用于宽波段测量；后者是一个单色仪，测量波长约 50 Å（ 1 Å $=10^{-10}$ m ）的波段。

1.3.3.1　太阳辐射测量仪的分类

太阳能利用，需要测定太阳直接辐照度和总辐照度。直接辐照度是单位时间内单位面积接收到的太阳辐射能。测定垂直太阳光表面上直接辐照度的仪器称为太阳直接辐射表。总辐照度指在单位时间内单位面积上接收到的来自半球形天空的太阳能（包括直射和散射两部分）。测定总照强度的仪器称为太阳总辐射表。根据能量转换形式的不同，太阳日照表（直接辐射表和总辐射表）又可分为卡计型（太阳辐射能→热能）、热电型（太阳辐射能→热能→电能）和光电型（太阳辐射能→电能）三类。

1.3.3.2　几种常见的太阳辐射测量仪

1. 太阳直接辐射表

它的基本结构如图 1-9 所示。使用时，打开设在圆筒顶端的快门，太阳辐射直接射入筒底经发黑处理的感光元件（热电堆），测出温差电动势，即可读出太阳辐照度。为追踪太阳，市面上已有自动跟踪太阳的直接辐射表，如图 1-10 所示。

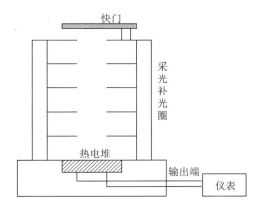

图 1-9　太阳直接辐射表基本结构图

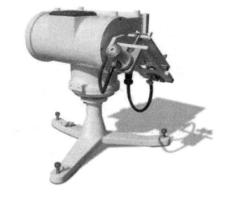

图 1-10　自动逐日 TBS-2-B 型直接辐射表实物图

2. 太阳总辐射表

太阳总辐射表的一般结构如图 1-11 所示。遮光挡板的中间有两层透光玻璃罩，接收来自半球天空的各类辐射（包括直接辐射、散射辐射以及反射辐射），玻璃罩底部受光面为感光元件（热电堆），通过热电堆输出的温差电动势即可测出太阳总辐照度。图 1-12 是总辐射表实物图，它遵循 ISO 9060 和 WMO 标准。

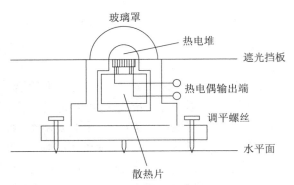

图 1-11　太阳总辐射表结构图

图 1-12　太阳总辐射表实物图

1.3.3.3　太阳辐射测量仪的使用方法和注意事项

太阳辐射测量仪可测量太阳直射辐照度和总辐照度。它基于光电转换原理,与各种日照记录仪或直流电位差计配接使用,能较精确地测量出太阳总辐射能量。辐射表的感光元件采用线绕电镀式多接点热电堆,表面涂有高光吸收率的黑色涂层,感光元件的热接点在受光面上,冷接点位于仪器内,以便读取环境温度。为了防止热接点单方向通过玻璃罩与环境进行热交换而影响测量精度,一般使用两层玻璃罩。为避免太阳辐射对冷接点的影响,用一个白色防辐射盘反射太阳光。太阳光照下,冷、热触点间产生温差电动势,通过电路把光信号转化为电信号输出。在线性范围内,输出信号电流与太阳辐照度成正比。天空辐射表广泛应用于太阳能利用、气象、农业、建筑、材料以及环境保护等领域。

1. 使用方法

（1）总辐射表应通过自带的加固孔牢靠地固定在安装架上,调至水平,再拧紧螺丝。

（2）总辐射表与记录仪的电缆牢靠连接,防止断裂或在大风天气被吹断。

（3）每次使用之前,应先调整底脚螺栓,使水平泡内的小气泡处在中心圈的正中央。

2. 注意事项

（1）保持玻璃罩光洁,经常用软布或毛皮擦净。

（2）不得拆卸或松动玻璃罩,以免影响测量精度。

（3）机体内的干燥剂变成白色时,应更换或取出烘干(干燥剂变成蓝色)后再装上,以保持表机体内干燥。

1.4　影响地表太阳辐射的因素

1.4.1　天文因素

（1）日地距离,是指日心到地心的直线长度。由于地球沿椭圆轨道绕太阳公转,故日地距离是变化的。离太阳越远,地球接收到的太阳辐射越少。

（2）黄赤交角,随季节不同而有周期性变化。

（3）太阳时角,对地表接收太阳能影响很小。

1.4.2　地理因素

（1）地理位置,即所在地区的纬度和经度。同样条件下,纬度越高的地区接收到的太阳辐射越弱。

（2）海拔高度。同样条件下,海拔越高的地区接收到的太阳辐射越强。

1.4.3　物理因素

（1）大气透明度。大气透明度越好,地表接收的太阳辐射越强。大气透明度是表征大气对于太阳光透过率的一个参数。太阳光穿过大气到达地面,大气透明度越好,到达地面的太阳能越多;相反,大气透明度越差,到达地面的太阳能就越少。大气透明度与天空云量和大气中所含沙尘等物质的多少有关。

（2）太阳辐射接收面的物理及化学性质,如接收面的材质、结构、组分、形貌等。

1.4.4　几何因素

（1）接收太阳辐射面的倾角。
（2）接收太阳辐射面的方位角。
（3）太阳能利用装置的外形尺寸。

1.4.5　大气

1.4.5.1　大气衰减

大气层不是完全透明的,大气对阳光的各种作用是使到达地面太阳能衰减的主要因素,可归结成以下三个。

1. 吸收

大气对太阳辐射的吸收主要表现在四个方面:

（1）太阳光谱中的 X 射线及其他一些超短波在电离层被强烈地吸收;

（2）大气中的臭氧（O_3）对紫外光的选择吸收;

（3）大气中的气体分子、水汽对红外光的选择吸收;

（4）大气中悬浮的固体颗粒和水滴,对太阳辐射中各种波长射线的连续吸收。

2. 散射

大气中悬浮的固体颗粒、胶体颗粒和水滴会导致太阳辐射中红外光连续散射。

3. 漫反射

大气中悬浮的各种细小粉尘会对太阳光进行漫反射,漫反射程度与大气混浊度有关。混浊度越高,太阳光衰减越多。

另外,大气衰减还与太阳光经过大气的路径长短有关,路径越长,衰减越厉害。太阳在地面上方的不同高度时,太阳光经过的路径长度不同。图 1-13 是太阳在不同高度时经过地面上方大气的情况。当太阳在天顶 S 时,太阳光与海平面的夹角为 90°,到达海平面的路程最短,受大气衰减作用最小。这就是中午太阳光最强的原因。

为了方便研究大气对太阳辐射的衰减作用,将太阳辐射通过大气的厚度称为大气质量,以 m 表示。把垂直于海平面的大气厚度定义为"1 个大气质量",即 $m=1$。如图 1-13 所示,太阳光通过大气层上界的 O' 点射到 A 点时,大气质量 m' 可用下式计算:

$$m' = \frac{1}{\sin h} \tag{1-11}$$

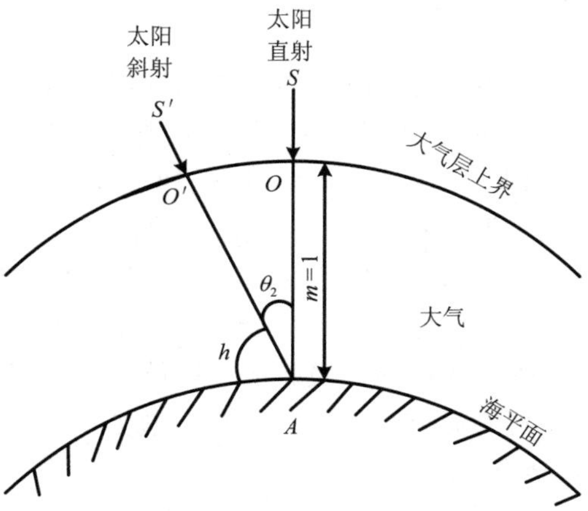

图 1-13　大气质量示意图

1.4.5.2　太阳辐射的散射和吸收

太阳辐射经过大气,一部分到达地面,称为直接太阳辐射;另一部分被大气的分子、微尘、水汽等吸收、散射和反射,见图 1-14。太阳辐射经过大气层,被散射的一部分反射回宇宙空间,余下部分和未受散射的太阳辐射到达地面,是直接太阳辐射。太阳辐射通过大气后,其强度和光谱分布发生变化。

图 1-15 是太阳光经过大气层的散射和吸收地表反射示意图。如前所述,地表太阳能的分布与所在地的纬度、时间、气象条件等有关。

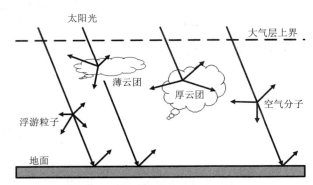

图 1-14　太阳辐射的衰减与传递示意图

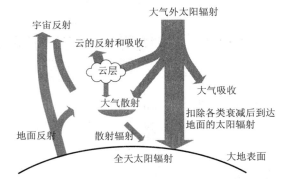

图 1-15　太阳辐射经过大气的散射吸收和地表反射示意图

在大气圈外,与太阳光垂直的平面上的太阳能密度为 1.395 kW/m²,到达大气圈外的太阳能总量为 1.73×10^{14} kW。据测算,在大气层约有 30% (5.2×10^{13} kW)的太阳辐射被反射回宇宙,剩下的 70% 的能量中有 67% (8.1×10^{13} kW)被大气、地表植被、江河湖海水体等吸收,33% (4.0×10^{13} kW)以蒸发、对流、降雨等形式存在,只有不到 1% 的总太阳辐射能到达地面被利用。

1.5　常规能源与太阳能利用

1.5.1　能源需求

能源是人类赖以存在的基础。从日常生活所必需的水、电、天然气,到教育、文化、医疗、交通、通信、娱乐等设施的运行,都离不开能源。人类生存,除了要从饮食获取能量之外,还需要利用诸如石油、煤炭、电能等能源来制冷、取暖。放眼全球,随着世界人口的增加,能源需求不断增长。1960—2020 年,世界人口从 30.32 亿增加到约 76 亿,能源需求增加了 2.46 倍。从 20 世纪 70 年代开始,电能在总能源需求中的比例增加较快,这主要是由于家用电器的普及和工业电力设备的广泛应用。

1.5.2　能源与环境

能源使用可以追溯到 50 万年前人类用火的时代。人类规模化使用石油、煤炭等化石能源主要从第一次工业革命开始。这些能源为人类社会发展提供了巨大的支持,但也带来了严重的问题,使地球及周边的环境,如大气、水体和土壤等,受到了很大的污染,在一定程度上已经影响了人类的生活质量。因此,解决化石能源使用带来的污染问题已经迫在眉睫。

环境问题主要表现为水体污染、温室效应、酸雨和雾霾等。水体污染是化石能源使用后的污染物进入水体造成的,对人类的饮用水安全造成威胁。目前我国的水污染形势尤其令人忧虑。温室效应是二氧化碳、氟利昂等气体使地球吸收的太阳能不易散发所致的,使地球的温度在最近 100 年里上升了约 1 ℃。二氧化碳是化石能源燃烧产生的。化石能源的消耗,还排出硫氧化物、氮氧化物等溶于水的有害气体以及固体颗粒物,会形成酸雨和雾霾。

21 世纪,人类面临着诸多问题。人口增加和经济发展必然导致能源需求增加。化石能源的开采与使用,一是会造成化石能源的短缺,二是化石能源的使用必然污染环境。即经济的发展加大能源需求量,进而加剧环境污染,从而形成一个闭合链条。要独立解决其中的任何一个问题都并非易事。办法之一是尽量减少化石能源的消费,大力推广使用包括太阳能在内的可再生清洁能源。

1.5.3　化石能源可开采年限

化石燃料一直是现代社会的主要能源。随着工业化深入、社会进步以及人口增加,能源需求正大幅度增长。图 1-16 为世界各类能源的可开采年数。在以后的几十年到 200 年左右,化石能源将会逐步枯竭。据估算,石油的可开采时间为 45 年左右,煤炭的可开采时间大约为 230 年,天然气为 60 年。因此,为了人类的可持续发展,开发利用包括太阳能在内的绿色可再生能源以满足未来社会的能源需求已成为一项紧迫的任务。

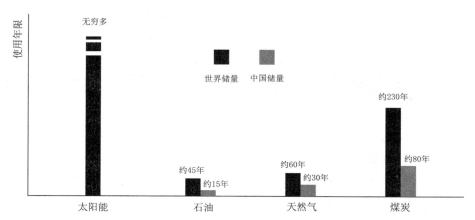

图 1-16　世界和中国能源的可开采时间

1.5.4　太阳能利用简述

太阳能是太阳内部氢热核聚变产生氦的反应过程中所释放的。理论计算表明,太阳内部小于 23% 太阳半径的区域是一个高温、高压的产能核心。这里的温度大约为 1.5×10^7 ℃,占太阳全部质量的 40%、体积的 15%、能量的 90%。在此区域内,太阳最丰富的元素氢发生热核聚变,不间断地释放出巨大的能量。

太阳向宇宙空间各个方向均匀地辐射其内部产生的能量,平均辐射速率为 4.05×10^{26} J/s,相当于每秒钟烧掉 1.32×10^{16} 吨标准煤放出的热量。太阳不停地辐射能量,也不停地消耗氢,但是太阳中氢的含量极为丰富。按目前太阳热核聚变耗氢速率估计,还够维持几十亿年,所以太阳是一个取之不尽、用之不竭的能源库。

科学研究表明,太阳的寿命至少有 50 亿年,对于地球人来说,太阳能是无限的能源。另外,太阳能不含有害物质,不排放有害气体,即使地域不同也不会出现很大的不均匀性。可见,太阳能总量巨大、不枯竭、清洁、均匀性好,是一种理想的可再生清洁能源。如果加强太阳能利用研发,科学、合理地利用太阳能,将会为人类提供充足的能源。

到达地表的太阳能年辐射总量基本上呈带状分布。在赤道地区,由于多云多雨,年辐射总量并不是最高的。在南北半球的副热带高压带,特别是在大陆荒漠地区年辐射总量较大,其中最大值在非洲的撒哈拉沙漠地区。

在地球大气上界,北半球夏至时,日辐射总量最大,从极地到赤道分布比较均匀。冬至时,北半球日辐射总量最小,极圈内为零,南北差异最大。南半球情况则相反。春分和秋分时,日辐射总量的分布与纬度的余弦成正比。南、北回归线之间,一年内日辐射总量有 2 次最大。纬度愈高,日辐射总量变化愈大。

太阳能是地表能量的主要来源。太阳辐射在大气上界的分布由地球的天文位置决定,称为天文辐射。由天文辐射决定的气候称为天文气候,它反映了全球气候的空间分布和时间变化的基本轮廓。

1.5.4.1　太阳能的优点

1. 总量巨大

照射到地球大气层外的太阳辐照总功率约为 174 000 TW(1 TW = 10^{12} W),其中约 30% 被大气层反射回太空,其余到达地表的能量被大气、陆地、海水、植被等吸收,每年约为 3.8×10^{24} J,这相当于全世界 2009 年全部能源消耗(4.7×10^{20} J)的 8 000 多倍,地表 1 小时接收的太阳能足够人类使用 1 年。如果排除海洋、森林、冰川等地区,仅计算适于利用太阳能的陆地面积,大约有 600 TW 的太阳能资源可用,即每年 1.9×10^{22} J,总量上可满足世界能源需求。其他形式的可再生能源及核能的丰度都远不及太阳能,都无法单独依靠自身填补能源需求缺口。

2. 易获取和利用

从空间上,太阳能比较容易获取,在地表无处不在,无勘探和开采成本,无须运输。但是太阳能在时间上不连续,只能在白天利用,夜间几乎为零。如要不间断利用太阳能,须有储能机制以备夜晚使用。所以,太阳能是随处可见、定时可用的能源。

3. 清洁不排污

获取和利用太阳能的过程是清洁的,不会产生任何污染物。

4. 取之不尽,用之不竭

太阳的质量约为 2×10^{30} kg,其中约 71% 为氢元素,根据目前太阳热核反应速率,每秒有 6.57×10^{11} kg 的氢聚变生成 6.53×10^{11} kg 的氦,释放出能量 $\Delta E = \Delta mc^2 = 0.04 \times 10^{11} \times (3 \times 10^8)^2 = 3.6 \times 10^{26}$ J。太阳中氢储量维持至少 50 亿年,而地球的寿命估计为 50 亿年,因此太阳能是取之不尽,用之不竭的。

1.5.4.2　太阳能的缺点

1. 能流密度低

虽然太阳能总量巨大,但辐射强度低,到达地球大气层上界的太阳辐射度约为 1 368 W/m²,经过大气衰减后,地表平均的峰值日照强度仅为 1 000 W/m²。目前即使采用效率较高的晶体硅太阳能光伏组件,建设装机容量 1 万 kW 的太阳能光伏电站,平均占地 250~300 亩(1 亩 ≈ 666.67 m²,下同)。相比之下,一座 1 200 万 kW 的火电站占地约 4 200 亩,平均每万 kW 占地 3.5 亩,一座 1 200 万 kW 装机容量的核电站占地约 12 000 亩,平均每万 kW 占地约 10 亩。

2. 地域的差异性

不同地区的太阳能资源因经纬度、地形、气象等条件的不同而有很大的差异,一般来说低纬度地区光照多于高纬度地区,干旱地区多于阴雨地区,海拔高的地区多于海拔低的地区。

3. 不稳定性

由于受到昼夜、季节、地理纬度和海拔高度等自然条件的限制以及晴、阴、云、雨、雪、雾霾等因素的影响,到达某一地区的太阳辐照度既是间断的,又是不稳定的,给太阳能的大规模利用增加了难度。但从比较长的时间尺度上看(如 1 年),太阳能仍有统计上的稳定性和可预测性。

为了使太阳能成为连续、稳定的能源,并逐步成为能与常规能源竞争的替代能源,必须解决储能问题,即把晴朗白天的太阳能尽量多地储存起来以供夜间或阴雨天使用。但目前储能还是太阳能利用中较为薄弱的环节之一。

4. 效率低和利用成本高

目前,有的太阳能利用装置,因为效率偏低,成本较高,经济性还不能与常规能源竞争。在今后相当长的一段时期内,太阳能利用的进一步发展仍将主要受到经济因素的制约。但为了人类社会的永续发展和子孙后代的福祉,加快太阳能利用技术和装置的研发是一项非常紧迫的任务。

1.5.4.3　太阳能与光伏发电

图 1-17 为太阳辐射强度与波长的关系。由图可见,太阳光是由各种颜色(波长)的光构成的复色光。大气圈外的太阳光辐射相当于 5 700 K 的黑体辐射,有较宽的连续频谱,其波长范围为 0.35~2.5 μm。其中,可见光约占总能量的 44%;紫外光占总能量的 8%,所占比例较低,却有灼伤皮肤、杀菌、消毒以及引发光催化等作用;红外光占比较高,约占全部能量的 48%。

光伏发电的核心部件是太阳能电池,其基本结构是 PN 结,发电原理是基于半导体的光生伏特效应。根据太阳能电池种类和结构不同,可以利用紫外光(如透明太阳能电池)、可见光以及红外光发电。

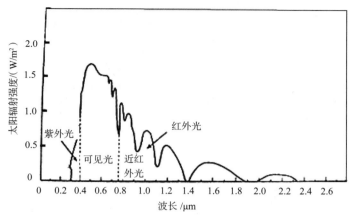

图 1-17　太阳光辐射强度与波长的关系图

1.5.4.4　分光感度特性

太阳能电池将光能转化为电能。由于电池结构和材料不同,其能量转换效率也不相同,对应不同波长光的感度特性也有差异。太阳能电池对于不同波长光的响应特性不同,称为分光感度特性。基准太阳光频谱分布与多晶硅分光感度特性见图 1-18。

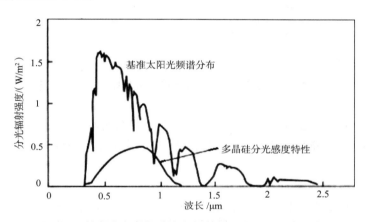

图 1-18　基准太阳光频谱分布与多晶硅的分光感度特性图

太阳光由不同波长的光组成,太阳光谱会影响太阳能电池的光电转换效率。几种太阳能电池的分光感度特性如图 1-19 所示。由图可知,多晶硅太阳能电池的分光感度一般在 0.3~1.2 μm,非晶硅太阳能电池的分光感度一般在 0.3~0.8 μm,CdS/CdTe 太阳能电池的分光感度一般在 0.5~0.9 μm,二层串联非晶硅太阳能电池的分光感度一般在 0.3~0.8 μm。可见,不同种类和结构的太阳能电池的分光感度不同。因此利用这些特点,在不同波段的太阳光的照射下,采用相应的太阳能电池。

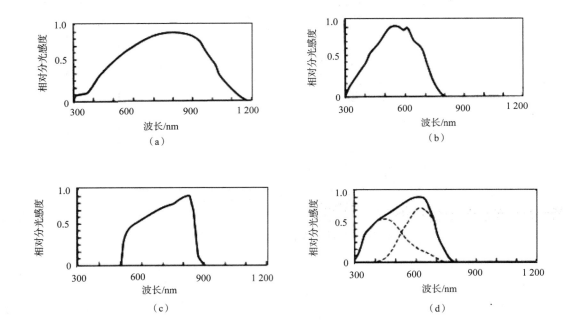

图 1-19　几种太阳能电池的分光感度特性
（a）多晶硅太阳能电池;（b）非晶硅太阳能电池;
（c）CdS/CdTe 太阳能电池;（d）二层串联非晶硅太阳能电池

1.5.4.5　太阳能利用方式

太阳能的利用有光热利用、发电、太阳能温室、照明和提供动力、太阳能光化学利用等多种方式。

1. 光热利用

光热利用是指通过一定的装置,将太阳能转换成热能的过程,可利用的装置有太阳能热水器、太阳能干燥器、太阳能海水淡化器和太阳能空调系统等。利用温度较高时,需借助聚光镜等,但这会增加技术难度,成本较高。

2. 发电

太阳能发电分为太阳能光热发电和太阳能光伏发电,其中光热发电本书只作简要讨论。太阳能光伏发电利用太阳能电池将太阳能转换成电能。由半导体器件构成的太阳能电池是光伏发电的基础部件。以太阳能电池为基本单元的光伏组件是光伏发电系统的核心,是技术含量最高的部分。

3. 太阳能温室

太阳能温室与新能源的结合应用正成为发展趋势。比如温室与光伏发电结合建成太阳能光伏大棚,既能发电又能种植;温室与太阳能热水系统结合成为太阳能采暖温室,可在冬季给温室供暖。

4. 照明和提供动力

利用光伏板发电可给小功率照明灯供电。比如可用光导纤维将太阳光引入地下室等阴暗处,以解决日照不良地方的照明问题;交通工具顶部安装光伏板,可制成太阳能无人机、太阳能汽车、太阳能游轮、太阳能飞艇等;路灯安装独立光伏发电系统,白天发的电存储在蓄电池中,晚上给路灯供电以提供照明。另外,在我国较发达的农村已建设了一批太阳能动力污水处理系统。

5. 太阳能建筑

比较成熟的太阳能建筑是太阳房。太阳能建筑一般是指选择太阳能作为优先使用的能源,利用太阳能采暖、蓄热、制冷和发电的一类建筑,可节省电力、煤炭等能源,而且不污染环境。在年日照时间长、空气洁净度高、阳光充足而缺乏其他能源的地区(如青藏高原)适合建造太阳能建筑。

6. 其他利用方式

太阳能利用方式多种多样,还可将太阳能转换成化学能储存;采用热化学反应、光化学反应等方法制备氢气、氧气、甲醇等燃料,为燃料电池发电、为混合动力汽车等提供能源。另外,利用聚光太阳能也可以分解有害物质,杀菌消毒,进行材料的表面改性、加工和处理等。

1.5.4.6　太阳能利用中的社会经济问题

人们认识到,一个可持续发展的社会应该是能源可以满足需要,而又不危及子孙后代生存的社会。因此,应尽可能多地用清洁可再生能源代替矿物能源,优化能源消费结构,提高包括太阳能在内的新能源的占比。如果常规能源的耗费占比不断下降,环境污染自然会逐步减轻。

目前,我国的煤炭消费耗约占能源消费总量的 70% 以上,已成为大气和水体污染的主要来源。大力开发绿色可再生能源利用技术已经成为减少环境污染的重要措施。人类只有一个地球,能源问题是世界性的。目前,包括太阳能在内的可再生能源的市场价格远高于化石能源,但各主要国家研发新能源的力度仍在不断加大,工艺技术的进步将助推新能源价格持续下降,向新能源过渡的时代正在走来。从长远看,太阳能利用新技术、新材料和新装置的推广应用,将对太阳能的利用起到积极的推动作用。

1.6　我国太阳能地域分布

我国太阳能资源丰富,但分布不均匀。根据全国 700 多个气象台站长期观测积累的资料表明,我国各地的年太阳辐射总量大致在 $(3.35 \sim 8.40) \times 10^6 \text{ kJ/m}^2$,其平均值约为 $5.86 \times 10^6 \text{ kJ/m}^2$。太阳辐射年总量平均值等值线从大兴安岭西麓的内蒙古东北部开始,向南经北京西北侧,朝西偏南至兰州,然后径直朝南至昆明,沿横断山脉转向西藏南部。在该等值线以西和以北的广大地区,除天山北面的新疆小部分地区的年总量约为 $4.46 \times 10^6 \text{ kJ/m}^2$ 外,其余绝大部分地区的年总量都超过 $5.86 \times 10^6 \text{ kJ/m}^2$。

太阳能的高值中心和低值中心处在北纬 22°~35° 一带。在我国,青藏高原是高值中心,四川盆地是低值中心。总体上,西部地区太阳年辐射总量高于东部地区,而且除西藏和新疆两个自治区外,基本上是南部低于北部;由于南方多数地区云雾雨较多,在北纬 30°~40° 地区,太阳能的分布情况不是随着纬度的增加而减少,而是随着纬度的增加而增大。按接收太阳辐射能的大小,全国大致上可分为五类地区。

一类地区:全年日照时数为 3 200~3 300 h,年辐射量在 $(6.70 \sim 8.37) \times 10^6 \text{ kJ/cm}^2$,相当于 225~285 kg 标准煤燃烧放出的热量。主要包括青藏高原、甘肃北部、宁夏北部和新疆南部等地,是我国太阳能资源最丰富的地区。特别是西藏,海拔高,空气透明度好,太阳辐射总量最高值达 921 kJ/cm²,仅次于撒哈拉沙漠居世界第 2 位,拉萨就是世界著名的日光城。

二类地区:全年日照时数为 3 000~3 200 h,年辐射量在 $(5.86 \sim 6.70) \times 10^6 \text{ kJ/cm}^2$,相当于 200~225 kg 标准煤燃烧放出的热量。主要包括河北西北部、山西北部、内蒙古南部、宁夏南部、甘肃中部、青海东部、西藏东南部和新疆西南部等地。此区为我国太阳能资源较丰富地区。

三类地区:全年日照时数为 2 200~3 000 h,年辐射量在 $(5.02 \sim 5.86) \times 10^6 \text{ kJ/cm}^2$,相当于 170~200 kg 标准煤燃烧放出的热量。主要包括山东、河南、河北东南部、山西南部、新疆北部、吉林、辽宁、云南、陕西北部、甘肃东南部、广东南部、福建南部、江苏北部和安徽北部等地。

四类地区:全年日照时数为 1 400~2 200 h,年辐射量在 $(4.19 \sim 5.02) \times 10^6 \text{ kJ/cm}^2$,相当于 140~170 kg 标准煤燃烧放出的热量。主要是长江中下游、福建、浙江和广东的一部分地区。春夏多阴雨,秋冬季太阳能资源尚可。

五类地区:全年日照时数为 1 000~1 400 h,年辐射量在 $(3.35 \sim 4.19) \times 10^6 \text{ kJ/cm}^2$,相当于 115~140 kg 标准煤燃烧放出的热量。主要包括四川、贵州两省。此区是我国太阳能资源最少的地区。

一、二、三类地区,全年日照时数超过 2 000 h,年辐射量高于 $5.02 \times 10^6 \text{ kJ/cm}^2$,是我国太阳能资源较丰富的地区,面积较大,占国土面积的 2/3 以上,具备利用太阳能的良好条件。四、五类地区虽然太阳能资源条件较差,但仍有一定的利用价值。

第2章 太阳能光热利用

2.1 太阳灶

2.1.1 太阳灶简述和分类

太阳灶是直接将太阳光聚光获取热量,用来烧烤的太阳能光热利用装置。市场上的太阳灶大致可分为箱式太阳灶、平板式太阳灶、普通聚光太阳灶、室内太阳灶和储能太阳灶。前三种太阳灶都可直接在阳光下进行炊事操作。

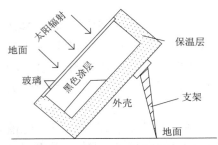

图 2-1 普通箱式太阳灶的剖面图

1. 箱式太阳灶

箱式太阳灶是根据黑色物体吸收太阳辐射较高的原理制成。它是一只四周封闭的箱子,朝阳面是一层或两层平板玻璃盖板,安装在一个支撑体上,目的是让太阳辐射尽可能多地射入箱内,并尽量少地向箱外辐射和对流散热。里面放置一个挂条来挂放锅及食物。箱内表面喷刷黑色涂料,以提高吸收太阳辐射的能力。箱的四周和底部采用隔热保温层。箱的外表面可用金属或非金属,主要是为了抗老化和形状美观。整个箱子包括盖板与灶体之间用橡胶或密封胶堵严缝隙。使用时,盖板朝阳,温度可达 100 ℃以上,能够满足蒸、煮食物的需要。

这种太阳灶结构简单,可以手工制作,无跟踪装置,能够吸收太阳的直射和散射能量,价格十分低。但由于箱内温度较低,不能满足所有炊事要求,推广受到限制。图 2-1 示出了普通箱式太阳灶的剖面图。

为增强箱式太阳灶聚光效果,可在箱体四周增加几块平面反射镜,如图 2-2 所示。

在箱体四周加装平面反射镜,明显提高了太阳灶的加热功率。反射镜可用铰链镶接在边框上,可在任意角度上固定。调节反射镜的倾角,使入射的阳光大部分反射进入箱内。反射镜可用普通的镀银镜面,也可将抛光铝板或真空镀铝聚酯薄膜贴在薄板上制成。根据使用需要,加装一块反射镜,太阳灶箱温最高可达 170 ℃以上;加装 2 块反射镜,可达 185 ℃以上;加装 4 块反射镜,可达 200 ℃以上,明显提高了利用效果。

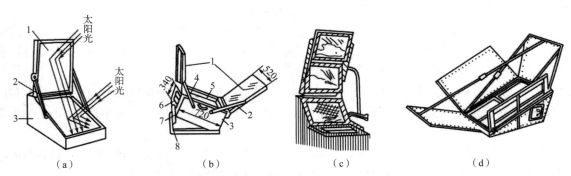

图 2-2 加装平面反射镜的箱式太阳灶结构图

(a)1 块反射镜;(b)2 块反射镜;(c)3 块反射镜;(d)4 块反射镜
1—反射镜;2—支架;3—灶体;4—铝板空箱体;5—玻璃盖板;6—炉门;7—支柱;8—底框

2. 平板式太阳灶

将平板集热器和箱式太阳灶结合可做成平板式太阳灶。集热器可用全玻璃真空管,集热温度可以达到 100 ℃或以上,可产生蒸汽或高温液体,将热量传入箱内进行烹饪。如果普通平板集热器性能很好也可以应用。如盖板涂层用高质量选择性涂料,集热温度可达到 100 ℃以上。这种太阳灶只能用于蒸煮或烧开水,推广应用受到一定限制。

3. 普通聚光太阳灶

聚光太阳灶是市场上最常见、用户最常用的一种太阳灶。它将较大面积的阳光聚焦到锅底,使温度升高,以满足炊事要求。这种太阳灶的关键部件是聚光镜,不仅涉及镜面材料的选择,还涉及几何形状的设计。灶面反光镜为镀银或镀铝玻璃镜,也有铝抛光镜面和涤纶薄膜镀铝材料等。图 2-3 是一种常用聚光太阳灶的实物图。

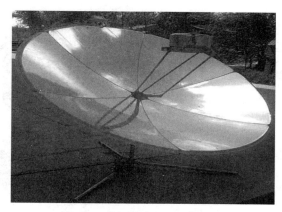

图 2-3　普通聚光太阳灶实物图

聚光太阳灶的镜面设计,依据的是旋转抛物面的聚光原理。数学上,抛物线绕主轴旋转一周所得的面,称为“旋转抛物面”。一束平行光沿主轴射向这个抛物面,反射光集中在焦点,形成聚光斑。使用太阳灶,要求在锅底附近形成一个焦面,才能获得良好的加热效果。换言之,不要求严格地将阳光聚集到一个点上,而是在焦面上。确定了焦面,可算出聚光面的聚光比 K(K= 采光面积/焦面面积)。这是决定太阳灶功率和效率的重要因素。采光面积是太阳灶使用时反射阳光的有效投影面积。根据我国推广太阳灶的经验,设计功率为 700~1 200 W 的聚光太阳灶,采光面积为 1.5~2.0 m^2。个别大型蒸汽太阳灶也是聚光太阳灶,其采光面积较大,有的要在 5 m^2 以上。

聚光太阳灶除采用旋转抛物面反射镜外,还可采用将抛物面分割成若干段的反射镜,称之为菲涅耳镜;也可把菲涅耳镜做成连续的螺旋式反光带片,又称“蚊香式太阳灶”。这类灶是可折叠的便携式太阳灶。聚光太阳灶的镜面,用玻璃整体热弯成型,也可用普通镀银玻璃片粘贴在底板上,或者用高反光率的镀铝涤纶薄膜粘贴。底板可用水泥、铁皮及钙塑材料等加工成型,也可用铝板抛光并涂以防氧化剂制成反光镜。聚光太阳灶的架体用金属管材弯制,锅架高度要便于操作,仰角调节灵活。为移动方便,可在底座安装万向轮,但必须保证灶体的稳定。有风时,太阳灶要能抗风不倒。旋转抛物面聚光太阳灶的锅具应始终保持水平,不能随光轴倾斜。因此,当太阳高度较高时,焦面与锅底基本平行,效果较好。当太阳高度较低时,焦面与锅底的交角较大,一部分光线射到灶具的侧面,会影响烹饪效果。旋转抛物面形的太阳灶,在晴朗的夏季中午使用时效果最好,在其他季节以及早上、傍晚使用时效率不高。针对旋转抛物面聚光太阳灶的缺点,人们研制出了偏轴抛物面聚光太阳灶,将抛物反光面中的一部分切割下来,作为偏轴抛物面聚光太阳灶的采光面,不仅提高了采光效率,而且可将矩形抛物面对折起来,便于携带和存放。偏轴抛物面聚光太阳灶灶具靠近灶体,使用方便,操作简单,是一种常用的灶型。

高档的太阳灶有自动跟踪装置,灶体可以自动跟踪太阳,热效率高,但售价较高。我国农村推广的一些聚光太阳灶,一部分为“水泥壳体 + 玻璃镜面”,造价低,可以就地取材,制作简单,但不方便工业化生产和运输。一些较富裕的乡村家庭和城市高端社区,通常选购可移动自动跟踪聚光型太阳灶。

4. 室内太阳灶

以上三种太阳灶都必须在室外进行炊事操作,工作环境有不确定性,也不卫生,为此人们又研制生产出室内太阳灶。这种太阳灶的主要特点是用传热介质(液体)把室外收集接收到的太阳能通过介质或光纤传递到室内,供烹饪或烧水。考虑到室内操作的稳定性,还应增加蓄热装置。图 2-4 是皇明太阳能公司推向市场的盘式聚焦集热器室内太阳灶。

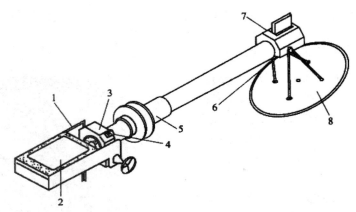

图 2-4　盘式聚焦集热器室内太阳灶(皇明太阳能公司)

1—热管冷器外壳(平板锅外壳);2—热管冷凝器(平板锅);3—热管转动调节器;4—发光二极管(LED)显示器;
5—穿墙套筒;6—热管蒸发器(聚焦点);7—LED 传感器;8—太阳能集热器

5. 储能太阳灶

储能太阳灶利用光学原理,把低品位太阳光聚焦达到 800~1 000 ℃,再利用光纤等使高温光束导向灶头直接利用或将能量储存起来。这种全新的太阳灶不仅可以做饭烧水、烘烤、储能,而且还可以作为阳光源导向室内作照明用或作花卉、盆景的光照用。

2.1.2　太阳灶的安装与调试

太阳灶是成熟的产品,但安装需要专门的技能。太阳灶买回来之后,首先要查看外包装有无破损。确认无破损后再开箱检视,检查产品合格证。依据产品说明书,核对零部件是否齐全,检查外观是否完好。如无问题,仔细阅读产品说明书,依照安装图的指引,从底座开始一步一步地有序安装,避免盲目操作。

2.1.2.1　太阳灶安装基础知识

1. 太阳灶安装前的准备

应熟悉太阳灶技术参数,表 2-1 为普通铸铁聚光太阳灶技术参数。

表 2-1　普通铸铁聚光太阳灶技术参数

项目名称	技术参数		备注
	标准	检测结果	
使用焦距/m	0.6		
热效率/%	≥65		
采光面积/m²	1.5		
反射率/%	≥85		
晴天功率/W	750		
光斑面积/cm²	50~200		
最大操作高度/m	0.7~1.25		
最大操作距离/m	≤0.8		
灶面材料	铸铁		
反光材料	聚酯镀铝膜		
底座	万向轮式		

续表

安装质量要求：
（1）灶面反光膜平整光滑、无皱折、无裂纹、粘贴良好，每平方米不多于 5 个隆起，每处隆起面积不大于 4 cm²；
（2）太阳灶支架安装牢固，使用简便，焊接件应符合相关标准的规定；
（3）质量可靠，设计合理，正常使用寿命不低于 6 年；
（4）油漆表面应光滑、均匀、色调一致，并有较强的附着力和抗老化性；
（5）高度和方位角调整机构应操作方便、跟踪准确、稳定可靠；
（6）整体质量不低于 43 kg，灶面材质必须为铸铁

普通太阳灶安装调试准备工作包括：

（1）仔细阅读太阳灶安装说明书，看懂装配图，清楚安装顺序、主要步骤和注意事项；

（2）安装调试机具包括太阳辐射仪、风速计、测温板、温度计、螺丝刀、扳手、钳子、电子台秤、钢卷尺、水壶等；

（3）准备辅助材料——水；

（4）准备劳保装备，包括护目镜（如墨镜）、防护手套、防护帽等。

2. 太阳灶的安装方法和步骤

（1）制作底座、水泥壳体和玻璃镜面（针对便于农村地区推广使用的固定式太阳灶），将便携式太阳灶滚轮用开口销固定到底盘上。聚光型铸铁灶面太阳灶不需要制作底座，但先要把底座组装好，再用螺丝把几块灶面装配成抛物面灶体，把灶体架设在平衡杆上。

（2）把三角转架插到底盘轴座上，将平衡杆装在三角转架横管上，拧紧螺母。

（3）耳环竖直装在托架上。

（4）把托架装在三角转架横管上，用开口销固定。

（5）将后支杆用螺栓紧固在曲面托架后角钢上，灶具转入后支杆前端螺母内，前支杆上下两端分别用 M4×20 螺栓固定在灶具和平衡杆上。

（6）把调节拉杆装在三角转架轴上，用 M4×20 螺栓固定。

（7）拧紧所有的螺母，转动和调整有关部件，垫平支撑脚，使灶具平面与地面始终保持水平，紧固灶具半圆与后支杆连接螺母。

（8）转动调节手轮使托架水平，把左、右反射面放到托架上，并用螺栓把灶面与托架固定成一体。

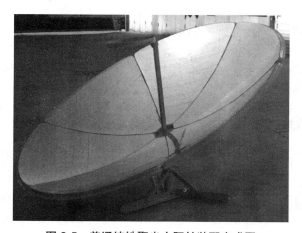

图 2-5　普通铸铁聚光太阳灶装配完成图

2.1.2.2　太阳灶安装调试注意事项

（1）太阳灶选址要合理，应放在靠近建筑物北墙的开阔、避风、平坦处，底座触地要平稳、牢靠。

（2）调焦时，注意不要使光斑落到人体或其他物体上，以免烧伤或引起火灾。

（3）要避开周围高大建筑物及树木、电杆等遮阴挡光的地方。

（4）不要放在人、畜、机械经常活动和容易妨碍其他活动的地方。

（5）安装太阳灶时，严禁小孩在灶体周围玩耍，以免烧伤。

（6）不要放在距柴草、积木和其他易燃物品较近处。

（7）不要放在潮湿、泥泞的地方。

（8）不可安放在有公共设施的场所。

2.1.3　太阳灶使用与维护保养

2.1.3.1　太阳灶操作规程

（1）锅具底部要涂黑，可用柴草熏黑或用墨汁涂黑晒干，减少太阳光的反射，提高吸热率。

（2）安装后，测试灶体转动是否灵活。按操作规范进行炊事活动，使之达到最佳的集热效果。

（3）使用太阳灶时，应随季节和时间的变化进行调整。由于太阳不断移动，所以太阳灶灶体也得跟踪阳光从东向西旋转，调整方位与高度，调节好焦距。首先调节方位，戴好隔热防烫手套，用手抓住灶壳上边缘左右推转，使灶面正对阳光；其次调节高度，用左手抓住灶的上沿，上下活动试压，右手调节调节杆（旋转螺丝杆），目测灶面锅具对准焦斑于锅底部中央位置即可。一般每 20~40 min 调整一次，使太阳灶的焦斑始终落在锅（壶）底部中央。

（4）为了提高太阳灶的热利用效率，减少热损，可在灶具上加装无底保温避风的保温套，质量不超过 2 kg。农村一般可就地取材，可选用无底废铁盒（脸盆）。保温套由两部分组成，即保温圈和保温帽。保温圈可用轻型绝热材料做成的圆筒。绝热材料要耐高温（高于 800 ℃），以防止烧坏或引起火灾。保温帽盖在锅具上部，一般用棉布缝制即可。太阳灶上的锅具盖要严密，不漏气。

2.1.3.2　太阳灶的维护和保养

（1）使用前，先检查灶面清洁度，如有污迹应用软布蘸无腐蚀性清洁剂擦去，严禁用干布和钢丝球擦，以防划伤表面反光层；灶面上如有较多灰尘，应用干净不滴水湿布擦拭，极微量灰尘不影响使用效果。

（2）不要将柴草、煤气罐等易燃易爆物堆放在太阳灶周围，以免引起火灾。

（3）勿将太阳灶放在光照不足的地方，以免影响采热效果。

（4）为延长使用寿命，要按规范操作，细心爱护。不用太阳灶时，应用不透明布覆盖灶面，或移入室内。

（5）刮风时，应将灶体背风放置，必要时底座加压重物，防止太阳灶被风刮倒，摔坏灶体。

（6）遇到下雨天，将太阳灶搬至空闲的室内，防止冰雹打破反光面或雨水侵入缝隙影响使用寿命。

（7）太阳灶使用一段时间后，要及时对各转动部件加润滑油等，以便转动灵活，必要时对底座喷刷防锈漆，延长使用时间。

（8）灶面反光材料（如镀铝膜）或其他部件，使用几年后需要更换。也可根据设计数据和性能参数来校正、维修，如达到原有效果，可以继续使用。

2.1.4　太阳灶质量检验标准

太阳灶产品必须经质量检验合格后方能出厂，附有生产合格证和产品说明书等资料。产品检验分为出厂检验和型式检验。出厂检验指外观检查和调节检查，其结果应符合如下要求。

（1）灶面应光滑平整，无裂纹和损坏，反光材料粘贴平整，柔性反光材料应光滑，隆起部位每平方米不多于 5 处，每处面积不大于 4 cm²。两片玻璃镜之间的间隙不大于 1 mm，边缘整齐，无破损。

（2）安装灶壳的支撑架后，灶壳与灶架应接触良好，紧固稳定。

（3）焊接件应符合《焊接质量保证　金属材料的熔化焊第 2 部分：完整质量要求》（GB/T 12468.2—1998）的规定。

（4）油漆表面应光滑、均匀、色调一致，并有较强的附着力和抗老化性能。

（5）高度角和方位角调整机构应操作灵活、跟踪准确、稳定可靠。

型式检验包括结构检测和热性能实验两类。

2.1.4.1　结构检测

（1）测定焦距：调整太阳灶使主轴与太阳光线平行,用钢卷尺测量灶具中心至灶具在灶面上的投影中心（原点）之间的距离。

（2）采光面积：调整太阳灶,当太阳光线平行于太阳灶主轴时,测出在地平面上的灶面外轮廓线以内的全部投影面积并乘以此时太阳高度角的正弦值（sin h）。采光面积应扣除灶面边缘不起聚光作用的面积。

（3）最大操作高度：把太阳灶灶具调至最高位置,用钢卷尺或钢直尺测量灶具中心平面到地平面的距离。

（4）最大操作距离：把灶面向前调至极限倾斜位置,用钢卷尺或钢直尺测量灶具中心到灶面后边缘的水平距离。

（5）使用高度角：① 测量太阳灶使用高度角用量角器,测量误差不超过 ±2°;②将灶面向前调至极限位置,此时测出灶具中心至原点之间连线与水平面的夹角为最小使用高度角;③将灶面向后仰起调至极限位置,测出灶具中心至原点之间连线与水平面的夹角为最大使用高度角。

（6）光斑性能：①光斑性能用测温板测量,测温板为厚度 0.5 mm、直径 250 mm 的普通钢板,一面涂无光黑漆（朝下）,一面涂 400 ℃示温涂料（朝上）;② 调整太阳灶使阳光汇聚于灶具中心处,将测温板放置在灶具上。测试 3 min,取下测温板,观察光斑形状,并用求积仪或方格纸计算出面积。

2.1.4.2　热性能实验

1. 实验条件

（1）实验期间,不得有物体的阴影落在太阳灶上,也不应有其他表面反射或辐射的能量落在太阳灶上。

（2）实验期间,太阳辐照度不小于 500 W/m²,波动范围不大于 10 W/m²。

（3）实验期间,环境温度应在 5~30 ℃,风速不大于 2 m/s。

（4）实验期间,太阳高度角范围应在 35°~65°。

2. 实验仪器、仪表与测量

（1）太阳直射辐射：

①太阳直射辐照度和累计太阳直射辐照量用太阳辐射计配以仪表测量;

②直射辐射计在使用期间,必须按有关规定进行检定;

③直射辐射计的时间常数应小于 5 s;

④直射辐射计的仪器误差不超过 ±2%;

⑤仪表的仪器误差不超过 ±1%;

⑥太阳直射辐射计如无自动跟踪装置,每 5 min 内跟踪一次,使受光面始终与太阳光保持垂直。

（2）温度：

①用水银温度计或热电式温度计测量;

②温度计应经过检定、校准,误差不超过 ±0.2 ℃;

③测量环境温度时,温度计应放在离地面 1~1.5 m 高的百叶箱内,距太阳灶 1.5 m 以内;

④测量水温时,温度计应放置在锅具正中,浸入水深距锅底 1/3 处。

（3）风速：

①用旋杯式风速计或自计式电传风速计测量;

②风速计误差不超过 ±0.5 m/s;

③风速计置于太阳灶锅具的相同高度附近,距太阳灶锅架中心 5 m 以内。

（4）锅具及水：

①锅具为直径 24 cm 的铝锅,锅底外表涂以国标《涂料产品分类和命名》（GB/T 2705—2003）中的黑板漆（代号 84）;

②水质要求清洁透明,水量（kg）的数值一般取采光面积（m²）数值的两倍,最大不超过 5 kg;

③水量用电子台秤测量,误差不超过 ±5 g。

3. 实验步骤及数据处理

太阳灶煮水效率的测试及数据处理如下。

（1）测量水温时,温度计放在锅具正中,浸入水深距锅底 1/3 处。初始水温取环境温度,终止水温取高于环境温度（50±2）℃。

（2）测试期间,每隔 2 min 记录 1 次太阳直射辐照度和风速。每 5 min 内,手动调整对焦一次。

（3）当水温达到规定的终止温度时,迅速记录时间和累积太阳直射辐照量,将铝锅端下,迅速搅拌水后测量,记录水温。

（4）太阳灶煮水热效率按下式计算:

$$\eta = Mc(t_e - t_i)/HA_o \qquad (2\text{-}1)$$

式中:η 为太阳灶煮水效率,无量纲;M 为水量,kg;c 为水的比热,kJ/（kg·℃）;t_e 为终止水温,℃;t_i 为初始水温,℃;H 为累积太阳直射辐照量,kJ/m²;A_o 为太阳灶采光面积,m²。

（5）用同样方法测量 3 次,测量结果相对误差小于 5% 时,取平均值作为太阳灶煮水热效率。

太阳灶额定功率按太阳灶煮水效率（其求得方法见式（2-1））所得数据代入下式计算:

$$P = 700\eta A_o \qquad (2\text{-}2)$$

式中:P 为太阳灶额定功率,W;η 为太阳灶煮水热效率,无量纲;A_o 为太阳灶采光面积,m²。

测量结果应符合热性能指标和结构尺寸的要求:

①抛物面太阳灶煮水热效率不低于 55%,菲涅尔反射面太阳灶煮水热效率不低于 45%;

②400 ℃ 以上温区光斑面积不小于 50 cm²,不大于 200 cm²,边缘整齐,呈圆形或椭圆形;

③最大操作高度不大于 1.25 m;

④最大操作距离不大于 0.80 m;

⑤采光面积大于 3.0 m² 的太阳灶最大操作高度和最大操作距离允许大于以上规定的值;

⑥最小使用高度角不小于 25°;

⑦最大使用高度角不大于 70°;

⑧在高度角使用范围内,灶具和水平面的倾斜度不大于 5°;

⑨自动跟踪型太阳灶,跟踪角度误差不超过 ±2°。

在下列情况下应进行型式检验:①产品第一次正式投产时;②产品设计方案、工艺或所用材料改变影响到性能时;③转产或停产期超过一年,恢复生产时;④在正常生产情况下,产品定期进行全面检验时;⑤国家质量监督机构提出型式检验的要求时。型式检验的样品,应在每批出厂检查的产品中随机抽样 2%（每次不少于 2 台）检验。如不合格,应加倍抽样复验,仍不合格时,须停产,采取整改措施并检验合格后,方能恢复生产和出厂。型式检验应由测试单位提供检验报告。更详细的规定见行业标准《聚光型太阳灶（NY/T 219—2003）》。

2.1.5 自动跟踪太阳灶

自动跟踪太阳灶由普通聚光太阳灶、微电脑（单片机）控制、驱动电机、光敏探测器和电子控制系统组成。自动跟踪太阳灶整体结构紧凑,安装简单,调试方便,无须维修,晴天可全天候室外运行。自动跟踪装置用数字信号处理器（DSP）为核心控制器,以地理纬度、当地时间为参数,用天文算法算出太阳的高度角和方位角,主控制器发出脉冲驱动信号给控制电路,控制步进电机运动到目标位置,实现双轴跟踪。同时检测太阳光强,在满足特定门限值时,通过光检测电路对定位跟踪的结果进行校正,实现闭环控制,进一步提高跟踪太阳的精度。在阴雨天,由于光强小于门限值,故只用定位跟踪,不进行校正跟踪。跟踪装置的灶面始终接收太阳光线直射。同时系统还具有夜间返回、与上位机通信的功能。

自动跟踪太阳灶采用“双轴驱赶式”跟踪,方位角的控制由三只光敏探头组成。三只光敏探头可在三维空间内确定一平面,灶体就在这个平面内转动;仰角的控制也由三只光敏探头完成,使灶体在垂直于方位角转动平面的一平面内上下转动。仰角的光敏电阻垂直于灶面上下放置,方位角光敏电阻垂直于灶面左右放置,二者均是"驱赶式"跟踪。在三维空间内相互垂直的两曲面相交可确定一条线(太阳光线)。通过控制电路,准确控制减速直流电机,保证太阳光的聚光斑始终在设定的位置,从而实现对太阳的有效跟踪。即使遇到太阳偶尔被云遮挡,或某种原因转过了,也可以自动纠正。该自动跟踪太阳灶系统,无须纬度、经度和海拔高度等参数,同时具有工作性能稳定、制作简单、使用范围广和节能环保等特点。

自动跟踪太阳灶具有如下特点。

(1)用玻璃钢复合材料做灶壳,优点是重量轻、成型容易、有较好的硬度和强度、不易变形,缺点是成本较高。

(2)反光材料用 2 mm 厚的真空镀铝膜,耐水性好、可擦拭、使用寿命长。用高强度黏合剂,借助玻璃片的刚性可增强灶面的强度,缺点是反光效率较低。

(3)自动跟踪系统耐用、操作方便、造价低。

(4)拆装方便。该灶面设计成圆形分瓣式。将灶面等分成 6 块,用螺钉连接,便于拆装。灶架及附件也可拆卸,用木箱或纸箱包装,便于运输和保管。

(5)锅架采用矩形结构,以保持锅架始终处在水平位置。

(6)太阳灶钢制底盘上装有 4 个万向轮,可在地面上自由移动。

(7)灶面设有锅具阴影孔。锅具的阴影在灶的中心上,这一部分不能反光,将其切掉既节省材料、减小包装体积,又便于太阳灶的转动。

(8)灶面采用圆形正焦式,其特点是定型好,便于工业化生产,灶面利用率高。

自动跟踪太阳灶的灶面直径为 170 cm,最大操作高度 140 cm,最大操作距离 80 cm,总重量 40 kg,总热效率大于 50%,折算功率大于 900 W,包装体积 80 cm × 80 cm × 40 cm。

自动跟踪太阳灶具有如下创新点。

(1)自动跟踪太阳,太阳能利用率高,热效率高。

(2)安装简单,易于操作,无须人工干预。

(3)造价低、使用寿命长。

(4)微电机驱动,年耗电量在 5 千瓦时以内。

(5)自动跟踪是太阳能光热利用领域的新技术,同样适用于太阳能发电等项目。

(6)太阳灶体加装适当容量的光伏板,可为自动跟踪装置供电,实现完全自动追踪太阳,是一种集成创新。

(7)产品亮点:先进、高效、新颖、价低、节能、环保、实用。产品实物如图 2-6 所示。

图 2-6　自动跟踪太阳灶产品实物图

2.1.6　可发电自动跟踪太阳灶

可发电自动跟踪太阳灶具备自动跟踪太阳的功能。不炊事时,太阳灶面聚光到光伏板发电,提高光伏板的发电功率;烹饪时,移开光伏板,可做饭、烧水等。光伏板发的电储存在锂电池中,给跟踪控制电路供电,形成一个闭环系统。

1. 系统总体构成

可发电自动跟踪太阳灶采用基于 ARM Cortex-M3 内核的 STM32 单片机作为微控制器,其核心芯片体积小,功能强,可满足系统对控制的要求。内部集成了很多功能模块,用户可以根据需要调用,不用再额外设计外围电路,控制精度高,运行速度快。在设计中用了内部集成的实时时钟(RTC)模块和内部产生的脉冲宽度调制(PWM)信号,方位角用直流减速电机齿轮传动控制,高度角采用直流推杆电机伸出、收缩控制。整个设计分为两部分,即太阳跟踪控制和太阳能光伏发电。

2. 四象限追光设计

可发电自动跟踪太阳灶追光采用光电跟踪,利用光电传感器来侦测太阳的高度角和方位角。太阳垂直照射时,对太阳灶来说,若各个方向的光照强度相同,光电传感器输出信号为1;若各个方向的光照强度不同,输出信号为0,根据传感器的信号可控制太阳灶转动,如果信号表示左边光强大,控制方位角电机就使太阳灶向左边转动。追光过程中,先调整方位角,后调整仰角,从而实现双轴跟踪太阳。该模式跟踪精度高、速度快,但对传感器的灵敏度和控制电路的响应要求较高。

光电传感器种类和型号很多,但用在室外太阳光下时系统容易出现超量程情况。在这种情况下,我们设计一个功能类似的传感器,用光敏二极管阵列做一个感光平面来检测太阳位置。如图2-7和图2-8所示,柱体底部表示一个感光平面,对角线划分的4个区域表示4个感光象限。图2-7表示太阳光直射,光线照射到底面,形成圆形光斑,光线与下方的感光平面垂直。图2-8表示太阳光斜射,照射到了圆形外的左侧,说明太阳光不与感光平面垂直,需调节其方位角和仰角使太阳光与感光平面垂直。经实验,当太阳光照在圆形区域左右时调整方位角,在圆形区域上下时调节仰角,使感光平面与太阳光垂直。将光电传感器安装在太阳灶体上,通过控制系统调整角度,使太阳灶最大圆平面与感光平面平行,使感光平面与太阳光垂直,太阳灶的聚光效果最好,实现太阳灶的双轴追光功能。

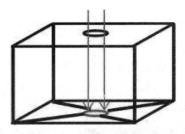

图2-7 太阳光线直射示意图

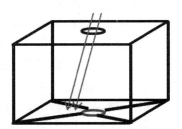

图2-8 太阳光线斜射示意图

3. 硬件设计

可发电自动跟踪太阳灶的追光控制系统由微控制器、光电传感器、驱动电机、充放电控制器、锂离子电池、电源电路、推杆电机及减速电机组成,系统框图见图2-9。

微控制系统(MCU)用STM32F103系列单片机,它有专为高性能、低成本、低功耗的嵌入式应用而设计的ARM Cortex-M3核心,体积小,功能强,可满足系统对追光控制的要求。用微型涡轮蜗杆直流减速电机拖曳方位角转动,有两个特点:①涡轮蜗杆减速电机可自锁,当电机没电时,输出轴不转动,自锁力矩是额定扭矩的1.2倍;②减速箱输出轴方向与电机轴垂直,电机输出轴比普通减速电机短,适用于安装尺寸有要求的场合。

高度角执行器用推杆电机,它是电机经过蜗轮蜗杆减速,配合丝杆螺母,把电机的转动变成丝杆的直线运动,用电机正反转来实现推杆的伸缩,以调控太阳灶的仰角。电机驱动采用大电流、低阻抗的MC33886模块,工作电压在5~12 V,最大驱动电流5 A,具有短路保护、欠压保护、过热保护等功能,而且电路板体积小巧,结构简单,操作方便,易安装。其电路见图2-10。

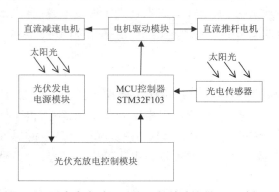

图2-9 可发电自动跟踪太阳灶的追光控制系统框图

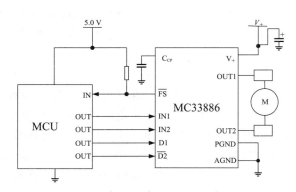

图2-10 电机驱动MC33886电路图

4.软件设计

可发电自动跟踪太阳灶是基于四象限双轴光电跟踪系统和光伏发电系统,合理搭配,形成的一个闭环系统。程序设计采用模块化编程思路,用 C 语言在 Keil C51 环境下编程实现。Keil C51 是美国 Keil Software 公司推出的与 51 系列单片机兼容的 C 语言软件开发系统。与汇编语言相比,C 语言在功能、结构性、可读性、可维护性上有明显的优势,易学易用。Keil 提供了包括 C 编译器、宏汇编、链接器、库管理和一个功能强大的仿真调试器等在内的开发方案,通过集成开发环境(μVision)将这些模块组合在一起。设计中,时钟程序和中断程序先初始化。由于太阳光较弱时,太阳灶利用价值不大,因此在 9:30—15:30,太阳光照较强的时段,系统执行智能追光程序,控制器首先读取光电传感器传来的参数,判定灶体与太阳的相对位置,如果太阳灶的灶面没有正对太阳,系统控制电机转动灶面以使其正对太阳。在光强较弱的时段,系统处于低功耗待机状态,减少蓄电池电量的消耗,整个系统的耗电量达到最小。总之,随灶体转动的光伏板发的电可自给自足,形成一个自适应闭环系统。系统软件设计流程图见图 2-11。

可发电自动跟踪太阳灶追光灵敏,自动运行稳定,可靠性强,无须人工操作,实

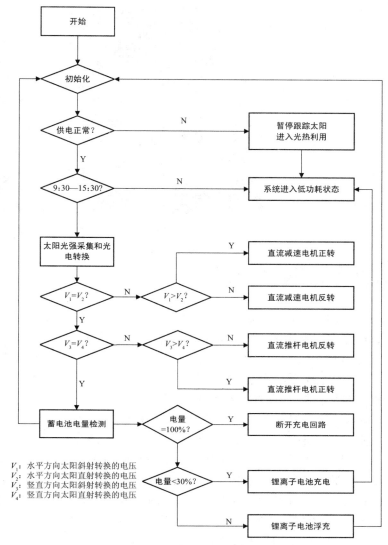

V_1:水平方向太阳斜射转换的电压
V_2:水平方向太阳直射转换的电压
V_3:竖直方向太阳斜射转换的电压
V_4:竖直方向太阳直射转换的电压

图 2-11 可发电自动跟踪太阳灶软件设计流程图

物见图 2-12。但它目前还有一些不足之处,比如,硬件电路结构不够精简,这种集成化程度低的控制电路板不利于产品化,而且太阳灶的整机体积较大,安装和拆卸不太方便。系统的电路功能基本上是完善的,但电路制作和机械加工过程较为复杂。在以后的研发中,可在便携和电路集成化上进一步研究探索,优化结构,使控制电路集成化、简单化,外部机械结构更加小巧、美观。目前的设计实现了太阳灶的聚光发电和自动跟踪太阳,可考虑增大光伏板面积,使它在不影响正常烹饪情况下输出更多的电能。除了给系统供电,还将额外储存一部分电能在锂离子电池中,以供其他小型负载使用。可发电自动跟踪太阳灶跟随太阳的运动自动追光,使太阳能电池板的发电功率最高,烹饪作业面上的温度最高,可最大限度地利用太阳能。

图 2-12　新型可发电自动跟踪太阳灶实物图

2.2　太阳能热水器

太阳能热水器是将太阳能转化为热能并储存的装置,可将水加热到较高的温度,满足使用热水的需求。太阳能热水器按集热器结构不同,可分为真空管太阳能热水器和平板太阳能热水器。目前,国内市场主要以销售真空管太阳能热水器为主,占 90% 左右的份额。真空管太阳能热水器由真空集热管、保温水箱、控制器、循环管路、管件及支架等零部件组成。真空集热管把太阳能转换成热能。太阳光穿过集热管的第 1 层玻璃照到第 2 层玻璃的选择性吸热涂层上,太阳能被吸收。由于两层玻璃之间是真空绝热的,散热大大减小(辐射传热仍然存在,但热传导和热对流可忽略),大部分热量只能传给玻璃管里的水,使之温度升高;较热的水密度变小,将沿玻璃管受热面上行进入保温水箱,水箱内温度较低的水沿着玻璃管背光面进入玻璃管补充,如此不断循环,使保温水箱内的水不断被加热,达到生产热水的目的。

平板太阳能热水器由支架、平板集热器、铜连接器、水箱、副水箱、循环管路、控制系统、辅助电加热装备等组成。平板集热器是平板太阳能热水器的核心部件,它由集热板热管、透明盖板、隔热层和壳体四部分组成。集热板热管由焊接在金属管(如铜管等)上带深色涂层的吸热板构成,吸收太阳能,将金属管里的传热介质加热,传热介质再把热量传递给水。因此,平板太阳能热水器比真空管太阳能热水器的热效率低一些,但前者产生的热水水质比后者好,使用寿命更长。有些平板太阳能热水器采用分体双回路,需要加循环泵。图 2-13 和图 2-14 分别为一体式真空管和平板太阳能热水器实物图,这两种热水器口碑较好,市场销售量在近几年稳中有升。

图 2-13　一体式真空管太阳能热水器　　　　　　图 2-14　一体式平板太阳能热水器

2.2.1　真空管太阳能热水器及其安装施工

真空管太阳能热水器的核心部件是真空集热管,其结构如同一个拉长的暖瓶胆,内外层之间为真空,见图2-15。在内玻璃管的外表面涂有太阳光谱选择性吸收涂层,用来最大限度吸收太阳能。经太阳光照射,光子撞击涂层,太阳能转化成热能,水从涂层吸热,温度升高,密度减小,热水向上运动,密度大的冷水下降。热水始终位于上部的水箱中。太阳能热水器中热水的升温主要取决于太阳光照强度。当打开厨房或洗浴间的水龙头时,热水器内的热水依靠自然落差流出,落差越大,水压越高,水流越快。

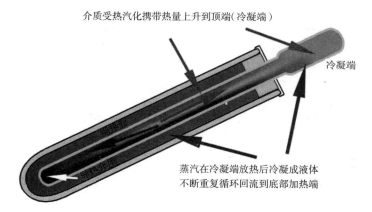

图 2-15　全玻璃太阳能真空集热管运行原理图

2.2.1.1　真空管太阳能热水器主要部件

1. 保温水箱

(1)水箱外壳:材质是 0.5 mm 左右厚的彩钢板,强度高,耐腐蚀。

(2)水箱内胆:用 0.5 mm 厚的进口 304 不锈钢板经氩弧焊焊接加工制成, 304 不锈钢板含碳量低,焊缝质量高,不易锈蚀。

(3)水箱保温:45 mm 厚聚氨酯整体发泡形成保温层,保证了太阳能热水器的热效率大于 50%。

2. 真空集热管

集热管为同轴双层玻璃结构,吸收镀层采用溅射沉积技术制备而成的渐变铝—氮/ 铝选择性吸收涂层。全玻璃真空太阳能集热管由选择性吸收涂层的内玻璃管和同轴的罩玻璃管构成,内玻璃管一端为封闭的圆顶形,一端由玻璃管封离端内带吸气剂的支撑件支撑。

3. 热水器支架

一般采用的塔式支架用钢材焊接而成,固定在基座上,并涂刷防腐涂料。

4. 智能控制器

在使用太阳能热水器时,遇到阴雨天,若要保证热水供应必须启动辅助电加热。此时需要确定水箱水温与水量是否满足使用要求,太阳能智能控制器可完成这个任务。

目前,市场上正规的太阳能热水器都安装了智能控制器,可实现上水、水温及水位显示、控制辅助电加热等功能,已成为太阳能热水器的标配。

5. 其他

(1)尾座:是固定真空集热管尾部的零件,用来保持真空玻璃管的稳定。

(2)密封圈:用于密封真空集热管与水箱连接处的零件。

(3)挡风圈:真空集热管插入水箱密封圈后,用于封堵真空管与水箱开孔的零件。

(4)地脚:用于固定太阳能热水器与屋顶基础的零部件。

一体式真空管太阳能热水器组装图如图2-16所示。

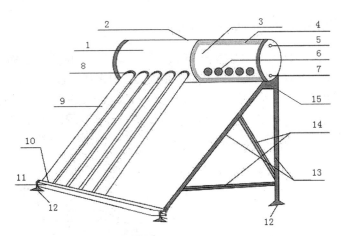

图 2-16　一体式真空管太阳能热水器组装图

1—储热水箱；2—水箱外壳；3—水箱内胆；4—保温层；5—排气孔（溢流或传感器孔）；6—真空管插孔＋硅胶圈；
7—上下水孔（或电加热插孔）；8—防尘圈；9—真空集热管；10—ABS尾托；11—尾托架；12—防风脚；
13—前后支腿；14—撑挡；15—水箱托架

2.2.1.2　太阳能热水器常用安装材料

太阳能热水器常用安装材料详见表 2-2。

表 2-2　太阳能热水器常用安装材料明细

序号	材料名称	规格/型号	序号	材料名称	规格/型号
1	铝塑热水管	1620	14	补芯	20×15 mm
2	铜球阀	DN15	15	PEX 热水管	1620
3	内、外丝直通	1620×1/2	16	两芯护套线	2×0.75 cm
4	防腐油漆、溶剂		17	六芯线	
5	等径三通	1620	18	电伴热带	
6	等径弯头	1620	19	生料带	
7	内丝弯头	1620×1/2	20	胶带	
8	外丝弯头	1620×1/2	21	铝箔胶带	
9	铜三通	DN15	22	电工胶布	
10	铜对丝	DN15	23	钢丝绳	8#
11	铜弯头	DN15	24	钢丝绳卡子	
12	管箍	DN15	25	保温棉	聚乙烯 30 mm
13	铝塑管对接头	1620×1/2	26	导线	

2.2.1.3　太阳能热水器常用安装机具及其用途

太阳能热水器常用安装机具及其用途详见表 2-3。

表 2-3　太阳能热水器常用安装机具及用途明细

序号	机具名称	规格	用途
1	塔吊		吊装
2	电钻	带不同直径的钻头	安装控制器打孔
3	冲击钻	带不同直径的钻头	开穿墙孔
4	管子割刀		截断铝塑管、交联聚乙烯（PEX）管等

序号	机具名称	规格	用途
5	扩孔器		用于割刀截断的断口扩圆,便于安装管件
6	管线钳		拧紧硬质管路紧固件或者管件
7	活扳手		拧紧螺母
8	螺丝刀	一字与十字	拧紧螺丝
9	平口钳、尖嘴钳、偏口钳		截断钢丝绳,接线
10	六角改锥		拧紧水箱法兰
11	接线钳		接线
12	壁纸刀		削皮
13	试压泵		打压试水、检漏
14	油漆刷子		涂刷防腐涂料

2.2.1.4　太阳能热水器安装步骤与施工方法

1. 安装施工总则

（1）安装太阳能热水器,应保证集热器尽量多地接收阳光的照射,不得有任何遮挡。

（2）安装太阳能热水器,不能破坏建筑物的原有结构或削弱其在寿命期内承受荷载的能力,不能破坏屋顶防水层和建筑物的附属设施。

（3）用于太阳能热水器安装的产品、配件、材料应质量合格,并有质量保证书。

（4）太阳能热水器安装,不得损害建筑物的外观和室内外设施等。

（5）太阳能热水器安装后,应实现防雷接地与主体工程一体化。安装太阳能热水器每两组焊接一组避雷针与主体避雷网焊接(避雷针比太阳能热水器的最高点至少高出 200 mm)。

（6）北方寒冷地区,热水器的室外管路必须采取防冻措施。

（7）太阳能集热器通常安装在楼顶、外墙或阳台,须有抗风加固措施,防止掉落。

2. 与建筑物的配搭要求

（1）集热器安装要求全年阳光无遮挡,正南或偏东/西10°内摆放,固定牢靠,放置于承重墙之上,保证楼面美观干净。

（2）不同纬度地区安装太阳能热水器应与前排遮挡物保证一定的距离。国内一些城市的地理纬度及集热器前后排间距见表2-4。

表2-4　我国一些城市纬度及集热器前后排间距(H 为前排遮挡物的高度)

城市	齐齐哈尔	长春	北京	太原	济南	郑州	上海	长沙	昆明	广州	海口
纬度	N47° 19′	N43° 52′	N39° 54′	N37° 52′	N36° 38′	N34° 48′	N31° 14′	N28° 11′	N25°	N23° 08′	N20° 02′
间距	2.8H	2.4H	2H	1.8H	1.7H	1.6H	1.4H	1.3H	1.1H	1.1H	0.9H

（3）在屋顶安装太阳能热水器,应面向南面,热水器四面用加钢索固定。南北走向的建筑物,太阳能热水器垂直于屋脊安装;东西走向的建筑物,太阳能热水器平行于屋脊安装。

（4）安装完太阳能热水器的屋顶,必须进行屋顶防水加强层的精细施工。

3. 一体式真空管太阳能热水器安装

一般一体式真空管太阳能热水器安装施工流程包括:安装准备→基座施工→支架安装→储热水箱组装→循环管路安装→太阳能集热器安装→管路系统试压、检漏→管路冲洗或吹洗→智能控制器安装→管路防腐、保温→系统调试、试运行→太阳能热水器移交。

1）开箱检验

开箱检验一般应检查集热器、附件与资料是否齐全；支架及配套零部件是否缺失；水箱表面是否有划痕，水箱配套零件是否缺失；真空管是否存在破损、漏气等情况，真空管配套零部件是否缺失；控制器及配套传感器、辅助电加热头、阀门等配件是否齐全，外观是否完好无损。

2）基座施工

太阳能热水器基座一般用混凝土预制或现场浇筑。屋顶上的基座一般做成长条形，防水层应完整，并由第三方监督施工和进行质检。

3）支架组装

（1）开箱检验后，将支架各个组成部分整理好，并放置在便于拿到的地方。

（2）先组装两侧的支架，把每侧的支架前立柱和后立柱分别与水箱桶托连接，并将地角固定在支架上。然后分别将两侧支架的斜拉梁固定好，详见图2-17。之后将两个侧支架立好，用热水器后立柱斜拉梁将两侧的支架连接好，见图2-18。

（3）将尾架、前架水平梁固定好，支架组装完成。

（4）在基座上，用螺母对支架进行固定连接，在整个支架组装完毕后方可拧紧螺母，如图2-19所示。

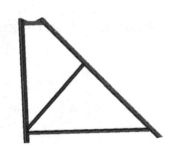 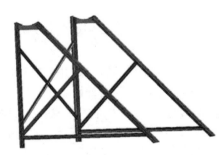 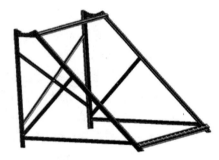

图2-17　两侧支架安装示意图　　图2-18　使用后拉梁固定好两侧支架示意图　　图2-19　支架安装完成图

4）水箱安装

（1）将水箱从包装箱中取出，取下固定在水箱上的螺母与垫片。

（2）将水箱下部螺栓插入桶托上的长孔中，垫垫片，上螺母。

（3）整机组装完毕后，撕掉水箱保护膜以及拧紧螺母。禁止用壁纸刀等锋利工具撕膜。

5）热水器固定

（1）将热水器地脚固定于带有预埋件的地脚基础上；或者制作水泥方砖，在水泥砖上打膨胀螺栓，再把热水器的地脚固定在膨胀螺栓上。固定时，确保热水器水箱水平，各地脚受力均匀，严禁地脚悬空（在台风多发地区，可用钢丝绳把水箱、支架牢靠固定在屋顶上）。

（2）在热水器组装完毕之前，不得紧固螺母。

6）真空集热管安装

（1）真空集热管安装前，要避免阳光照射，否则安装时可能造成烫伤。安装时，检查水箱孔内密封胶圈是否齐全，密封面处是否清洁、无异物、无破损，如图2-20（a）所示。

（2）安装真空集热管时，先在热水器水箱两端各安装一支，以使热水器水箱与支架整体定位。

（3）将挡风圈斜面向下，套在真空集热管开口端，距管口约10 cm，如图2-20（b）所示。插管前，可用水将管口浸湿，以便于安装。

（4）插管时，边均匀用力边旋进真空管，使其旋转进入密封圈，合力方向与真空管轴线方向一致。

（5）将真空集热管尾部套上尾座，再将尾座插入尾架上短孔，如图2-20（c）所示，将尾座左右弹性卡钩插入尾座长孔，将真空集热管固定于尾架上。

（6）真空管插入密封硅胶圈内约 1 cm。将挡风圈推至水箱孔处封堵,如图 2-20(d)所示。

（7）真空集热管全部安装就位后,紧固热水器全部螺母。

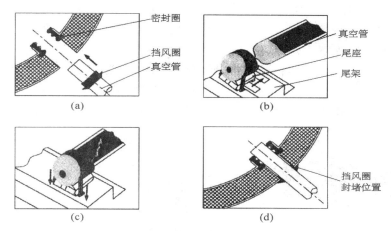

图 2-20　真空集热管安装示意图

7）室外部分安装

室外安装包括室外管路安装、管路保温、线路安装、室外避雷,如图 2-21,其中溢流出口和进出水口都接入室内。

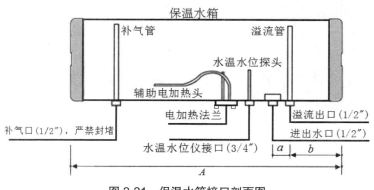

图 2-21　保温水箱接口剖面图

太阳能热水器的室外管路一般用 PEX 管、聚乙烯交联管、铜管或铝塑管。安装时,在屋顶将管路一端留在水箱附近,另一端通过管井(或烟道等)引入室内。在两端留出富裕长度,铺设管路时要一边将管路捋直一边铺设。然后将管路室内端固定在热水器的进出水口处。施工时应注意,①用落水法供水的热水器,严禁反坡安装,即热水管路(上水管路)的坡度必须沿着热水流向向下;②管路支撑间距应小于 1.5 m,金属管间距小于 2 m,要有适当的坡度;③水箱进出口先安装铜接头,再接铝塑管,以防铝塑管受力开裂。

管路保温包括电伴热带与保温棉、铝箔胶带以及附属材料。沿着管路向外依次为电伴热带、保温棉、固定保温棉的胶带,最外层为铝箔胶带。应注意,电伴热带应采用正规厂家生产的产品;保温棉材料一般采用 30 mm 厚的聚乙烯,橡塑配套保温材料;固定保温棉的胶带、铝箔胶带均要保证质量。

管路保温工序如下。①将电伴热带紧贴管路,每隔 0.5 m 用电工胶带缠紧。保证电伴热带附着在整个室外管路上。电伴热带一端用电工胶带缠紧,避免漏电,另一端留出接头,与电伴热带电源线对接。②将保温棉沿粘接缝撕开后包裹在管路上,之后用胶带固定紧。③将铝箔胶带缠绕在保温棉上。④管路保温安装图如图 2-22 所示。

管路保温施工过程中,电伴热带安装必须按照相关国家标准与电伴热带厂家说明书进行;室外管路应全部保温,不准有缺口(包括回水管),保温管横向、纵向要错口、合缝,保温管内层、外层必须合缝,铝箔纸缠紧并搭接适度,美观干净;铝箔胶带必须缠绕紧密,保证外观平整美观。

8）电气线路敷设

电气线路敷设包括电伴热带电源线、太阳能热水器传感器信号线与电加热电源线。除热水器传感器信号线外,其余线路均为护套线。电伴热带电源线采用 RVV2×0.75 护套线,传感器线采用 RVV3×0.2 护套线,电加热电源线采用 RVV3×1.0 护套线。室外线路需敷设 PVC 硬塑管作为穿线管。

安装工序如下。①在管路铺设中,线路应一同经过管井进入室内。两端留出一定的富余量以便于施工。②按相应标准、施工方案与产品说明书,将电伴热带电源线、热水器传感器线与电加热电源线接好。③电气线路和管路保温安装示意图(室外与室内部分)如图 2-23。热水器应安装在建筑避雷防护之内。若热水器高度超出建筑物避雷网保护范围,应在水箱附近接引雷器,与建筑物避雷网相连。

图 2-22　循环管路保温安装图

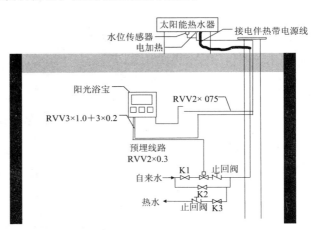

图 2-23　电气线路与管路保温安装示意图

9）室内安装

室内安装包括室内管路安装、管路保温、线路安装、控制器安装等。太阳能热水器的室内管路材质一般为铝塑管。安装示意图见图 2-24。

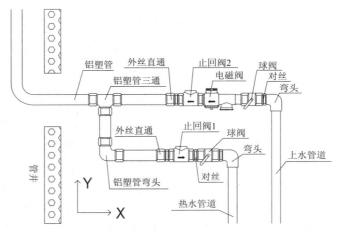

图 2-24　太阳能热水器室内管路安装图

（注:当业主热水管网内没有其他热水器时,图中"止回阀 1"可以去掉）

室内管路安装时应注意以下几点。①螺纹连接管路安装后的管螺纹根部应有 2~3 扣的外露螺纹,清理干净多余的麻丝(或生料带)。给水立管始端和装有阀门等易损配件的地方要安装可拆卸的连接件。②自来水进水端须安装止回阀,防止停水时热水倒流进入自来水管,避免自来水管损坏或者烫伤用户。③管路穿楼板时,应设置套管,套管高出楼面至少 0.05 m;管路穿楼板、屋顶时,应做好防水,且穿越前端应设固定架;管路穿墙进室内时可采用塑料管口或者其他装饰材料修饰。④管路的穿墙孔必须有坡度,外高内低,且做好密封,以防雨水、异味等进入。

室内较短的管路,一般可以不保温。业主有特别要求或管路较长时,需做保温处理。加装保温层除不装电伴热带外,其余与室外保温做法相同。保温棉外铝箔胶带要根据业主要求或者装修情况进行调整,也可选用其他材料代替。

控制器安装,应注意以下几点。① 确定安装位置,安装高度距地面 1.4~1.6 m;② 严格按施工图和控制器说明书安装控制器;③ 使用 1.5 kW 的电热器,室内配线应为铜芯线,截面积不小于 1.5 mm²,铝芯线不小于 4 mm²;④ 用带有接地保护的三极插座与主机连接,插座的容量不得小于 250 V、16 A;⑤ 控制器避免装在阴暗、潮湿处,应安装在干燥、通风和光照较好的地方。

室内线路敷设主要包括控制器接线、电伴热带电源线接线、电磁阀接线。① 接好电伴热带电源线。若控制器有电伴热带开启功能,接入控制器;若控制器没有此功能,电伴热带需要专门接一个插头,开启时插入电源插座即可。② 从控制器引出电磁阀线,另一端接到电磁阀上,将电磁阀保护盖盖好。③ 接控制器线,将预留好的传感器线接到控制器上。④ 在墙上打膨胀螺栓或钢钉时,避开墙体内埋设的电线,杜绝短路事故。⑤ 穿线应符合要求,可以借用室内通风孔和废弃不用的烟囱。⑥ PVC 硬塑管要明敷,不得在高温和易受机械损伤的场所敷设。⑦ 硬塑管的连接处必须牢固、密封,明敷硬塑管在穿过楼板易受机械损伤的地方要用钢管保护,保护高度不低于 0.5 m。明敷塑料管的固定点间距要均匀。⑧ 使用线槽或穿线管要求横平竖直,美观大方。明敷时,导线应平直,不应有松弛、扭绞和曲折。⑨ 管卡与终端转弯中点的距离为 0.15~0.5 m,中间管卡的最大距离为 1 m。导线在管内不得有接头和扭结。明敷塑料护套线时,线卡的固定距离不大于 0.3 m。⑩ 塑料护套线明敷时,导线应平直,不得有松弛、扭绞和弯折。水位、水温及水流传感器的信号线不得与连接电加热器的护套线同穿一根穿线管。

2.2.2　平板太阳能热水器及其安装施工

平板太阳能热水器抗冻性能好,不存在炸管漏水等问题,可安装在楼房阳台、窗户、屋顶及墙壁上,不受位置限制,具备与建筑一体化的条件。我国非常重视太阳能热水器与建筑一体化的应用,《民用建筑太阳能热水系统应用技术标准(GB 50364—2018)》强调先设计后施工,在全国推进太阳能与建筑一体化试点。近几年,我国在太阳能热水器与建筑一体化的技术和产品方面取得突破。阳台壁挂式太阳能热水器、集中集热—分户储热太阳能热水系统等已成为商品住宅的受欢迎产品。集热器可与水箱分离,也可以是一体的,见图 2-25。一体式平板太阳能热水器一般都安装在屋顶。首先要确定安装的方位,集热器通常正南放置,实在不能正南放置也应保证集热器与正南方向的偏差角度不大于 15°。集热器在正南、偏东、偏西 3 个方向上不能有挡光的建筑或树木。如果一幢楼安装较多太阳能热水器,整体应布局合理,照顾到每户的利益。底楼住户的集热器安装位置应靠近卫生间,住户下水立管虽较长,但屋顶管路短;反之,顶楼的住户,集热器安装位置可离卫生间远些,屋顶的管路虽长,但下水立管短,这样能使每户的水管布局大体均匀。如果一幢楼只有少数几家安装太阳能热水器,也要为以后可能安装太阳能热水器的住户预留出空间。分体式平板太阳能热水器的水箱和集热器应尽可能靠近,一般将平板集热器安装在阳面阳台外,倾角接近当地纬度,牢靠固定在挂架上。

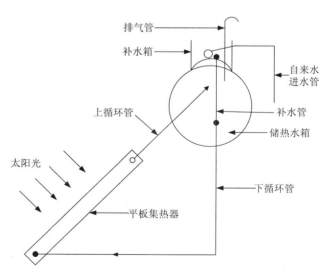

图 2-25　一体式平板太阳能热水器剖面简图

平板太阳能热水器安装施工与真空管太阳能热水器大致相同。要注意的是,平板太阳能热水器的上、下循环管下料尺寸一定要准确。否则上下循环管可能会出现反坡(指在循环系统中冷水侧高于热水侧),轻则使循环速度变慢,重则导致系统不能循环,使集热器闷晒,缩短使用寿命。

有的太阳能热水器安装,只注意上循环管的反坡而忽视下循环管的反坡。有的热水器循环效果差,热水产量不够,甚至没有热水,往往是下循环管出现反坡。安装时,集热器的放置也要有坡度。除了正南方向安装的集热器的倾角要与当地的纬度基本一致,在水平方向上,集热器放置不能摆成水平,上循环管一侧应略高于下循环管一侧。集热器下循环管一侧应安装排污阀,以便清洗时排出内部的污水;热水器的最高点应安装排气阀,防止过压胀坏水箱。

太阳能热水器安装完毕,必须做防风加固处理。水箱自身较重,不易被风吹翻;但集热器容易被风吹翻,需加固。若房顶有预埋件,要把热水器支架和预埋件焊牢,再把集热器固定于墙上的防风挂钩并连接牢固。由于房屋在建造时很少为太阳能热水器埋设预埋件,因此可把太阳能热水器的支架同房顶的通气孔、女儿墙、冷水管等固定物体连为一体进行加固。

2.2.3 热管太阳能热水器安装

热管是一种新型集热部件,在很小的表面积上利用汽化潜热高效地传热。热管主要由金属管、芯网以及将金属管抽真空后充入的与管材料及灯芯材料相容的介质组成,如图 2-26。蒸发段被太阳光照受热后,介质在芯网内汽化,在冷凝端凝结成液体,释放热量;同时被冷凝的液体在芯网毛细管力作用下流回到蒸发段,如此反复地工作。太阳能集热器用的热管为结构更简单的重力热管,去掉了网芯,是一个抽成真空并充入少量介质的金属管。没有了网芯,失去了毛细管效应,重力热管必须倾斜安装,使其冷凝端朝上。冷凝后的液体在重力作用下流回蒸发端,介质在蒸发端吸热后再流向冷凝端,如此重复工作。重力热管安装倾角必须大于8° 才能正常工作。

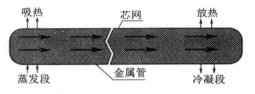

图 2-26 热管基本结构图

为提高热效率,将吸热板焊牢在热管上,跟普通管板式集热器一样。将带吸热板的热管通过玻璃—金属封接技术装入真空玻璃管内,见图 2-27,将热管的冷凝端插入储水箱中,通过介质循环加热水箱中的水。图 2-28 为分离热管式真空管太阳能热水器的工作过程图。

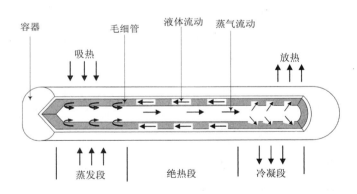

图 2-27 热管式真空集热管

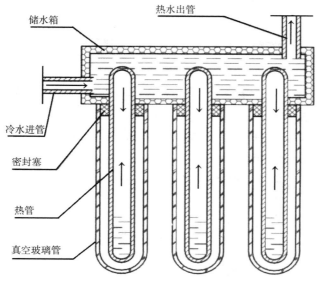

图 2-28　热管式太阳能热水器工作过程图

　　太阳能热水器的管路要尽量短,循环管路不能横平竖直,须有爬坡角。无预埋管路的建筑物安装热水管可从通气孔内通过,也可从墙外下立管(用墙钩将管子固定)。安装管路时,不可出现翻凸,如有翻凸,该处易出现气阻而阻碍水循环。

　　太阳能热水器在阴雨天不产生热水。为了全天候使用,常配有煤气热水器或电热水器,因此要把太阳能热水器的管路和其他热水器的管路接在一起,并严防冷热水串水。若有串水,会极大降低太阳能热水器的产热水效率,串水严重时,甚至会导致太阳能热水器不能使用。为减少热损,所有的热水管路都要求保温。

2.2.4　防腐和保温

2.2.4.1　防腐

　　常用的防腐材料主要是涂料。涂刷前,把溶剂和稀释剂搅拌均匀。常用的溶剂和稀释剂有汽油、煤油、乙醇等。涂料的种类不同,所用的溶剂和稀释剂也不同。在调配涂料前,仔细阅读产品说明书,如用错溶剂和稀释剂,可能造成涂料的沉淀、絮凝和结块,导致防腐不达标。

　　一般做防腐所需的工具有漆刷、小油桶、抹布、搅拌工具、喷枪、空气压缩机、手套、口罩、眼镜、钢丝刷、纱布等。防腐工作流程如下。

　　(1)刷涂料前,应先将金属表面附着的灰尘、油迹、锈迹等除去,使其露出金属光泽。如金属表面的杂物去除不干净,将会严重影响涂料与金属表面的结合,降低防腐效果。

　　(2)除垢用细钢丝刷、纱布、砂轮片等物品擦拭需要防腐设备的表面。设备表面呈现明亮的金属后,用干净棉纱或抹布擦净碎屑。可喷砂除锈,方法是采用粒径 0.5~2.0 mm 的砂子,用 0.11~0.6 MPa 的压缩空气将砂子高速喷射到金属表面除垢,此方法一般只能在工厂中进行。

　　(3)完成设备除垢后立即刷涂料。刷涂料前先调配好,即在原装涂料中加入适量稀释剂,搅拌均匀,以可刷、不流淌、不出刷纹为度。刷涂料可手工涂刷和压缩空气喷涂。手工涂刷用漆刷、滚筒、小桶进行。蘸料要适量,以免弄到桶外。刷时自上而下,自左至右,先内后外,先斜后直,先难后易,纵横交错进行。要求厚薄均匀一致,无漏刷;多遍涂刷时,必须在上一遍涂料膜干透后,方可刷下一遍。

　　(4)用压缩空气喷涂时,喷枪罐装满涂料后,启动空气压缩机,以适当速度移动,调节与被涂物的距离。以涂料不流淌为宜,空气喷涂的涂料膜较薄,多遍喷涂要控制涂料膜厚度。防腐除了使用涂料外,对要求较高的太阳能热水器还可进行喷塑和镀锌。

2.2.4.2　管路和水箱保温

选用保温材料的原则有：热导率低，绝热性能好；密度小（一般不高于 400 kg/m³）；可使用有机物制品（如棉、木屑等物）；吸湿性好；易成型，便于施工。

1. 管路保温的做法

保温材料种类、材质较多。管路保温应用较为广泛的瓦状材料由泡沫混凝土、石棉硅藻土、矿渣棉或聚苯乙烯等制成。保温方法如图 2-29 所示，以 1/2 衔接，用金属丝将外圆绑固，将金属丝接头按倒，以不妨碍下道工序施工。绑丝间距为 300 mm 左右，距瓦端面 50 mm 为宜。

毡状材料有聚氯毡、玻璃棉毡、涂塑布和矿渣棉毡等。使用前应将材料裁成条块状。一般搭接宽度在 50 mm 左右，搭接方法见图 2-30，搭接必须从管路低端向高端缠绕，用金属丝绑扎。

粉粒状材料常用硅藻土、石棉灰、石棉硅藻土、水泥等。施工方法有两种：一种是在被保温体上缠绕草绳，将粉粒状材料调成泥，抹在草绳上，待第一层干后，涂抹第二层；另一种是将粉状材料调成泥，抹在保温体上后进行草绳缠绕，最后再抹平。

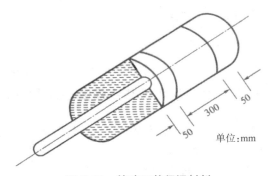

图 2-29　管路瓦状保温材料

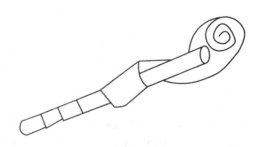

图 2-30　管路毡状材料搭接方法

2. 水箱保温的做法

水箱保温，一种方法是用聚苯乙烯泡沫板将水箱包实，再用打包带将泡沫板捆紧。另一种方法是用聚氨酯发泡剂保温。热水箱分为内胆和外壳，将内胆和外壳套好之后，用发泡机将聚氨酯的 A/B 混合料注入内胆和外壳的夹层中。如没有发泡机，可将聚氨酯发泡剂的 A 料和 B 料用一小盆混合后，手工将混合料填入夹层中。聚氨酯发泡保温效果较好，目前已得到广泛应用。

为了防止保温层受到内力或外力作用而受到破坏，延长使用寿命，在保温层外面必须加设保护层。管路的保护层一般用玻纤布或涂塑布等。施工方法是：将保护层用材料裁成幅宽 120 mm 左右，然后卷成卷。缠绕时要拉紧，一边卷一边整平，不能有褶皱、翻边现象；一般搭接以幅宽一半为准，实际上形成两层；末端一定要绑牢，避免松动或脱落。平壁水箱的保护层一般采用镀锌板、铝板或玻璃钢等。施工方法是先将固定保温板的螺帽取下，插上保护层后再将螺帽拧紧，水箱的各条边用角铝包边后，再用拉铆钉铆紧。

2.2.5　太阳能热水器调试与运行

2.2.5.1　太阳能热水器调试原则

太阳能热水器安装完毕后，应再进行全面检查，对脱落的防腐漆进行修补，管路接口外露的麻丝、生料带等要清理干净，查看集热器的方位角和高度角是否合适（如不合适及时调整），检查上、下循环管路有没有反坡，特别是下循环管的反坡很容易被忽视。如果在屋顶安装多家太阳能热水器，要避免遮阴。检查完毕后，可打压试水检漏。打压试水 1 小时后，如确实无漏水，太阳能热水器就可以试运行。

2.2.5.2　太阳能热水器调试步骤

太阳能热水器调试步骤如下。

（1）打开控制器的电源开关，使控制器能正确显示水温和水位。

（2）检查电磁阀上水停水功能。水位低于设定值时，按"上水"按钮，屏幕显示"上水"，电磁阀打开，开始上水。再按一下"上水"按钮，应能停止上水。上水至满水或设定水量时，应能可靠关闭。

（3）启动辅助电加热，查看功能是不是有效。

（4）启动控制器的其他功能，查看是否都有效。如有无效按钮，要做好记录，向有关负责人报告。

（5）开启电伴热带功能，过 20 min，查看电伴热带的温度是否上升。

（6）上水后，仔细检查一遍室内所有管路，不许有跑、冒、滴、漏现象。现在比较先进的是微电脑太阳能热水器智能控制器，如图 2-31 所示。

一般太阳能热水器的主要技术参数如下。

①使用电源：交流电 220 V，50 Hz。

②测温精度：±2 ℃，测温范围 0~99 ℃。

③控温精度：±1 ℃，水位分挡为 6 挡。

④电加热功率：1 500 W 或 2 000 W，水泵或电加热带功率小于 500 W。

⑤漏电动作电流：30 mA/0.1 s，漏电保护器外形尺寸为 200 mm×150 mm×45 mm。

⑥控制信号线电压：直流 12 V，允许环境湿度小于 85%。

⑦电磁阀：直流 12 V，可选有压力阀或无压力阀。有压力阀工作压力 0.02~0.8 MPa，适用于自来水管网。无压力阀工作压力 0 MPa，适用于水箱供水或低水压。

常见控制器背光液晶显示屏如图 2-32 所示，显示屏上的标志及含义见表 2-5。

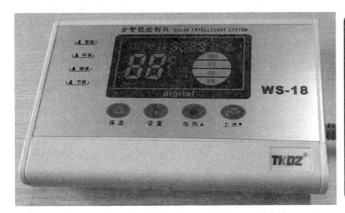

图 2-31　微电脑太阳能热水器控制器面板

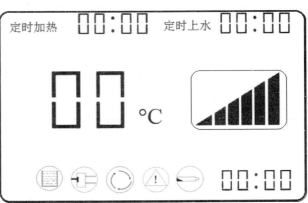

图 2-32　太阳能智能控制器背光液晶显示屏面板

表 2-5　常见太阳能热水器控制器显示屏标志及含义图

显示屏标志	含义
	表明正在上水
	表明电伴热带加热或管路循环正在进行中
	表明电加热器处于循环加热状态
	表明系统发生故障，等待排除

显示屏标志	含义
	表明停电时内部充电电池启动
00:00	显示当前时间
	自左而右用六格竖线显示水箱水位（水量），每格约为水箱容积的1/6（竖线数量因品牌或机型而异）
定时上水 00:00	显示设定的开始上水时间（24小时制）
定时加热 00:00	显示设定的电加热启动时间（24小时制）
00℃	显示水箱的实际水温

以下简要介绍太阳能热水器控制器操作规程。

1. 启动默认程序

在确定水箱上满水后，有简单操作和规范化操作两种方法启动默认程序。

（1）简单操作：在中午12点（误差2 min）接上电源（注意：必须使用单相三极10 A插座，接地要可靠），10秒后，热水器将按预设默认程序自动运行。具体参数设置实例见表2-6。

表2-6 太阳能热水器参数设置实例

项目	默认水温	默认水位	定时加热时间	定时上水时间	背光
默认数值	50 ℃	6格（满水）	16:00	22:00	开

（2）误差调整：热水器长期运行后，时钟显示值可能会与当地标准时间有误差，可根据实际情况进行调整。

2. 水位显示

水箱水位共分6格，到达设定水位时，报警3长声；第1格消失时，缺水报警10短声；水箱无水15 min后自动上水。

3. 主要功能操作

1）手动上水

当水位低于预置水位时，按键上水，可实现手动上水至预置水位。在上水过程中，再按一下上水键，则停止上水。当水箱水温高于95 ℃且无水时，系统禁止上水，以保护集热管不因骤冷而炸管。上水过程中，上水标志灯（绿灯）点亮。

2）定时上水

液晶显示屏显示的上水时间就是自动上水的时间。到达设定时间后，如果水位低于设定值，将自动开始上水，到达设定水位停止。在显示上水时间时，按一下定时上水键，显示就变为"——:——"，定时上水取消；在取消状态下，再次按一下定时上水键，显示上水时间，定时上水启动。上水过程中，上水标志灯（绿灯）点亮。

3）手动加热

当水温低于预置温度时，按手动加热键，可实现加热至预置温度后自动停止加热。在加热过程中，再按一下手动加热键，则停止加热。当水箱水位不足3格时，按手动加热键，控制器将先自动上水到所设定水位后，自动启动电加热。加热过程中，电加热指示灯（红灯）亮，温度符号℃闪烁，背光闪烁（背光开时）。

4) 定时加热

液晶显示屏显示的加热时间就是电加热自动启动时间。到达设定时间后,如果水温低于设定值,电加热启动,直至达到设定水温停止。如果水箱水位低于 3 格,将先自动上水到设定水位,然后自动启动电加热。在显示电加热时间时,按一下定时加热键,显示就变为"——:——",定时加热取消;在取消状态下,再按一次定时加热键,显示加热时间,定时加热启动。加热过程中,电加热指示灯(红灯)亮,温度符号℃闪烁,背光闪烁(背光开时)。

5) 循环加热

同时按上调键▲和下调键▼,直到循环加热标志(i)出现,循环加热功能启动。再次同时按上调键▲和下调键▼,循环标志(i)将消失,循环加热功能取消。出现循环加热标志后,需手动或定时启动加热,将水温加热到高于设定温度后停止;当水温逐渐降低到低于设定温度 5 ℃时,系统自启动循环加热;直到高于设定温度后停止,如此反复循环。循环加热功能在水位高于 3 格时有效。加热过程中,电加热指示灯(红灯)亮,温度符号℃闪烁,背光闪烁(背光开始)。

6) 电伴热带管路保温

同时按下手动加热键和自动加热键,直到管路保温启动标志(l)出现,表示管路保温启动;再次同时按下手动加热键和自动加热键,直到管路保温启动标志(l)消失,表示管路保温关闭。出现管路保温启动标志后,管路线电伴热带开始工作,加热管路防止管路冻裂。

7) 管路循环

同时按下手动加热键和自动加热键,直到听到"嘀"响一声,表示管路循环功能启动;再次同时按下手动加热键和自动加热键,直到听见"嘀"响一声,表示管路循环功能关闭;管路循环启动后,管路泵定时工作循环管路中的水,可实现一开就有热水。

太阳能热水器一般还有如下组合键:

(1) 手动上水键 + 自动上水键:背光灯开/关;

(2) 手动加热键 + 自动加热键:启动/关闭管路保温或管路循环;

(3) ▲ + ▼:循环加热开/关;

(4) ▲ + 功能键 + ▼:复位,恢复出厂设置。

2.2.5.3　太阳能热水器的运行

天气晴好时,可以检查太阳能热水器的运行效果。先给水箱灌水,当水灌到还没有淹过上循环管口时停止。等待 15 min 左右,手摸上循环管会感到热。接着继续灌水,将热水箱灌满。水满后,上循环管如果温度迅速冷下来,说明太阳能热水器循环良好;如果上循环管温度下降不明显,说明循环不好,要找出原因,及时检修。水箱满水时,检查上下循环管的温差。如果上下循环管温差明显,说明循环效果好;反之说明循环效果不好。

2.2.6　太阳能热水器常见问题及排除方法

1. 天气晴好时,热水器显示水温不低,但用水时没有热水

这可能是因为水压不稳定或自来水压力过大,使得热水器中的热水下不来。应观察热水阀门的开关是否没有开大,或把冷水阀门关小;若还不行,可以增加供水泵来加大热水的出水水压,或是把热水器出水管加粗。

若冬季出现此现象,可能是室外管路被冻住,应检查电伴热带是否启动或者失效,若失效应及时更换。

2. 天气晴好时,热水器里的水不热

在使用中,不要频繁给水箱补充冷水,记住每天的上水时刻,尽量在上水前使用热水。查看楼顶的遮挡情况,集热器正南不要有广告牌或其他热水器,否则直接影响集热效果。

3. 热水水温不稳定,经常变化

可能原因是自来水水压不稳;屋内其他用水点增加或减少,使冷水水压和热水流量变化导致水温变化。

4. 辅助电加热工作中,热水器会发出响声

应注意,这属于正常现象,不是故障。如果电加热不热,应检查加热丝是否熔断、接线是否接触不良、电源插座是否有问题以及漏电保护器复位按钮是否已按下。

5. 上水满水后水位从 6 格变成 5 格

这是正常的,因为在上水到达 5 格后,水箱里的水会有扰动,水位计误认为 6 格,使得控制器控制电磁阀停止上水。当水箱水平静下来,水位显示 5 格。

6. 控制器屏幕出现 E8

可能是以下情况:

(1)如果没有接水温水位探头,插上电源会显示 E8,这是正常情况;

(2)信号线末端半月形接线插头与热水器没有接好;

(3)三根细信号线接错,探头里一个三极管烧坏,应更换探头或请生产厂家维修;

(4)信号线截断重接时,线路连接不好或错接也会出现这种情况;

(5)三极插座头坏,信号传输不到;

(6)传感器水位探头漏水。

7. 控制器屏幕上显示 E4

这说明内部数据错误,需找厂家维修或者更换控制器。

8. 热水器显示 E9

这表示打开电磁阀长时间(20 min)上水后,水位没有达到 1 格。可能的原因有两个。①电磁阀坏了,控制器试图打开电磁阀但事实上并未上水,20 min 后水位肯定是 0 格;②水位计进水导致内部预存数据清零,但没有损坏,仍能传出信号,只是信号可能是 0 格或者满格,此时虽然上水但水位信号传回热水器的信号始终为 0。

9. 水箱里没水情况下显示 6 格(即水箱显示水位满格却放不出热水)

可能是如下情况。

(1)水温水位仪冻住,传感器始终显示满水位。此时只要热水器里的水解冻,即可恢复正常。

(2)水位口和压力传感器连接处的橡皮圈没有通孔,压力传感器里的气压使显示器显示 6 格。此时只要把压力传感器的橡皮圈拆下,使橡皮圈通孔即可恢复正常。

(3)水垢将传感器探头堵上使之失灵,应及时将水垢清除。

(4)传感器损坏,应及时更换传感器。

(5)若冬天出现此现象,可能是室外管路因电伴热带未开启或电伴热带失效而被冻上,导致热水无法进入室内。用户应保证冬天时开启电伴热带。

10. 辅助电加热时,指示灯闪动,温度显示处有时出现 E8,有时无显示

可能原因是电加热或用户家中插座火线、零线虚接。如插座不是左零右火,此时漏电保护会对变压器产生干扰,也会产生这种现象。

11. 太阳能热水器上不去水

可能是如下情况。

(1)电磁阀坏了,或者接线错误。应及时更换电磁阀或检查接线。

(2)若热水器显示满格而实际上没水,参考“水箱里没水情况下显示 6 格”情况与故障排除方法。可能是通气孔堵塞,水箱内气体排不出去致使上不去水。

(3)若冬天出现此现象,可能是室外管路因电伴热带未开启或电伴热带失效而被冻上,自来水无法进入水箱。用户应保证冬天时开启电伴热带。

(4)自来水水压偏低或者停水。

12. 屋顶太阳能水箱从排气孔向外溢水

可能是如下情况。

（1）传感器故障,应及时更换传感器。

（2）室内热水管网中有其他承压设备,如燃气热水器等。由于这些设备与自来水管路连通,导致热水管网内的水压为自来水水压,使热水管网内的水沿着热水管返回到屋顶太阳能水箱,水满后即从水箱排气孔溢水。

13. 管路漏水

（1）可能是接头管件松脱或密封不良,应拧紧或更换管件。

（2）可能是管路或其他配件泄漏,应及时更换或维修。

2.2.7　太阳能热水器日常维护和保养

维护保养有利于保持太阳能热水器的最佳性能,保证正常使用及延长使用寿命。若热水器运行稳定,则日常维护比较简单,不需专人管理,但要定期检查,不可疏忽大意。日常维护的主要项目有:

（1）定期巡查,记录运行情况,形成书面资料,存档备查;

（2）不定期擦洗真空集热管,保持其表面洁净,以保证较高的集热效率;

（3）根据当地的水质和系统情况,每半年清理 1 次系统中的水垢;

（4）根据当地的自然条件,做好支架和水箱的防锈修补;

（5）北方入冬前,检查管路的保温情况,寒冷地区暴露在室外的管路严格保温,以保证冬季太阳能热水器的正常运行和减少热损失;

（6）及时更换系统中失效的真空集热管和其他零部件、配件;

（7）阴雨天开启辅助电加热前,先查看水箱水位,若水位过低会造成电加热干烧,引发事故;

（8）雷雨天禁止使用太阳能热水器,应将电源插头拔掉,防止雷击;

（9）压力传感器通过探头中的"细导管"与水箱连通,在北方寒冷地区为保证导管中的水冬季不结冰,若外界环境温度达到 0 ℃以下,最后一次使用热水后应立刻手动上水,即在低温环境下尽量保持热水器满水,防止压力传感器结冰受损;

（10）非承压式太阳能热水器需要与大气相通,不可堵塞通气孔,否则会影响热水出水效果;

（11）首次使用前或长期停用再次使用前,均应对集热器、水箱、循环管路、控制器和安全阀等进行一次全面检查,发现问题,应及时解决。

2.3　太阳能热水系统

2.3.1　简述和分类

太阳能热水系统利用太阳能集热器群,收集太阳能,把水加热,通过控制系统自动控制循环泵或电磁阀等功能部件将热水经保温管路传输到储热水箱中,是目前太阳能光热利用领域中经济价值最高、技术最成熟的商业化产品。太阳能热水系统比电热水器产生的热水更多,适合安装于人员集中居住的场所。从使用经验看,太阳能热水系统具有节能环保、不占空间、安全可靠、无须值守等优点,在我国已得到大范围推广。按介质循环方式分为自然循环式太阳能热水系统、强制循环式太阳能热水系统、直流式太阳能热水系统三种。

国际标准 ISO 9459 对太阳能热水系统提出了分类标准,即按照太阳能热水系统的 7 个特征进行分类,其中每个特征又有 2~3 种类型,构成一个严谨的太阳能热水系统体系,详见表 2-7。

表 2-7　太阳能热水系统的分类

特征	类型		
	A	B	C
1	太阳能单独系统	太阳能预热系统	太阳能带辅助能源系统
2	直接系统	间接系统	
3	敞开系统	开口系统	封闭系统
4	充满系统	回流系统	排放系统
5	自然循环系统	强制循环系统	
6	循环系统	直流系统	
7	分体式系统	紧凑式系统	整体式系统

（1）按太阳能集热器的类型不同,太阳能热水系统可分为平板太阳能热水系统、真空管太阳能热水系统、U 形管太阳能热水系统、热管太阳能热水系统、采用陶瓷太阳能集热器的太阳能热水系统。

（2）根据用户对热水的需求量,确定保温水箱的容量。按照保温水箱的容积,太阳能热水系统可分为:①家用太阳能热水系统,是指保温水箱容积小于 0.6 m³ 的太阳能热水系统;②公用太阳能热水系统,是指保温水箱容积不小于 0.6 m³ 的太阳能热水系统。

（3）按加热介质的流动方式不同,太阳能热水系统可分为自然循环系统、强制循环系统、直流系统。

2.3.2　太阳能热水系统组成

太阳能热水系统主要由以下部分组成。

1. 集热器群（阵列）

多个集热器串联、并联形成的阵列就是集热器群。和电热水系统、燃气热水系统不同,太阳能集热器群是把太阳能转化为热能,把热量传给介质,故加热时间只限于有太阳光照的白天,阴雨天或者集热器无法正常运行时,就需要辅助热源,如锅炉、热泵、辅助电加热等。

2. 保温水箱

太阳能热水系统只能在晴好的白天工作,必须用保温水箱储存集热器产出的热水。一般水箱容积不小于每天用热水量的总和。搪瓷内胆承压保温水箱的保温效果好,耐腐蚀,水质清洁,使用寿命可达 20 年以上。

3. 循环管路

热水从集热器输送到保温水箱,冷水从保温水箱流回集热器,形成一个闭合环路。设计合理、连接正确的循环管路对太阳能热水系统达到最佳工作状态至关重要。水箱与集热器的位置决定管路的走向。安装时,循环管路必须有一定的坡度,北方室外管路要做保温防冻处理。在不影响集热效率的条件下,应尽可能缩短管路、减少不必要的弯道,从而减少热损失。热水管可以低于集热器,但应做好排气。管路的材质须有很高的质量,应保证有 20 年以上的使用寿命。

4. 控制中心

控制中心负责整个太阳能热水系统的监控、运行、调节等,可以通过互联网远程监控系统的工作状态。太阳能热水系统控制中心主要由传感器、微电脑（或 PLC）、网络（局域网＋互联网）、相关软件、线缆、电控箱等组成。

5. 换热器

换热器装在水箱内部,将热量从一种介质传递到另一种介质。板壳式全焊接换热器吸纳了可拆板式换热器高效、紧凑的优点,克服了管壳式换热器换热效率低、占地大的缺点。板壳式换热器传热板呈波状椭圆形,板片长,大大提高了换热效率,广泛用于高温、高压条件的工况。换热器在太阳能热水系统的位置如图

2-33 所示。

2.3.3　自然循环太阳能热水系统

这种系统依靠集热器和水箱中水的温差,形成热虹吸压头,使水在系统中循环。与此同时,将集热器吸收太阳能加热的水,储存在储热水箱内。系统运行中,集热器内的水被太阳能加热,温度升高,密度降低,加热的水在集热器内上升,从集热器的上循环管进入储热水箱的上部;与此同时,储热水箱底部的冷水由下循环

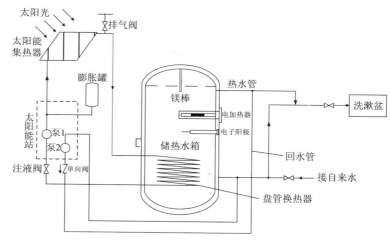

图 2-33　换热器在自然循环太阳能热水系统的位置图

管流入集热器的底部;循环一段时间后,储热水箱中的水形成明显的温度分层,上层水首先达到可用的温度,直至整个水箱的水都可以使用。自然循环太阳能热水系统简图和运行原理图见图 2-34。

用户使用热水时,有两种取热水的方法。一种是有补水箱,由补水箱向储热水箱底部补充冷水,将储热水箱上层热水顶出,其水位由补水箱内的水位仪(如浮球阀)控制,称为顶水法;另一种是无补水箱,热水靠本身重力从储热水箱落下,称为落水法。

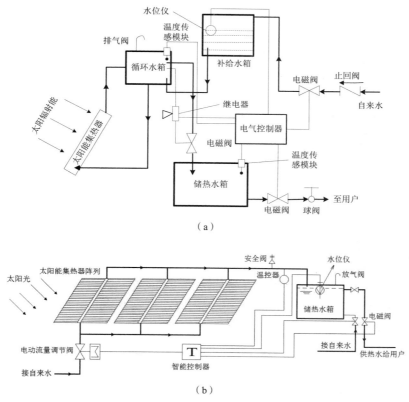

(a)

(b)

图 2-34　自然循环式太阳能热水系统

(a)简图;(b)运行原理图

自然循环太阳能热水系统,储热水箱必须高出集热器至少 85 cm。否则,系统可能无法正常循环。

目前,国内安装施工水平参差不齐,有待提高。集热器问题不大,但辅材问题不断,系统能耗比较大。一些工程设计不够精细;会商和技术交底制度落实不到位;施工图纸粗陋,甚至根本没有;师傅带徒弟,干活凭

经验;图上没有,全靠心里走;时常缺少零配件,临时到店里买,出问题的可能就是这些小配件。比如太阳能热水系统用的垫片都要高于普通热水系统的使用标准,高温时可达 100 ℃,低温时有可能达到 -20 ℃,如此反复使用,普通垫片不漏水就不可能了。

2.3.3.1 安装施工前的准备工作

安装施工前,应仔细阅读自然循环太阳能热水系统施工图纸等技术文件,弄清总体方案,理解设计意图。然后,认真勘查现场,根据施工所处的地理位置、供水、供电以及环境条件,选好安装地点,构思基座方案;规划集热器布置,循环管路的走向,进水管、出水管的安装方案,保温水箱的安装位置以及控制器放置等。勘查现场时做好记录,有些信息可以通过资料获得,有些要向用户了解。必须向用户了解有无特殊情况和要求,如安装现场是否在风口、是否易发生雷击以及管路走向等。

自然循环太阳能热水系统安装技术性强,并非所有的用户都能全面、清楚地表达其诉求。因此,安装人员应配合工程师,对用户所提供的信息进行分析研究,勘测现场,掌握第一手资料。把整个系统了解清楚后,再准备施工机具和材料。施工材料分为两部分:一部分为直接购置部分,如水管、角钢、槽钢、三通、弯头、阀门、管配件等;另一部分需在工厂加工或者购买成品,如集热器、保温水箱电磁阀、水泵等。

2.3.3.2 施工注意事项

(1)做好入场准备,熟悉施工现场,遵守规章制度,进行施工前的安全操作及文明作业教育培训。

(2)施工前,首先检查安装施工机具、防护用具、安全绳、梯子等是否齐全、好用、可靠。

(3)施工前,详细检查设备、管路、管件、材料是否齐全,质量是否达标。

(4)施工时,作业人员穿着工装,戴好安全帽和手套;在坡屋顶作业时,必须系好安全绳。

(5)遇大风、雨、雪等天气以及夜晚禁止施工。必须夜间施工时,须经政府有关部门批准。

(6)吊装时必须系安全带并做好防护,室外固定管路下吊笼前,先检查钢丝绳等是否牢靠,并避开建筑物周围的电线,吊笼下不得站人或囤积其他物品。吊装中,应谨慎操作,避免出现事故。

(7)落实安全用电,严禁违章用电。

(8)在屋顶/楼顶施工时,应做到物件轻拿轻放。

(9)焊接作业时,应佩戴防护面罩和手套,屋顶应有保护措施,以免焊渣烫坏屋顶。

(10)现场材料及工具摆放合理、有序,做到完工料净、场地清。

(11)屋顶安装,不得破坏房屋防水层。如有破坏,必须及时修补好。

2.3.3.3 安装施工机具和材料

包括指南针、套丝机、砂轮锯、试压泵、套丝板、管线钳、活扳手、钢锯、压力钳、手锤、煨弯器、气焊机、电焊机、焊条、激光测距仪、水平尺、直角尺、钢卷尺、盒尺、线坠、量角器、吊车、钢丝绳、电钻、冲击钻、电锤、螺丝刀、切割机、防腐涂料、刷子等。

2.3.3.4 施工内容

自然循环太阳能热水系统安装包括基座施工、钢结构支架、集热器安装、保温水箱安装、管路及阀门安装、检漏及冲洗、防腐与保温、辅助加热设备安装、电气与自动控制系统安装、落实施工安全措施、维护管理等各方面的基本要求及方法。

2.3.3.5 施工基本要求

太阳能热水系统的安装应符合设计要求。太阳能热水系统安装前应具备下列条件:

(1)设计文件齐备,已完成技术交底;

(2)施工组织设计及施工方案已获批准;

(3)施工场地已经查验,符合工程设计要求;

(4)现场水、电、场地、道路等条件能满足正常施工需要;

(5)预留基座、孔洞、预埋件和设施符合设计图纸,并已验收合格;

(6)既有建筑经结构复核或法定检测机构同意安装太阳能热水系统的鉴定文件;

（7）各种施工机具、辅助设备和材料准备齐全；

（8）安全员、材料员、现场技术员、施工人员已经过培训，并考核合格。进场的太阳能热水工程产品、配件、材料及其性能、外观等应符合设计、现行国家及行业相关标准，成品均须有生产合格证和产品说明书。

自然循环太阳能热水系统的安装，要编制施工组织方案，内容包括：①施工部署、组织架构及主要负责人员简历，安全员不得兼职；②施工进度计划及施工方法，包括分项分部施工方案；③安装过程质量控制、材料质量保证措施以及施工安全措施；④文明作业管理和环境保护；⑤经济技术指标核算，是对各种设备、物资和资源利用状况及其结果的度量体系；⑥施工人员的岗前培训；⑦与主体结构施工、设备安装、装饰装修的协调配合方案。

太阳能热水系统的安装应由专业队伍或经过培训并考核合格的人员进行。系统安装中，产品和物件在存放、搬运、吊装过程中不应碰撞和损坏，半成品应妥善保护。管路、设备试验及系统调试、分项及联动验收按设计要求及现行国家、地方和行业标准执行。安装太阳能热水系统不许损坏建筑物的结构，不影响建筑物在设计年限内承载能力，不得影响建筑物的使用功能；不许破坏屋顶防水层和建筑物的附属设施，已完成的土建工程部位应采取保护措施。

2.3.3.6　基座施工规范

1. 太阳能热水系统基座（基础）施工基本要求

（1）太阳能热水系统基座（基础）为混凝土或钢结构，单跨跨度大于 2 m 或高度高于 1 m 的钢结构，由资质过硬的单位设计、施工。

（2）钢基座及混凝土基座的预埋件，在安装前应涂防腐涂料或采取防腐措施，并妥善保护。

（3）预埋件应在主体结构施工之前埋入，预埋件的位置与集热器支撑点对应，预埋件与主体结构缝隙处用混凝土浇筑捣实。

（4）在现有建筑上安装太阳能热水系统，若刨开屋顶面层做基座，基座完工并做好屋顶的防水保温后，不可以再在屋顶上凿孔打洞。

（5）对于现浇屋顶，预埋件与屋顶固定后，再做混凝土基座。

（6）基座的上平面在同一个水平面上，误差不超过 ±5 mm。

（7）节点注意防水处理，做好附加防水层，符合《屋面工程质量验收规范（ GB 50207—2012 ）》的要求。

2. 太阳能热水系统基座（基础）施工法

基座包括集热器基座和储热水箱基座。必须在太阳能热水工程施工中最先做好基座，它是后续施工中布局的依据。

对于太阳能集热器基座施工有如下要求：

（1）混凝土基座预埋件应居中设置，外观平整，无质量缺陷；

（2）基座摆放整齐，放置平稳，不应破坏屋顶防水层；

（3）基座宜设置在建筑物的承重位置；

（4）基础做完后，防水破坏部分应重新做防水处理，应由专业人员完成；

（5）在轻型屋顶上制作基座，应与建筑主体连接牢固，连接成一个整体，可以焊接，也可以螺栓固定；

（6）对于在既有建筑上的太阳能集热器基座，根据实际情况，宜用预制混凝土基础（混凝土上表面尺寸不得小于 200 mm × 200 mm，预留 M12 焊接螺栓）、现浇混凝土基础（基础预留 8 mm 厚钢板）或混凝土与钢构相结合的基座，禁止采用砖砌基础；

（7）基座底部预留流水孔，基座外表应光滑、美观，基座样式、尺寸大小、高度、前后左右、颜色应一致，混凝土基座标高、截面允许尺寸误差 ±5 mm，钢结构基座允许尺寸误差 ±3 mm，混凝土标号 C20~C25。

保温水箱基座施工有如下要求：

（1）应设置在建筑物的承重墙（梁）上；

（2）保温水箱基座应做好防护；

（3）全部基座应找平；

（4）保温水箱基座四周及顶部应留有不少于 600 mm 的维修空间；

（5）拼装水箱基座尺寸、材料按设计要求制作；

（6）承重墙或梁跨度在水箱底座范围内的，在其上制作基座，基座中心线与水箱底座中心线相对应；

（7）承重墙或梁跨度大于水箱底座的，须用钢结构基座，采用焊接或螺栓连接，做防腐处理；

（8）混凝土基座允许尺寸误差 ±10 mm，钢结构基座允许尺寸误差 ±3 mm；

（9）放置楼顶上面的保温水箱，必须做混凝土基础，且强度达到设计要求。

落地式控制柜必须制作水泥墩基座，且高出地面不少于 15 cm。

2.3.3.7　钢结构支架的安装工艺和注意事项

1. 安装基本要求

（1）太阳能支架及其材料应符合设计要求。支架的施工应符合《钢结构工程施工质量验收标准（GB 50205—2020）》的要求。

（2）钢结构支架放置时，在不影响承载力的前提下，要做到有利于排水。由于结构或其他原因造成不易排水时，应采取合理的排水措施，确保排水畅通。

（3）用方管制作支架时，方管中间不许钻孔，方管两端用盲板密封，以防雨水进入导致腐蚀。当由于结构或其他原因造成积水时，应采取合理的排水措施。

（4）根据现场条件，太阳能支架应采取抗风措施。

（5）焊缝应均匀，焊缝与焊缝、焊缝与钢材应过渡平滑，并清除干净焊渣和飞溅物。

（6）太阳能支架必须处于建筑物的防雷保护区内，支架应与防雷网多点焊接。选择圆钢焊接时，采用双面焊，搭接长度为圆钢直径的 6 倍；选择扁钢焊接时，采用全边焊接，搭接长度为使用扁钢的 2 倍。支架处于建筑物的防雷保护区之外时，应由专业防雷公司单独制作避雷装置。

（7）支架防腐处理程序为：除锈→刷底漆→底漆干透→刷面漆→面漆干透。

2. 安装注意事项

（1）太阳能集热器支架角度、排间距严格按设计放置，但可以微调。

（2）太阳能集热器支架的刚度、强度、防腐性能应满足要求。

（3）太阳能集热器支架应按设计要求安装在基座上，并与主体结构固定牢靠。

（4）支架应安装到位，螺栓、螺母、垫圈无缺少且紧固，支架不晃动。

（5）集热器支架在紧固前应进行调节，支架对角线尺寸偏差不大于 3 mm，东西两侧高度偏差不大于 2 mm。

（6）太阳能集热器前后排支架之间应连接成一个整体，最前排和最后排的支架应与建筑物可靠固定，以确保支架有足够抗风强度。

（7）太阳能集热器支架应整体美观、协调。

3. 安装施工

太阳能钢结构支架，应严格依据钢结构施工图安装，主要分为三个部分。

（1）支架材料的矫正。太阳能支架主结构绝大部分由角钢、槽钢和钢板构成。进场时，应查验这些材料是否合格。在放样、号料和拼装之前，应矫正不符合要求的材料。矫正后的钢材表面不应有凹陷及其他损伤。对受力构件中的零部件，在冷矫正和冷弯曲时，曲率半径不宜过小，以免钢材丧失塑性或出现裂纹。

（2）支架拼装，是把已矫正、下好的钢材进行组合、固定。先在需焊接的部位进行清理，清除铁锈、飞刺、污物。一些承载构件在焊接前的拼装中，要严格按照规定执行。在拼装中，应保证构件的实际尺寸符合设计要求，不得违反相关规定。

（3）支架焊接。施工中电焊焊接工作量大，要求高。如果焊接不达标，后续的工作难以进行，补救会造成较大的损失。因此，虽然整体结构的制作操作技术含量并不太高，但关键部位的焊接必须要由技术过硬的焊工操作，确保太阳能支架的强度。对于其他不太重要的焊接部位，可由考核合格的焊工在有经验人员的指导下进行。在焊接中，可能出现以下问题：①未焊透（焊接速度过快，电流过小，焊条熔点低，焊接表面有脏

物);②咬肉(电流过大,电弧拉得太长,焊条摆动方法不对);③气孔(焊接速度过快,焊条不稳,焊接表面有油脂、氧化物或锈皮;电流过大、焊条潮湿也会出现气孔);④夹渣(气割渣、电焊残渣未清除,熔化金属黏度大,焊条皮密度大,焊条摆动方法不对);⑤裂纹(热应力过于集中,冷却过快,焊缝残留磷、硫等杂质,或者焊条牌号选择不对);⑥表面残缺(焊缝宽度、高度不合要求,焊缝不直,有熔化金属飞溅物或焊瘤)。

4. 太阳能支架的防腐

根据钢结构支架的制作工艺要求,防腐要在钢结构施工前进行,如材料矫正、除锈后刷油漆等。钢结构安装结束,经质量检验后,应进行"破损补刷",其目的是:① 材料的防锈、除污工作容易进行;②油漆工作效率高,质量容易保证;③防止裸材在堆积中增厚腐蚀层而不便于使用。第一遍底漆风干后,再涂刷第二遍面漆。

5. 太阳能支架阵列的校准

太阳能热水系统设备安装前,要将所有拼装(焊接)后的构件矫正在图纸要求的允差范围内。安装单跨集热器支架阵列或多跨集热器支架阵列时,应以第一跨为准校正其他各跨尺寸和几何造型。这种综合安装方法使装置整体更趋于规格化和一致性。

2.3.3.8　循环管路安装

走水管路安装应符合《室内给水管道安装施工工艺标准(SGBZ—0502)》和《建筑给水排水及采暖工程施工质量验收规范(GB 50242—2002)》。

管路可用铝塑管、复合管、镀锌钢管和铜管。管路尽量利用自然弯补偿热胀冷缩,直线段过长应加装补偿器。补偿器规格、型号、位置应符合设计要求,按有关规定进行预拉伸。在循环管路安装过程中,为了减少循环水头损失,应尽量缩短上、下管路的长度,减少弯头数量,用大于 4 倍曲率半径、内壁光滑的弯头和顺流三通;设置多台集热器时,集热器可以并联、串联或混联,但要保证流量均匀,为防止短路和滞流,循环管路要对称安装,各回路的循环水头损失尽量平衡;为防止气阻和滞流,循环管路须有 3% 左右的坡度,排气管路最高点应设通气管或排气阀;循环管路最低点应加装泄水阀,使存水能全部泄净,每台集热器出口处都应加装温度计测温。

自然循环太阳能热水系统安装完成后,未做保温前,应进行管路水压试验,其压力值应为管路系统压力的 1.5 倍,最小不低于 0.5 MPa。管路试压完毕后,做冲洗或吹洗,直至将污物冲净为止。另外,还要按设计要求,做好室外管路保温。

2.3.3.9　太阳能集热器群的安装施工

安装前,应检查设备规格、型号、外观及性能参数是否符合要求,成品应有出厂合格证和产品说明书。

(1)太阳能集热器的性能检查主要包括以下内容(以平板集热器为例)。①透明盖板宜采用 3 ~5 mm 厚的钢化玻璃,它对短波太阳辐射的透过率高,对长波热辐射的反射和吸收率高,耐气候性、耐久、耐热性好,质轻并有一定强度。②集热板为深色聚合物复合材料,具有吸光率高、耐气候性、附着力大和强度高的特点。③集热管要求导热系数高,内壁光滑,水流摩擦力小,不易锈蚀,不污染水质,强度高,耐久性好,用铜管、不锈钢管、镀锌碳素钢管或合金铝管。筒式集热器可用厚度为 2~3 mm 的塑料管(硬聚氯乙烯管)等。④集热器应有保温层和外壳,保温层可用矿棉、玻璃棉、泡沫塑料等,外壳可用铝合金、不锈钢、玻璃钢等材质。经现场勘查,清楚集热器怎样布置、连接,相邻两排集热器的间距以及水流量调节等。

(2)太阳能集热器群安装基本要求主要包括以下内容。①太阳能集热器排与排的间距应符合设计要求,避免遮挡阳光或浪费空间。②太阳能集热器联集管水箱、尾座固定在集热器支架上,并确保联集管水箱、尾座摆放整齐、一致、牢固、无歪斜。③太阳能集热器安装倾角和方位应符合设计要求,安装倾角误差为±3°。集热器应与建筑主体结构或集热器支架固定牢靠,防止滑脱,且集热器支架要进行临时固定。

(3)真空管式太阳能集热器安装规定包括如下内容。①太阳能真空管集热器的安装应在管路安装完毕、具备通水通电条件后进行,真空管安装前,应将真空管联集管水箱内的异物清除干净。②太阳能真空管安装时,应用润滑剂润滑,并按同一方向旋转安装。③太阳能真空管安装完后,硅胶密封圈应无扭曲变形。④太阳能真空管安装完后,真空管标识均在正上方;应使防尘圈贴紧联集管水箱外表面,确保防尘效果。

① 安装之前，核对集热器的规格型号，检查配件是否齐全，并对现场进行清理和划线定位。

② 平板太阳能集热器的朝向以正南为最佳。若条件不允许，可在正南方向偏东或西 10° 内调整。若全年使用，安装的倾角可以和当地的纬度相等；若使用以夏季为主，倾角为当地纬度减 10°；若冬季使用可考虑当地纬度加 10°。但对倾角的要求不是一成不变的。即使常年使用，垂直放置也是可以的。

③ 根据安装位置，考虑用顶水式或落水式安装。顶水式安装，是平板太阳能集热器的位置与水箱的位置高度相当或更低，利用自来水的压力把热水压到高处再使用的安装方法。落水式安装，是集热器的位置高于使用者的位置，热水靠自身重力流出的安装方法。

④ 玻璃盖板一般用普通玻璃或钢化玻璃。用普通玻璃时，厚为 5 mm 的，最大使用面积为 1.4 m²，厚为 3 mm 的，最大使用面积不得超过 0.9 m²；用钢化玻璃时，厚为 3 mm 的，最大使用面积为 1.4 m²。超过最大使用面积，就要用支撑件。为了防止热应力使盖板破裂，安装时应留有空隙，同时要防止玻璃与边界金属直接搭接，应开通气孔，避免附加压力对玻璃的影响。

⑤ 平板集热器的前后排间距，对于全年使用的，可按集热器安装高度的 3 倍考虑；若以夏季为主，兼顾春秋使用的，可取集热器安装高度的 0.85。其上下水管的连接，应互成对角线布置。

⑥ 太阳能集热器之间的连接管的保温设施安装，应在检漏合格后进行。保温材质及厚度应符合《工业设备及管道绝热工程施工质量验收标准》（GB/T 50185—2019）的要求。

⑦ 如太阳能集热器嵌入屋顶安装，屋顶施工处必须做好防水。

⑧ 太阳能集热器和管路安装完毕，应做检漏试验，检漏结果应符合设计要求。

⑨ 太阳能集热器水嘴之间，应按照设计规定的方式连接，密封可靠，无泄漏，无扭曲变形。相邻两个联集管水箱接头间距应符合设计要求，水平误差不大于 2 mm，径向误差不大于 2 mm。

（5）太阳能集热器安装质量检查应注意以下内容。

① 安装固定式集热器，朝向应是正南。如受条件限制，其偏移角一般不大于 15°。若全年使用，集热器的倾角采用当地纬度为倾角；若以夏季为主，可比当地纬度减少 10°。检验方法：目测和分度仪检查。我国直辖市和省会城市的经纬度可参考表 2-8，其他城市、村镇的数据可查阅有关资料。

表 2-8　我国直辖市和省会城市的经纬度

城市	东经	北纬
北京	E116° 28'	N39° 54'
上海	E121° 29'	N31° 14'
天津	E117° 11'	N39° 09'
重庆	E106° 32'	N29° 32'
哈尔滨	E126° 41'	N45° 45'
长春	E125° 19'	N43° 52'
沈阳	E123° 24'	N41° 50'
呼和浩特	E111° 48'	N40° 49'
石家庄	E114° 28'	N38° 02'
太原	E112° 34'	N37° 52'
济南	E117°	N36° 38'
郑州	E113° 42'	N34° 48'
西安	E108° 54'	N34° 16'
兰州	E103° 49'	N36° 03'
银川	E106° 16'	N38° 20'
西宁	E101° 45'	N36° 38'

续表

城市	东经	北纬
乌鲁木齐	E87° 36'	N43° 48'
合肥	E117° 18'	N31° 51'
南京	E118° 50'	N32° 02'
杭州	E120° 09'	N30° 14'
长沙	E113°	N28° 11'
南昌	E115° 52'	N28° 41'
武汉	E114° 21'	N30° 37'
成都	E104° 05'	N30° 39'
贵阳	E106° 42'	N26° 35'
福州	E119° 18'	N26° 05'
广州	E113° 15'	N23° 08'
海口	E110° 20'	N20° 02'
南宁	E108° 20'	N22° 48'
昆明	E102° 41'	N25°
拉萨	E90° 08'	N29° 39'
香港	E114° 10'	N22° 18'
澳门	E113° 35'	N22° 14'
台北	E121° 31'	N25° 03'

②由集热器上、下联集管接往水箱的循环管路,应有不小于 5‰ 的坡度。检验方法:尺量检查。

③储热水箱底部与集热器上联集管之间的距离为 0.3~1.0 m。检验方法:尺量检查。

④太阳能热水系统的最低处应安装泄水阀门。检验方法:观察检查。

⑤储热水箱及上、下管路均应做保温处理。检验方法:目视检查。

⑥以水作介质的太阳能热水系统,在 0 ℃ 以下环境中,应采取防冻措施。检验方法:目视检查。

⑦热水供应辅助设备安装允差应符合《建筑给水排水及采暖工程施工质量验收规范(GB 50242—2002)》中的相关规定。

(6)太阳能集热器安装操作规范还有如下要求:

①集热器在安装中应精心保护,防止受损、破碎;

②调整集热器的方位角和倾角,使其接收最佳强度的日照;

③调整与集热器相连的上、下循环管的坡度,减小阻力,防止气阻引起滞流;

④太阳能热水系统的安装位置应保证充分的日照;

⑤太阳能热水系统安装时,避开烟囱和其他产生烟尘设施的下风向,以防污染;

⑥太阳能热水系统的集热器和水箱应避开风口,减少热损。

2.3.3.10　水箱安装

水箱安装时,水箱内箱接地应符合《电气装置安装工程　接地装置施工及验收规范(GB 50169—2016)》的要求,水箱保温应符合《工业设备及管道绝热工程施工质量验收标准(GB/T 50185—2019)》的要求。水箱应做检漏试验,试验结果应符合设计要求。水箱应与底座结合紧密,安装牢固,和底座间宜加设隔热垫。

对于成品保温水箱,运输和吊装应注意安全,避免造成人身伤害和财产损失;安装位置应符合设计要求,确保基座受力均衡;水箱开孔位置与尺寸应符合设计要求。

　　对于现场制作水箱,水箱内拉筋应符合设计要求;入孔尺寸、入孔位置应符合设计要求;水箱的材质、规格应符合要求,在现场合理排列板件、拼接、焊制;钢板焊接的保温水箱,凡设计图纸没有明确防腐措施的,应按工艺规定做防腐;水箱双面焊接,焊缝应光滑平整,无咬肉、气孔、夹渣、裂纹等,成形后各面应平整,无扭曲变形。水箱基础一般为混凝土基础或工字钢,水箱底板与支撑件之间应有隔热层;保温层厚度不小于80 mm,外壳可用玻璃钢、镀锌板喷塑及不锈钢板。所有缝隙均要打密封胶或用聚氨酯发泡,确保整体保温优良。水箱制作完毕后,应进行检漏试验和冲洗。

2.3.3.11　太阳能热水系统智能控制仪

　　某微电脑智能控制仪如图 2-35 所示。其主要技术指标如下。

（1）使用电源:交流电 220 V,50 Hz;

（2）功耗:<5 W;

（3）测温精度:±2 ℃;

（4）测温范围:0~99 ℃;

（5）水位分档:5 档;

图 2-35　某太阳能微电脑智能控制仪实物图

（6）电磁阀参数:直流 DC,12 V,根据实际情况可选用承压阀或无压阀。

太阳能热水系统智能控制仪主要实现以下功能。

（1）开机自检:开机时发出"嘀"的提示音,表示机器处于正常状态。

（2）水位预置:可预置加水水位 50%、80%、100%。

（3）水位显示:显示水箱内部现有水量。

（4）水温显示:显示水箱内水的温度。

（5）水温预置:可预置加热温度 30~80 ℃,若不需要加热,可预置为 0 ℃。

（6）缺水报警:水位从高变低出现缺水时蜂鸣器报警,智能控制器自动进入低水压模式,"低水压"图案点亮,在此过程中,智能控制仪间隔 30 分钟启动一次,自动静音,以免上水、关闭时经常蜂鸣,打扰用户休息。按"上水键"可取消本次低水压上水模式。

（7）温控上水:当水箱水未加满,水温超过 85 ℃时,自动补水至水温 65 ℃左右,防止出现低水量高水温的不合理现象。

（8）定时上水:如遇供水不正常,用户可根据生活习惯设定定时上水或定时加热,智能控制仪每天将根据所设定的时间自动上水及加热。

（9）强制上水:水位传感器出现故障时,可手动按"上水"键强制上水,此时每分钟会出现蜂鸣提示,应注意有无溢水。8 分钟后自动关闭上水。

　　通电后,智能控制仪默认会自动将水位加至 100%。如果无太阳光照使水温升高,3 小时后自动启动辅助电加热至水温 50 ℃,上水、加热自动运行,用户不必操作。若想变更预置水位、水温或采用定时模式,可按如下方法操作。

（1）水温水位设置:先按"预置"键预置温度。预置水位快速跳动,然后按"上水、水位"键设置水位,按"加热、水温"键设置水温,用户根据自己的需要设定所需水位和水温。建议设置水温不超过 60 ℃,可充分利用太阳能,减少电加热,节约电能。

（2）定时控制:在定时上水或加热时,长按"上水、水位"键或"加热、水温"键,约 3 秒钟后听到"嘀"的短提示音后放手,数码显示"00",然后按"上水、水位"或"加热、水温"键调整时间,此时设定温度或圆圈图案闪烁;若 3 小时后上水或加热,先按"上水、水位"键或"加热、保温"键约 3 秒,听到"嘀"的短提示音后放手,再按"上水、水位"或"加热、水温"键三下,数码显示"03"则定时完成,3 小时后启动上水或加热功能。以后每天同时间启动上水或加热。

（3）温控上水:可设置温控上水功能,按"电源"键则启动温控上水,再按电源键会取消。长按电源键则关机。

　　在使用太阳能热水系统智能控制仪过程中应注意以下事项。

（1）不可以让水冲淋智能控制仪。

（2）水箱内不得长期无水,以免空晒造成超高温,损坏水温水位传感器。

（3）为防止误操作、电源不正常及控制失灵等问题造成长时间溢流,电磁阀及管路必须安装在不发生水渗漏或喷射的地方。若有回水管,接可靠排水管路,安装可靠的避雷装置,防范雷击。雷雨天气时,应及时断开电源,停用太阳能热水系统。

（4）若出现上水速度很慢而水压正常的情况,可能是电磁阀滤网堵塞,应打开滤网装置,取下滤网,清洗干净。

（5）智能控制仪有漏电保护,按"加热"键关闭加热后,加热图案熄灭,可放心用水,不必拔下电源插头。

12. 系统检漏、冲洗和管路防腐

太阳能热水系统检漏应做水压试验,试验压力为系统最大工作压力的 1.5 倍;设计未注明工作压力时,按 0.6 MPa 试验。在试验压力下稳压 10 分钟,系统压力降应小于 0.02 MPa,然后降到工作压力等待 30 分钟,不渗不漏为合格。对于非承压系统检漏,应缓慢充水,检查集热器、管路以及其他设备是否漏水。充满水后 24 小时无漏水为合格。开式储热水箱应做满水试验,充满水后,静置 24 小时不渗漏为合格。环境温度低于 0 ℃进行检漏试验时,应先采取可靠的防冻措施。检漏完毕,及时排空系统内的水,以防结冰、胀坏管路。

太阳能热水系统循环管路系统安装完毕,应进行试压检漏。对于金属及复合管路,检漏试压是在试验压力下稳压 10 分钟,压力降不大于 0.02 MPa,然后降到工作压力进行检查,不渗不漏为合格。对于塑料管路,检漏试压是在试验压力下稳压 1 小时,压力降应不大于 0.05 MPa,然后降到 1.15 倍工作压力状态下稳压 2 小时,压力降应不大于 0.03 MPa。同时检查各连接处,应不渗不漏。检漏试验压力应符合设计要求。当设计未注明时,检漏试验压力均为最大工作压力的 1.5 倍,且不得小于 0.6 MPa;当最大工作压力不能确定时,按 0.6 MPa 试漏。无论上述何种情况,试验压力均应予以注明。

水箱或其他通水设备试漏合格后,应冲洗干净。循环管路冲洗前应先拆下滤网,再打开排污阀放水冲洗,直至排出的水不含泥沙、铁屑等杂质且水色不浑浊为合格。

由于水的 pH 值和含氧量影响,加上高温以及水质不达标等问题,管路会出现腐蚀情况。要解决太阳能热水系统中的管路内壁腐蚀问题,应尽量减少阀门安装数量,采用先进工艺提高保温效果。管路防腐要让接缝处金属不与热媒接触,避免其先受腐蚀。埋地管路的防腐,材料和结构应符合设计要求和施工规范。卷材与管路以及各层卷材间粘贴牢固,表面平整,无折皱、空鼓、滑移和封口不严等缺陷。检验方法为目视观察或切开防腐层检查。

太阳能热水系统交工前,须进行调试、试运行。系统上满水,排出空气,检查管路有无气阻和滞流,回路温升是否达标,做好记录。水通过集热器一般应温升 3~5 ℃,符合设计要求后再办理交工验收手续。

2.3.4　直流式太阳能热水系统

系统运行中,为了得到温度符合用户要求的热水,常用定温放水。集热器进口管与自来水管连接。集热器内的水吸收太阳能,温度逐步升高。在集热器出口处安装测温传感器,通过控制器,控制在集热器进口管上电动阀的开度,根据集热器出口温度来调节进水流量,使出口水温保持恒定。系统运行的可靠性取决于电动阀和控制器的工作质量。

为避免对电动阀和控制器提出苛刻的要求,将电动阀安装在集热器出口处,它只有开启和关闭两种状态。当集热器出口温度达到设定值时,控制器开启电动阀,热水从集热器出口注入储热水箱,同时冷水(自来水)补充进入集热器,直至集热器出口温度低于设定值时,关闭电动阀。上述过程重复进行。这种定温放水的方法比较简单,但由于电动阀关闭有滞后,所以得到的热水温度会比设定值稍低一些。系统简图见图 2-36,这种系统需要安装电动阀,其安装施工参考后述的强制循环热水系统。

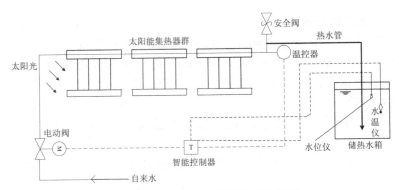

图 2-36　直流式太阳能热水系统简图

直流式系统适合大型太阳能热水工程,有如下优点。

(1)与强制循环太阳能热水系统相比,不需要水泵;

(2)与自然循环太阳能热水系统相比,储热水箱放置随意;

(3)每天可较早地用到热水,只要有一段天气见晴,就可以得到一定量的热水;

(4)容易实现冬季夜间系统排空及防冻。

直流式系统的缺点是必须安装性能可靠的变流量电动阀和控制器,投资略高。

2.3.5　强制循环太阳能热水系统

2.3.5.1　简述

在储热水箱到集热器入口的回水管上装循环泵和止回阀。对于间接系统,集热器内的介质(通常是乙二醇水溶液)在太阳光照射下温度升高,传热给水。当控制器检测到集热器出口水温与水箱底部水温相比高出设定值(8~10 ℃)时,启动循环泵,把集热器中的热水送入水箱;当两者温度差小于设定值(3~4 ℃)时,水泵停转。这就是温差控制。水的循环靠水泵推动,故称为强制循环热水系统。产热水量较大的太阳能热水系统,由于集热器较多、水箱容量大、管路长,用强制循环方能满足要求。强制循环系统中大多数水箱位置低于集热器,夜间集热器温度低于水箱时会反向循环,水箱内的热水会流到集热器散失热量。需安装止回阀,只允许水单向流动,可防止反向循环,避免热量损失。系统运行中,通常用上述的温差控制,有时还用温差控制和光电协同控制循环泵的启停。强制循环太阳能热水系统的集热器与水箱位置摆放随意,适用于各种规模的太阳能热水工程。图 2-37 是强制循环太阳能热水系统简图。

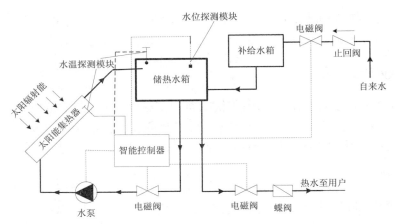

图 2-37　强制循环太阳能热水系统简图

2.3.5.2　系统方案选择

根据太阳能热水集热系统、辅助热源系统及供水方式,强制循环太阳能热水系统可分为三种类型:分户集热—分户储热式、集中集热—分户储热式和集中集热—集中储热式。

1. 分户集热—分户储热式太阳能热水系统

分户集热—分户储热式太阳能热水系统是指终端用水点以户为单位,每户独立设置太阳能集热器、储水箱、辅热设备及循环管路,每户独立使用小型太阳能热水系统。根据不同情况,安装较多的是多层住宅放置在屋顶(或楼顶)的非承压整体式太阳能热水系统和适用于高层住宅安装在阳台外侧的壁挂式太阳能热水系统。非承压整体式太阳能热水系统的集热器群集中安装在楼顶,集热器吸收太阳能使水温升高,集热器和储热水箱中水的温差产生动力或者用水泵提供动力,把热水注入储热水箱。热水用落水式供水,辅助热源为系统自带的电加热。"太阳能系统+电加热"可实现全天候热水供应。

分户集热—分户储热热水系统中的集热器群的安装位置可为屋顶(平屋顶、坡屋顶)、立面墙、披檐及阳台拦板等。这类太阳能热水系统适合独立别墅、联排别墅、新农村规划联排住宅以及多层及高层住宅使用。不同的建筑类型,系统的安装和运行方式也不同。独立式别墅、联排别墅、新农村规划联排住宅采用分体式太阳能热水系统,多层及高层住宅多采用阳台壁挂式太阳能热水系统。

（1）分体式太阳能热水系统一般采用分离式强制循环二次加热系统(介质循环、水介质排空方式)。安装时,集热器群固定在屋顶,保留建筑结构及功能的同时不影响外观;储热水箱及其他辅助设备装在室内,便于操作及维修。辅助能源可选用电加热。使用时,采用半自动控制的方式(温度不够高时,手动启动辅助热源系统,达到所需温度时自动停止)。

（2）阳台壁挂式太阳能热水系统一般采用自然循环方式,为保证全年使用,循环介质用防冻液。将集热器安装于阳台外侧,水箱安放在阳台或卫生间内,要求水箱位置必须高于集热器至少 85 cm。太阳能集热器与水箱位置不宜过远。辅助热源一般用电加热管,安装在水箱内,自动控制(温度不够高时启动辅助热源系统,达到设定温度时自动停止)。

分户集热—分户储热式太阳能热水系统具有如下特点:

（1）系统为小型分体承压供水,组成简单,使用方便,在应用中安全性、可靠性高;

（2）储热水箱距用水点较近,户内热水管路短,使用时不用放出大量的冷水,节水效果好;

（3）独立使用,产权明确,由用户负责日常维护,管理难度很小;

（4）辅助加热设备采用定时定温的控制方式,节能效果好;

（5）热水资源无法共享,有效利用率较低,系统造价相对较高。

图 2-38 给出了强制循环的分户集热—分户储热式太阳能热水系统原理图。

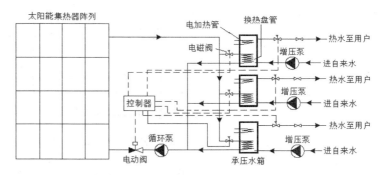

图 2-38　带强制循环的分户集热—分户储热式太阳能热水系统简图

2. 集中集热—分户储热式太阳能热水系统

集中集热—分户储热式太阳能热水系统是指太阳能集热器群安装于建筑屋顶,储热水箱和辅助热源系统以终端用户为单位、独立设置的太阳能热水系统。每户配备一个水箱,水箱内装有换热器和电辅助加热装置。系统循环、控制和定压设备集中放置在设备间或阁楼。太阳能集热器群加热水,循环泵将热水输送至每户储热水箱,通过储热水箱中的换热器传热给水箱中的水,低温水流回集热器继续加热,通过不断循环将水箱中的水加热。当阳光不足或水箱中的水未达到设定温度时,可用辅助电加热装置加热水箱中的水,从而满足用户 24 小时用热水需求。

该系统集热器群安装位置一般选择楼顶、屋顶(平屋顶、坡屋顶)。这类太阳能热水系统广泛适用于新农村规划联排住宅、多层及高层住宅、酒店、学校、工厂员工宿舍及部队营房等。它具有如下特点。

（1）集热器阵列统一设置,循环管路较少,减少了对公共空间的占用;

（2）分户供应热水,减少供水压力,集热器阵列具有分体式系统节水等优点;

（3）热水分户供应,水费、辅助加热电费计费明确;

（4）系统设计相对复杂,需着重考虑热量分配不均及高楼层的压力平衡问题;

（5）系统的辅助加热分户设置,用水端加热时关闭循环泵,否则会造成单户辅助加热热量进入太阳能集热器而无法计量。

但是,由于整个太阳能热水系统不同部分产权归属不尽相同,在多层及高层居民楼里集热器群统一使用,为公有设备(归物业管理),但各终端设备为各家私有。在使用中易造成责任混乱,设备的管理及故障处理易发生纠纷。 图2-39给出了用于楼宇的集中集热—分户储热式太阳能热水系统原理图。

3. 集中集热—集中储热式太阳能热水系统

集中集热—集中储热式太阳能热水系统是指太阳能集热器阵列、储热水箱、辅热设备集成化,统一安装储热水箱及辅助热源系统,将热量分配至各用水终端的太阳能系统。这种太阳能热水系统是目前我国高层建筑采用较多的一种热水供应方式。该系统运行原理图见图2-40。

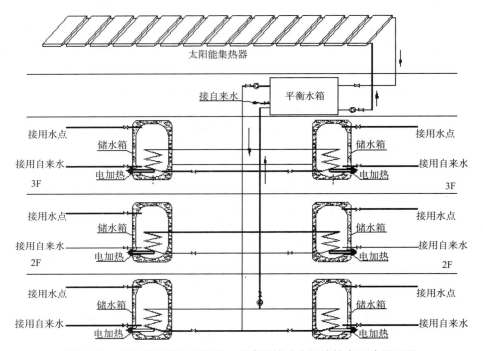

图2-39　用于楼宇的集中集热—分户储热式太阳能热水系统原理图

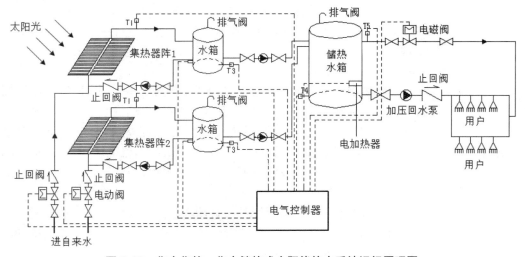

图2-40　集中集热—集中储热式太阳能热水系统运行原理图

该系统集热器群安装位置一般选择楼顶、屋顶（平屋顶、坡屋顶）。这类太阳能热水系统广泛适用于新农村规划联排住宅、多层及高层住宅、酒店、集体宿舍、洗浴中心、部队营房等。它具有以下特点。

（1）储热水箱及辅助加热设备，按每户的平均用水量统一安装，水箱通过循环泵与集热器进行循环。

（2）辅助热源一般采用电加热器，安装于用户水箱中。

（3）储热水箱分为承压式和非承压式。承压式水箱适用于储水量较小的系统，比如多层住宅的供水系统中以单元为供水单位的系统。非承压式水箱适用储水容积较大的系统，比如酒店、工厂及学员集体宿舍、洗浴中心、公共澡堂等用热水大户。

（4）太阳能集热、辅热及供水系统集成化，系统热损失少。

（5）辅助能源系统集中设置，初期投入费用相对较小，节能效果更明显。

（6）相对于分户式系统便于优化设计，保证供水品质，可随时供应符合要求的热水。

（7）克服了分户式集群系统占用公共管井面积较大的缺点，节省了管材。但需要设置独立的设备间，建筑的公共面积占用较多。

（8）在集热面积、辅助热源功率、热水系统的设计方面存在互补性。集热面积相对较小，各种辅助设备较少，初期投资少；使用中，由于系统的集成整合度高，可以对用水点需求进行调节，使设备的利用率更高，且保证充足的用水量。

（9）根据太阳能系统的平均运行成本确定收费标准，通过分户安装流量表计量收费，比较麻烦。

（10）系统运行后，需要进行设备的维护及管理。

根据系统规模的大小，集中集热—集中储热式太阳能热水系统可分为多栋楼系统、独栋楼系统及单元楼系统 3 种。多栋楼系统由于存在室外供热管路损失较大的缺点，故不推荐使用。单元楼及独栋楼太阳能热水系统的对比分析见表 2-9。

表 2-9　单元楼及独栋楼太阳能热水系统的对比分析

序号	项目	单元楼太阳能热水系统	独栋楼太阳能热水系统
1	经济性能	承压水箱，初期的投资高，回收期较长	开式水箱，设备集中程度高，初期投资低，回收周期短
2	建筑结合	设备间多，占用公共空间较多	设备间一处，占用公共空间较少
3	管井位置	集热管道布置数量多，占用管井空间大	集热管道布置数量少，占用管井空间小
4	供水	系统设计承压系统供水	变频机组供水
5	管理水平	管理点较多，后期管理维护费用相对较高	管理点较少，后期运行维护费用较低
6	管路热损	集热系统为多路，热损失较大	系统为单路，热损失相对较小
7	管路长度	集热、供热系统管路短，热损失小	供热管路较长，热损失偏大
8	运行费用	采用自来水压力供水，相对更省费用	采用变频机组供水，会产生较多费用

2.3.5.3　住宅太阳能热水系统优化设计

目前，建筑住宅的类型一般有别墅、多层住宅、板式小高层、板式高层、点式塔楼住宅等。在经济实用、节能节水、安全简便的原则下，结合各类住宅的特点、用水点分布情况、用户用水习惯、系统运行管理模式、辅助能源种类及经济承受能力等因素，可设计不同类型和规模的太阳能热水系统。

下面针对各类型住宅对太阳能热水系统进行优化。

（1）别墅用户要求热水用量较大、供水舒适度高、热水保证率较高等。在太阳能热水系统的选择上，一般采用分体式强制循环太阳能热水系统，装有循环泵，储热水箱容量大，集热面积也较大，见图 2-41。

（2）多层住宅，按每户平均 80 m² 考虑，人均日设计用水量 50 L，按 6 层 6 个单元计算，每单元 1 梯 2 户，屋顶面积约 960 m²（按平屋顶考虑，若为坡屋顶，南向可利用面积 510 m²）。按每户平均 3 人计算，用水人数为 216 人，最大集热面积设置为 140 m²。多层住宅的面积较宽裕，可根据用水量设置集热面积，因此建议选择集中集热—集中储热太阳能热水系统。

（3）对于小高层及高层,按多层住宅计算(按户型平均 80 m²),可知集中集热—集中储热式太阳能热水系统可以满足 12 层以内的住宅。高于 12 层的高层住宅,可选择阳台壁挂式太阳能热水系统,采用自然循环,储热水箱必须高于集热器,以平板集热器为优;如采用真空管集热器,应东西向放置。图 2-42 示出了基于平板集热器的自然循环太阳能热水系统原理图。

（4）塔楼住宅屋顶可利用的面积无法满足太阳能集热器的布置条件,因此太阳能集热面积无法完全满足全楼的热水需求。而且塔楼住宅一般不具备采用阳台壁挂式太阳能热水系统的安装条件。故建议在屋顶安装集热器满足北向户型的热水供应,南向户型采用阳台壁挂式太阳能热水系统;或用屋顶的集热器满足高层的热水供应,在地下室采用其他能源系统给低层提供热水。

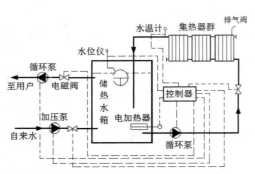

图 2-41　用于别墅的分体式强制循环太阳能热水系统原理图

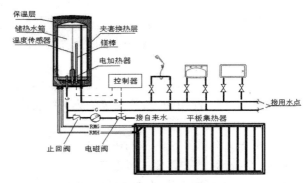

图 2-42　阳台壁挂式自然循环太阳能热水系统原理图

2.3.5.4　强制循环太阳能热水系统安装施工

1. 施工前的准备

施工前,先仔细阅读施工方案,看懂图纸,理解系统的运行原理和特点,主要包括:集热器群布置,循环管路的走向,进水管、出水管、管件和阀门的安装方案,储热水箱的安放位置,采用的循环方式等具体工程问题。了解清楚整个系统后,准备施工机具和材料。材料分为两部分:一部分直接购置,如水管、角钢、槽钢、管配件、阀门等;另一部分在工厂加工,如集热器、水箱等。对于大型太阳能热水系统,由于储热水箱体积过大,在工厂加工好以后上房需要吊装,一般在楼顶现场制作水箱。

强制循环太阳能热水工程施工机具主要有:指南针(也可用智能手机上的指南针,同时读出当地纬度)、电焊机、焊条、护目镜、试压泵、套丝机、钢卷尺、角尺、水平尺、激光测距仪、线锤、手锤、钢锯、螺丝刀(平口、十字)、活扳手(最大开口尺寸不小于 30 mm)、呆扳手(10 mm、12 mm、14 mm、16 mm 各 2 把)、手电钻、冲击钻(6 mm、8 mm、10 mm、12 mm 钻头各 1 个)、水钻(65 mm 钻头 1 个)、气焊枪、电源插头、插座及电源线(RVV3×1.0 mm²)、1 米软管、注液塑料桶、工作布、截管器、扩孔器、美工刀、剪刀、剥线钳、压线钳、砂纸若干。其他辅助工具还有安全带、手套、脚手架、大绳、细绳、鞋套、梯子、管钳、电动丝扣、滑轮、绳子、吊车、电锤、切割机等。

太阳能热水工程管理人员须掌握相关知识,包括:选址,系统类型选择,各种集热器的原理、技术性能、循环介质,防腐与保温处理以及系统其他特征等。要善于给用户出谋划策,如在寒冷的地区,推荐使用平板集热器阵列,因为防冻能力强;对人员集中的单位,如学校、酒店、集体宿舍和部队营房等,若安装太阳能热水系统,推荐集中集热—分户储热类型,这类系统具有热水可调剂,热水出水率高,经济效益好等优势。

2. 识读安装图纸

1）强制循环太阳能热水系统图

强制循环太阳能热水系统应用于热水量较大的场合居多。在强制循环太阳能热水系统中,水的流动靠外力(如水泵)驱动,储热水箱可以任意放置,这给设计和安装带来很大方便。强制循环系统集热器阵列应可以承受系统内部压力,集热面积根据用水量计算。一般来说,酒店、医院、集体宿舍、洗浴中心等单位的用热水量较大,集热面积也较大,多数都采用强制循环。

如强制循环系统的集热面积较大,可采用集热器混联。这对管路和集热器的连接要求较高。集热器的布局一定要"等程"。许多因素会造成各组集热器流量不一致。因此,可在每组集热器的进水端加装调节阀,见图 2-43,以调节两组集热器的流量一致,避免一组流量过大,一组流量过小,降低系统的热效率。

强制循环系统对水泵的扬程和流量都有要求。水泵的流量以一天内储热水箱和集热器阵列、管路容水量之和的 1.5~2 倍为准。流量过大,水泵启动频繁;流量过小,不能有效加热水箱内的水。

确定太阳能热水系统的集热面积要根据用水量、集热器自身的热效率、系统热损耗及使用地区的气象条件确定。一般按全日照条件下,每平方米太阳能集热器面积保证产热水 60~90 kg/天进行估算。

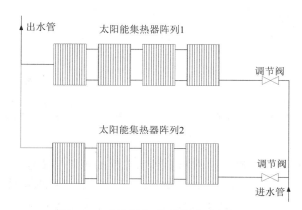

图 2-43　强制循环集热器阵列布置图

2）识读电气接线图

电气工程中的电路图,通常分为电气原理图、展开接线图、安装接线图、平面布置图和剖面图等。

电气原理图即原理接线图,以独立的设备为单位,画出它们之间的接线情况,示出电气回路的工作原理,但不表示各电气设备（元件）的结构尺寸、安装位置和实际配线方法。电气原理图是绘制展开接线图、安装接线图等的依据。图 2-44 是强制循环式太阳能热水系统电气控制图。图中交流接触器 KM 的主触头画在交流主电路中。温控仪 XMT 的感温探头 ST 插入集热器中,当集热器中的水达到设定的温度时,XMT 的接点 K 闭合,接通线圈回路,接触器主接点 KM_1 吸合,水泵启动;当集热器内的水温下降到设定温度,XMT 的接点 K 断开,接触器 KM 释放,接点 KM_1 断开,水泵停转。

展开接线图是将电路中有关设备或元件解体,即将同一元件的各线圈、触点和接点等分别画在不同功能回路中,但同一元件的各线圈、触点和接点以同一文字符号标注。画回路时,通常根据元件的动作顺序或电源到用电设备的元件连接顺序,垂直方向自上而下,水平方向自左到右画出。

安装接线图又称安装图,是电气原理图的体现,是直接用于施工安装配线路,如图 2-45 所示。图中表示电气元件的安装地点和外形、尺寸、位置和配线方式等,但不能表示电气元件间的控制关系和电路原理。

3. 计算工程用料

用料预算要根据实际,结合图纸,依据施工图对集热面积的要求,算出集热器的台数。水箱的用料要达到图纸对容积的要求,还要根据市场上出售材料的规格来确定水箱的尺寸。只有全面考虑,才能做到既满足系统对水箱的要求,又节省材料。管路用料可根据图纸计算。图纸是平面图,在计算时,应注意管子有坡度,如上循环管,要用函数来计算管子的长度,不能按水平投影长度来计算。管配件和辅料也要根据图纸对管路的布局来计算。用料算完后,备料时要比预算量增加 5%~10% 的富余量。

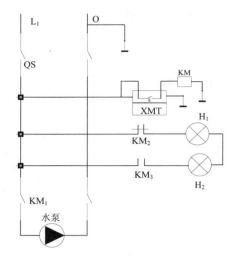

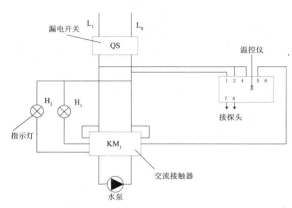

图 2-44　强制循环太阳能热水系统电气控制图　　　图 2-45　强制循环太阳能热水系统电气安装接线图

4. 勘察施工现场

施工前,相关人员应亲临现场认真勘察。太阳能热水工程的施工与土建同时进行,应充分配合。先根据建筑物的方位、安装地尺寸确定储热水箱的位置。储热水箱一定要放在承重墙或承重梁上。如房屋是框架结构,放置水箱的承重梁在土建施工时要把支撑体做好。另外,房屋浇顶时,可埋设一些固定集热器和水箱支架的预埋件,这样在安装集热器支架时,支架和预埋件焊接在一起,可起到防风及抗震的作用。

大部分太阳能热水系统是在房屋已建好并住人的情况下安装。这就需要核对现场情况与施工图纸是否一致,比如有的房顶有管路井、通气管和其他附属设施等,而这些又可能是安放集热器的位置,这时施工管理人员要会同设计工程师协商更改图纸,重新对集热器的排列方式和管路走向进行布置。

5. 制订施工方案

太阳能热水系统的施工方案对控制工程质量、进度和用料至关重要。一个好的施工方案,不但工程进度快、质量好,还节省材料,降低工程造价。施工方案包括施工人员的组织和调配、机具和施工材料的准备以及施工现场的协调管理、质量监控等。制订和落实具体详细、切实可行的施工计划,施工人员的有效组织和合理调配最为关键。

制订施工计划时要体现科学统筹、齐头并进、平行作业、流水施工的原则。按照合同确定工程内容,编制各道工序的施工工艺,根据设计图纸编制施工进度表。进度表的日期可以是天、周或月,根据工程量的大小来决定。

一个太阳能热水工程施工队,除队长外,还需有焊工、管路工、油漆工、辅助工,当然一个工人可兼几个工种,有的工序也会需几个工人。工人的选择由工程量和工期要求决定。施工队长(工长)要有一定的组织和管理能力,了解太阳能热水系统,严格按照施工方案和图纸组织施工,在施工中根据每天的施工内容和工作量合理安排施工人员。太阳能热水系统施工工序每天都有所不同,在工序变化时,要迅速调配人员,避免出现窝工、怠工。

太阳能热水工程施工中,要注意加强现场指挥调度,合理安排人力、物力、财力,使得各工序、工艺、工种协调一致,避免任何形式的窝工浪费,最大限度发挥各种资源效益。特别留意焊接工作,特别是工程水箱的焊接。如果焊接达不到要求,后续的工作将会无法完成,即使补救也会造成经济损失和时间浪费。焊接成型后,各面应平整,无扭曲、变形。对一个焊工而言,所焊接的工件质量虽不要求达到焊接压力容器的标准,但也绝对不可以出现未焊透、咬肉、夹渣、气孔、裂纹等问题。

管路施工包括管路敷设和连接。太阳能热水系统的管路安装与给排水管路不同,要注意管路"放线"美观,各连接处不渗不漏。管路要遵循"等程"原则、"一短三大"原则、"直缓"原则,了解管路布局、爬坡角、集热器连接等规范。

6. 定位放线

定位放线是将施工图上的太阳能热水系统图测绘到现场。放线的目的是按照图纸,定出储热水箱、集热器阵列、管路及阀门的安装位置。在此过程中,首先确定水箱的位置,它必须安放在承重墙或承重梁上,在找承重墙(承重梁)时,在屋顶看不到屋顶下的墙,可用从屋内升到屋顶的设施作为参照物,确定承重墙的位置。水箱的位置确定后,以它作参照物,确定集热器的安装位置和管路的走向及布局。

按照上面的办法定位后,再确定水平位置,在竖向要进行标高测定。太阳能热水工程的标高都用相对标高。大型太阳能热水系统为了分散承重,一般把水箱分为两个或多个,再将这些水箱连接,要求各水箱的标高一致。对于集热器阵列,为了美观,强制循环系统所有集热器都在同一平面安放;屋顶有坡度时,每个集热器支架要找平。对于自然循环系统,并联的集热器要在一条直线上,有适当的爬坡角,也要测定标高。

7. 基座施工

集热器基座的底部预留流水孔,基座外表光洁、美观。所有基座的样式、尺寸、高度、外表颜色都要一致。混凝土基座标高、截面尺寸允许误差为 ±5 mm,钢结构基座尺寸允许误差 ±3 mm,混凝土标号为C15~C25。集热器基座施工要求见本书 2.3.3.6 节。

8. 储热水箱基座施工

一般而言,储热水箱基座施工应满足如下要求:

(1)承重墙或梁跨度在水箱底座范围内的,在承重墙或梁上制作基座,基座中心线与水箱底座中心线对齐;

(2)承重墙或梁跨度大于水箱底座的,必须采用钢结构基座,采用焊接或螺栓连接,并做好防腐处理;

(3)混凝土基座尺寸允许误差 ±10 mm,钢结构基座尺寸允许误差 ±3 mm;

(4)放置在地面的储热水箱,必须做混凝土基础,强度达到设计要求;

(5)储热水箱必须设置在建筑物的承重墙(梁)上;

(6)储热水箱基座应做好保养与防护;

(7)全部基座进行找平处理;

(8)基座四周及顶部应预留出不少于 600 mm 的维修空间;

(9)拼装水箱基座尺寸、材料按设计要求制作。

应注意,落地式控制柜必须制作基座,固定水泵必须制作防震基座。

9. 钢结构支架的制作与安装

1)支架安装规范

(1)太阳能热水工程的支架及其材料应符合设计要求。钢结构支架的焊接应符合《钢结构工程施工质量验收标准(GB 50205—2020)》的要求。

(2)钢结构支架放置时,在不影响承载力的条件下,应选择有利于排水的方式放置。当由于结构或其他原因造成不易排水时,采取合理的排水措施,确保排水畅通。

(3)用方管制作支架时,中间不应钻孔,两端用盲板密封,防止雨水进入导致腐蚀。当由于结构或其他原因积水时,须采取排水措施,确保排水通畅。

(4)太阳能钢结构支架应进行防腐处理,主要流程为:除锈→刷底漆(至少 1 遍)→风干→刷面漆(至少1 遍)→风干。另外,还必须采取抗风措施。

2)支架安装工艺

(1)核实集热器支架的刚度、强度、防腐是否满足要求,不满足须立即更换。

(2)调整太阳能集热器支架角度、排间距,按设计要求放置、固定。

(3)将集热器支架安装在基座上,与主体结构固定牢靠。

(4)把集热器支架安装到位,螺栓、螺母、垫圈无缺少且紧固,支架不晃动。

(5)集热器支架紧固前应进行调节,支架对角线尺寸偏差≤3 mm,东西两侧高度尺寸偏差≤2 mm。

(6)集热器前后排支架互连成一个整体,最前排和最后排的支架应与建筑物可靠固定,以满足支架整体抗风要求。

（7）处于建筑物防雷区内时，钢结构支架和防雷接地网多点焊接。如在防雷保护区外，应单独安装避雷装置，确保防雷措施落实到位。

（8）太阳能集热器支架应整体美观、协调。

3）支架安装施工操作

太阳能集热器钢结构支架的制作与安装，必须严格依据钢结构施工图，即集热器支架布列图进行。太阳能集热器钢结构支架施工要点如下。

（1）材料矫正。太阳能钢结构支架一般用角钢、槽钢和钢板做成。施工中，在放样、号料和拼装之前，应对不符合要求的材料矫正。矫正后的钢材表面上不应有凹陷及其他缺损。对受力构件中的零件，在冷矫正和冷弯曲时，曲率半径不可过小，以免钢材丧失塑性或出现裂纹。

（2）拼装，即将已矫正、下好的料进行组合。这道工序要求在焊接部位预先清理，清除铁锈、飞刺、污物。在拼装中，保证构件的实际尺寸符合设计要求，不得超过相关规定。如是组装支架，应按支架施工图拧紧螺栓和螺母，整体牢靠，不晃动，无变形。

（3）焊接。太阳能热水工程施工中，对关键部位的焊接，应由技术较好、经验丰富的焊工操作，必须持证上岗，以确保太阳能热水工程的质量。对其他焊接部位，由考核合格并有证书的焊工进行。

（4）钢结构支架的防腐。防腐在钢结构支架施工前后进行均可，如原材料矫正、除锈后涂刷油漆等。钢结构安装结束，经质量检验后，还应进行"破损补刷"。

（5）钢结构支架整件安装。根据施工图纸，钢结构支架应水平或倾斜安装，以满足系统的运行要求。因此，钢结构支架的安装应保证其结构的稳定和不变形，必须有很好的安装工艺做保证。

当然，在太阳能热水工程施工前，应将所有拼装（焊接）后的构件矫正在图纸要求的允差范围内。安装单跨或多跨集热器阵列支架时，应以第一跨为准去校正其他各跨间距，可使系统整体趋于规格化和一致性。

10. 水箱承重梁施工

太阳能热水系统的水箱，必须安放在承重墙或承重梁上，承重梁由混凝土浇筑而成。为了弥补拉力差，可在混凝土的受拉区加入一定数量的钢筋，使两种材料形成一个整体，共同受力，形成钢筋混凝土。根据钢筋混凝土的特点，水箱承重梁的施工包括模板安装、钢筋构件制作、混凝土浇筑及养护等多道工序。

1）模板安装

模板是浇注混凝土的模型，决定混凝土的结构、形状和尺寸。施工中，对模板安装要求如下。

（1）安装准确。因混凝土成型靠模板，要保证结构和构件各部分尺寸、形状和位置正确。

（2）支撑牢固。承受载荷后，模板不发生变形和移位，具有足够的强度、刚度和稳定性。

（3）用料合理。在保证支撑牢固的前提下，节约用料，降低原料损耗。

（4）拆装方便。模板支撑系统构造简单，易于拆装，通用性强。

（5）接缝严密。模板表面拼缝平整、严密、不漏浆。

2）钢筋构件制作

（1）钢筋除锈。钢筋表面有橘黄色水锈时一般可以不处理。但用锤击能抖落的铁锈，必须清除干净。钢筋除锈可用钢丝刷刷净。

（2）钢筋调直。细钢使用前，必须经过放盘、矫直工序。

（3）钢筋切断及弯曲成形。根据计算的长度进行剪切，按图纸要求的形状对钢筋进行成形加工处理。

（4）钢筋的绑扎和安装。将单根的钢筋、箍筋、受力筋等，用18~22号铅丝或火烧铁丝，使用专用钢筋钩将它们绑扎成整体。在钢筋的安装中，如有两层钢筋，为保证两层钢筋间有一定间距，一般选用直径为25 mm的短钢筋作为垫筋，在钢筋骨架的下部及侧边安装水泥垫块，以保证钢筋有一定的保护层。

3）混凝土浇筑

模板和钢筋构件安装完毕，可进行混凝土施工，包括搅拌、运输、浇筑、捣实、养护等。把搅拌好的混凝土倒入模板中，即混凝土浇筑。入模前的混凝土不应发生初凝和离析（如发生应重新搅拌），使混凝土恢复流动性和黏聚性后再浇筑。入模时,为使混凝土浇筑时不离析,混凝土自高处倾落时的自由下落高度不宜超过2 m。若混凝土自由下落超过 2 m,要沿溜槽或串筒下落。

混凝土入模后,内部骨料间的摩擦力、水泥浆的黏结力、混凝土与模板之间的摩擦力,会使混凝土不稳定,内部疏松。混凝土的强度、抗冻性和抗渗性等也都与密实度有关。因此,在混凝土初凝前要捣实,保证其密实度。混凝土捣实分为机械捣实和人工捣实。混凝土浇筑后,达到一定的强度方可拆模,拆模时间依据结构特点和混凝土的强度来决定。对于整体结构的拆模期限,应遵守以下规定:非承重的侧面模板,在混凝土强度能保证其表面及棱角不因拆模而损坏时,就可拆除。

4)混凝土养护

混凝土的养护在浇筑后进行,目的是保证混凝土能有足够的强度,主要由水泥的水化作用来实现。水化作用必须有适宜的温度和湿度。混凝土养护的目的是创造条件,使水泥充分水化,加速混凝土硬化。

(1)自然养护。气温低于 5 ℃时,用草袋、麻袋、锯末等覆盖混凝土。普通混凝土浇筑完后,在 12 h 内覆盖和浇水,浇水次数以能保持足够湿润为准。在一般气候条件下(气温 15 ℃以上),在浇筑后最初 3 天,白天每隔 2 h 浇水 1 次,夜间浇水 2 次;在之后的养护中,每天至少浇水 4 次。养护时间一般以达到标准强度的 60% 左右为宜。通常,硅酸盐水泥和矿渣硅酸盐水泥拌制的混凝土,自然养护天数不少于 7 天。

(2)太阳能养护。普通混凝土的养护温度一般在 70~90 ℃之间,这个温度范围正是太阳能集热器工作的温度区间。太阳能养护水泥构件是利用太阳能集热器、保温罩将水泥构件罩住,使罩内温度升高。水泥在凝固过程中放出水化热,因此保温罩要加保温层,减少水化热散失。气温为 16~28 ℃时,白天罩内养护温度最高可达 90 ℃,夜间最低温度 38 ℃。养护 1 天,即可达到标准强度的 80% 左右。

11. 工程水箱的安装、清洗及维护

1)太阳能工程水箱结构

工程水箱外壳一般选用优质不锈钢板,内胆用 SUS304-2B 食品级防腐不锈钢板,厚度为 0.3~0.4 mm。外壳和内胆加保温层,采用聚氨酯发泡材料,厚度 55~65 mm,一次成型,泡孔细小均匀,密度合理,间隙率高,经高温熟化,保温性能卓越,基本不受气候条件变化的影响。

2)太阳能工程水箱安装

(1)工程水箱可安装在平屋顶、坡屋顶,家用系列还可安装于室外的阳台、室内的厨房、卫生间等地方。

(2)工程水箱安装位置要方便排污口排水,尽量靠近用水点及集热器,以减少管路的热损。

(3)楼面工程,水箱不论大小都要放在承重梁上;水箱超过 5 吨要做承重基础,承重基础的承载能力应大于水箱盛满水后重量的 2 倍;楼面比较宽或箱体比较大时,可把水箱分为多个放置于承重梁上(正常情况,单个圆柱形水箱不超过 10 吨,单个方形水箱不超过 20 吨)。

(4)楼顶放置工程水箱,应采取措施防止不锈钢镜面反光,以免影响周围办公或生活环境。

(5)工程水箱落地安装,应比水平地基高 150 mm 以上,水箱安放不得影响周围居民的生活。

(6)放置工程水箱的基础要水平,不能积水。用工字钢或槽钢焊接的支架,水箱安放位置用钢板铺平。圆柱形水箱应直立放置,不可卧式放置。水箱的周围预留大于 600 mm 的操作空间。

3)太阳能工程水箱的清洗与维护

(1)浮球阀应定期(一般 3 个月)检查,发现失灵应及时更换或维修。

(2)工程水箱清洁及维护:水箱一般用优质不锈钢板制作,能长时间保持水质清洁,但是由于用户所处地理位置和水质不同,箱体内壁积聚杂质与沉渣,要定期清洗。清洗周期最长不超过 1 年,一般半年清洗1 次。

(3)工程水箱清洗方法:①关闭进水阀门,打开排污阀,排尽水箱中的存水;②带有爬梯的水箱可沿爬梯爬入水箱内,不带爬梯的水箱可用竹梯 2 个(高度适中),分别架于水箱内外侧,在有人保护的情况下爬入水箱;③用干净拖把或抹布抹擦水箱周围和底部,底部积垢严重的,可用软毛巾加去污粉轻轻擦洗;④打开进水阀,放入清水,使污垢从排污口排出,需要时可进行多次清洗,直至内壁及底部的金属光亮为止;⑤旋紧排污阀,打开进水阀门,水箱重新进水,清洗结束。

12. 太阳能集热器群安装

1）太阳能集热器的分类和安装注意事项

按传热介质不同，可分为液体集热器和空气集热器，其中液体传热介质大多是乙二醇水溶液，在集热器和水箱之间循环。平板太阳能集热器的核心是吸热板，吸热板吸收太阳能，向热媒传热。以液体为介质时，吸热板有管板式、翼管式、扁盒式、蛇管式等，用金属材料或非金属材料制成。吸热板的向阳面涂有黑色或深蓝色吸热涂层。

按采光方式不同，可分为聚光型集热器和非聚光型集热器两类。非聚光型集热器是利用热箱原理（即温室效应）将太阳能转化为热能。最常见的太阳能集热器是非聚光型的，吸热体为真空管或吸热板，吸热面积与采光面积近似相等。聚光型集热器利用聚光原理（光的反射和会聚），用反射器或折射器使太阳光改变方向，把阳光集中照射在吸热体较小的面积上，增大单位面积的辐射强度，使集热器获得很高的温度。

太阳能集热器安装应注意以下事项。

（1）太阳能集热器排间距符合设计要求，一定避免前排对后排的遮挡。

（2）集热器联集管水箱和尾座牢靠固定在支架上，确保联集管水箱和尾座摆放整齐、一致、无歪斜。

（3）太阳能集热器安装倾角和定位符合设计要求，安装倾角误差为±3°。集热器与建筑主体及支架固定结实，防止滑脱和移位。

（4）集热器之间连接管的保温应在检漏合格后进行。保温材料及其厚度符合《工业设备及管道绝热工程施工质量验收规范（GB 50185—2010）》。

（5）嵌入屋顶的太阳能集热器应做好防水、抗风和保温处理。

（6）集热器阵列连接完后应做检漏试验，检漏结果应符合设计要求或相关规范。

（7）集热器水嘴之间应按照设计规定的连接方式连接，密封可靠，无泄漏，无扭曲变形。相邻两个联集管水箱接头间距应符合设计要求，长度误差不大于2 mm，径向误差不大于2 mm。

2）真空管太阳能集热器安装

①太阳能真空管的安装应在管路安装完毕，具备通水条件后进行。安装前，必须将真空管、联集管（联箱）内的异物清除干净。

②太阳能真空管安装时，先用润滑剂（如肥皂水等）润滑，沿着同一方向慢慢转动旋进入孔。

③太阳能真空管安装完后，硅胶密封圈应无任何扭曲和变形。

④太阳能真空管安装结束后，标识均在正上方；使防尘圈贴紧联集管水箱外表面，确保防尘效果。

⑤为增大太阳能热水产量，采用联箱。联箱按真空管类型分为47型和58型。根据安装图，模块式安装。

3）平板太阳能集热器安装施工

先确认集热器位置，一般是朝向正南，无遮挡物，如安装在阳台外侧，确保阳台外墙足以承受集热器的重量，且倾角大致等于当地纬度。

（1）从包装箱里取出挂件和挂钩，用2个M8×16的螺栓连接、拧紧。

（2）确定挂件的中心距，根据产品的规格、型号确定挂件的位置。

（3）定出挂件的高度：确定集热器的挂件中心距之后，确认挂件的高度（保证集热器安装完毕，上方有15 mm的空间，便于布置进出水管路）。根据阳台结构确定挂件的位置，保证集热器出口位置的挂件比另一端挂件位置高出20 mm，以利于管路中介质的循环。

（4）定准打孔的位置：把挂件放置于所画中心线的位置，用铅笔或记号笔在墙上画出孔的位置。

（5）打孔：把冲击钻用绳子拴牢，以防打孔时脱落，手持冲击钻，钻头对准所画孔的位置打Φ12 mm圆孔，深度80 mm，按所画位置逐一打孔。

（6）安装膨胀螺栓：打完孔，安装M8膨胀螺栓。安装时，为保证螺栓头部螺纹的完整，旋进螺母，在螺纹端安装2个螺母，外部的螺母高出螺栓顶部，以防用锤子敲击时砸坏螺栓顶部的螺纹。

（7）固定挂件：把膨胀螺栓的螺母和垫圈取下，挂钩在下端，把挂件固定在螺栓上，拧紧螺母，固定完毕。

（8）打穿墙孔:穿墙孔的位置根据管路美观和室内水箱位置来确定,穿墙孔大约距离集热器上边缘100 mm,左右位置视实际情况而定。根据墙外孔的位置,确定室内墙孔的位置并作标记,在标记处用划规画 Φ75 mm 的圆,用水钻对准所划位置打 Φ75 mm 过墙孔,为防止雨水从孔内倒灌,穿墙孔有 5° 的倾斜度,外低内高。在墙孔的两端加装饰盖以防雨水进入。

（9）吊装、固定集热器:把集热器从包装箱里取出,查看集热器有无损坏、磕碰。确认完好后,用专用的吊装设备吊装集热器。用大绳拴住集热器横框的两端(固定牢靠,严禁滑动),匀速提升,保证集热器不倾斜、不摇晃,用一根小绳系在上横框上,在提升集热器时,下面有人拉着小绳,以防集热器磕碰下面楼层的阳台或有障碍物阻挡上升。在到用手能拉到横框时,用手抓住横框缓慢提起,把集热器的下横框放入已装好的挂钩,用 M8×16 螺栓把集热器的上横框和挂件连接。取下绳子、放好,集热器安装完毕。

13. 水泵的结构、原理及安装

强制循环太阳能热水工程中,主要使用离心泵。离心泵包含叶轮、泵轴、轴承、泵壳及密封装置等。离心泵的原理是,光将泵壳和吸水管灌满水;启动后,叶轮高速旋转产生离心力,水从叶轮中部甩向四周,沿泵壳流入出水管;水流出后,在叶轮的进口处产生真空,水在大气压下经吸水管流入;叶轮旋转,水不断地被吸入和压出,完成抽送水。水泵的变频器是供水系统的核心,降低供电频率可提高水泵的工作效率。

在太阳能热水系统中,水泵有两个用途:一是水源水压不够时,用水泵向水箱送水,可选用自吸泵;二是在强制循环太阳能热水系统中作为循环泵,一般用管路泵,属于离心泵,安装前要做好基座或基础,承受水泵的重量和运转时的振动。水泵基础一般有两种:一种是浇筑混凝土基础,是在测好位置的地方安放模板,浇筑混凝土,如果水泵有底座螺孔,在浇筑混凝土时要埋进地脚螺丝,位置与水泵底座螺孔对齐;另一种基础是用角钢或槽钢制作,把支架焊在角钢或槽钢上。基础做好后,安装水泵。为减少噪声,可在水泵的进出口位置安装减振活接。在屋顶安装的水泵要做雨遮,雨遮用角钢和钢板做成人字架,不被雨淋。水泵的性能参数有时和实际要求不符,其管路可照图 2-46 安装,通过调节阀门 2 和 3 的开启度可控制调节水泵的扬程或流量。如水泵扬程过大,使系统中的接头部位漏水,可将阀门 3 关小一些,把阀门 2 开大一点,扬程就会降低。

14. 电磁阀安装

在太阳能热水系统中,电磁阀是管路开关的执行阀门。通电导线周围产生磁场,称为电流的磁效应。电磁阀利用这一特性,通过电流通断来控制阀门的开启和关闭,实现阀门的远程控制和自动控制。图 2-47 为太阳能热水系统管路通用电磁阀的实物图。

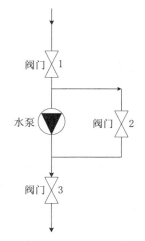

图 2-46　太阳能管路水泵安装图

图 2-47　太阳能热水系统管路通用电磁阀实物图

电磁阀必须水平安装,可耐受水温 100 ℃。电磁阀的工作压力应大于管路压力,否则电磁阀的阀芯会提不起来,线圈的阻抗很小,流过线圈的电流很大,容易把线圈烧坏。阀体的箭头方向一定和水流方向一致,阀体两端装活接,便于拆卸、维修。电磁阀旁装有一个与之并联的手动阀门,以便在电磁阀坏了需要拆卸的时候使用手动阀门,以保障太阳能热水系统正常运行。图 2-48 给出了电磁阀在循环管路的安装方式。

15. 辅助电加热系统的安装

储热水箱保温安装之前先装电热管。安装时,应查看电热管的额定电压和功率。如电热管的额定电压为 380 V,电热管接成三角形;如为 220 V,则接成星形。在三相供电中,电热管选用额定电压为 380 V 的。电热管绝

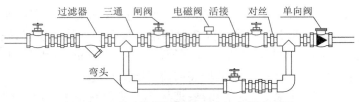

图 2-48　电磁阀在循环管路中的安装方式图

对禁止干烧,因此,控制系统设有防干烧装置。如果太阳能热水供淋浴用,加装辅助电加热后,为确保不发生触电事故,除了在控制装置装漏电保护外,还应对水箱接地防护。电热管的安装通过水箱中下部的孔,将电热管插入,按图接线,电热管和水箱间的绝缘要好,安装口用密封圈封堵,不能有渗水、漏水。应对电热管的接线柱采取防水措施。

一般厂家已将零部件包装好了,在现场只需安装控制箱和接线。控制箱通常装在室内。如果装在屋顶,应采取防雨措施,可将控制箱安装在水箱底部,也可给控制箱做罩子,具体应根据现场情况决定。控制箱如做成 2 个,可将控温仪、切换开关、指示灯等做在一个箱子中,安装在室内;其他执行部件在另一个箱子中,安装到屋顶,操作和管理都方便。图 2-49 示出辅助电加热管在水箱里的安装位置。

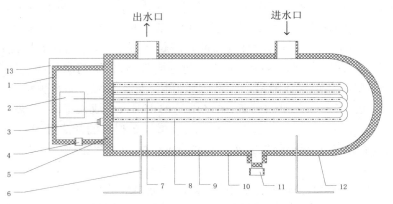

图 2-49　辅助电加热管在水箱里的安装位置图

1—密封盖;2—温控器、过热保护器;3—接线板;4—引线圈;5—法兰;6—电加热器底座;
7—温控管;8—U 形电加热管;9—外壳;10—保温层;11—排水阀;12—内胆;13—端盖。

辅助电加热系统包括两部分,即强电部分和弱电控制系统。对于大功率辅助电加热系统,安装时首先要考察输电线容量是否达标。导线采用绝缘封皮铜导线,要装防护套管,套管要安装托架。强电部分除了自身要达到输电要求外,还要考虑原变压器和输电线的容量增加了辅助电加热后是否达标。如原有容量达不到要求,可增加变压器容量,更换输电线,绝对不可以超容量运行,否则可能会引发事故。对于弱电线路,控制线和信号线应分开敷设,所有线路用绝缘封皮导线,并装防护套管,保证安全且不易老化,避免造成短路而控制失灵。

太阳能辅助电加热管的安装应符合《建筑电气工程施工质量验收规范(GB 50303—2015)》的相关要求。安装时应注意:

(1)安装电加热管前,先检查产品的规格与技术指标,只有与系统相匹配的电加热管才可使用;

(2)要由专业人员来完成安装,绝对禁止用户擅自拆装太阳能电加热管;

(3)接线时一定不可以出现零线与火线的外壳接触的现象,以免引起短路;

(4)必须使用接地线,在正常情况下电加热管与主控制器都设有接地端,使用前应查看仔细;

(5)电加热管安装好后,应对其牢固性进行检查,如果出现松动或者漏水,应及时检修、报修;

(6)通电调试前要在水箱内注水,使电加热管浸入水里,绝对防止干烧引发事故。

16. 辅助热源的安装施工

为使太阳能热水系统能够全天候使用,要加装辅助热源系统。辅助热源系统有电加热、热泵、燃油锅炉、

燃煤锅炉和天然气或液化气加热等方式。近年来,为节能降耗,热泵作为辅助热源被广泛用于工程实践。无论何种辅助热源系统,都应以太阳能为主要能源进行优化设计。

1)电锅炉安装规范

(1)电锅炉规格和型号很多,安装前,必须检查是否符合设计要求;

(2)电锅炉必须按设计或厂家要求,接地安全可靠;

(3)电锅炉应有符合设计或产品要求的过热保护,以防热水温度过高和无水干烧;

(4)一般情况下,电锅炉的热水出口不得装设阀门,以防压力过高引发事故;

(5)安装常压锅炉,应与大气相通,通气管的管径不得小于 DN40,严禁在通气管上加装阀门;

(6)安装压力锅炉时,先装安全阀,核查阀的泄压是否与锅炉的最高承受压力相符,以确保锅炉安全;

(7)电锅炉应装有电源开关指示灯、水温和蒸汽压强指示等装置。

2)其他类型锅炉安装规范

额定工作压力不大于 2.5 MPa 的固定式蒸汽锅炉和承压热水锅炉的安装,应符合《锅炉安装工程施工及验收规范(GB 50273—2009)》的相关规定。燃油、燃气热水机组的安装应符合《燃油、燃气热水机组生活热水供应设计规程(CECS 134—2002)》的相关规定。水加热设备的安装应符合《建筑给水排水及采暖工程施工质量验收规范(GB 50242—2002)》的相关规定。

3)其他辅助热源/换热设备

(1)蒸汽加热用直接通蒸汽的方法,使水升温,接入水箱。

(2)蒸汽管路最低点应加装合适的疏水阀。

(3)蒸汽管路采用岩棉等材料保温,保温层厚度不小于 5 mm,尽量减少热损失。

4)换热器换热

(1)采用换热器的系统,换热器安装应符合厂家的规定。冷、热侧管路均应加装过滤器,防止杂物堵塞。

(2)用铜管盘管换热器,确保盘管内通畅不堵,盘管密封严密。采用合适的方式排气,避免造成气堵。

5)热泵机组及其安装施工

A. 简述

热泵机组是目前能效比较高的热水产生设备,可作为太阳能热水系统的辅助热源。它依据逆卡诺循环运行,电能驱动,借助介质从空气、水、土壤或其他低温热源中吸热,提升为可用的高品位热能并释放到水中加热。根据热源不同,分为空气源热泵、水源(地源)热泵、双源热泵等。太阳能热水系统和热泵系统结合,始终先运行太阳能热水系统。太阳能保证率不足时,切换到热泵系统,生产恒温热水,送入储热水箱,以满足用户需求。图 2-50 为地源热泵的运行原理及其在太阳能热水系统中的应用。

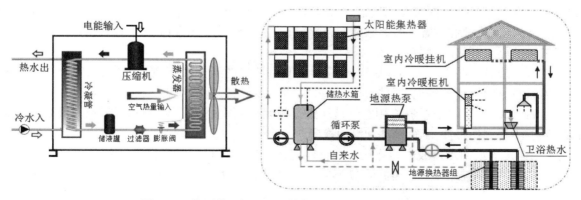

图 2-50　热泵的运行原理及其在太阳能热水系统中的应用

热泵的工作过程是,压缩机吸入蒸发器中的过热蒸汽;过热蒸汽被压缩后变成高温高压气体,经排气管路进入冷凝管,将热量传递给冷水,产生热水;高温高压气体被循环水冷凝为常温高压液态水,从冷凝管出来,流经电磁阀,经过膨胀阀节流降压后进入蒸发器。在蒸发器中低温低压的水回到压缩机开始新一轮的循环。

相比电加热、煤气加热和燃油锅炉等，热泵更加节能、低耗、低成本，是一种性价比较高的辅助热源。因此，热泵已被国家列入可再生能源的范畴而大力推广，但其系统较复杂，所以对前期设计及施工都有一定的技术标准和要求，如《低环境温度空气源热泵（冷水）机组能效限定值及能效等级（GB 37480—2019）》已于2020年5月实施。如果在一些关键技术或者环节上达不到要求，可能影响系统的节能效果和运行的稳定性。表 2-10 给出了几种辅助热源的技术经济性比较。

表 2-10　几种辅助热源的技术经济性比较

设备	项目					
	使用能源	热效率	实际热值	安全性能	环境影响	备注
电热水器	电能	90%	774 kcal/℃	有漏电危险	无	
液化气	液化气	80%	9 000 kcal/kg	有火灾中毒危险	排放有害物	
管路燃气	天然气	80%	3 372 kcal/m³	有火灾中毒危险	排放有害物	
柴油锅炉	0 号柴油	65%~80%	8 000 kcal/kg	有火灾爆炸危险	排放有害物	定时放水
循环热泵	电能	260%	2 340 kcal/℃	安全	无	可达 350%
循环太阳能热泵	太阳能、电能	450%	4 050 kcal/℃	安全	无	
恒温太阳能热泵	太阳能、电能	800%	7 200 kcal/℃	安全	无	

B. 地源热泵的安装施工

地源热泵是通过输入少量高品位能源（如电能），把陆地浅层能源由低品位热能向高品位热能转移的装置。一般可将地下水、江河湖水、水库水、海水、城市中水、工业尾水、坑道水等各类水源以及土壤源作为热泵的冷源、热源。通常地源热泵消耗 1 kWh 的能量，可以得到 4.4 kWh 以上的热量或冷量。

地源热泵从低温环境吸收热量，通过逆卡诺循环输出热量 Q_H 到高温环境，实现不可直接利用的低温热量回收。根据换热器的不同地源热泵分为开式和闭式。闭式系统有水平埋管和垂直埋管，其循环介质被封闭在管路中，不受外界干扰。垂直埋管式地源热泵适于用地比较紧张的地区，恒温效果好，维护费用少。一般钻 Φ100~150 mm 的孔，孔深 100~300 m，间距 4~10 m。地下管一般用高密度聚乙烯（HDPE）管或聚丁烯（PB）管，管径 Φ25~35 mm，钻孔总长度由建筑面积而定，一般是每平方米建筑面积钻孔 1 m 左右。各孔内管线的连接有并联和串联。每一钻孔内放单 U 形管，也可以放双 U 形管。孔内用与地层岩土成分相近的材料（一般为膨润土水泥或硅砂）填充，和埋入钻孔中的地下换热器形成回路与地下水换热。在夏季，地源热泵利用冬季蓄存的冷量供冷，同时储存热量，以备冬用；冬季，利用夏季蓄存的热量供热，同时蓄存冷量，以备夏用。夏热冬冷地区供冷和供暖天数大致相同，冷暖负荷基本相当，可用同一地下埋管换热器实现建筑的冷暖联供，是一种节能又环保的"绿色空调"。

安装施工前，应备齐施工区域的现场资料、设计文件和施工图纸，有经审批的施工组织设计；清理埋管场地地面，铲除杂草、杂物，平整场地；逐件检查入场的地埋管及管件，严禁使用破损和不合格产品，建议用刚出厂的管材、管件。地埋管运抵现场后，用空气试压进行检漏。存放中，不得在阳光下曝晒。搬动和运输过程中要小心轻放，不得划伤管件，不得抛摔和沿地拖曳。

地埋管的连接应采用热熔或电熔连接。竖直地埋管换热器的 U 形弯管接头，用完整的 U 形弯头成品，不用直管煨制弯头。竖直地埋管换热器的 U 形管的组对应满足设计要求，组对好的 U 形管的开口端应及时封堵。

利用全站仪或经纬仪定出井位控制网，逐一定出井位，误差不大于 10 cm，用木桩做好醒目标志，孔间距4.5 m。钻机就位后，钻杆中心必须和孔位在一条垂线上，钻机找平后，四腿支稳，确保钻机水平。启动空压机，待机上仪表显示正常后，方可拧动开关送气，涂抹肥皂水检测管路连接处不得漏气。

为保证钻孔完成后孔壁的完整，如果施工区地层土质比较好，可用裸孔钻进；如果是砂层，孔壁容易坍塌,必须下套管,孔径的大小略大于 U 形管与灌浆管的尺寸。根据需要,选用钻机的钻头直径在 100~150 mm 之间,钻进深度可达到 40~150 m,钻孔深度由供热量大小、负荷的性质、地层及回填材料的导热性能决定。对于大中型工程,应通过详细的计算确定。地层的导热性能可经实测得到。钻孔施工时,不得损坏原有地下管线和构筑物。

下管的深度决定采热量的多少。下管方法有人工下管和机械下管,下管前可将 U 形管与灌浆管捆绑在一起,从而在钻完孔后立即下管。钻完孔后,孔内通常有积水,水的浮力会对放管造成一定的困难,而且由于水中含有泥沙,泥沙沉积也会减少孔的有效深度。为此,每钻完一孔,应及时把 U 形管放入,采取措施防止上浮。在施工中,应保证套管的内外管同轴和 U 形管进出水管的距离。对于 U 形管换热器,可用专用的弹簧把 U 形管的两个支管撑开,以减小两支管间的热量回流。下完管后,U 形管露出地面,要在埋管区做出标志并定位,便于后续施工。

灌浆封井也称为回填。回填之前,应对埋管试压,确认无泄漏后再回填。回填有两个目的:一是增大埋管与钻孔壁之间的传热系数;二是密封,避免地下水受到地表水等可能的污染。为了使热交换器有更好的传热性,一般选用专用灌注材料回填,钻孔中产生的泥浆沉淀物也是可供选择的回填材料。回填物不得有大粒径颗粒,回填时必须根据灌浆的快慢将灌浆管逐步抽出,使混合浆自上而下回灌封井,确保回灌密实,无空腔,减小热阻。当上返泥浆密度与灌注材料密度相等时,回填结束。安装完毕后,应及时进行清洗、排污,按要求对管道进行冲洗和试压,确认管内无杂质后,方可灌水。

水平地埋管换热器铺设前,沟槽底部应先铺设相当于管径厚度的细沙。安装时,管道不应折损、扭结,沙中不得有石块、石子,转弯处应光滑,并有固定措施。在室外环境温度低于 0 ℃时,不得进行地埋管换热器的施工。

每一个井打好,一组管路放入井中,剪去多余的部分,地面或横沟底面留出 50 cm 左右,用胶带裹好管路,要注意管路保护,避免泥浆、石子和其他异物进入管路,造成系统堵塞。水平横沟一般用挖掘机挖掘,但作业时一定要避免挖掘机碰到管路。横沟的开挖深度,一般在室外地坪 1.5 m 以下。在竖直地管埋完后,再连接水平管,用塑料热熔器连接管件,将各竖直地埋管连接起来形成供回水环路。

C. 运行维护

对地源热泵进行维护保养可以延长其使用寿命。对于地源热泵的维护,有如下几点要求。

地源热泵压缩机的保养主要有四个方面。①压缩机检查。一般采用目测检查,检查压缩机进出口阀门的可靠性,是否有泄露;试验时,根据压缩机运行的声音来判断是否有异常。②电压及电流测量。用钳形万用表测量工作电压和运行电流。测量电流时,电缆要位于测量环的中心。测量标准工作电压为 380 V (±10%),运行电流不大于电机铭牌上的额定输入电流。③绝缘电阻的测量。切断电源,用兆欧表检测压缩机的三相对地阻值是否符合标准。如果机组长时间未启用,先将机组的曲轴箱电加热启动,加热机组的油腔,挥发机组内的介质,提高电阻测量的准确度。严禁在真空状态下测量绝缘度,防止电击穿引起事故。压缩机电机的绝缘电阻不低于 500 MΩ,实测值大于 100 MΩ 为合格,热态和冷态下绝缘值大于 8 MΩ 才允许运行。④冷冻油的测定。从机组内提取少许冷冻油装入小烧杯,取一滴装入酸试剂瓶观察酸度,与比色卡对照。符合比色卡对照颜色的,不需要更换冷冻油。从机组内提取少许冷冻油装入小烧杯,尽量减少在空气中的暴露时间,用 pH 试纸判别油的酸碱度。符合酸碱度要求的,不需要更换。用吸水纸检查油中的杂质,如有碳或其他杂质析出,应更换冷冻油。

进行机械清洗时,应关闭冷却水进出口阀门,拆开冷凝器前后端盖,清理冷凝器端盖、水室腔内结垢和锈蚀,用管路清洗机清洗传热管路,清洗完后用清水冲洗,直到达标,然后盖好端盖。保养后水室、传热管目测应整体干净,管壁无明显结垢。

D. 容积式换热器的安装施工

换热器进场后,应先做水压试验,试验压力为 1.5 倍的工作压力。蒸汽部分应不低于蒸汽压 0.3 MPa;热水部分应不低于 0.4 MPa。在试验压力下,10 min 内压力不下降,水不渗漏为合格。

按基础设计图预制混凝土基础一般用 C15 混凝土,预埋地脚螺栓,安装前在支座表面抹 M10 混凝土砂浆找平。基础强度合格后,再安装设备。

太阳能热水系统用的换热器一般是整体式安装,即换热器整体运输进场,施工单位组织检查验收后妥善存放。安装时,还应复查,检查合格后方可组织安装。搪瓷盘管换热器见图2-51。

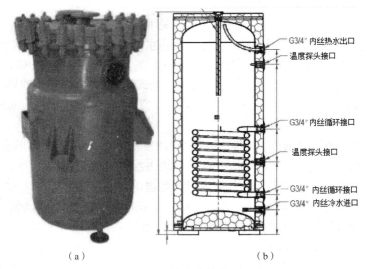

图 2-51　搪瓷盘管换热器
(a)实物图;(b)结构图

（1）用滚杠将换热器运到安装位置。

（2）将随设备进场的钢支座按定位要求,固定在混凝土底座上。

（3）根据现场条件采用拔杆(人字架)、悬吊式滑轮组等设备工具,将换热器吊到预先准备好的支座上,同时进行设备定位复核,直至合格。

E.容积式换热器附件的安装

换热器的安全阀、压力表、温度计及用户要求安装的附件等,应符合设计要求。安全阀的安装,必须按下列规定进行。①安装前,核对安全阀上的铭牌参数和标记是否符合规定。安全阀安装前须进行测试定压。②安全阀必须垂直安装,其排出口应设排泄管,将排泄的热水引至安全地点。③安全阀的压力必须与热交换器的最高工作压力相适应,其开启压力一般为热水系统工作压力的1.1倍。④安全阀的安装应符合《固定式压力容器安全技术监察规程(TSG 21—2016)》的规定,并经质量技术监督部门查验后才能使用。⑤安全阀开启压力、排放压力和回座压力调好后,铅封,以防随意改动调好的状态,做好调试记录。

温度传感器(阀)安装应符合以下要求:①温度传感器(阀)的进出口方向应与被调用热源流向一致。②探头应全部浸没在被调用介质中,并水平或倾斜向下安装。③导压管的最小弯曲半径不小于75 mm,最大长度3 000 mm,确保导压管在自然状态下,以防折断。④不用热水时,关闭温度传感器(阀)前的阀门。

F.换热设备的防腐

换热设备和其连接的管路应做防腐,防腐涂料的品种、颜色、涂刷层数等应符合要求。当设计无规定时,可采用以下建议:明装无保温的循环管路和换热设备的支座(架),涂一遍防锈漆,刷两遍面漆;有保温的换热设备及连接的管路,应涂两遍防锈漆后再保温。

通常换热设备出厂前生产厂家已做防腐,一般是涂防腐漆两遍。设备进场后要保护防腐层,安装完毕应再仔细检查一次,对受损的部位进行修补。补漆应先涂底漆,干透后再涂第二道面漆。

换热设备及与其连接的管路和支座的防腐质量标准是:油漆种类和涂刷遍数应符合设计要求;防腐层附着良好,无脱皮、起泡和漏涂;漆膜厚度均匀、色泽一致,无流淌和污染。

G.容积式换热设备保温

换热设备及与其连接的管路保温要求由设计文件确定。保温材料的名称、主要技术参数、厚度及保护层的材料名称、规格、做法和颜色等均应符合设计要求。

H. 换热设备保温做法

半硬质材料做保温时,先将设备表面清理干净,涂一层稀料,贴上毡料,用稠料勾缝抹平。材料可用聚氨酯、复合硅酸盐等。聚氨酯做成瓦块,贴在设备表面,外包玻璃布保护,再刷两遍面漆。也可用硬质材料(如镀锌薄钢板)做成包箱,再将聚氨酯发泡液倒入箱内发泡,生成整体的保温外壳。复合硅酸盐保温材料以海泡石为基料,加入多种辅料,经加工制成复合硅酸盐毡料。防潮要求高时,可外缠玻璃布,刮腻子膏,再刷防水涂料。

软质保温材料保温可用橡塑海绵、玻璃棉毡、岩棉毡、矿棉毡等。将保温毡按设备的外形裁剪好,把剪好的毡料包裹在刷有改性水玻璃胶黏剂的表面,用 16# 镀锌钢丝捆绑,外面再做金属板保护壳。

和换热设备连接的管路保温做法与太阳能热水系统循环管路保温做法一致。

换热设备的保温材料、厚度、保护壳等应符合设计规定;保温层表面平整,做法规范,封口严密,无空鼓及松动。

17. 电缆敷设

敷设前,应核对电缆的型号、规格是否符合要求,检查接线盘、保护层是否完好,两端有无破损、受潮等;应检查电缆沟的深浅,与各种线缆的交叉、平行距离是否满足有关要求,障碍物是否清除干净;确定电缆的敷设方式及接线盘的位置。

电缆的敷设方式一般有人工敷设、机械牵引和输送机敷设三种。人工敷设适用于转弯较多的场所。敷设时,每隔 2~4 m 设 1 人,由专人统一指挥。在电缆路径的转弯、穿越管路或障碍物处,增设人员看守,防止弄坏电缆。电缆敷设到位后,平稳地放入沟中,保持自然松弛,不强行拉直,使之有热胀冷缩的余地。电缆敷设在支托架上时,应提前标出电缆的位置。在架上,应弄清电缆敷设的先后次序,电缆转弯处和电缆进出口避免交叉跨越。电缆在架上应自然松弛,留有伸缩的余地。为防止在转弯处和在敷设过程中因弯曲过度而损伤电缆,电缆的弯曲半径不能小于允许的最小弯曲半径。允许的最小弯曲半径,见表 2-11。

表 2-11　常用电缆允许的最小弯曲半径(D 为电缆直径)

电缆种类	多芯	单芯
油浸纸绝缘电缆(铅包)	15D	20D
聚氯乙烯绝缘电缆	10D	10D
交联聚乙烯绝缘电缆	15D	20D

低温时,油浸纸绝缘电缆中油的黏度大,层间的润滑性降低,会使电缆变硬不易弯曲,因此低温敷设有可能损伤绝缘层。另外,温度较低时,塑料绝缘电缆的塑料变硬、变脆,弯曲时易损伤。因此,规定塑料绝缘电缆和黏性油浸纸绝缘电缆的敷设温度不低于 0 ℃,否则应预先加热。

18. 电气设备接地保护

太阳能电气设备接地装置由接地体和接地线组成,见图 2-52。

与土壤直接接触的金属网(板)称为接地体(极)。专门为电气接地而装设的接地体叫人工接地体。有垂直接地和水平接地两种安装方式。接地体表面应镀锌防腐。垂直接地体的长度一般为 2.5 m。为了减小相邻接地体的屏蔽,垂直接地体和水平接地体间距一般为 5 m。接地体埋入地下的深度应不小于 0.6 m(不得小于当地冻土层深度),并与湿土密实接触,必要时灌入粗盐水,增加导电性。

连接接地体与设备接地部分的导线为接地线,分为接地干线和接地支线,接地干线尺寸大于支线。接地干线截面积必须符合短路热稳定的要求,铜材和钢材的最小截面积分别不小于 25 mm² 和 50 mm²。为防止机械损伤或腐蚀,接地干线与接地体之间的连接必须可靠。接地体必须有良好的电气贯通性。安装时,接地干线与接地体之间设置可拆装的螺栓,夹紧连接点,以便于检测。若干接地体在大地中相互连接而组成接地网,接地干线用不少于两根导体在不同地点与接地网连接。

并列运行的电力装置,当其总容量不超过 100 kVA 时,接地电阻不大于 10 Ω。低压线路零线的每一重复接地电阻不超过 10 Ω。在接地电阻允许达到 10 Ω 的电力网中,每一个重复接地装置的接地电阻都不超过 30 Ω,且重复接地点不少于 3 处。

19. 太阳能热水控制系统及其安装

目前,市场上一些太阳能热水控制系统都有温度显示、水位显示、上水控制、电加热温度和时间控制等功能。当前在用的太阳能热水控制系统大多是基于单片机的,功能强大,操作方便,实现了时间、水温和水位 3 种参数实时显示,也有时间设定、温度设定与智能控制功能;可以根据天气情况启动辅助热源,使水箱内的水温达到预设温度,实现 24 小时热水供应。图 2-53 示出了基于微电脑的太阳能热水控制系统组成图。图 2-54 是基于单片机的太阳能热水控制系统框图。

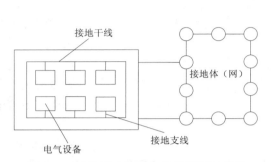

图 2-52　太阳能电气设备接地装置示意图

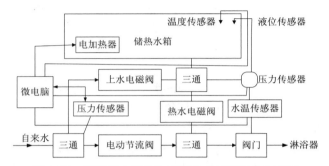

图 2-53　基于微电脑的太阳能热水控制系统组成图

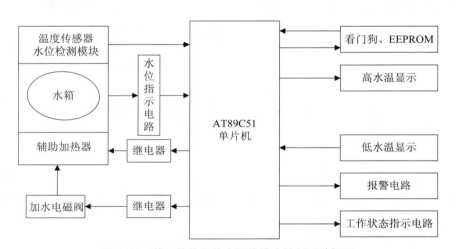

图 2-54　基于单片机的太阳能热水控制系统框图

基于 STC89C52RC 单片机最小系统的太阳能热水控制系统如图 2-55,用太阳能电池板发电,经控制电路给锂电池充电,作为控制系统的电源,用手机通过蓝牙设定太阳能热水系统参数,方便操作,自动化程度高。单片机与 DS18B20 温度检测模块、HC-SR04 超声波测距模块、按键模块、LCD1602 液晶显示模块、继电器模块、蓝牙通信模块等共同配合,实现水温水位检测、进出水控制、水箱里的水加热以及与手机实现蓝牙通信等功能。目前,样机已做出,但尚未产品化。缺点是蓝牙传输距离短。

现在,也有太阳能热水控制器是基于可编程逻辑控制(PLC)的,不过其应用范围正在被基于单片机的控制系统压缩。用 PLC 控制的系统,做成电气控制柜,可实现太阳能热水系统自动及手工控制,更加稳定可靠。基于 PLC 的太阳能热水控制系统,具备定温放水、温差循环、自动/手动控制辅助电加热、水箱水位自动补充、水箱高温保护自动补水、供热水管路循环自动启动、信息显示以及定温电磁阀、电加热、太阳能循环泵手动控制等功能,系统图见图 2-56。

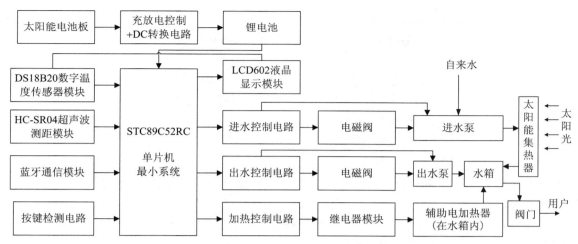

图 2-55　基于 STC89C52RC 单片机 + 光伏供电的智能控制系统框图

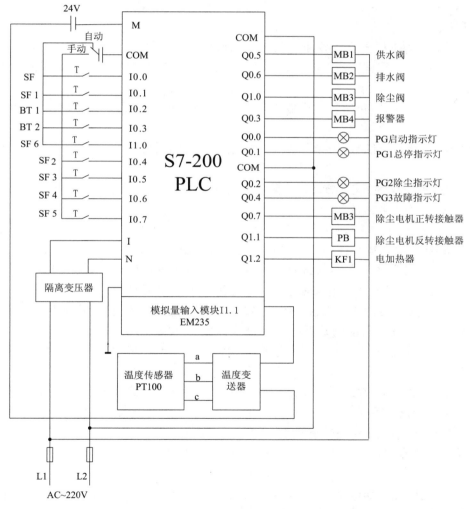

图 2-56　基于 PLC 的太阳能热水控制系统图

智能太阳能热水控制系统的主要功能如下。

（1）开机自检：开机时发出"嘀"的提示声，表示处于正常状态。

（2）水位预置：可以设置加水水位 50%、80%、100%。

（3）水温预置：可设置加热温度范围（30~80 ℃）。

（4）水位指示：显示水箱内所存水量。

（5）水温指示：显示水箱内实际水温。

（6）缺水报警：水位从高到低，缺水时，蜂鸣器报警，同时 20% 水位指示闪烁。

（7）缺水上水：水位从高到低，缺水时，延时 30 min 自动上水到预置水位。

（8）手动上水：水位低于预设值时，按上水键，实现手动上水至预置水位；若水位已达到预置水位，则在原水位基础上再加一挡；若水已加满，停止手动上水；在上水过程中长按上水键可停止上水。

（9）温控上水：当水箱未加满、水温高于 70 ℃时，自动补水至水温 55 ℃，此功能可防止出现低水量、高水温的不合理现象；当水位从高到低时，温控上水延迟 1 h 启动；若要取消温控上水功能，应按上水键 3 s，直到温度符号"℃"长亮。

（10）手动加热：水温低于预置值时，按加热键可将水加热至预置温度后自动停止；如加热过程中按加热键，则停止加热。

（11）恒温加热：按加热键 3 s，设定恒温加热功能，恒温灯点亮；若水温低于预置温度 5 ℃，立即启动加热至预置水温，保证水箱水温恒定；若水位低于 50%，自动启动上水至预置水位后，再启动加热，以免干烧。因此水位不能低于 50%，建议采用上下双水管安装，这样不影响用户持续大量用水。

（12）定时上水/定时加热：若遇供水不正常等特殊情况，用户可根据自己的生活习惯，设定定时上水和定时加热，设定完成后，每天根据所设定的时间自动上水及加热；若要取消定时上水或定时加热功能，只要将定时时间设为 24 即可。

（13）强制上水：水温、水位传感器出现故障时，可手动按上水键，强制上水，每分钟蜂鸣器会响起，注意有无溢水，8 min 后关闭上水。

（14）自动增压：供水水压低时，选择自动增压泵功能，上水时，打开电磁阀同时启动水泵加压供水，水上满后，两者同时关闭。

（15）管路保温：冬天室外气温比较低，为防止水管被冻裂，可按保温键，启动电伴热带，同时保温灯常亮；第二次按保温键，则关闭电热带。

（16）防干烧：当控制系统侦测到水箱内无水或水量少于 50% 时，将自动关闭辅助电加热管。

（17）防电热带起火：启动管路保温后，控制系统在管路温度稳定后（通电约 10 min）自动关闭电伴热带，管路温度下降后，再次按用户设定的延时启动（原厂设置为 0 min，电热带长期通电时长在 0~30 min 任意设定），此过程自动重复，避免长期通电导致电伴热带老化等事故，也节约电能。

（18）自动防溢流：因真空管破裂或水位传感器故障等原因造成溢流，自动停止上水。在缺水或 20% 水位状态时，上水启动后，30 min 后水位无变化，进入防溢流状态，停止上水。24 h 后自动解除，恢复上水功能。此功能可预防：①由于太阳能真空管破裂或其他原因漏水，不断上水造成水箱长期流水；②停水后突然来水，由于空晒，真空管温度过高，造成炸管。

（19）低水压上水：上水中，水压过低或停水，自动进入低水压模式。此模式中，智能控制仪每隔 30 min 启动上水，若 30 min 内仍不能使水位上升一挡，则停止 30 min 再启动上水。重复进行，以免在低水压或停水时电磁阀、水泵长期通电，造成水泵空转烧毁。

（20）水位灵敏度调节：如用户水质较好（导电较差，一般在山区），可把拨动开关调到"高"，出厂时调至"低"。

（21）漏电保护：当电加热漏电时，马上断电，同时显示屏显示"Ld"，蜂鸣器响 3 声，按加热键漏电复位。发现漏电后，马上检查电加热器，以免发生事故。

（22）防高温空晒：防止太阳能集热器缺水时高温（高于 90 ℃）空晒后，突然进水而使真空管炸裂。

1）温差循环热水系统工作过程

假设平板太阳能热水系统采用温差循环。当集热器热媒温度高于设定温度 50 ℃，且不低于循环管路末端温度 8 ℃时，循环泵启动，将集热器中的高温热媒（乙二醇水溶液等）输送至水箱中的换热装置，换热后的低温热媒流回集热器加热;当集热器内热媒温度低于设定温度 42 ℃,或低于循环管路末端温度 5 ℃时,循环泵停止运行;如此间断性往复循环,将水箱中的水加热到设定温度,供用户使用。

当集热循环管路末端温度高于 75 ℃或当集热器热煤(介质)温度高于 95 ℃时,循环泵停止运行。热媒吸热体积膨胀时,膨胀罐吸收体积膨胀量;当热媒压力急剧升高时,安全阀将热媒排泄到储液罐内泄压,保证系统压力稳定;如果压力急剧增大,则打开安全阀泄压。当热媒冷却体积收缩时,膨胀罐向热媒补充压力。当系统内部热媒渗漏或蒸发损失时,储液罐定压补水装置补充热媒来维持循环系统的恒定压力。

2)智能电气控制系统安装及调试

太阳能智能电气控制系统由嵌入式微控制器(ARM)、水温传感器、水流传感器、管路温度传感器、附件等组成,被控制设备有电磁阀、电动阀、增压泵、循环泵、辅助电加热器、防冻电伴热带等,智能控制系统是太阳能热水工程的控制中心。系统有过载保护、短路保护、接通和断开等诸多功能。图 2-57 是某公司的微电脑太阳能智能控制仪面板图。

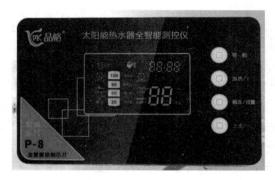

图 2-57　某公司微电脑太阳能智能控制仪面板图

在安装时,应坚持"先预埋、预留,后面上""先暗后明""先主体后设备"的原则,保证符合《电气装置安装工程　接地装置施工及验收规范(GB 50169—2016)》《电气装置安装工程　低压电器施工及验收规范(GB 50254—2014)》《建筑工程施工质量验收统一标准(GB 50300—2013)》《建筑电气工程施工质量验收规范(GB 50303—2015)》《智能建筑工程质量验收规范(GB 50339—2013)》的要求。主要安装流程包括:配管→配电箱安装→穿线→仪器、仪表、传感器安装→ PLC 控制器安装→箱内盘芯固定并接线→安装箱盖→绝缘和功能测试。

(1)配管流程:放线→支架制作安装→下料切管→套丝和弯曲→线管连接、安装→跨接地线→防腐。

(2)配电箱安装要求和施工流程:电控箱应安装在防雨、防震、灰尘较小且受环境温度影响较小的地方,尽量装在楼梯间、设备间内;挂墙式电控箱应垂直贴墙悬挂,底边距地高度至少 1.4 m;落地式电控箱应与地面固定牢靠,且垂直地面,与地面连接处应有接线地沟或接线支架。多个电控箱并列安装在一起时,应保证整体美观、协调。

(3)划线定位:根据设计图纸要求,找准配电箱的位置,按照箱体外形和尺寸划线定位。

(4)安装配电箱:主要包括拆开配电箱、安装箱体和穿线等内容。①先将配电箱拆分为箱体、箱内盘芯、箱门三部分。拆配电箱时,一定要保留好拆卸下来的螺丝、螺母、垫圈等零部件。②用金属膨胀螺栓在墙上固定配电箱,螺栓的大小根据箱体重量选择。根据划线定位,找准墙体上箱体固定点的位置。一个箱体一般有 4 个固定点,对称布置在四角。用冲击钻在墙体上已划好的固定点钻孔,其孔径保证刚好将膨胀螺栓的胀管埋入墙内,孔洞应平直不歪斜。再将箱体的孔与墙体的洞对正,加镀锌弹垫、平垫,将箱体销固定,待最后一次用水平尺将箱体调整平直后,再把螺栓逐个拧紧。③穿线流程为:选线→穿带线→扫管→带护口→放线及断线→绑扎导线与带线→穿线。

下面介绍传感器的安装。安装前,应检查包装是否完好,外观有无缺损及配件是否齐全等。传感器装在图纸标出的位置。图纸未标明的,应安装在能准确反映温度、水位等参数并便于维修的位置。具体要求如下。

（1）水温传感器放置于水箱底部出水口附近，指示用户使用热水的温度。盲管装在预留接口，温度传感器放置于盲管中，接线处要做好防水处理。

（2）集热器温度传感器安放在最接近联箱的地方，紧贴于联箱上出水口处，检测集热器内的水温。

（3）管路温度传感器放置于循环管路末端，侦测系统最低温度，确保在冬季伴热带以及防冻循环正确动作。

（4）热水温度传感器安装在出水管的末端，保证达到用户对水温的要求。

（5）水位传感器安装位置远离进水口，各探头不得触碰水箱壁或水箱内的金属件，以免发生误动作。做好防雨水进入，避免短路。

（6）若水箱与控制箱距离超过 20 m，将传感器盒放于水箱附近（注意做防水处理），接入各个温度传感器，用信号线将传感器盒和控制仪主机连接。

（7）信号线避免与动力线缆近距离布线，不可穿过同一根管，且远离其他用电设备。

（8）信号线应使用屏蔽线（尤其是水位传感器接线），屏蔽层应该单端接地。

（9）安装完毕后，仔细检查各部件安装是否正确、牢固，开机检验其工作是否正常。

传感器接线要求如下。

（1）探头芯线外引导线与接线端子连接时，不能太紧或太松，以防止连接线损伤或接触不良。

（2）接线端子往外接线时，温度控制仪的接线可用≥0.5 mm² 的三芯护套线，用同接线螺丝和导线规格相配的专用接线头连接；易腐蚀的地方，做搪锡处理。做到连接牢固，接触良好，避免腐蚀，尽量减小接触电阻。接线裸露的部位用绝缘套管或绝缘胶带包扎密实，在导线表皮标出线号，做好标志。

（3）用 PLC 或 LOGO 控制柜时，水温或水位传感器外接线用屏蔽线。屏蔽线的接线方法同上，但线的金属屏蔽层要与传感器外壳相接，即等电位连接。

（4）所有外接导线应加穿线管保护，穿线管应符合设计要求；设计未注明时，用 PVC 穿线管，直径不小于所穿线总线径的 1.5 倍。

（5）穿线管与传感器接线盒之间用塑料波纹软管过渡连接。传感器接线盒出线口朝下，以利于防雨。

3）防冻电伴热带安装

在室外管路做保温层之前，应用防冻电伴热带包住管路，用绝缘材料缠紧，并做好防漏电措施。按伴热带说明书要求的长度，引出电源线接至电控箱内专用开关上。如伴热带总功率过大，应分别接在专用开关的不同相线上，以保持三相用电平衡。防冻电伴热带应带有温度自动控制装置，受智能控制器的有效控制。

4）PLC 控制系统安装

电源引线为 5 线制（必须有接地线）。无接地线的，由专业人员根据现场情况，制作接地线。传感器金属外壳和执行部件，如电磁阀、电动阀和水泵等，应可靠接地；带辅助电加热的水箱应按水箱接地方法可靠接地。控制系统掉电时，必须过 5 min 后再接通电源，以防损坏 CPU。通电前，确认传感器引线连接无误，以防通电后传感器引线短路损坏 CPU。有辅助电加热的水箱，必须在水淹没电加热管后才能接通电源，以防干烧损坏。通电后，严禁调整控制系统的任何线路，严禁在控制系统上电焊作业，以防 CPU、电路或传感器损坏。

5）安装箱内盘芯并接线

将箱内杂物清理干净，如箱后有分线盒也一并清理干净，将导线理顺，分清支路和相序，在导线末端用白胶布或其他材料标注清楚，再把盘芯与箱体连接牢固，最后将导线端头按标好的支路和相序引至箱体或盘芯上，逐个剥开导线端头，压接在器具上，将地线按要求压接牢固。

6）安装箱盖

把箱盖安装在箱体上，并用仪表检测箱内电气连接有无差错。确认无问题后，把配电箱的系统图贴在箱盖内侧，标明各个闸具用途和回路，以方便以后操作。

7）设定控制系统的运行参数

强制循环系统的控制有光控、温控和温差控制三种。光控是在集热器旁安装光敏传感器，阳光照到传感器上,产生的电信号送入控制器,启动水泵。根据集热面积决定水泵流量,强制循环一般用温度控制和温差控制,温控循环是将感温探头安装如图 2-58 所示的与上循环管相接的那架集热器中,监测集热器内的水温。当集热器内的水温达到温度上限时,水泵启动,将水箱底部的冷水压进集热器,集热器内的水温下降;当下降到设定温度下限时,水泵停转,集热器内的水温在光照下再次升高,重复下一个循环。温度设定跟季节和对水温的要求有关。

温差控制是将一个感温探头安装在如图 2-59 所示的集热器出口处,另一个感温探头安在水箱的底部。温差控制仪监测两个感温探头测得的温度,当两个探头的温差达到设定值时,水泵启动,水箱底部的冷水挤进集热器,集热器内的水温下降,两个感温探头测得的温差减小;当两个探头测得的温差达到设定下限时,水泵停转,集热器水温升高,两测温点温差变大;当温差达到设定的上限时,重复下一个循环。

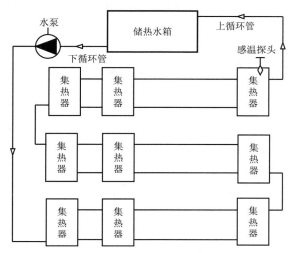

图 2-58　温控循环感温探头安装位置示意图

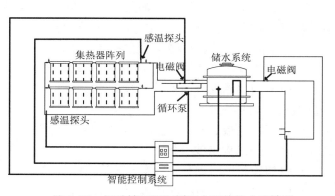

图 2-59　温差控制强制循环太阳能热水系统图

强制循环的流量由循环水泵扬程决定。若扬程过大,水泵启动后,集热器板温下降较快,过快的流速会加大集热器的循环死角,使集热器的热水不能全部流出;若扬程过小,水泵将不停地运行,导致一箱水循环不完。水泵扬程的设定以水箱容积来确定,最好选择水箱容积的 1/3 为水泵扬程。这样,水泵连续运行 3 h 可将整箱水循环一遍,且水泵不会连续运行,运行一段时间,集热器板温下降后,水泵停转,让集热器温度重新升高。一天运行下来,水箱的水可循环 1.5~2 次。晴天气温高循环次数多些,天气不好循环次数少一点。

8)太阳能热水智能控制仪使用方法

太阳能热水智能控制系统的上水和加热一般全智能运行,用户不必操作。想更改预置水位和水温或采用定时模式,用户可按如下方法操作。

(1)水温水位设置:进入设置状态,预置温度 50 ℃、水位 100% 时闪亮,按加热键设置水温,按水位键设置水位。

(2)管路保温:按一下设置键,进入管路保温时间设置,管路保温灯亮,时间显示“00”,出厂设置为 0。若调整时间,按加热键“+”或保温键“-”,可在 0 min 至 30 min 任意设定。

(3)定时上水:再按一下设置键进入定时上水设置,上水点亮,数码显示“24”,表示定时关闭。若要开启或调整定时时间,按加热键“+”或保温键“-”。若 8 h 后上水,按加热键或保温键,数码显示“08”时定时完成,8 h 后启动,此后每天该时刻启动上水。

(4)定时加热:再按一下设置键进入定时加热,加热点亮,数码显示“24”,表示定时关闭。若要开启或调整定时时间,按加热键“+”再保温键“-”。若 8 h 后加热,按加热键或保温键,数码显示“08”时定时完成,8 h 后启动,此后每天该时刻启动加热。设定定时上水和定时加热,回到主界面,加热灯和上水灯闪烁,启动时指示灯将长亮。

(5)设置完毕:再按上水键,设置完成,返回主界面。

（6）恒温设置：按加热键 3 s,恒温灯点亮,设定完成。再按加热键 3 s 取消。

（7）温控上水：按上水键 3 s,听到"嘀"的短提示声后放手,"℃"长亮,则取消温控上水功能。再按上水键 3 s,"℃"闪烁,则恢复温控上水功能。

（8）复位：若取消全部设定,按复位键 3 s,即可恢复出厂设置。

9）安装后的测试

（1）绝缘测试：配电箱（盘）安装完后,用 500 V 兆欧表对线路进行绝缘测试。测试项目包括相线之间、相线与零线之间、相线与地线之间。一般两人配合测试,做好记录。

（2）功能测试：太阳能热水系统安装完后,应对智能控制仪的功能逐一测试,确保可用。

10）智能控制系统安装施工注意事项

（1）控制柜采用防雨箱设计,可放在室外,但不要固定在易被雷击的位置（如集热器支架等）,并保证接地良好。

（2）220 V 交流电源线与信号线、控制电缆应分槽、分管敷设。

（3）计算机、现场控制器、输入/输出控制模块、网络控制器、网关和路由器等电子设备的保护接地,应接在弱电系统的单独接地线上,防止混接在强电接地干线上。

（4）屏蔽电缆的屏蔽层至少有一个点接地。

（5）特殊设备安装施工应遵照生产厂家的技术要求。

（6）室内控制仪表与室外主板通信线应采用 0.5 mm² 以上双芯铜线,并可靠固定在墙壁或穿线管内,防止断线后影响系统通信。

（7）室外主板、温度传感器与水位传感器信号线,不能与水泵等强电线经过同一穿线管,防止水泵等感性负载产生的高次谐波干扰。

（8）如控制柜附近有大功率变频器或信号发射塔,而且温度传感器信号线又比较长,必须采用屏蔽线。

（9）水位传感器信号线建议采用屏蔽线。

（10）控制柜对环境的要求：温度 −20~35 ℃,相对湿度 < 70%。

11）太阳能智能控制系统使用注意事项

（1）绝对不要让水直接冲淋智能控制仪面板。

（2）出现换电池提示时,立即更换新电池。

（3）因长期使用或水质纯净（水导电性差）等造成传感器检测灵敏度下降,水满不显示 100% 时,打开主机接线盒,将灵敏度插件拔下,切换到高灵敏度（高）档位,即可提高检测灵敏度。

（4）为保护太阳能集热器及水温水位传感器,水箱内不得长期无水,否则会导致控制系统失灵。

（5）为防止误操作、电源不正常及控制失灵等造成长时间溢流,电磁阀、循环泵应安装在不发生水渗漏的室内。安装可靠的避雷装置,以防雷击。发生雷电时,及时断开电源,停止运行太阳能热水系统。

（6）用户用水时,只需按下加热（开/关）键关闭加热,加热指示灯熄灭,即可放心使用,不必拔下电源插头。

2.3.5.5　强制循环太阳能热水系统的检漏、试压和流量调节

1. 检漏和试压

强制循环太阳能热水系统由水泵提供循环动力,管路和集热器都承压。在管路保温之前,应进行压力测试。试压操作参考室内给水系统的试压工艺。

（1）安装并开启上循环管与储热水箱之间的阀门,注水,待管路和集热板内空气全部排净阀口冒水后,关闭阀门。

（2）升压：开启循环泵,调整水泵扬程的旁管阀门,先将系统压力逐渐升至工作压力。停泵观察各部位有无破裂,各接头有无渗漏水。如无,再升压至工作压力的 1.5 倍试验。

（3）检验方法：金属及复合管在试验压力下连续观测 10 min,压力降不大于 0.02 MPa;然后降到工作压力进行检查,不渗、不漏为合格;再缓慢降到压力为 0,试压完毕。若是塑料管,在试验压力下稳压 1 h,压力

降不超过 0.05 MPa,在工作压力下稳压 2 h,压力降不超过 0.03 MPa,检查各连接处不渗、不漏为合格。

（4）泄压:试压合格后,拆除上循环管的阀门,及时将上循环管与热水箱接通。

（5）试压记录:如实填写试压记录,严禁编造弄虚作假。

（6）注意事项:①试压时,在管路末端对面严禁站人,以防跑水伤人;②在试验压力下,不允许紧固螺栓或拧紧螺母;③自然循环太阳能热水系统,在管路和集热器安装完毕未做保温前,应进行灌水试验,方法是将水箱灌满静置 24 h,各部位和接头处无渗水漏水为合格。

2.系统流量调节方法

自然循环太阳能热水系统介质流量由水箱与集热器的高度差、进出集热器端口的水温差、循环管路的阻力决定,在设计时计算准确、安装完工后,一般不再作大的调节。在强制循环太阳能热水系统中,水循环靠水泵提供动力,泵的流量、扬程对水流量调节。安装时,给水泵安装一根旁路管和阀门,可通过调节阀门的开启度来调节流量。另外,除了流量调节外,强制循环系统的集热器常常串并联,为保证每台集热器发挥出最高的热效率,要让每台集热器的流量一致,集热器流量的调节方法见图 2-60。在集热器安装完毕后,集热器流量的调节要逐个阵列进行,每个阵列的进水口必须安装闸阀。出水口的流量计是临时安装的,专为调节集热器流量用。调节时,每个流量计和每个闸阀前设有一人,流量计前的人观察流量,指挥闸阀前的人调节闸阀,让所有集热器的流量都一致,将调节好的闸阀位置做上记号。然后拆除流量计,调节下一个集热器阵列。当所有集热器流量调节好后,将流量计拆下,系统恢复正常循环。

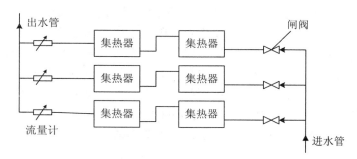

图 2-60　太阳能集热器阵列流量调节方法示意图

太阳能热水系统长期运行后,由于各种原因,集热器流量会发生变化,需重新调整。此时,如果没有安装流量计,只能凭直观感觉调整。一种方法是将集热器阵列一端循环管的保温拆除,在系统运行中,用手感觉循环管温度,温度高的循环管表示这一单体流量小,需开大一些调节阀;另一种方法是拆除集热器阵列出水侧一端的堵头,启动循环泵,观察每个单体的出水量,调节闸阀,让每个单体出水量基本一致。

2.3.6　大型太阳能热水系统的防腐及保温

1.太阳能热水系统的防腐

太阳能热水系统安装完成后,必须对整个系统做防腐处理,包括循环管路、支架和水箱等。在现场焊接的焊接点(处)要先除去焊皮,刷防锈漆。刷漆要刷两遍,头遍刷底漆,干透后刷面漆。一些储热水箱在现场制作,如采用普通钢板,在制作前应对钢板进行镀锌防腐。镀锌防腐的效果比刷油漆防腐好得多。钢板镀锌后,现场制作时,焊接处的镀锌层会损失,因此水箱焊好后,要对焊接处重新做防腐处理。

2.太阳能热水系统的保温

用于高温循环管路的保温材料一般有石棉、矿渣棉、膨胀珍珠岩、泡沫混凝土、石棉硅藻土、蛭石等,用于低温循环管路的有软木、泡沫塑料等。

太阳能热水系统对保温工序要求较高。同排集热器与集热器之间、前排集热器与后排集热器之间以及集热器排列的输水循环管路与储热水箱之间的连接管、储热水箱等皆为能耗点,为减少热损失,应在这些点、面上加装保温材料,做保温处理。以管径小于 100 mm 的循环管路的散热量为例,经过保温处理后系统的散热量可减少 80%~90%。太阳能热水系统与普通采暖管路保温的要求不同,主要是使用环境温度和用水温度有区别。

平壁储热水箱的保温材料,一般选用聚苯乙烯泡沫板。施工方法为:将比保温板厚度稍长的螺栓焊接在箱体上,纵横向间距为 500 mm 左右,把裁好的保温板插在螺栓上,套上螺帽,此时不必拧紧,加完保护层后再拧紧螺帽。这样密封性较好,缺点是箱体上焊接的螺栓会形成"热桥",进而通过"热桥"向空气中散热,影响保温效果。

　　为了防止保温层受力损坏,延长寿命,在保温层外面须加设装饰层。管路的保护层一般用玻纤布或涂塑布等。施工方法是:将材料裁成幅宽 120 mm 左右,卷成卷。缠绕时要拉紧,一边缠一边整平,不可折皱、翻边,一般搭接以幅宽一半为准,形成两层。末端一定绑牢,避免松动或脱落。平壁水箱的保护层,一般采用镀锌钢板、铝板、玻璃钢或彩钢板等。方法是先将固定保温板的螺帽取下,装上保护层后再拧紧螺帽。

　　对于圆柱形水箱,如用聚苯乙烯泡沫板,可将聚苯乙烯泡沫板加工成几块水箱内胆的形状,组装时将几块板合拢,套上外壳即可。聚苯乙烯泡沫板的保温工艺简单,成本低,但在 70 ℃以上会收缩,保温性能不如聚氨酯发泡。聚氨酯发泡将液态的两种聚氨酯 A 料和 B 料通过发泡喷枪同时喷入水箱内胆和外壳的夹缝里,两种料根据温度和配比不同,在几十秒或几分钟内发泡固化。聚氨酯发泡保温效果好,但成本高。

2.3.7　太阳能热水工程远程监控

　　随着信息和计算机科学的发展,远程监控技术在太阳能热水工程上得到了更多的应用。太阳能热水工程远程监控系统可以实现对太阳能集热器、辅助能源机组、电磁阀、电动阀、水泵和水箱的运行状态以及参数的采集与监测;远程查看水箱水位、温度、压力、回水控制、电表、水表等实时数据,同时根据不同地点和气候的变化进行太阳能和热泵的切换。太阳能热水工程远程监控可以提高节能效率,让热水工程服务商降低维护成本,缩短故障响应与排除时间。通过太阳能热水工程远程监控系统,可以及时、全面了解热水工程系统的工作状态,查看设备运行中的实时数据和报警数据,调整设备运行参数,延长太阳能热水工程的使用寿命。太阳能热水远程监控系统框图见图 2-61。

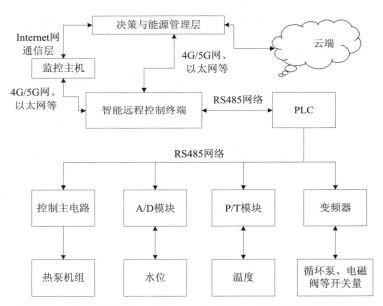

图 2-61　基于数据传输单元(DTU)和网络的太阳能热水监控系统图

　　现在,基于单片机的控制系统越来越多,更高可编程性和操作便利性、更高可靠性的智能控制器用于太阳能热水工程是大势所趋。今后,有远程监控功能的控制装置将得到更多应用,如基于 WiFi 物联网的太阳能热水工程远程监控系统。WiFi 是一种短程无线网传输技术,能将个人电脑、手持设备(如手机)等终端以无线方式互连,可在几十米内支持目标物接入无线信号,其传输速度快、无须布线等优点满足了信息获取的需求。由于 WiFi 能够很好地实现家庭范围内的网络覆盖,适合充当家庭中的主导网络。如太阳能智能控制器有 WiFi 模块的话,通过 WiFi 建立通信连接,再通过 4G/5G 网络,用手机或其他移动终端即可远程监控太阳能热水系统。

2.3.8　大型太阳能热水系统整体调试

太阳能热水系统投用前,整体调试必须合格。调试应在水、电、辅助能源都具备的条件下进行。系统调试包括水泵、阀门、智能控制器、监控设备、辅助热源、管路、管件等设备的调试和系统联动调试。调试完毕,试运行 1 周无异常,方可办理验收手续。

2.3.8.1　调试前的准备工作

（1）检查现场,根据图纸仔细核对,知晓系统和各个设备的技术细节。

（2）认真检查管路安装质量,按图纸核实设备和管路连接的正确性和可靠性。

（3）调试前,对水泵、水箱、管路、阀门、管件及其他附件等进行完整性检查、加油、清洗,确保设备能投入正常运行,循环泵应已做好试车,管路水压试验与清洗已经完毕、达标。

（4）保证调试人力、机具等齐备,随时准备进入工作状态。

各工种密切配合,各司其职,共同完成设备的单机调试。认真做好调试记录,一周之内出具调试报告,须有项目负责人和技术工程师签字、盖章。

2.3.8.2　设备单机及部件调试

设备单机及部件调试包括集热器阵列、储热水箱、循环管路、水泵、阀门、电磁阀、电气控制系统、监控设备、辅助热源系统等调试。

（1）检查水泵安装方向是否正确。充满水后,启动水泵,检查水泵转动方向是否正确。在设计负荷下连续运转 2 h,应工作正常,无渗水、漏水,无异常震动和声响,电机电流和功率不超过额定值,因工作引起的温升在正常范围内。

（2）检查电磁阀安装是否正确。手动通断电时,电磁阀启停正常,动作灵活,密封严实,不渗水、不漏水。

（3）控制仪与各控制设备的接线无误,温度、温差、水位、光照控制、时钟控制等应显示正确、动作迅速。

（4）电气控制系统达到设计要求的功能,控制动作准确,性能可靠。

（5）漏电保护装置工作正常。

（6）防冻装置、超压保护装置和防过热保护装置等工作正常。

（7）各种手动阀门开启灵活,密封严实,不渗水,不漏水。

（8）辅助加热设备达到设计要求,工作正常,运行稳定。

2.3.8.3　系统联动调试

太阳能热水系统的设备单机及部件调试完成后,可进行联动试运转调试。系统联动调试应遵循《建筑工程施工质量验收统一标准（ GB 50300—2013 ）》《建筑太阳能热水系统应用技术规范（ DGJ32/J08—2015 ）》《建筑电气工程施工质量验收规范（ GB 50303—2015 ）》《建筑给水排水及采暖工程施工质量验收规范（ GB 50242—2002 ）》等规定。

系统联动调试步骤如下。

（1）调整水泵控制阀门,使系统循环处在设计要求的流量和扬程范围内。

（2）调整电磁阀,使阀前、阀后压力处在设计要求的压力范围内。

（3）将温度、温差、水位、光照、时间等控制仪的控制区间或控制点调整到设计要求的范围或数值。

（4）调整各个分支回路的调节阀门,使各回路流量平衡。

（5）调试辅助能源加热系统,使其与太阳能热水系统相匹配。

（6）对其他应该进行的环节逐一做调试。

（7）系统调试,测量流量、水压、出水温度和环境温度,做好记录,并与设计方案对照。

在自来水压正常,确认太阳能热水系统已经上满水后,在电气控制器接线正确的情况下,接通电源 10 s 后,控制器按默认程序自动运行。默认程序参数的设置见表 2-12。

表 2-12　太阳能热水系统运行参数设置表

序号	运行参数	默认值	是否可调
1	时钟	实时时钟	可调
2	定时加热时间	16：00	同上
3	定时上水时间	22：00	同上
4	温差循环起始温度	7 ℃	同上
5	温差循环停止温度	3 ℃	同上
6	电加热设定温度	50 ℃	同上
7	设定上限水位	5 格	同上
8	设定下限水位	2 格	同上
9	定温进水温度 1	42 ℃	同上
10	防冻温度	5 ℃	同上
11	管路循环温度	36 ℃	同上
12	定温进水温度 2	40 ℃	同上
13	高温保护温度	90 ℃	同上

2.3.8.4　系统调试注意事项

（1）空晒后，真空管内部温度可达 250 ℃以上，此时上冷水易造成爆裂，因此要特别注意。为避免安装时出现此现象，可采用以下方法：①真空管全部插入后马上上水；②用覆盖材料将真空管遮住 3 h，待管内温度下降后，再上水。

（2）储热水箱排气口严禁堵塞。不得直接接任何非循环管路，否则可能因排气不畅而胀坏水箱。

（3）前后支架应把桶托及拉筋连接后才能将储热水箱放在支架上。储热水箱真空管孔与支架底托盒对应，并将 ABS 塑料托装入底托盒孔内，桶底的 4 颗螺丝放入桶托孔内，先不紧固，将装饰胶圈带水套在真空管上，在真空管外封口处涂抹肥皂水作润滑剂，沾水插入内水箱孔内（旋转用力）。待真空管全部插入后，将储热水箱角度稍微作调整。然后将桶底螺丝紧固，并将真空管底部回插到对应的 ABS 塑料托即可（旋转用力）。

（4）连接上、下水管应选用专用复合管或交联管，以减少水锈及热量损失；管路用保温材料保温，带电加热的应将电缆线包在保温材料内。应将上、下水管固定在支架或建筑物上，北方寒冷地区可加装排空阀。

2.3.9　大型太阳能热水系统施工质量检验

联动调试完成后，晴天时连续试运转 72 h，应保证系统各设备及主要部件动作准确，顺序正确，无异常，各项功能达到设计要求。工程质量检验分为过程检查和竣工检验。只有检验合格后方可办理验收和交接竣工手续。

1. 过程检查

（1）每一工序施工完成后，按照《太阳能热水系统分项工程质量检验表》进行自检，发现问题，及时处理。每一分项工程自检合格后，应及时提请公司质检部门组织分项工程质量检验。

（2）分项工程检验合格后，才能进入下一道工序施工。

（3）在安装施工中，所有隐蔽工程均应由质检员检查，并出具质检报告，确认合格后方能隐蔽。

2. 检验记录

（1）分项检验和竣工检验应做好记录。

（2）所有质量检验资料应由专人妥善保管，并按相关规定归档保存。

2.3.10　强制循环太阳能热水工程的验收

验收的目的是全面检查太阳能热水工程安装质量以及系统与建筑物结合的施工质量。工程验收适用于和建筑结合的太阳能热水系统，但相关内容也可作为家用太阳能热水器安装、验收的参考。验收内容包括对太阳能热水系统土建构造和预埋件施工质量，设备组装和安装，管、件、泵、阀、智能控制器、电气线路和远程监控等设备的安装质量验收，以及系统是否处于正常的工作状态等。

太阳能热水工程验收，除甲方参与外，还可邀请第三方作为主验方主持验收。验收过程全程录像，半数以上的评审专家投票通过为合格。验收合格后，施工方、甲方和主验收方在验收报告上签字、盖章。

2.3.10.1　太阳能热水工程验收一般规定

1. 工程验收依据

太阳能热水工程验收应按现行国家及行业标准、规范的规定和设计要求进行，如《民用建筑太阳能热水系统应用技术标准（GB 50364—2018）》《太阳热水系统设计、安装及工程验收技术规范（GB/T 18713—2002）》《太阳热水系统性能评定规范（GB/T 20095—2006）》以及其他相关的国家标准和行业标准，验收方案和检查方法力求做到快速、简便和低成本，以提高工程验收的时效性。以上规定未涉及的内容，应执行《建筑工程施工质量验收统一标准（GB 50300—2013）》《建筑给水排水及采暖工程施工质量验收规范（GB 50242—2002）》等国家标准、规范的相关内容。除了热性能检验需要特殊气候条件外，其他检验项目可在项目完工后 1 年内的任何时候进行。

太阳能热水系统工程的部分检验项目可适用于不同的系统，每一个检验项目是否适用，应在检验前根据安装系统类型逐项加以确认。假设系统没有通过某项检验，应修复故障或缺陷，记录修复情况以及日期和经办人；如某项缺陷不可能修复，必须确认是否对系统的运行造成明显影响，如确有则应返工。

太阳能热水系统的一些部位已隐蔽，在竣工验收时无法观测，特别是防水构造。但这些部位或细部施工质量至关重要。在竣工前，必须先完成隐蔽工程验收，认真审核与检查工程验收文件。土建构造和预埋件质量施工验收，必须达到相关标准的规定。

2. 验收分类

太阳能热水工程验收应根据工程特点，分别进行分项验收和竣工验收。根据《建筑工程施工质量验收统一标准（GB 50300—2013）》的要求，分项验收应由总监理师（或施工单位负责人）组织施工单位项目负责人和技术、质量负责人等进行验收；竣工验收应由主管单位组织施工方代表、设计方代表和有关单位联合进行，对太阳能热水系统的资料立卷归档，录入电脑，刻录光盘，长期保存。

3. 分项工程验收要求

分项验收根据工程特点分项进行。对于影响工程安全和系统性能的工序，必须在此工序验收合格后，才能进入下一道工序的施工。这些工序主要包括以下几个方面：

（1）在屋顶太阳能热水工程施工前，完成屋顶防水工程的验收；

（2）在储热水箱就位前，进行水箱承重和固定基座的验收；

（3）在太阳能集热器支架就位前，进行支架承重和支架基座的验收；

（4）在建筑循环管路井封口前，进行预留管路的验收；

（5）太阳能热水系统的强、弱电预留线路的验收；

（6）在储热水箱保温前，进行检漏是否合格的验收；

（7）在系统管路保温前，完成管路水压试验；

（8）在隐蔽工程隐蔽前，进行施工质量验收。

为保证太阳能热水系统产生的热水无碍人体健康，系统联动调试合格后，必须进行水质检验。从太阳能热水系统取出的热水应符合《城市供水水质标准（CJ/T 206—2005）》的规定。系统连续运行 3 日后，取样热水应无铁锈、异味或其他不卫生的物质，必要时，还可做理化和微生物指标的检验。

太阳能热水系统性能应符合相关标准，系统调试合格后，进行性能检验。系统性能检验应按相关规定进行,性能指标必须达到相关规定的标准。

4.竣工验收要求

太阳能热水工程竣工后,应清理干净现场,按既定程序进行竣工验收,验收合格后,方可交付用户使用。竣工验收是在工程移交用户前,分项工程验收或检验合格后进行的验收。竣工验收的一般检验、水质检验、热工性能试验应符合国家标准的规定。下列为施工单位在工程竣工时应提交的竣工验收资料:

(1)设计变更证明文件和竣工图;

(2)主要材料、设备、成品、半成品、仪表的出厂合格证明或检验资料;

(3)屋顶防水检漏、维修记录;

(4)隐蔽工程验收记录和中间验收记录;

(5)系统水压试验记录;

(6)系统水质检验记录;

(7)系统调试和试运行记录;

(8)系统热性能试验记录;

(9)工程使用维护说明书。

5.土建构造和预埋件施工质量验收

该项验收适用于为实现太阳能热水系统与建筑结合而预制的土建构造和预埋件的质量验收。土建构造和预埋件的质量必须符合设计要求,便于防水、排水和检修。太阳能热水系统工程土建验收前,应在安装施工中完成下列隐蔽项目的现场验收:

(1)检查安装基础螺栓、预埋件或后置锚栓连接件是否合格;

(2)基座、支架、集热器四周与主体结构的连接节点是否达标;

(3)基座、支架、集热器四周与主体结构之间的封堵及防水是否合格;

(4)太阳能热水系统与建筑物的避雷系统的防雷连接节点或系统自身的接地装置是否合格。

6.集热器、储热水箱基座的安装质量验收

1)基座制作质量验收

基座的混凝土强度必须达到设计要求,基座的坐标、标高、几何尺寸和螺栓孔位置的允差和检验方法应符合表2-13的规定。

表 2-13　集热器、水箱、锅炉等设备以及设备基座的允差和检验方法

序号	项目		允差/mm	检验方法
1	基础坐标位置		±2.0	经纬仪、拉线和尺量
2	基础各不同平面的标高		±2.0	水准仪、拉线和尺量
3	基础平面外形尺寸		±2.0	尺量检查
4	凸台上面尺寸		±2.0	
5	凹穴尺寸		±2.0	
6	基础上平面水平度	每米	±3.0	水平仪(水平尺)、楔形塞尺检查
		全长	±5.0	
7	竖向偏差	每米	±3.0	经纬仪或吊线和尺量
		全高	±5.0	
8	预埋地脚螺栓	标高(顶端)	±10.0	水平仪、拉线和尺量
		中心距(根部)	±2.0	
9	预留孔地脚螺栓	中心位置	±5.0	尺量
		深度	±2.0	
		孔壁垂直度	±1.0	吊线和尺量

续表

序号	项目		允差 /mm	检验方法
10	预埋活动地脚螺栓锚板	中心位置	± 1.0	拉线和尺量
		标高	± 2.0	
		水平度（带槽锚板）	± 1.0	水平尺和楔形塞尺检查
		水平度（带螺纹孔锚板）	± 1.0	

2）基座施工质量验收

太阳能集热器储热水箱基座建在屋顶结构层上，应与建筑主体结合牢固可靠，位置准确，满足设计要求。太阳能集热器、储热水箱基座在屋顶防水层上现场砌（浇）筑，不许破坏屋顶防水层；如有破坏，应重做防水层，防水层施工应符合《屋面工程质量验收规范（GB 50207—2012）》的要求，做到不渗水、不漏水，不影响外观。

太阳能集热器、储热水箱基座与屋顶结合完成或直接建在屋顶防水层上现场砌（浇）筑完工后，应检验其与屋顶的结合处的防水以及基础与周围屋顶的工程质量。屋顶工程质量检验项目、要求和检验方法应执行《屋面工程质量验收规范（GB 50207—2012）》的相关规定。对卷材防水屋顶、涂膜防水屋顶、刚性防水屋顶、瓦屋顶上的集热器基座质量要求和检验方法分别叙述如下。

A. 卷材防水屋顶

卷材防水层材质、搭接、密封、基层粘结铺设方向、搭接宽度、保护层必须符合设计要求，施工后不渗漏、不积水，易产生渗漏的节点防水应严密。集热器基座处卷材防水层搭接宽度、泛水收头和密封防水处理部位等构造细部做法，应作隐蔽工程验收，并留有书面记录。其质量验收要求如下。

（1）卷材防水屋顶使用的材料，如防水材料、找平层、保温层、保护层、隔气层及外加剂、配件等，检查其出厂合格证、质量检验报告和现场抽样复检报告，应符合设计要求和质量标准。

（2）利用雨后或持续淋水 2 h 以后观察，检验基座底部周围的屋顶是否有渗漏和积水；可蓄水检验的屋顶宜作蓄水 24 h 检验。

（3）检查隐蔽工程验收记录，检查卷材防水层在集热器阴阳角的增强处理、泛水收头等构造的细部做法是否符合设计要求。

（4）检查集热器基础处卷材铺贴方法和搭接顺序应符合设计要求，卷材的铺设方向、搭接宽度应正确，接缝严密，无皱折、鼓泡和翘边。防水层的收头应与基层粘结并固定牢，封口封严，不得翘边。用尺量卷材的搭接宽度（允差为 ± 10 mm）。防水卷材及配套材料现场抽样数量和质量检验项目见《屋面工程施工质量验收规范（GB 50207—2012）》中关于防水卷材现场抽样复验项目。

B. 刚性防水屋顶

屋顶混凝土的质量、密实性应满足设计要求，集热器基座细部处理和施工质量应作隐蔽工程验收，并有记录。集热器基座防水应不渗不漏。其质量验收要求如下。

（1）混凝土、砂浆的原材料和使用的卷材、涂料、密封材料必须符合质量标准。检查其出厂合格证、质量检验和现场抽样复检报告。

（2）雨后或持续淋水 2 h 以后观察，细石混凝土的防水层不得有渗漏或坑洼处积水。如有条件，需作蓄水检验的宜作蓄水 24 h 检验。

（3）检查隐蔽工程检验记录，检查细石混凝土的防水层在集热器基础的阴阳角增强处理、泛水收头等构造的结构是否符合设计要求。

（4）刚性防水层的厚度应符合设计要求，检查其表面是否平整光滑、有无裂缝、起壳、起皮、起砂等现象。防水层表面平整度用 2 m 靠尺和楔行塞尺检查，面层与直尺间的最大空隙不超过 5 mm；空隙仅允许平缓变化，每米长度内不应多于 1 处。

C. 涂膜防水屋顶

涂膜防水屋顶的防水涂料、胎体增强材料、密封处理的材料等应满足设计要求,集热器基础的防水应不渗漏。其质量验收要求如下。

(1)防水涂料、胎体增强材料、密封处理的材料及符合要求的卷材和其他材料应有产品合格证书和质量性能检测报告。材料的品种、规格、性能等必须符合现行国家标准和设计要求。材料进场后,应按有关规定进行抽样复验,并出具检验报告;不合格的材料,不得在屋顶工程中使用。

(2)雨后或持续淋水 2 h 以后观察,涂膜防水屋顶不得有渗漏或坑洼处积水。注意淋水或蓄水检验应在涂膜防水层完全固化后再进行。

(3)观察集热器基础应牢固,密封严实,附加层设置正确,节点封固严密,不得开缝翘边。检查隐蔽工程验收记录,基础施工的细部处理和施工质量、各节点做法应符合设计要求。

D. 金属板材屋顶

金属板材屋顶集热器基座处不得有渗水、漏水;钢板的彩色涂层要完整,不得有划伤或锈斑;螺栓或拉铆钉应拧紧,不得松弛;板间密封条应连续,螺栓、拉铆钉和搭接口均应用密封材料封严。其质量检验要求如下。

(1)检查出厂合格证和质量检验报告。金属板材及辅助材料的规格和质量必须符合设计要求。

(2)检查隐蔽工程验收记录,集热器基础与金属板材以及金属板材间的连接和密封处理应符合设计要求。观察集热器基础与金属板材的安装固定效果,安装应平整,固定方法正确,连接和密封完整。

E. 坡屋顶

在坡屋顶上安装的集热器,一般采用顺坡嵌入设置或者顺坡架空布置,集热器与坡屋顶的连接不许破坏建筑坡屋顶的功能和外形美观。为保证工作人员清洁、维护集热器时的安全,埋设的钢管或固定式钢制爬梯应接入建筑防雷系统,防雷接地制作与安装应符合要求。集热器通过组合连接,顺坡嵌入设置在坡屋顶的承重构件上,集热器嵌入屋顶与瓦应搭接紧密,搭接方式满足相关要求,搭接处瓦面顺直,行列整齐,结合严密,无渗漏。

其质量检验一般用观察法检查,通过雨后或持续淋雨 2 h 检验。顺坡架空布置的集热器与屋顶用膨胀螺栓直接连接固定时,屋顶上膨胀螺栓打孔处应做好防渗防漏处理,防水制作应符合《屋面工程质量验收规范(GB 50207—2012)》的规定。坡屋顶上防水不许屋顶出现积水、渗漏,应保证排水顺畅且不漏雨,满足瓦面交搭和设备安装点的防水要求。

F. 平屋顶

(1)平瓦、脊瓦和瓦条的质量必须符合要求,检查其出厂合格证或质量检验报告。

(2)观察和手扳检查平瓦、脊瓦与集热器基础连接处是否铺置牢固,地震设防地区或坡度应大于 50% 的屋顶,还应检查其是否采取固定加强措施。

(3)观察挂瓦条是否分档均匀、铺钉平整、牢固,瓦面平整,行列整齐,搭接紧密,檐口平直。脊瓦应搭盖正确、间距均匀、封固严密。

(4)防水做法应符合要求,顺直整齐,结合严密,雨后或持续淋水 2 h 以后观察,基础所处屋顶不得有渗漏。

(5)用尺测量脊瓦在集热器基础上的搭盖宽度,应大于 40 mm,平瓦伸入集热器基础的长度应为50~70 mm,集热器基础防水层深入瓦内长度 ≥150 mm,突出屋顶的集热器基础的侧面瓦探入宽度 ≥50 mm。

G. 油毡瓦屋顶

(1)检查油毡瓦及脊瓦的出厂合格证和质量检验报告,其质量必须符合设计要求。

(2)观察油毡瓦应钉平、钉牢,严禁钉帽外露油毡瓦表面,油毡瓦的铺设方法与对缝铺设方法应正确;上下层对缝不得重合。

(3)集热器基础防水做法应符合设计要求,油毡瓦与基础紧贴,瓦面平整,顺直整齐,结合严密,无渗漏,采用雨后或持续淋水 2 h 以后观察,基础所处屋顶不得有渗漏。

3）预埋件施工质量验收

太阳能集热器安装预埋件应与建筑主体结构连接,预埋件的位置应准确,满足设计要求,其偏差不大于20 mm;预埋件节点处应做好防水,防水质量应符合《屋面工程质量验收规范(GB 50207—2012)》的规定。

太阳能集热器基座顶面应设地脚螺栓、预埋铁或者钢板支座,要同集热器支架紧固或焊接在一起;露出基座(支座)顶面的螺栓必须涂刷防腐涂料,防止螺栓锈蚀损伤;集热器支架焊接在预埋铁或者支座钢板上,焊接处应刷防锈漆和面漆。

预埋件制作、安装质量验收(含钢筋制作质量检验)要求如下。

（1）预埋件所用的锚板、直锚筋和弯折锚筋等部件的品种、级别、规格型号、数量、连接方式等必须符合设计要求。

（2）尺量预埋件锚筋间距、锚固钢筋的长度等,应符合预埋件配筋构造的要求或检查其隐蔽工程验收记录。

（3）检查预埋件在屋顶、墙面和阳台安装质量时,查看预埋件的规格、数量和位置,尺量预埋件安装尺寸、间距等,应符合设计要求。

（4）预埋件与结构钢筋焊接,钢筋隐蔽工程验收前,查阅钢筋出厂合格证、检验报告及进场复验报告,查看钢筋焊接接头和机械连接头力学性能试验报告。焊接质量应满足《钢筋焊接及验收规程(JGJ 18—2012)》和《钢筋焊接接头试验方法标准(JGJ/T 27—2014)》。

（5）预埋件安装位置允差:中心线位置 5 mm,水平高差 ±3 mm。预埋件中心线用钢尺沿纵、横两个方向测量,并取其中的较大值;水平高差检查用钢尺和塞尺检查。

（6）检查数量:利用观察、钢尺检查。在同一检验批内,对墙和板,应按有代表性的自然间抽查 10%,但不少于 3 间;对大空间结构,墙可按相邻轴数间高度 5 m 左右划分检查面,板可按纵、横轴线划分检查面,抽查 10%,且均不少于 3 面。

预埋件防水质量验收(钢筋安装质量检验)要求如下。

（1）用手扳动检查预埋件与混凝土粘结应牢固,不应有缝隙,周围的混凝土浇捣密实。

（2）对照图纸检查特殊部位的处理(建筑局部加厚或做防水等)应满足设计要求。

（3）对于使用膨胀螺栓将集热器与屋顶、墙面或阳台连接固定的,应检查其隐蔽工程验收资料,打孔、钻眼处应做防渗漏处理。围护结构上预埋件防水检查,采用雨后或持续淋水 2 h 检验,应无渗漏。对于墙面,与墙面成 45° 角进行淋水试验。

4）循环管路穿屋顶施工质量验收

循环管路伸出屋顶时,管路根部穿出屋顶的周围应做好防水,不得有渗漏或积水,通过雨后或持续淋水 2 h 以后进行检验,能蓄水的屋顶宜作蓄水 24 h 检验。管路伸出屋顶还需验收其他内容,分情况对以下 3 种屋顶进行验收。

（1）卷材防水屋顶的伸出管路根部的验收。尺量测量检查伸出屋顶的管路根部周围的找平层圆锥台的高度、与管壁四周所留凹槽尺寸、槽内嵌填密封材料、防水层与附加防水层收头以及固定方式应符合设计要求,伸出屋顶管路根部的防水构造、增设的附加防水层材料应符合设计要求。

（2）涂膜防水屋顶伸出管路的验收。尺量测量伸出屋顶循环管路根部周围的找平层圆锥台的高度、与管壁四周所留凹槽尺寸,查看有关槽内嵌填密封材料、收头做法和位置、涂膜遍数、端部固定方式和密封处理等的隐蔽工程验收记录。

（3）刚性防水屋顶伸出管路的防水验收。伸出屋顶的管路与刚性防水层交接处应留设缝隙,用密封材料嵌填,循环管路周围及根部周围约 500 mm 范围内用弹性好的卷材或涂膜围裹;卷材收头部位应用金属箍固定,并用密封材料密封。

7. 太阳能集热器阵列和储热水箱验收

1）验收一般规定

（1）检查太阳能集热器类型、型号和技术指标,测量集热器模块的长、宽和厚度,尺寸应符合要求;检查集热器及其部件的外观应正常,无损伤;在建筑物上的安装位置和方式、测量倾角和方位角应满足设计要求,排列整齐有序,且在同一平面内,集热器与支架之间应牢靠固定,防止脱滑、移动。

（2）太阳能集热器各部件应按设计或厂家要求组装,其位置固定应准确、整齐、一致、无歪斜,固定螺母拧紧,连接牢靠。

（3）安装在阳台或构成阳台栏板的平板集热器、安装在墙面或屋顶的平板集热器,其透明盖板的材料及强度应满足有关规范或设计要求。

（4）系统集热器的循环角、分组、连接、锚固、检修通道应符合设计要求和有关规范规定。

（5）储热水箱及其基座的制作、安装位置、方式应符合设计要求,水箱必须与基础固定牢靠。

（6）热交换器的位置、尺寸、连接方式应按设计或厂家要求安装。通常热交换器按逆流方式安装,进出管路应连接正确。必须确保介质在回路中无泄露。

（7）太阳能热水系统工程验收前,应将太阳能集热器表面清洗干净。

2）太阳能集热器阵列安装验收

太阳能集热器的安装质检项目主要包括如下几个方面。

（1）太阳能集热器进场时,包装储运图示及标志应符合《包装储运图示标志(GB/T 191.1—2008)》的要求。应检查出厂合格证,阅读产品说明书,要求太阳能集热器类型、型号、外形尺寸以及吸热体的结构和性能等应满足设计要求,检查厂家出具的质量检测报告。太阳能集热器的外观、热性能、工作压力、机械性能、吸热体,平板型集热器的透明盖板的刚度、强度等技术参数应分别符合《平板型太阳能集热器(GB/T 6424—2007)》《真空管型太阳能集热器(GB/T 17581—2007)》等的要求。

（2）检查太阳能集热器部件,各部件应完好,无损伤,通气孔应畅通,不堵塞。

（3）现场组装的太阳能集热器、联箱、尾座在支架上的固定位置应正确,确保联箱、尾座排放整齐、一致、无歪斜,固定螺母拧紧,固定牢靠。

（4）现场插管的全玻璃真空管集热器应检查如下项目:真空管插入深度应一致,硅胶密封圈无扭曲,所有真空管应在同一平面内且排列整齐、一致、无歪斜,防尘圈与联箱外表面贴紧,确保密封和防尘效果(注意:插管之前应将真空管孔四周的脏物、杂物清除干净)。需安装漫反射器的真空管太阳能集热器组装应按厂家要求进行,检查其安装是否牢靠。

（5）现场插管的热管真空管集热器,热管冷凝端插入到传热孔的正确位置,接触严密,以减少热损失,所有热管真空管应在同一平面且排列整齐、一致、无歪斜。

（6）需要制作吸热钢板凹槽时,尺量其圆度是否准确,间距是否一致。集热排管安装,应用卡箍和钢丝紧固在钢板凹槽内,手扳检查其安装是否牢固。

3）太阳能集热器的安装定位检查

（1）方位角:太阳能集热器与建筑结构共同组成围护结构时,集热器的方位角可查验施工放线记录。太阳能集热器在建筑表面安装、不构成建筑围护结构部件时,其方位角应满足规范或设计要求,方位角误差在±3°以内,检验时用罗盘仪或指南针确定正南向,再用经纬仪测量出方位角,并与有关资料核对。

（2）倾角:利用量角器测量集热器安装倾角(或者用手机测出纬度),应满足设计要求,倾角误差应在±3°以内。

（3）间距:对照图纸,测量集热器与前方遮光物的距离以及集热器阵列排间距,均应符合要求。如设计无规定,应符合《太阳热水系统设计、安装及工程验收技术规范(GB/T 18713—2002)》的要求。

4）太阳能集热器的安装质量检查

（1）配重安装方式:对于小容量系统,集热器支架直接摆放在屋顶上,为防止支架集中负荷对屋顶防水层以及上面的保护层造成损坏,应考虑支架底部加设垫板及其尺寸是否符合设计要求。对于太阳能集热器基座顶面没有地脚螺栓或者预埋件等,应将集热器的各排支架用角钢或钢丝绳等连接在一起并与建筑物相连或采用配重等措施,太阳能集热器基座制作、基座高度等参数的允差要符合设计要求,检查角钢、铅丝或钢丝绳等材料的强度,称量配重物的重量是否满足设计要求。

（2）锚固安装方式：集热器支架用地脚螺栓或焊接固定在基座上，手动检查强度是否可靠、稳定。安装螺栓等级满足设计要求，制件镀层处理，公差尺寸按《标准公差和基本偏差数值表（GB/T 1800.1—2020）》执行；平屋顶和坡屋顶如采用专用的安装卡子，其表面应无划痕及污渍，毛刺高度≤0.20 mm。

5）集热器支撑构件或支架质量检查

A. 安装质量要求

集热器支撑构件或安装支架的结构、材料、强度和刚度应满足设计要求，按《钢结构工程施工质量验收标准（GB 50205—2020）》《碳素结构钢（GB/T 700—2006）》和《桥梁用结构钢（GB/T 714—2015）》等规定逐项检验合格。

集热器支撑构件或支架焊接质量验收，应符合《钢筋焊接及验收规程（JGJ 18—2012）》《钢筋焊接接头试验方法标准（JGJ/T 27—2014）》和《钢结构工程施工质量验收标准（GB 50205—2020）》等的要求，钢管/钢材下料前应进行矫正。

钢结构支架焊接完毕，应按要求做防腐，防腐验收应符合《建筑防腐蚀工程施工规范（GB 50212—2014）》和《建筑防腐蚀工程施工质量验收标准（GB/T 50224—2018）》等的要求。

支架固定在集热器基座上，检查其焊接和防腐验收质量，焊接质量应符合《钢筋焊接及验收规程（JGJ 18—2012）》和《钢筋焊接接头试验方法标准（JGJ/T 27—2014）》的规定。

有坡度要求的支架应按图纸安装。集热器支撑件或支架的组装应符合设计要求或厂家要求；支架应平整安装在主体结构上，位置准确，与主体结构固定应牢固、可靠。

顺坡架空布置的集热器，其支架在做完屋顶现浇层及找平层后再进行固定，其位置及尺寸应满足设计要求，支架应安放牢固，放平对正，顶部连接孔中心线平行并在同一平面上，铺完屋顶瓦后进行集热器安装。

B. 质量检验方法

（1）检查集热器支撑构件或支架的出厂合格证和检验报告，其结构、材料、强度和刚度应满足设计要求。

（2）支撑构件或支架焊接，检查其焊接和防腐验收质量文件，焊接质量应符合国标《钢筋焊接及验收规程（JGJ 18—2012）》和《钢筋焊接接头试验方法标准（JGJ/T 27—2014）》规定的要求；钢结构支架焊接完毕，应进行防腐处理，防腐验收应符合《建筑防腐蚀工程施工规范（GB 50212—2014）》和《建筑防腐蚀工程施工质量验收标准（GB/T 50224—2018）》的要求。钢结构支架防腐验收应满足相关标准和规范的要求。

（3）集热器支撑构件、支架安装仰角应按设计要求确定；如设计无要求，则安装按当地纬度 ±5° 确定。检验时用量角器测量。

（4）集热器架空设置在屋顶上，测量检查集热器底部与屋顶所留高度（架空高度）等是否满足设计要求。

6）储热水箱安装质量验收

储热水箱储存热水，对水箱的材质、制作质量和规格有较高要求。实用中，不少水箱用不锈钢板焊接，要做好内、外壁尤其是内壁的防腐，确保不危及人体健康和耐受高温热水。为了安全，水箱的安装位置应正确，符合设计要求，并与底座固定牢靠。对电加热器放置在储热水箱内的情况，为防止触电事故，特别强调对储热水箱内胆接地，外壳应接防漏电设施。为防止储热水箱漏水，应对水箱进行检漏和压力试验。水箱应做保温处理，保温质量应满足有关标准。按规定组装好水箱，对照图纸检查各零部件安装情况。

储热水箱基座质量要求和验收规定如下。

（1）水箱的基座尺寸、位置和标高应符合设计要求。采用混凝土基座时，检查其强度，应达到安装要求的 60% 以上，基座表面应平整、清洁；当用型钢基座和方垫木时，应做好刷漆和防腐处理。

（2）储热水箱应安装在专用设备间或其他指定位置，若设置在屋顶或阳台等处必须进行必要的遮挡和保护。

（3）水箱基座制作应符合设计要求。安装在楼顶上的水箱，其基座应设在建筑物的承重梁或承重墙之上，摆放位置准确，底座受力均衡，与基础固定牢靠。埋好预埋件，预埋件与基础之间的空隙用细石混凝土填实。

（4）对照图纸，检查水箱基座施工质量，其尺寸及位置应符合设计规定，埋设平整牢固。

（5）用水平尺、拉线尺量检查，水箱周围应留出不小于 1 500 mm 的维修保养空间。

（6）储热水箱水满时的荷载不得超过建筑设计的承载能力，应放水称重检验。

（7）储热水箱安装在水箱基础上，摆放位置应正确，符合设计要求，按照图纸检查。

（8）检查水箱应与基础固定牢靠，保证抗风、防侧滑措施有效，以确保安全。

7）工程储热水箱制作、安装质量要求和验收

水箱材料进场时，应检查其材质、型号是否符合设计要求。对于非金属材料，如玻璃钢板和衬塑复合钢板及组装用橡胶密封材料等，应有卫生部门的检验证明文件，水质必须符合《生活饮用水卫生标准（GB 5749—2006）》的要求。

现场组装水箱的要求和检查内容包括以下几个方面。

（1）现场制作的储热水箱，其容量材质、规格应符合设计要求，并根据规格合理排板、拼接、焊制。

（2）水箱内箱采用双面焊接，焊缝应光滑平整，无咬肉、气孔、夹渣、裂纹等缺陷。焊接成形后，各面应平整，无扭曲变形。

（3）储热水箱人孔尺寸、位置应符合设计要求。未注明尺寸的，人孔尺寸按 500 mm × 500 mm，盖板尺寸按 600 mm × 600 mm 制作，盖板应做防雨水处理，其高出水箱顶板保温层 10~20 mm。

（4）检查储热水箱的通风口、溢流口、排污口和必要的人孔（一般大于 3 t 的水箱）是否符合设计要求。用游标卡尺或塞尺测量水箱各管口尺寸是否符合设计要求，水箱的溢流管直径不得小于进水口直径，最小不得小于 25 mm。水箱最低处留有直径不小于 25 mm 的排污口。溢流管和泄水管应设在排水点附近但不得与排水管直接连通。

（5）出水口的截面积应不小于进水口的截面积，一般采用目视检查和尺量测量。

（6）水箱组装完毕，其允差为：坐标为 ± 15 mm；标高为 ± 5 mm；垂直度为 ± 5 mm/m。

（7）水箱内外人梯等附件应按设计安装，有足够的强度，确保人员进出水箱的安全。

（8）现场制作的水箱，用尺量水箱尺寸，计算其容积是否符合设计要求；非现场制作的储热水箱，应检查说明书，其容量应与设计文件规定的日均用水量相适应，只许大，不许小。

（9）检查水箱内箱是否接地良好，检验方法按《电气装置安装工程接地装置施工及验收规范（GB 50169—2016）》的要求进行。

（10）对于常压储热水箱，检查其说明书是否满足设计要求的强度和刚度。

（11）噪声检查涉及两方面内容。①系统上水和用水时，储热水箱应无明显震动和噪音，一般用观察和听声检查。②对于带有附加循环泵的储热水箱，在泵运转时，距离储热水箱 1 m 远处用噪声计测量读数小于 60 dB 为合格。

（12）安全装置检查：将装有安全（卸压）装置的储热水箱注满清洁的水均匀加压，当试验压力不大于额定压力 0.05 MPa 时，检查安全装置应起作用。

（13）储热水箱的位置以及连接的管路应符合设计要求（本条对自然循环太阳能热水系统特别重要）。

（14）水箱安装完毕应做满水试验。试验方法：关闭出水管和泄水管阀门，打开进水管阀门放水，边放水边检查，放满水为止，静置 24 h 观察，观察水箱以及紧固件是否正常，水箱壁是否有明显变形，以不渗漏，保温层不潮湿为合格。承压水箱的水压试验方法为：试验压力为工作压力的 1.5 倍，但不得小于 0.6 MPa，在试验压力下保持 10 min，检查水箱以及紧固件是否正常，水箱壁是否有明显变形，以不渗不漏，保温层不潮湿为合格。

8）储热水箱保温性能检查

储热水箱以及与之相连的循环管路保温材料应按设计要求选取；当设计无要求时，一般采用聚氨酯泡沫塑料超细纤维、聚苯乙烯泡沫塑料、岩棉等，外缠塑料布绑紧。保温应按设计要求制作（厚度、保护层等），水箱保温应符合《工业设备及管道绝热工程施工规范（GB 50126—2008）》和《工业设备及管道绝热工程施工质量验收规范（GB 50185—2010）》的要求，保温层表面应平整，封口应严密，无空鼓、起包及松动。保温层厚度和平整度的允差应符合表 2-14 的规定。

表 2-14　循环管路及储热水箱保温的允差和检验方法

项次	项目		允差 /mm	检验方法
1	厚度		$-0.1\delta \sim 0.1\delta$	用钢针刺入
2	表面平整度	卷材	5	用 2 m 卷尺和楔形塞尺检查
		涂抹	10	

注:δ 为保温材料厚度。

9）储热水箱防腐

钢板焊接的储热水箱,水箱内外壁应做防腐处理,内壁防腐涂料应无菌、无毒、无害。当储存的热水温度最高时,应符合饮用水的标准。用不锈钢板焊接的储热水箱防腐质量要求如下:

（1）防腐用的油漆种类、性质、涂刷遍数应符合设计要求;

（2）涂刷遍数应满足防腐质量要求,涂膜厚度一致,色泽均匀;

（3）漆层附着良好,无脱皮、无堆积和流淌、无起泡、无起皱等缺陷;

（4）钢板焊接的储热水箱防腐材质和结构应符合设计要求和工程质量验收规范的规定;

（5）家用太阳热水器储热水箱的检验应符合《家用太阳热水器储水箱（NY/T 514—2002》的要求。

8. 其他辅助热源安装验收

在实际应用中,单靠太阳能热水系统不能满足用户对水温和用水量要求时,可用电锅炉或电加热器、燃气、燃油锅炉或其他辅助热源加以补充。辅助热源设备可根据施工现场的具体情况来选用,选用及安装施工应满足设计要求。

1）电锅炉/电加热器安装验收

太阳能热水系统用电锅炉/电加热器作为辅助热源时,产品必须达到电气安全要求。电锅炉的规格、型号、材质应满足设计要求。按照厂家的产品说明书进行安装施工,安装质量符合《锅炉安装工程施工及验收规范（GB 50273—2009）》的有关规定。

电加热器主要由电热管、与储热水箱连接的密封接口、连接电缆、温度控制与漏电保护装置等构成。电加热器进场时,应查验合格证和随带的技术文件,实行生产许可证和安全认证制度的产品必须有许可证编号和安全认证标志;应检查电加热器的规格型号、构成部件、外观等,铭牌、附件齐全,电气接线端子完好,电子元器件无缺损,涂层完整。辅助电加热器的额定容量（功率）应与水箱容量匹配,应满足设计要求。

电加热器的安装应满足如下要求。

（1）电加热器安装位置、插入水箱的深度应满足设计或厂家要求。电加热管安装验收应符合《建筑电气工程施工质量验收规范（GB 50303—2015）》和《家用和类似用途智能电自动控制器系统　第 1 部分:通用要求（GB/T 35722.1—2017）》的要求,太阳能热水器的辅助电加热应符合《家用太阳热水器电辅助热源（NY/T 513—2002）》的要求。

（2）检查电加热器的电源是否安全可靠,可满足太阳能热水系统的用电负荷。电加热器的电源线连接应正确,系统供电必须用专用回路,供电电源与电加热器之间必须单独加装合适容量并且符合要求的漏电保护器,用万用表测量其工作电流值,不应超过 30 A。用摇表检测该回路接地（PE）线是否接地可靠,接地电阻值应符合设计要求。

（3）检查电加热器安装质量:电加热器各接线应正确,电气设备安装应牢固,螺栓及防松零件齐全,不松动。防水防潮电气设备的接线入口及接线盒盖等作密封处理。电加热器必须加装无孔的绝缘防护罩,其防水等级应不低于 IPX2。电加热器及电动执行机构的裸露导体必须接地（PE）或接零（PEN）,其接地装置、下引等电位线、接闪器的安装程序以及防雷接地测试应符合《建筑电气工程施工质量验收规范（GB 50303—2015）》的要求。所有电气设备之间连接的金属部件应做接地处理,各接地连接部位应做防水处理。电气接地装置的施工应符合国标《电气装置安装工程接地装置施工及验收规范（GB 50169—2016）》和《建筑电气工程施工质量验收规范（GB 50303—2015）》的规定。在设备接线盒内裸露的不同相导线间和导线对地间最小距离应大于 8 mm，否则必须采取绝缘防护措施。

（4）电加热器与机械设备的连接，绝缘电阻测试以符合设计要求为合格，经手动操作达到工艺要求才能接线。用欧姆表遥测电加热器及电动执行机构电阻值，应大于 0.5 MΩ。

（5）电加热器的试验和试运行应按《建筑电气工程施工质量验收规范（GB 50303—2015）》规定的低压电气动力设备试验和试运行的程序进行。

2）燃气、燃油锅炉安装验收

燃气、燃油锅炉质量检验与验收是针对建筑供热和生活热水供应的额定工作压力不大于 1.25 MPa、热水温度不超过 130 ℃ 的燃气、燃油锅炉及辅助设备安装工程的质量检验与验收。燃气、燃油整装锅炉及辅助设备安装工程的质量检验与验收，应符合现行国家有关规范、规程和标准的规定。

锅炉安装竣工，施工单位自检合格，出具锅炉安装质量证明书，锅炉检验所出具锅炉安装质量监督检验报告书后，进行锅炉总体验收。锅炉总体验收由锅炉使用单位组织。

一般锅炉的安装应满足如下要求。

（1）锅炉必须具备设计图纸、产品合格证、焊接检验报告、安装说明书、质量技术监督部门的监督检验证书。

（2）所有技术资料应与实物相符。锅炉铭牌上的名称、型号、出厂编号、主要技术参数应与质量证明书相符。

（3）锅炉设备外观应完好无损，炉墙、绝热层无空鼓、无脱落，炉拱无裂纹、无松动，受压组件可见部位无变形、无损坏，焊接无缺陷，人孔、手孔、法兰结合面无凹陷、撞伤、径向沟痕等缺陷，且配件齐全完好。

（4）锅炉配套附件和附属设备应齐全完好，规格、型号、数量应与图纸相符，阀门、安全阀、压力表有出厂合格证。设备开箱资料应逐份登记，妥善保管。

（5）根据设备清单清点验收所有设备及零部件，办理移交手续。对于缺件、损坏件以及检查出来的设备缺陷，要做好详细记录，并协商好解决办法与解决时间。

燃油、燃气锅炉应符合《燃油、燃气热水机组生活热水供应设计规程（CECS134—2002）》的相关要求，锅炉安装质量验收应按照《锅炉安装工程施工及验收规范（GB50273—2009）》和《建筑给水排水及采暖工程施工质量验收规范（GB 50242—2002）》，在循环管路、设备和容器的保温、防腐和水压试验合格后进行。锅炉基础的混凝土强度必须达到设计要求，基础的坐标、标高、几何尺寸和螺栓孔位置应符合设计规定。锅炉安装的坐标、标高、中心线和垂直度的允差应符合表 2-15 的规定。

表 2-15　锅炉安装的允差和检验方法

项次	项目		允差 /mm	检验方法
1	坐标		±1	经纬仪、拉线和尺量
2	标高		±5	水准仪、拉线和尺量
3	中心线垂直度	卧室锅炉全高	±3	吊线和尺量
		立式锅炉体全高	±4	吊线和尺量

对照设计图纸或产品说明书检查非承压锅炉，严格按设计或产品说明书的要求施工，锅炉顶部必须敞口或装设大气连通管，连通管上不得安装阀门。用水平尺或水准仪检查锅炉本体安装，确保按设计或产品说明书要求布置坡度，并坡向排污阀。以天然气为燃料的锅炉，对照设计图纸检查天然气释放管和排放管，不得直接通向大气，应通向储存或处理装置。两台或两台以上燃油锅炉共用一个烟囱时，观察和手扳检查每一台锅炉的烟道上是否均配备风间或挡板装置，应具有操作调节和闭锁功能。锅炉系统安装完毕后，进行水压试验，水压试验的压力应符合表 2-16 的规定。

表 2-16　锅炉水压试验压力规定

项次	设备名称	工作压力 /MPa	试验压力/MPa
1	锅炉本体	$p<0.59$	1.5p 但不小于 0.2 MPa
		$0.59\leqslant p\leqslant 1.18$	$p+0.3$
		$p>1.18$	1.25p
2	非承压锅炉	大气压力	0.2

铸铁锅炉水压试验同热水锅炉。非承压锅炉水压试验压力为 0.2 MPa，试验期间压力应保持不变。

燃油、燃气锅炉安装检验具体方法如下。

（1）在试验压力下 10 min 内压力降不超过 0.02 MPa；然后降至工作压力进行检查，压力不降，不渗、不漏。

（2）观察检查，不得有残余变形，受压元件金属壁和焊缝上不得有水珠和水雾。

（3）焊缝表面质量应符合《建筑给水排水及采暖工程施工质量验收规范（GB 50242—2002）》的规定。

（4）循环管路焊口尺寸的允差应符合《建筑给水排水及采暖工程施工质量验收规范（GB 50242—2002）》的规定。

（5）无损探伤的检测结果应符合锅炉设计的相关要求。检验方法是观察锅炉本体并检查无损探伤检测报告。

（6）锅炉辅助设备安装的允差和检验方法见表 2-17。

表 2-17　锅炉辅助设备安装的允差和检验方法

项次	项目		允差 /mm	检验方法
1	送、引风机	坐标	±10	经纬仪、拉线和尺量
		标高	±5	水准仪、拉线和尺量
2	各种静置设备（各种容器、箱、罐）	坐标	±15	经纬仪、拉线和尺量
		标高	±5	水准仪、拉线和尺量
		垂直度（1 m）	±2	吊线和尺量
3	离心式水泵	泵体水平度（1 m）	±0.1	水平尺和塞尺检查
	联轴器同心度	轴向倾斜（1 m）	±0.8	水准仪、百分表（测微螺钉）和塞尺检查
		径向位移	±0.1	

3）容积式热交换器安装验收

容积式热交换器的基础制作、预埋地脚螺栓应符合设计要求。其安装位置应按设计要求，与管子连接应牢固、不渗漏水，其最大工作压力应满足设计要求。为确保容积式热交换器运行安全，必须设置安全装置，以下 3 种方式可任选一种与之配套。①在容积式热交换器的顶部安装与设备最高工作压力相适应的安全阀。安全阀是启闭件，在正常工况下常闭，当设备或管道内的介质压力升高超过规定值时，向系统外排放介质来防止管道或设备内介质压力超过规定数值。安全阀属于自动阀，主要用于锅炉、压力容器和管道上，控制压力不超过规定值，对人身安全和设备运行起保护作用，安全阀必须经过压力试验才能使用。安全阀的安装与使用应符合《固定式压力容器安全技术监察规程（TSG 21—2016）》的规定。②在容积式热交换器的顶部装设与大气相通的引出管，管的内径应不小于 25 mm。③装设与容积式热交换器相连通的膨胀水箱。

容积式热交换器安装检验方法如下。

（1）换热器进场时，验收其型号、材质是否符合设计要求，外观等是否正常。

（2）换热器的基础材料、型号应满足设计要求，尺量检查其尺寸是否符合相关标准。

（3）容积式热交换器的最大工作压力应满足设计要求,应以其最大工作压力的1.5倍作水压试验,蒸汽部分应不低于蒸汽供气压力加0.3 MPa;热水部分应不低于0.4 MPa。在试验压力下,保持10 min压力不降,不渗水、不漏水为合格。

（4）对照图纸,观察和尺量检查壳管式热交换器的安装是否正确。如设计无要求时,其封头与墙壁或屋顶的距离不得小于换热管的长度。

（5）容积式热交换器安装允差应符合锅炉辅助设备安装的允差与设计要求。

（6）换热器的安全阀、压力表、温度计及图纸要求安装的温度控制器等部件的安装,应符合设计要求。安全阀的检查与前述相关要求和检验方法相同。温度控制器（阀）的安装要求是:温度控制器（阀）的进出口方向应与热源流向一致;温包应全部浸没在被调介质中,并水平或倾斜向下安装;尺量测量导压管的最小弯曲半径不小于75 mm,最大长度3 000 mm,确保导压管处于自然状态,以防折断。

换热设备及与其连接的循环管路保温的具体要求应由设计确定。保温材料的名称、主要技术参数、厚度及保护层（保护壳）的材料名称、规格、做法和颜色等均应符合设计要求。保温层表面平整,做法正确,封口严密,无空鼓及松动。

换热设备和与其连接的循环管路防腐技术指标以及防腐涂料的品种、颜色、涂刷层数应符合设计要求。换热设备及与其连接的循环管路和支座的防腐质量标准是:油漆种类和涂刷遍数应符合设计要求;防腐层附着良好,无脱皮、起泡和漏涂;漆膜厚度均匀、色泽一致,无流淌和污染。

9. 循环管路、附件及辅助设备的验收

循环管路使用的材料、成品、半成品、配件、器具和设备必须有质量合格证明文件,规格、型号及性能检测报告应符合国家标准或设计要求。进场时,做好检查验收记录并经监理工程师核实确认。器具和设备必须有完整的安装说明书。进场时,要对管路品种、规格、外观等进行验收。包装应完好,表面无划痕及外力冲击破损。对于隐蔽工程,必须经验收合格后才能隐蔽,并做好隐蔽验收记录。有循环管路穿过的地下室或地下构筑物外墙采取的防水措施应符合设计或标准要求,循环管路穿过结构伸缩缝、抗震缝及沉降缝敷设必须采取相应的保护措施。循环管路及其附件的敷设布置、安装应按设计要求、标准、规范和说明书进行。循环管路、管件应安装正确、牢固,遵守《建筑给水排水及采暖工程施工质量验收规范（GB 50242—2002）》。循环管路连接应牢固、密封严密,对于有坡度、坡向要求的管路应满足设计要求。集热器和储热水箱的位置以及循环管路连接应符合设计要求,尤其对自然循环系统特别重要。管路及管件焊接质量应满足《建筑给水排水及采暖工程施工质量验收规范（GB 50242—2002）》的要求。循环管路在交付使用前,应进行通水试验和冲洗,并做好相应记录。连接过程中和连接完毕后,各种承压管路、设备、管件应做水压试验,水压试验应满足要求,如标准无要求,应按设计要求进行。非承压循环管路系统和设备应做灌水试验。水泵、水箱、热交换器等辅助设备安装应满足设计要求。循环管路和设备应做保温,保温材质、型号和保温层厚度应符合设计要求。

1）循环管路安装质量验收

循环管路管材可用塑料管、铜塑复合管和铜管等,这些管材的基本要求和安装方法应符合相应标准和规范。

铝塑复合管有金属管的耐压,又有塑料管的耐腐性能,可用于太阳能集热系统循环管路和建筑给水管、室外给水管和采暖循环管路等。铝塑管的工作压力检验方法是:将管材浸入水槽,一端封堵,另一端通入1.0 MPa的压缩空气,稳压3 min,管壁应无膨胀、无裂缝、无泄漏。铝塑管的静液压强度检验应符合表2-18的规定。管材和管件进场时,须有质量合格证和明显标志的产品规格及生产厂名称。包装上应标有批号、数量、生产日期和检验代号。用于生活饮用水系统的铝塑复合管的管材和管件,一定要有卫生检验部门的检验报告或认证文件。热水管铝塑管外层一般为橙红色。铝塑管管材和管件进场时,应进行外观检验,外观无损坏,管壁颜色应一致,无色泽不均匀及分解变色线;内、外壁应光滑、平整,无气泡、裂口、裂纹、脱皮、痕纹及凹陷;铝塑管的表面应光滑无毛刺,无缺损和变形,无气泡和砂眼。

表 2-18 静液压强度检验规定

管材用途	试验温度 /℃	静液压强度 /MPa	持压时间 /h	合格指标
冷水管	60 ± 2	2.48 ± 0.07	10	管壁无膨胀、破裂、泄露
热水管	82 ± 2	2.72 ± 0.07		

聚丙烯(PP-R)塑料管有质量轻、强度高、韧性好、耐冲击、耐热性好、无毒、无锈蚀、安装方便、废品可回收等优点。近年来,给水 PP-R 塑料管已在建筑太阳能热水系统中被广泛应用。管材、管件的规格与性能为:给水用聚丙烯塑料管材、管件,除力学性能达标外,还应有产品质量合格证;生活饮用给水系统选用的聚丙烯管材和管件应有卫生行政部门的检验证明或认可文件。管材、管件进场时应进行外观质量检验,其外观质量应符合下列规定:①管材、管件上应标明规格、公称压力和生产厂名或商标,包装上应标有批号、数量、生产日期和检验代号;②管材和管件的内外壁应光滑平整,无气泡、裂口、裂纹、脱皮和明显的痕纹、凹陷,且色泽基本一致,冷水管、热水管必须有醒目的标志;③管材的端面应垂直于管的轴线;④管件应完整、无缺损、无变形,合模缝浇口应严整、无开裂。

铜管易施工,寿命长,不易产生二次污染,是较理想的太阳能热水管。建筑给水用铜管的管材、管件应符合《无缝铜水管和铜气管(GB/T 18033-2017)》的规定。根据《给水排水产品标准汇编(第 2 版)》,给水铜管产品中有 T2 和 TP2 两个牌号。T2 为硬铜管;TP2 为半硬铜管,可在管径小于或等于 50 mm 时采用。管材、管件外表面及内壁均应光洁。外表有金属光泽,无疵孔、裂纹、结疤、尾裂或气孔。循环管路的外表缺陷允许度应符合如下规定。纵向划痕深度:管壁厚小于或等于 2 mm 时,纵向划痕深度应不大于 0.04 mm;管壁厚大于 2 mm 时,纵向划痕深度应不大于 0.05 mm;斑疤碰伤、起泡及凹坑,其深度应不超过 0.03 mm,其面积不应超过管子表面的 30%;偏横向的凸出高度或凹入深度不大于 0.035 mm;铜管的椭圆度和壁厚的不均匀度,不应超过外径和壁厚的允差。

管路型号、敷设和连接方式、配套的管件应符合设计和《建筑给水排水及采暖工程施工质量验收规范(GB 50242—2002)》的要求。管路的水压试验必须符合设计要求。设计未注明时,封闭系统各种材质的管路试验压力均为工作压力的 1.5 倍,且不得小于 0.6 MPa;热水供应系统水压试验压力应为系统顶点压力加 0.1 MPa,且系统顶点的试验压力不小于 0.3 MPa。管路的安装、坡度、保温以及集热器连接等应满足设计要求。

循环管路安装质量检验包括如下几个方面。

A. 循环管路安装检查

检查管路材质、型号、产品参数以及性能指标等是否符合设计要求;用吊尺检查循环管路安装高度,用直尺测量检查引入管、排水管、干管、立管、支管等敷设是否满足设计要求;观察循环管路连接方式是否符合设计要求,连接应牢固、严密。焊接的循环管路,管路焊口允差和检验方法见表 2-19。

表 2-19 循环管路焊口允差和检验方法

序号	项目			允差	检验方法
1	焊口平直度	管壁厚 10 mm 以内		管壁厚的 1/4	焊接检查尺和游标卡尺检查
2	焊缝加强面	高度		± 1 mm	
		宽度			
3	咬边	深度		≤ 0.5 mm	直尺检查
		长度	连续长度	≤ 25 mm	
			总长度(两侧)	小于焊缝长度的 10%	

B. 安装偏差

循环管路和阀门安装的允差以及检验方法应按表 2-20 的规定执行。

表 2-20　循环管路和阀门安装的允差和检验方法

序号	项目			允差 /mm	检验方法
1	水平循环管路纵横方向弯曲	钢管	每米（全长 25 m 以上）	≤1	用水平尺、直尺、拉线和尺量检查
		塑料管复合管	每米（全长 25 m 以上）	≤1.5	
		铸铁管	每米（全长 25 m 以上）	≤2	
2	立管垂直度	钢管	每米（5 m 以上）	≤3	吊线和尺量检查
		塑料管复合管	每米（5 m 以上）	≤2	
		铸铁管	每米（5 m 以上）	≤3	
3	成排管段和成排阀门		在同一平面上间距	≤3	尺量检查

C. 安装坡度

用水平仪或水平尺、拉线尺测量管路安装的坡度,坡度应符合设计要求。如设计无要求时,热水横管应有不小于 3‰ 的坡度,或者满足《建筑给水排水及采暖工程施工质量验收规范（GB 50242—2002）》的有关规定。由集热器上、下水管接往储热水箱的管路,上水管到最高点要连续向上倾斜,下集管连续向最低点倾斜,坡度应满足设计要求,如设计无要求,应有不小于 5‰ 的坡度。有防冻排空或防冻回流功能的热水系统,管路应坡向回流水箱或管路最低处,有 5‰~7‰ 的坡度。间接热水系统应确保管路从集热器阵列出口到水箱一直向下倾斜,下水管必须向下倾斜到阵列出口,上水管必须向上倾斜到阵列入口,坡度应满足设计要求。

D. 压力、通水、冲洗和消毒试验

系统安装完毕,循环管路保温之前,应进行水压试验。检验方法是:铜管和复合管路在系统试验压力下,10 min 内压力降不大于 0.02 MPa,然后降至工作压力检查,压力应不降,且不渗不漏;塑料管路系统在试验压力下稳压 1 h,压力降不超过 0.05 MPa,然后在工作压力 1.15 倍状态下稳压 2 h,压力降不超过 0.03 MPa,连接处没有渗漏。对于平板型太阳能热水系统,在安装太阳能集热器透明盖板前,应对集热排管和上下水管做水压试验,在试验压力下,10 min 内压力不降且不渗不漏为合格。

系统交付前,应开启阀门、水嘴等,通水试验,观察各个出水点是否有水流出,查看按设计要求同时开放的最大数量的配水点是否全部达到额定流量,并做好记录。

循环管路系统竣工后或在交付使用前,须进行冲洗。冲洗应以系统最大设计流量或不小于 1.5 m/s 的流速进行,直到各出水口的水色透明度与进水目测一致为合格,同时做好记录。正式投入运行时,注热水时应控制流速和循环管路升温,防止急热而造成破坏,升温速度一般不大于 50 ℃/h。

循环管路在交付使用前,用含氯水（每升水中含 20~30 mg 的游离氯）灌满管路进行消毒,含氯水在管中留置 24 h 以上。消完毒后,用清水冲洗,经卫生部门取样检验,符合《生活饮用水卫生标准（GB 5749—2006）》后,方可使用。应查看、复印水质检验报告并存档。

E. 循环管路防腐处理

循环管路是否需要刷漆防腐与所选用的管材有关,具体应看设计要求。需要做保温的管路,管材为聚丙烯塑料管、铜管、镀锌管时,管路外表面不需涂刷防锈漆。若所用的管路,对管材、管件有防腐要求,防腐涂料的品种、涂刷顺序、遍数等应按照产品说明书进行。循环管路刷漆前,应严格按照施工规程清除管路外表面的灰尘、污垢、锈斑等。管路涂刷的油漆,应附着良好,无脱皮、起泡和漏涂等现象,漆膜厚度均匀,色泽一致,无流淌和污染现象。

F. 保温检验要求

太阳能热水系统配水干管、支管、回水管均应做保温（浴室内明装管路除外）,保温材料的品种规格及保温层厚度、保护壳等应符合设计规定,并有产品合格证或分析检测报告。管路保温应在水压试验及防腐工程合格后进行,一般按保温层、防潮层、保护层的顺序施工。保温层厚度和平整度的允差和检验方法按表 2-21 的规定进行。

表 2-21　循环管路及设备保温的允差和检验方法

序号	项目		允差 /mm	检验方法
1	厚度(d)		± 0.1d	用钢针刺入
2	表面平整度	卷材	± 5	用 2 m 靠尺和楔形塞尺检查
		涂抹	± 10	

注:d 为保温层厚度。

G. 预留孔洞和预埋件

（1）预留孔洞:应检查管路的预留孔洞。一般混凝土结构上的预留孔洞,其位置、尺寸大小由图纸给出;其他结构上的孔洞,根据实际情况预留。

（2）支架预埋件:应检查设置在钢筋混凝土的墙、柱和楼板中的支架预埋件,位置应符合设计要求,拉线和尺量其标高,用水平尺和楔形塞尺检查水平度,用吊尺或尺量其垂直度,检查隐蔽工程验收记录。

（3）预埋防水套管的安装:预埋防水套管有刚性防水套管和柔性防水套管两种,应按照设计选定套管型号、规格进行预加工,套管内部刷防锈漆。埋管完毕做隐蔽工程验收记录。

H. 集热器与管路连接

集热器与集热器之间以及集热器与管路连接处,应按集热器图纸设计的方式连接。通常采用铜管或波纹补偿器进行连接,连接处应牢固,不出现泄漏,保温层不能有浸湿或破损。

用铜管连接的管路以及验收应符合设计要求,用波纹补偿器进行连接应该符合波纹补偿器的安装要求。集热器的管路连接完毕后,将太阳集热器及相连的管路注满水,检查管路各连接处是否泄漏、渗水。

集热器之间的连接处以及集热器与管线的连接处,上、下水管等管路应做保温,保温层厚度不小于 20 mm;在寒冷地区,保温层应适当加厚,保温材料、厚度、保护壳等应符合设计规定。对于真空管集热器,连接管的保温层厚度不小于联箱的保温层厚度。连接处保温应符合《工业设备及管道绝热工程施工规范(GB 50126—2008)》《工业设备及管道绝热工程施工质量验收标准(GB 50185—2019)》和设计要求。其保温层平整度的允差以及检验方法应符合设计要求。

集热器的连接应使通过各集热器的介质流量大体相同。集热器阵列由若干集热器组成,应检查各集热器组的流量平衡情况。在防冻回流系统中,检查运行及非运行状态下回流水箱的水位,检测水位是否符合设计要求;使用流量表,检测回流流量,其值与设计流量值相差不超过 20%。

检验方法:在晴朗的白天,各集热器组的出口温度偏差不超过 3 ℃。流量和温度的测试仪表分别用超声波流量计(或其他流量计)和温度计。

2)管路附件安装质量验收

循环管路附件安装应符合《建筑给水排水及采暖工程施工质量验收规范(GB 50242—2002)》中的相关要求和方法。

A. 循环管路支、吊、托架

检查循环管路支、吊、托架材料、规格型号、支架的安装样式是否符合设计要求,查看产品合格证和性能检验报告。检查安装位置、安装方式是否正确。其埋设应平整牢固;支架与管路接触应紧密,手扳检查其固定应牢靠;支架不得有漏焊、欠焊或焊接裂纹等缺陷;立管管卡安装数量应符合《建筑给水排水及采暖工程施工质量验收规范(GB 50242—2002)》的相关规定。管路安装完毕后,应按设计要求逐个核对支架的形式、材质和位置。

B. 阀门

阀门管径大小、接口方式、水流方式和启闭应符合设计要求。阀门进场时,应检验阀门的材料、型号、规格是否符合设计要求。阀体铸造应合规,表面光滑,无裂纹,开关灵活,关闭严密,手轮完整无损,有出厂合格证。安装前,应做强度和严密性试验,试验应在每批(同牌号、同型号、同规格)数量中抽查 10%,且不少于 1 个。安装在主干管路上起切断作用的闭路阀门,应逐个做强度和严密性试验。强度和严密性试验应符合以下规定：阀门的强度试验压力为公称压力的 1.5 倍；严密性试验压力为公称压力的 1.1 倍；试验压力在试验持续时间内应保持不变，且壳体填料及阀瓣密封面无渗漏。阀门试压持续时间不少于表 2-22 的规定。

表 2-22　管路阀门试验持续时间

公称直径 DN/mm	最短试验持续时间 /s		
	严密性试验		强度试验
	金属密封	非金属密封	
≤ 50	15	15	15
60~200	30	15	60
250~450	60	30	180

（1）截止阀、蝶阀和止回阀阀体上的箭头方向与水流方向必须一致，目视检查。

（2）止回阀选型、安装位置、安装方向符合设计要求。

（3）安全阀安装前，应核对阀上的铭牌参数和标记是否符合设计规定，应到计量检测部门进行测试定压，核对其压力检验报告是否符合要求。安全阀应安装在压力容器顶部、开关正常，关闭时无泄漏，管路应畅通。安全阀必须垂直安装，排出口应设排泄管，将排泄的热水引至安全地点。安全阀的压力必须与设备的最高工作压力相适应，开启压力一般为系统工作压力的 1.1 倍。

（4）观察阀门是否安装在便于操作、观察和维护的位置。通过目视检查放气阀、放空阀是否有泄漏，检查手动放气阀能否开启。

（5）太阳能集热器阵列的最高点应装有自动放气阀或通气孔，最低处应安装泄污阀，应牢固、严密，通水检查应不渗不漏。对于有防冻排空功能或防冻回流功能的热水系统，在没有通气孔的管路上应安装吸气阀，防冻排空系统的管路最低处应安装泄水装置。

C. 补偿器

补偿器进场时应仔细核对其类型、规格、型号、额定工作压力是否符合设计要求，应有产品出厂合格证和产品说明书；同时检查外观，看包装有无损坏，外露的波纹管表面有无碰伤、损坏。

对照图纸检查补偿器安装位置，并按有关规定进行预拉伸。装有波纹补偿器的循环管路支架的位置应符合设计要求。如补偿器采用焊接连接，检查焊接质量；焊接连接或法兰连接的补偿器必须找平找正，用水平仪和塞尺测量检查补偿器中心与循环管路中心是否同轴，不得偏斜安装。

D. 温度传感器

温度传感器应按设计要求或厂家推荐方式安装，其连线应符合要求（位置、电源、与控制器的连接、接地等）；传感器的接线应牢靠，接触良好，信号线按设计要求布线。接线盒与套管间的传感器屏蔽线应做二次防护，两端做防水，两线连接必要时用搪锡，防止接头松动和导线表面氧化等。屏蔽线应与传感器金属接线盒可靠连接，在不损伤屏蔽层导线的情况下，应保护屏蔽层内的导线，使屏蔽层受力。

智能控制器对温度的自动控制，应符合《家用和类似用途智能电自动控制器系统　第一部分：通用要求（GB/T 35722.1—2017）》规定。温度传感器的检查规程如下。

（1）集热器温度传感器的精度应在中温范围内检测。打开泵等待 10 min，用数字温度计测量集热器温度传感器的输出值，用标准温度传感器测量集热器下游的介质温度作为集热器的实际温度，两者相差不应超过 2 ℃。

（2）储热水箱温度传感器的精度应在中温范围内检测。将传感器的输出温度与一个和水箱温度传感器相邻的标准温度传感器测得的温度相比较，相差不应超过 2 ℃。

（3）检验集热器防冻传感器是否接近防冻保护温度的精度。可以排出大量热水，以使系统在更接近防冻保护温度的状态下运行，并重复集热器温度传感器检测的步骤。

E. 水表

检查水表类型、规格型号、额定工作压力和使用介质是否符合设计要求,应有产品出厂合格证;同时检查外观,包装有无损坏。检查水表位置,应安装在便于检修、不受曝晒、污染和冻结的地方;其安装应平整牢固;水表上的标示箭头与水流方向必须一致;安装旋翼式水表,尽量表前与阀门之间应有不小于 8 倍水表接口直径的直线管段;表外壳距墙表面净距为 10~30 mm;水表安装位置、进口中心标高符合设计要求,允差为 ±10 mm。尽量旋翼湿式冷、热水表安装尺寸。远传数控水表表箱安装应平整,距地面高度应符合设计要求,允差为 ±10 mm;导线的连接点必须牢固,配线管中严禁有接头,布线的端头必须甩到分户表位处,与分户表直接连接;远传数控水表表箱的开启和关闭应灵活,并应加锁保护。

F. 膨胀罐

(1)膨胀罐的大小和安装应符合设计要求,膨胀罐上必须保留观察孔。

(2)在间接系统中,如果用的是有膜膨胀罐,应检查膜的位置及完整性。如果膨胀罐中介质的压力比空气的压力大很多,表明膨胀罐不能容纳更多的介质。

(3)膜是否损坏可通过敲击介质及空气腔发出的声音加以判断。另外,当膨胀罐的空气阀打开时,如有介质泄漏,表明膜已损坏。

(4)间接系统的开式膨胀罐,要通过计算核实膨胀罐容积是否符合设计要求。

(5)在双回路强制循环系统的管路上应装有膨胀罐和压力表。膨胀罐安装在循环管路的低温部分,即传热介质从储热水箱流向集热器的管路上,集热器到膨胀罐的管路应畅通无阻。压力表应装在容易观察的位置,在压力表的表盘上要用红线标出允许的最高工作压力。检验方法是目视检查仪表或者用手提式压力表测量膨胀罐内的空气压力。

对于有膨胀罐的闭式间接系统,应检查管路系统的压力是否符合设计要求。如果没有给定压力条件,系统压力宜至少高于静压(系统最高点离最低点的高度)0.05 MPa,检验方法是手提式压力表测量检查。

3)水泵安装质量验收

A. 安装前的检查

(1)检查水泵基础混凝土的强度、尺寸、坐标、标高和预留螺孔位置等应符合设计要求。查看水泵规格、型号、安装位置等应符合设计要求,并按其生产厂家的要求安装。

(2)检查水泵电源线连接应使转向正确,水泵应接地良好。查看水泵进出口管路安装的各种阀门和压力表等,其规格、型号应符合设计要求,并做到安装位置正确,动作灵敏,严密性好,不漏水,不渗水。

(3)当有隔振要求时,水泵应配有隔振设施,即在水泵基座下安装橡胶隔振垫或隔振器,在水泵进出口处的循环管路上安装可曲挠橡胶接头。

B. 安装好后的检查

(1)水泵安好后,各紧固部位应紧固良好,无松动。

(2)水泵所在的管路应冲洗干净,全部畅通,安全保护装置齐全、灵活、可靠。

(3)水泵单机无负荷试运转时,应无异常声音,各紧固连接部分无松动,水泵无明显的径向振动和温升。

C. 水泵试运转检测

测试时水泵应在设计负荷下连续运转不少于 2 h,然后停泵,合格标准如下。

(1)运行期间,水泵无泄露,运转正常。管路无异常,压力、流量、温度和其他指标符合设备文件的规定。

(2)运转中没有异常的声音,各密封部位不泄漏,各紧固连接件无松动。

(3)滚动轴承的温度不高于 75 ℃,滑动轴承的温度不高于 70 ℃,特殊轴承的温度符合设备文件的规定。

(4)轴封填料的温升正常,普通软填料允许有少量的泄漏(不超过 10~20 滴/min),机械密封的泄漏量不大于 10 mL/h(约 3 滴/min)。

(5)水泵电动机的功率和电流不超过额定值。简易判断方法是利用电流表或万用表测量。

(6)水泵的安全、保护装置灵活、可靠。

10. 智能电气控制系统安装质量验收

1）电气控制系统施工验收标准

严格遵照国家、行业和地方有关工程质量验收规范，目前有关的标准和规范有：《电气装置安装工程接地装置施工及验收规范（GB 50169—2016）》《电气装置安装工程低压电器施工及验收规范（GB 50254—2014）》《建筑工程施工质量验收统一标准（GB 50300—2013）》《建筑电气工程施工质量验收规范（GB 50303—2015）》《智能建筑工程质量验收规范（GB 50339—2013）》《民用建筑太阳能热水系统应用技术标准（GB 50364—2018）》。

2）验收一般规定

对设备、材料和软件应进行进场检验。进场和施工质量验收应执行《智能建筑工程质量验收规范（GB 50339—2013）》，检查设备、材料和软件的合格证和随带的技术文件；检查其铭牌、附件是否齐全，电气接线端子是否完好，设备表面无缺损，涂层完整。施工质量主要验收项目如下。

（1）电缆桥架安装验收和桥架内电缆敷设、电缆沟内和电缆竖井内电缆敷设验收，电线、电缆导管和线路敷设验收，电线、电缆穿管和线槽敷线的施工验收应按《建筑电气工程施工质量验收规范（GB 50303—2015）》中第 12~15 章的有关规定执行，在工程中有特殊要求的，应按要求执行。

（2）设备安装验收：机柜安装验收执行开关箱安装验收的有关标准，内部接线必须符合设计及规范要求，符合工业标准和行业标准。

（3）传感器、电动阀门及执行器、控制柜和其他设备安装验收，应符合国家标准《建筑电气工程施工质量验收规范（GB 50303—2015）》第 6 章及第 7 章、设计文件和产品技术文件的要求。

（4）在设备安装完成后应对系统进行自检，自检时要对检测项目逐项检测，主要对传感器、执行器、控制器及系统功能（含系统联动功能）进行现场测试。传感器用高精度仪表校验，使用现场控制器改变给定值或用信号发生器对执行器进行检测，传感器和执行器要逐个测试；系统功能、通信接口功能要逐项测试，并填写系统自检表格。

（5）隐蔽工程检查验收，必须有 3 人以上在场，做好验收记录，存档备查。

（6）采用现场观察、核对施工图、抽查测试等方法，对工程设备安装质量进行检查验收。

3）电气控制系统主要装置的验收

电气控制系统主要装置进场时，检查装置的种类、型号、量程、精度及其他要求是否满足工程要求。温度变送器、压力、压差变送器应安装在便于调试、维修的位置。水管压力、压差变送器的安装应与循环管路同时进行，其开孔和焊接必须在循环管路的防腐、清扫和压力试验前进行。水管压力、压差变送器不宜安装在管路焊缝及其边缘上，变送器安装后，不应在其边缘开孔和焊接，不可选在阀门、弯头、侧流孔等部件的附近、水流的死角和振动较大的位置。

温度变送器安装质量检查主要包括两个方面。①检查温度变送器、接线盒、管路敷设的安装位置是否符合设计要求。②尺量温度变送器在水管上的安装深度，应满足以下要求：感温段大于循环管路口径的 1/2 时，可安装在管路的顶部；感温段小于管路口径的 1/2 时，应安装在循环管路的侧面或底部。

压力和压差变送器安装质量检查主要包括三个方面。①对照图纸观察检查压力和压差变送器在管段上的安装位置以及压力取样口的制作、方向；观察引压导管的设置、安装位置，尺量检查引压导管的长度和坡度是否符合设计要求。②压力、压差变送器应安装在温、湿度变送器的上游侧。③观察水管压力、压差变送器的安装方式：直压段大于管路直径的 2/3 时，可装在管路的顶部；小于循环管路口径的 2/3 时，可安装在侧面、底部和水流流速稳定的位置。

水流开关安装质量检查中，水流开关的型号、安装位置应符合设计要求，并装在水平管段上，不可装在垂直管段上，并检查水流开关叶片尺寸是否与水管管径相匹配。

流量计安装质量检查，首先检查流量计外壳上是否有铭牌、生产日期、出厂编号、公称直径（传感器口径）、精度等级。对常用电磁流量计安装质量检查有如下要求。①电磁流量计安装在管路的较低段或者管路的垂直段，装在管路上的控制阀和切断阀的上游，否则不合格。调试时，管路必须装满水。见图 2-63。②安装电磁流量计时,应用力矩扳手均匀用力拧紧两个法兰,否则容易压坏衬里材料。③电磁流量计绝对不能安装在泵的进口处,应装在泵的出口处,且隔开一定的距离。④在垂直管路安装时,流体流向自下而上;水平安装时必须使电极水平,确保测量精度;倾斜安装时要使电极轴线平行于地平线,不要垂直于地平线,如图2-64。④前后置直管段要求:附件、设备离电极中心线至少 5 倍直径(5D)长度的前置直管段,后置直管段至少 3D 长度,不同开度的各种阀则需 10D。见图 2-65。⑤为方便流量计的清洗和维护,应安装旁通管道,并保证流量计前 5D、后 3D 的直管段。⑥电磁流量计、被测介质及循环管路之间应连接成等电位,并应良好接地。⑦电磁流量计应尽可能远离射频源、强磁场、强振动等干扰源,尽可能远离泵、阀门等,避免对测量的干扰。

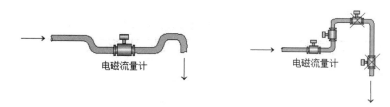

图 2-62　电磁流量计安装在管路的较低处或垂直段

图 2-63　电磁流量计安装在管道斜坡上升处　　　**图 2-64　电磁流量计前、后置直管的最小长度**

　　电磁阀进场时,应对外观、型号、材质、阀体强度进行检查,必须符合设计要求。参照产品说明书,用万用表测量线圈与阀体间的电阻;观察电磁阀的安装位置、方向(电磁阀阀体上的箭头的指向应与水流方向一致)是否正确;电磁阀的安装应面向便于观察的位置;检查电磁阀接线是否按要求进行。

　　电动调节阀进场时,应检查外观,型号、材质是否符合要求,查看产品说明书,阀体强度、阀芯泄漏试验、驱动器的行程、压力和最大关紧力(关阀的压力)必须满足设计文件和相关规定。安装前,电动阀宜进行模拟动作和压力试验。电动阀的输入电压、输出信号和接线方式应符合产品说明书的要求。观察电动调节阀的安装位置、方向(电动阀阀体上的箭头的指向应与水流方向一致)是否符合设计要求,有阀位指示装置的电动阀,阀位指示装置应面向观察者。执行机构应固定牢靠,手动操作机构应装在便于操作的位置。组装电动执行器和调节阀时,注意执行器的行程和阀的行程大小应一致。

　　电气控制柜验收有如下要求。①控制柜的安装位置准确、部件齐全,箱体开孔与导管管径适配。②控制柜的金属框架及基础型钢(落地柜式安装)必须可靠接地(PE)或接零(PEN),有可开启门,门和框架的接地端子间用裸编织铜线连接。③控制柜与基础型钢用镀锌螺栓连接,防松零部件齐全。④端子排安装可靠,端子有编号,强电和弱电端子必须隔离,端子规格与芯线截面积匹配。⑤控制柜内接线整齐、线路编号齐全、清晰、工整、不易脱色,编号应与线号表一致。控制柜基础型钢安装应符合表 2-23 的规定。控制柜之间或与基础型钢之间用镀锌螺栓连接。控制柜安装垂直度允差为 1.5‰,相互间接缝不应大于 2 mm,成列盘面偏差不应大于 5 mm。

表 2-23　电气控制柜基础型钢安装允差

项目	允差	
	(mm/m)	(mm/全长)
不直度	±1	±5

项目	允差	
	（mm/m）	（mm/全长）
水平度	±1	±5
不平行度	/	±5

控制柜应有可靠的抗电击保护。柜内保护导体应有裸露的连接外部保护导体的端子，当设计无要求时，保护导体最小截面积 S_p 不应小于表 2-24 的规定。

表 2-24　保护导体的最小截面积

相线的截面积 S/mm²	保护导体的最小截面积 S_p/mm²
$S \leqslant 16$	S
$16 < S \leqslant 35$	16
$35 < S \leqslant 400$	$S/2$
$400 < S \leqslant 800$	200
$S > 800$	$S/4$

注：S 指控制柜电源线相线截面积，且两者（S、S_p）材质相同。

对于控制柜线路的线间和线对地间的绝缘电阻值，馈电线路必须大于 0.5 MΩ；二次回路必须大于 1 MΩ。二次回路交流工频做耐压试验，当绝缘电阻值大于 10 MΩ 时，用 2 500 V 兆欧表摇测 1 分钟，应无闪络击穿；当绝缘阻值在 1~10 MΩ 时，用 1 000 V 交流工频做耐压试验，时间 1 分钟，应无闪络击穿。

对于控制柜配线，除电子元件回路外，其他回路的电线均用额定电压不低于 750 V、芯线截面积不小于 1.5 mm² 的铜芯绝缘电线或电缆。

二次回路连线应成束绑扎，不同电压等级、交流、直流线路及计算机控制线路应分类分别绑扎，即强弱电线分开，且有标识；固定后不应妨碍手动开关或抽出式部件的拉出或推入。

连接控制柜面板上的设备及控制台、板等可动部位的电线应符合下列规定：

①采用多股铜芯软电线，敷设长度留有适当余量。

②两线束有外套塑料管等有加强绝缘保护层。

低压电气动力设备试验和试运行应按国标《建筑电气工程施工质量验收规范（GB 50303—2015）》的规定进行。

4）温控装置试验

对于使用温控阀控制水温的太阳能热水直流系统，应将受检的温控阀放入恒温水浴中，用温度计测量水温。逐渐升高水浴的温度，使温控阀刚好开启。将测得的水温与温控阀标称的开启温度比较，两者相差不能超过 2.5 ℃。

温控器和传感器初始化步骤包括：①将总电源开设到"关"的位置；②在温控器的输入端标出传感器的导线；③用合适的温度模拟器代替温度传感器；④将总电源开关设到"开"的位置。

温控器是基于温度或温差进行控制的，在系统允许的温度范围内，温控器的控制误差应保持不变。控制误差的检验，至少应针对工作范围内的低、中、高 3 组不同的温度。

在温控器上设定关闭温度 T_s 和开启温度 T_o（$T_o > T_s$），用温度模拟器模拟其输入温度 T_i。温度模拟器的初始值为 $T_i = T_s - 10$ ℃，逐渐增加温度 T_i，当 $T_i = T_o$ 时，执行装置立即开启；逐渐降低温度至 T_i，当 $T_i = T_s$ 时，执行装置关闭。比较给定的标称值与实测值，其差值不超过 2 ℃。根据所希望获得的热水温度 T 设定温控器，用温度模拟器模拟温控器输入温度 T_i，温度模拟器的初始值设为 $T_i = T - 10$ ℃，逐渐升高温度 T_i，当执行装置开启时，记录 T_{ion} 的值；温度模拟器的初始值设为 $T_i = T + 10$ ℃，逐渐降低温度 T_i，当执行装置关闭时，记下 T_{ioff}

的值。将 T 预测得的 T_{ion}、T_{ioff} 进行比较,其差值不应超过 2 ℃。

启动温差设为 ΔT_{ON},当 $T_H - T_L = \Delta T_{ON}$ 时,温控器从关闭变为开启。T_H 和 T_L 分别是温控器的输入高温值和低温值,温度模拟器的初始值分别设为 $T_H = T_L + 10$ ℃,逐渐升高温度 T_H,当 $T_H - T_L = \Delta T_{ON}$,水泵应立即启动。将给定的标称值与实测值比较,其差值不应超过 2 ℃。

令关闭温度为 T_{OFF},当 $T_H - T_L = \Delta T_{OFF}$ 时,温控器从开启变为关闭。逐渐降低温度 T_H,检查泵的关闭情况。将给定的标称值与实测值相比较,其差值不应超过 2 ℃。

5)系统防雷验收

太阳能热水系统安装在建筑物上,必须进行防雷接地。太阳能热水系统,应与建筑物的防雷接地系统可靠连接。独立安装的太阳能热水系统应单独设置防雷接地、工作接地和保护接地的共用接地系统,要求和验收方法如下。①防雷系统应与建筑物的接地系统采取共用接地的方式连接。②满足有关要求时,可以单独接地,用兆欧表摇测,接地电阻不得大于 10 Ω;当系统无工作接地和保护接地要求时,防雷接地电阻不得大于 30 Ω。③接地装置必须在地面上设测试点。测试接地装置的接地电阻值必须符合设计规定。接地装置、引下线等电位、接闪器的安装及防雷接地系统测试应符合《建筑电气工程施工质量验收规范(GB 50303—2015)》的 3.3.18、3.3.19、3.3.20、3.3.21、3.3.22 的要求。防雷接地的人工接地装置、接地干线埋设、接地模块埋设,应符合国标 GB 50303—2015 中的 24.1.3、24.1.4 的规定。接地体埋设、接地装置焊接材料、接地装置的材料以及规格尺寸应满足国标 GB 50303—2015 中的 24.1.3、24.1.4 的要求。

6)系统防冻和过热保护功能检验

以水作介质的太阳能热水系统,在 0 ℃ 以下地区,必须采取防冻措施。太阳能集热器不能满足系统安装地的抗冻要求时,可采用如下措施:直接系统应使管路中的水回流,间接系统可用防冻液等方式防冻。

A. 系统的防冻保护措施及检查

首先确定系统采用何种防冻方式。为确保防冻保护装置正常工作,当系统的保护和控制功能结合在一起时,温控器也应检查,而且防冻保护传感器的精度应符合要求。由于温控器可以探测到系统的极端情况,通过执行装置可实现防冻和直流系统的满水自锁功能。温控器检查方法如下。

(1)将防冻保护传感器的工作温度设置为高于冻结温度。慢慢降温,测量执行装置的开启温度,并将其与设计值比较。

(2)在直流定温系统中,水箱满水时,调节温控器输入温度达到执行装置的开启温度,检查执行机构是否开启。

B. 直接太阳能热水系统防冻检查

(1)检查回流。如果环境温度低于给定的防冻保护温度(通常是 4 ℃),系统内的介质应能回流到储热水箱中。①用水平仪检查水平管路的坡度是否符合设计要求。②通过压力表观察系统的充水情况。方法是:启动泵,观察压力表的读数变化情况。③观察压力表读数的减少,检查回流情况。方法是:关闭泵,观察压力表。④在水箱满水后关泵,检查水箱内水位;再打开和关闭泵,标记水位作为以后的参考。

(2)检查排空。如果环境温度低于给定的防冻保护温度(通常是 4 ℃),系统内的介质应能自行排空。检查进气阀能否正常打开和关闭。如果有控制器控制的电磁阀,应模拟开启温度,将检测的开启温度和设计的标称值相比较。如果有非电动温控阀,应观察检查防冻保护阀的传感元件是否被正确安装。应使用冷冻喷嘴进行检测。在喷嘴检测前应将标准温度传感器和阀体固定在一起,检测时应喷射到温度传感元件。将测得的开启温度和设计的标称值相比较。用水平仪检查水平管路的坡度,管路的坡度应符合设计要求。打开排空阀,用一个烧杯和秒表检测排空流量是否符合设计要求。

(3)检查电伴热带。用电伴热带进行管路保温的,检查其工作是否正常及额定温度是否与生产厂家标称值相符。检验方法:在电伴热带电路中串接一块电流表,使表面温度探头与保温层中的电加热带相接触,接通电源,观察电流表的读数是否正常。

(4)检查防冻液。间接太阳能热水系统,使用防冻介质抗冻时,介质的凝固点必须低于系统使用期内的最低环境温度。处于较低环境温度下,系统内的循环介质通常是乙二醇的水溶液,通过检测乙二醇的浓度查出溶液的冰点,或查询相关资料。检验方法:用手提式折射仪检测乙二醇的浓度,应满足相关标准。其他防冻液,如丙二醇、甲醛等,如凝固点低于系统使用期内的最低环境温度,也可作为防冻液。

C. 系统过热保护检查

检查循环管路图、通过计算并考虑系统所有部件的最不利工况,确保可能出现的最高温度不超过有关材料的最高耐受温度。

为了使防冻液在最高集热器内,在闷晒温度下不沸腾,应使用高浓度的防冻液。用手提式折射仪测量防冻液(如乙二醇水溶液)的浓度,确定在集热器的运行压力下防冻液的沸点。

采用释放热水的方法来防止系统过热,定温器和温度传感器的动作应准确无误。

过热保护采用差动定温器检测,在允许温度范围内,控制误差基本不变。控制误差的检验,需要对整个运行范围内的低、中、高3组不同的温度进行检验。

7)系统热性能和水质检验

做热性能实验时,须测量供水温和集热结束温度、日太阳辐照量、日平均环境温度、环境风速和风向。当设计对热性能指定检测方法时,根据设计要求进行检测。如设计无要求,现场测试热性能时,由施工单位和监理单位共同商定检测方案并实施。太阳能热水系统连续运行3天,每天检验前,应将系统内的热水排净,重新注水。每天的水温、水量均应满足所处季节的验收指标。

检测的物理量包括太阳辐照量、日平均环境温度。太阳辐照量用总日射表测量,表的安装角度与被测太阳能热水系统集热器安装角度一致。用量角器测量其安装角度是否符合要求。日平均环境温度用铂电阻或其他温度测试仪表检测,安装位置应避免太阳照射和热气流的冲击,其附近不得有如烟囱、冷却塔或排风扇等设施。检测时供水水温应恒定,波动不超过 ±1 ℃。可采用手持式风速仪测量环境风速,测量位置距集热器表面 50 mm 左右。

将太阳能热水系统注满符合卫生标准的水,连续运行3天后,取出的热水水质应符合要求。将水样送至卫生检疫部门检测,向用户提供经国家质量监督检验机构出具的水质检验报告。水中应无水锈、异味或其他对人体有害的超标物质。

2.3.11　太阳能热水工程施工管理

2.3.11.1　施工管理原则

(1)认真落实太阳能热水工程的各项规范、标准,严格按设计图纸施工。

(2)遵循太阳能热水工程施工流程,坚持合理的施工程序、顺序,不得随意更改。

(3)采用流水施工法,跟踪施工计划,组织有节奏、均衡和连续的施工。

(4)采用先进施工工艺,落实施工方案;严控工程质量,文明作业,保证按时竣工,尽量降低工程成本。

(5)熟悉影响施工的各种因素和工程特点,尽可能减少施工设施,合理储备物资,减少物资运输量;合理规划施工流程和细节,确保施工安全。

(6)严格实施全面质量管理体系,确保工程质量达到验收标准。

(7)严格按照质量管理方针组织施工,按优质工程目标进行管理。

2.3.11.2　设计规范和施工标准

(1)《建筑工程施工质量验收统一标准(GB 50300—2013)》;

(2)《建筑给水排水设计标准(GB 50015—2019)》;

(3)《建筑给水排水及采暖工程施工质量验收规范(GB 50242—2002)》;

(4)《生活饮用水输配水设备及防护材料的安全性评价标准(GB/T 17219—1998)》;

(5)《民用建筑太阳能热水系统应用技术标准(GB 50364—2018)》;

(6)《太阳热水系统设计、安装及工程验收技术规范(GB/T 18713—2002)》;

(7)《太阳热水系统性能评定规范(GB/T 20095—2006)》;

(8)《民用建筑电气设计标准(GB 51348—2019)》;

（9）《全国民用建筑工程设计技术措施——节能专篇（2007）　给水排水》；

（10）《真空管型太阳能集热器（GB/T 17581—2007）》；

（11）《太阳热水器吸热体、连接管及其配件所用弹性材料的评价方法（GB/T 15513—1995）》；

（12）《全玻璃热管真空太阳集热管（GB/T 26975—2011）》；

（13）《水泵流量的测定方法（GB/T 3214—2007）》；

（14）《泵的噪声测量与评价方法（GB/T 29529—2013）》；

（15）《工业建筑供暖通风与空气调节设计规范（GB 50019—2015）》；

（16）《建筑电气工程施工质量验收规范（GB 50303—2015）》；

（17）《建筑物防雷设计规范（GB 50057—2010）》；

（18）《家用太阳热水系统热性能试验方法（GB/T 18708—2002）》；

（19）《设备及管道绝热技术通则（GB/T 4272—2008）》；

（20）《家用太阳热水器储水箱（NY/T 514—2002）》；

（21）《家用太阳热水器电辅助热源（NY/T 513—2002）》；

（22）《不锈钢卡压式管件组件　第 2 部分：连接用薄壁不锈钢管（GB/T 19228.2—2011）》；

（23）《不锈钢卡压式管件组件　第 1 部分：卡压式管件（GB/T 19228.1—2011）》；

（24）《不锈钢卡压式管件组件　第 3 部分：O 形橡胶密封圈（GB/T 19228.3—2012）》；

（25）《流体输送用不锈钢焊接钢管（GB/T 12771—2019）》；

（26）《无缝铜水管和铜气管（GB/T 18033—2017）》；

（27）《建筑用承插式金属管管件（CJ/T 117—2018）》；

（28）《铜管接头　第 1 部分：钎焊式管件（GB/T 11618.1—2008）》；

（29）《铜管接头　第 2 部分：卡压式管件（GB/T 11618.2—2008）》；

（30）《工业金属管道工程施工规范（GB 50235—2010）》。

2.3.11.3　太阳能热水系统施工顺序

采用流水施工法，把太阳能热水工程分为几个施工步骤，每步按进度表上的次序，依次由一个施工段转到下一个施工段，施工工序为：基座施工→支架安装→管路、阀门安装→集热器安装→水箱安装→泵站、膨胀罐安装→电气控制系统安装→管路检漏和保温→传热介质灌装→电气连接→系统调试、试运行→收尾工作。

2.3.11.4　施工质量保证体系及措施

严格执行 ISO9001：2000 国际质量管理体系的要求，对原材料及设备购进、抽检、安装施工、验收、使用、完工后服务、用户信息反馈、改进等过程，实行全程监控，确保工程质量的可靠性和公司的信誉度。

1. 保证安装施工质量的原则

将太阳能热水工程施工项目，纳入质量运行机制。落实以保证质量为核心的各项管理制度，为确保工程质量，项目领导班子落实质量负责制，严格执行质量技术标准。根据工程的特点，采取如下保证措施：

（1）按 ISO9001：2000 质量管理体系的要求，建立工程项目的质量体系及组织网络，落实质量要素分配。

（2）建立与施工方案相适应的质量计划，严格执行，遵循质量体系的要求，落实运行监控。

（3）落实横向质量管理责任制，纵向分级承包责任制，现场项目经理为质量第一责任人。

（4）强化过程控制，严格实行施工中的三级技术复核和每道工序的质量跟踪，落实重点管理；挑选优秀职工担任质量监督员，跟踪控制施工质量，做好记录。

（5）对基础工程、钢结构施工、防腐、保温、电气控制等关键分项工程，制定有针对性的质量保证措施。

（6）实施质量否决权，在项目经理授权下，质量监督员独立行使否决权，严控施工质量标准。

（7）对工艺复杂的施工部位或难度较大的分项工程，设立质量跟踪管理点，实行重点监管。

（8）项目经理及时了解施工动态，实地考察和上报质检报告，经分析反馈，完善质量控制措施。

（9）严把材料关，对进场的材料、构配件和零部件等，查验质量保证书，抽样检查。

（10）施工组织设计经专家组审定，在施工中严格执行。因故变更施工方案，应按审批程序办理变更手续。

（11）施工人员吃透图纸、技术规程，理解设计要求及施工要点。执行各项操作规程，严禁随意施工，保证施工质量达到要求。

（12）与监理密切配合，执行各项有关质量保证的指示，分析有关施工问题的信息反馈，找出原因，加以改进提高，使施工水平更上一个新台阶。

（13）重视技术、质量资料的收集、分类和保管工作，资料填报、装订归档要统一规范，资料收集、反馈要及时，随时接受现场监理及上级质检部门的检查。重要的施工资料必须录入电脑并做备份，保证可追溯性。

2. 安装施工质量保证措施

1）总体措施

（1）太阳能热水工程实行创优目标管理，牢固树立"质量第一"的意识，确保工程质量达到优良。

（2）遵守质量保证各项制度，参照公司编制的质量保证手册，结合工程实际认真贯彻执行。

（3）认真落实质量保证体系，实行施工质量项目经理负责制，施工技术员岗位责任制，奖优罚劣。

（4）对施工全过程实行工序质量控制，将质量问题消灭在萌芽状态，由工序质量保证整个工程质量，每一个工程将按照质检点控制图进行检查。

（5）以施工工艺确保工程质量，尽量采用先进的机械设备来代替手工操作。

（6）严格实行自检、互检、专检，逐层检验，责任到人，按照质量保证体系的检查点，检查规定的内容，认真填写相关资料。

（7）技术资料归档须遵照公司有关规定，做到及时、齐全、正确、规范，注意电子文档的保存和加密。

2）管路工程质量保证措施

（1）螺纹接头，必须保证螺纹的加工质量，一般丝扣用套丝机加工，由专人操作。每种规格需试套试验后，方可成批加工。焊接口的管端加工需符合要求。

（2）法兰连接的管口，严控法兰加工质量，要用专用"胎具"，保证管口与法兰的垂直。

（3）管路防止堵塞，安装前清除管内杂物，安装时防止杂物进入，甩口要临时封堵。

（4）卫生洁具的安装，外观尺寸达到稳定、牢固。各类管路的支架均生根位置准确，安装牢固。

（5）所有管路安装完毕后，应按事先约定的颜色刷色环，标注的方向箭头即水流方向。

3）电气工程质量保证措施

弱电工程项目质量控制应是在设计、施工、调试三个阶段的各环节全方位的质量控制，施工过程控制尤为重要。因此，重点是对材料、配件、设备的安装质量控制和对工序的质量控制，除了合同文件、图纸以外，还有各种专门的技术性法规或其他规定。

4）成品保护措施

对大型太阳能热水工程，安装质量要求高，应切实做好完工后的成品保护，确保系统完好无损后，交付给用户使用。在安装中，要注意对其他专业安装成品的保护，防止因施工不当造成其他成品损坏。对配电设备，特别要对其内部元器件采取保护措施，保证完好无损。

5）质量方针、质量目标、质量承诺

（1）质量方针：质量为本、信誉至上，用户满意、行业创优。

（2）质量目标① 焊接无损检测合格率≥95%；② 评级项目一级品率≥90%；③ 工程一次交验合格率≥90%；④ 质量损失率≤0.5%；⑤ 计量器具受检率≥98%；⑥ 设备完好率≥98%；⑦ 顾客投诉或反馈信息100% 及时予以答复。

（3）质量承诺：提供技术咨询服务，按需保质完成合同所要求的工程任务，主动、及时提供售后服务，不断提高服务质量，努力满足客户要求（达国家工程质量等级为优良级）。

6）施工进度保证

合同签订后，根据设计方案组织施工，由项目经理组织施工人员，熟悉图纸，现场勘察，完成技术交底，在合同期内保质保量完工。根据施工方案，在用户水、电及天气正常的情况下，保证在安装期 90 天内工程完工,并交付使用。

（1）工期保证措施:①成立项目经理部,统一领导施工队伍,协调各方的关系,对工程进度、质量、安全全面负责,从组织上保证工程目标的实现。②开工之前,优化分项工程的施工方案,确保质量,省时省力。贯彻施工计划,实行长计划,短安排,通过每天计划的布置和实施,强化调度职能,维护计划的严肃性,按期竣工。③实施交叉施工,强化管理,抓住主导工序,安排足够的人员,合力作业。④合理利用空间,立体交叉＋流水作业。合理安排,科学调度,保证质量的前提下,施工进度向前赶。⑤经常检查工程进度、资源供应及管理工作情况,在实施中,如偏离计划,应分析原因,果断进行调度,确保关键工序按计划执行。

（2）工期保证的具体措施:①在施工中,流水作业。合理安排工序之间的交叉,避免窝工。为使工程优质快速完成,全力以赴尽快完成前期施工准备。②发挥吃苦耐劳、加班加点、连续作业的精神和综合施工的优势,以质量求信誉,向进度要效益,合理组织,可安排二班制或三班制倒班施工。③从人力、物力、资金及技术上给予支持,选派技术经验丰富、管理严格的负责人,保证现场施工人员充足,技术过硬,工地所驻职工均为本公司在册职工。

（3）技术保证措施:①施工承包合同签订后,尽快办齐开工手续,事先对施工现场作全面、准确的勘察,以保证及时、顺利施工,对施工中可能会出现的各种问题有预案,并定出相应的对策;②优化施工方案,编制合理的施工流程图;③掌握并应用新技术、新工艺和新材料,加快施工进度;④及时解决太阳能热水工程施工中遇到的困难和问题;⑤及时完成各分部分项工程技术交底、质量交底,避免返工;⑥采取跟踪管理,经常检查施工进度和施工部位,在第一时间解决施工中的问题;⑦发挥管理优势,组织几支施工队,平面分区域同步进行,立体交叉施工,确保如期竣工。

（4）施工计划的实施及调整:①组织均衡施工,实施对计划的全方位控制;②加强动态管理,根据实际情况,及时调整计划,并实施检查制度;③编制施工进度表,划出关键工序,加强过程控制,如超期,及时调整,抢回工期;④在确保工期的前提下,为降低开支,编制用工平衡表,避免劳动力骤增;⑤编制每天的作业计划,发现问题及时解决,确保工程如期甚至提前完成。

（5）材料供应保证措施:①做好用料计划,贯彻执行,保证材料供应能跟得上施工的进度;②及时掌握市场信息,供需方直接洽谈,按进度签订材料供应合同,明确材料进场日期;③加强周转设备管理,按计划及时组织设备的进场和退场,做到堆放整齐,现场无散落。

（6）施工人员、机具和设备保证措施:①选派经验丰富、具备组织与协调能力的项目经理,选好配齐项目管理班子;②施工前期,向施工人员做好技术交底,落实施工工艺,明确施工程序,解决疑难问题;③编制施工机具计划、劳动力使用计划和突发情况应急预案。

（7）施工班组保证措施:①对各施工班组以往业绩作全面了解,在确认为合格后,方可同意其施工;②项目部与各班组签订协议,明确双方责任,根据工期及施工进度、阶段计划表,排出用工计划;③项目部对各施工班组进行工期、技术、质量、安全以及操作工序标准的交底;④施工中,掌握工程动态,确保人员投入量,以保证目标工期。对于不能履约的,进行教育或惩戒。

2.3.11.5　施工机具与材料清单

表 2-24 是某小区居民楼安装太阳能热水系统所需设备、机具和材料的清单。

表 2-24　某小区居民楼安装太阳能热水系统所需设备、机具和材料的清单

序号	名称	规格	备注	每户配备数量
1	集热器	2 000mm×1 000mm×80mm	功率 2 kW,34 kg	2 张板及支架套件 1 套
2	水箱	Φ540mm×1493mm	78 kg,200 L,2.4 kW	1 个
3	泵站	400mm×157mm×300mm	功率 37 W	1 个
4	太阳能智能控制器	104mm×93mm×17.5mm	正规品牌	1 个
5	膨胀罐	12 L	3.2 kg	1 个
6	集热循环管路	Φ15.88mm	紫铜管	根据实际米数

7	循环管路保温	16mm×20mm	橡塑 B1 级	根据实际米数
8	传热介质	12 L	防冻液	12 L
9	线缆	连接电磁阀、水泵、水温水位探头、辅助加热装置的电源线和信号线等		
10	施工机具和材料	垂直吊运机、套丝机、砂轮锯、电锤、冲击钻、电钻、电焊机、电动试压泵、套丝板、管线钳、压力钳、断线钳、剥线钳、活扳手、钢锯、手锤、煨弯器、电气焊/焊条、指南针(可用手机自带的指南针和纬度仪)、钢卷尺、盒尺、直角尺、水平尺、激光测距仪、线坠、量角器、配电箱、弯管器、扩管器、角钢等		

2.3.11.6　施工人员组织管理

太阳能热水工程管理人员,应有扎实的施工技术功底和丰富的组织管理经验。能处理各种矛盾,善于组织、团结和协调各种秉性的人,调动起本项目所有人员的工作积极性。从进场施工到竣工验收的各个阶段,充分发挥每个员工的主观能动性,按期、高质量地完成项目施工任务。人员组成清单见表 2-25。

表 2-25　太阳能热水工程施工人员组成清单

人员职能	人员姓名	主要职责	联系方式	备注
项目负责人	×××	统筹协调	固话/手机号/微信号/QQ/Email	
技术负责人	×××	技术总管	同上	
常驻现场协调主管	×××	施工组织	同上	
联络员	×××	信息传递	同上	
质量管理员	×××	质量控制	同上	
安全督查员	×××	安全保证	同上	
资料员	×××	资料收集	同上	
施工班组长 1	×××	任务分派	同上	每个班组配 4 个施工人员
施工班组长 2	×××	同上	同上	每个班组配 4 个施工人员
施工班组长 3	×××	同上	同上	每个班组配 5 个施工人员
施工班组长 4	×××	同上	同上	每个班组配 5 个施工人员

2.3.11.7　施工技术管理

太阳能热水工程施工管理人员对项目的施工工艺技术,必须有全面深入的了解,领会设计意图,与施工人员进行技术交底,留存交底记录。针对工程特点,向各工段施工人员讲清楚主要施工技术,关键的工艺步骤,交代分项、分部工程的施工操作程序、方法、技术要点、质量标准和施工中的注意事项,做到心中有数,做事目的明确。根据项目的施工方案和图纸,严把工程施工中的技术关,结合当前最新技术和工程需要,在施工中,优化施工方案和图纸,使项目的安装施工工艺更先进、完善。

2.3.11.8　施工安全措施

施工单位必须建立一套行之有效的安全施工管理制度,经常性、有针对性地对施工管理人员和操作人员进行教育和培训,使之牢固树立安全施工和文明作业的意识和习惯。施工单位应有具体、明确的施工安全措施来作为保证,规定如下。

(1)系统抗风能力:①太阳集热器阵列及其支架必须设有足够强度的抗风能力;②储热水箱必须设有足够强度的抗风能力;③系统其他构件受风力影响有可能造成损坏或影响系统正常运行的,都应增设防护措施。

(2)防水防渗漏措施:①集热器阵列支架和水箱基础,破坏屋顶防水层的,必须重做防水;②系统其他构件破坏屋顶防水的,都应重新做防水处理,并应考虑今后防水防渗漏维修的方便性。

(3)防漏电措施:①系统一切有可能漏电的部件,都应有防漏电措施;②系统必须有漏电开关和接地双重保护,并严格遵循相关规范施工。

（4）系统防雷击措施:①在较高建筑物上或四周较空旷的独立建筑物上的太阳能热水系统,应单独做避雷器,系统钢结构支架应与建筑物防雷接地网多点可靠焊接,焊接处做防锈处理;②处在较低建筑物上的太阳能热水系统,钢结构支架应与建筑物防雷接地网多点连接,并做防锈处理。

（5）系统防冻措施:①在结冰地区安装的太阳能热水系统,必须采取恰当的防冻措施。②冬季不使用的太阳能热水系统,可放水排空防冻。集热器和管路要有足够的排水坡度,排水阀安装在较低且方便操作的地方。冬季使用的太阳能热水系统,采用自动排空防冻,应确保系统内的水及时排空、排净;间接系统用防冻液作为循环介质,防冻液通常是乙二醇的水溶液,配比一般是6∶4。③管路室外部分必须采取防冻措施,最低气温低于 -5 ℃ 的地区,用电伴热带包覆防冻;最低气温低于 -25 ℃ 的地区,应采用防冻液防冻。

（6）系统防超压措施:①对于闭路承压太阳能热水系统,必须安装膨胀罐、泄压阀、压力表,压力表应安装在醒目的位置,膨胀罐、安全阀的安装应符合规范要求,并且按设计要求调整;②安全阀泄压压力应由专业人士调定,将其出示的证明文件存档备案。

（7）系统防过热措施:敞口系统通过散热,能自动回到正常运行状态;封闭系统要有过热保护装置。

（8）现场焊接的不锈钢水箱涂刷防腐漆时,应保证水箱内通风,避免施工人员受到伤害。

施工人员在施工过程中应注意如下几点。

（1）入场前,对施工人员进行安全施工和文明作业教育,强调遵守纪律。要求入场人员必须戴好安全帽,穿好工作服,系好安全带。对特殊工种,必须经考试合格,取得资格证书后,方可允许上岗操作。

（2）架设临时电源,电线均应架空,过道须用钢管保护,不得乱拖乱拉,以免电线被车辗物压。

（3）配电箱内电气设备应完整无缺,设有专用漏电保护开关,必须按"一机一闸一漏一箱"要求设置。

（4）所有电动工具,须有二级漏电保护,电线无破损,插头插座应完好无损,严禁将电线直接插入插座内。

（5）各类电动机械和工具应勤加保养,时常擦洗、注油,在使用中如遇停电或暂时离开,必须关电或拔出插头。

（6）使用切割机时,首先检查防护罩是否完整,附近严禁有易燃易爆品,切割机不得代替砂轮磨物,严禁用切割机切割易燃品。

（7）切实抓好施工调查和进度检查工作,发现问题及时协调解决,确保工程按期进行。

（8）在高梯、脚手架上装接循环管路时,必须先检查立足点的牢固性。用管子钳装接管时,要一手按住钳头,一手掌住钳柄,缓缓板撬,不可用双手拿住钳柄,大力板撬,防止齿口打滑失控坠落。

（9）对重点施工工序,如储热水箱、太阳能集热器安装、电控施工等,必须事先详细进行技术交底,明确标准、工期和工序间的配合等,科学地组织施工。

（10）材料间、更衣室不许使用超过 60 W 以上的照明灯,严禁使用碘钨灯和家用电器（包括电炉、电热杯,热得快,电饭煲等）取暖、烧水、烹饪。

（11）加强施工机具的维修保养,实行机具管、用、养、修,严格执行保管负责制,充分利用施工间歇做好维修保养,对易损件在施工现场保有一定的储备量,做到随坏随换,避免和减少停工。

（12）每周进行 1 次全面检查,施工组每天 1 次检查。发现重大安全问题,发布安全告知及整改通知书,及时采取对策,切实将安全问题纳入全面管理中。

2.3.11.9　施工成本控制

1. 施工成本控制方法

（1）加强施工前期施工图纸的"三检"（自检、互检、审批）工作,确保图纸、材料计划的准确性,尽量减小施工中设计变更的可能性。

（2）把好审核关,加强评审力度,做好各项工作的衔接,避免停工、多次材料运输、窝工损失或抢工期增加的成本。

（3）提高工作效率,减少人工工时和劳动力消耗。

（4）严格工程质量管理,减少返工造成的浪费。

（5）尽量预测施工中可能出现的风险,采取预防措施,避免不应该发生的损失。

2. 施工异常费用处理

（1）施工异常费用包括:设计变更;停工待料;因施工方原因导致进场后退场、中途退场;非定额;施工难度费等其他增加费用。

（2）施工中出现异常费用,应及时报工程部,核实后形成书面资料备案(同时报业务主管部门),工程完工后随单据一并上报,竣工后补交的施工异常费用凭据作废,并加以处罚。

（3）施工异常费用必须使用专用表单,填写费用产生的原因及费用承担部门,由相关负责人、当事人签名、盖章方为有效凭据。

（4）施工异常费用发生后的 3 个工作日内,上报施工主管部门并抄送审计部。

2.3.11.10　工程资料与建档管理

1. 工程资料管理

工程资料是指从项目的提出、筹备、立项、勘测、设计、施工到竣工交付等过程中形成的文件材料、图纸、图标、计算材料、声像资料等各种形式的信息总和。从施工准备开始,建立工程档案,汇集、整理工程资料,贯穿于太阳能热水系统施工的全过程,直到竣工验收合格。工程资料和文件必须体现工作责任的真实性和可追溯性。工程资料除了书面记录,还应录入电脑,加密文档,做好备份。做到规范化、标准化、系统化,保证资料完整、清楚、不散失。资料的制作与工程的进度相匹配,不能因为资料滞后而使合同约定的内容无法正常履行,决算没有准确的依据。

2. 工程资料目录

（1）施工必备的资料:①施工图纸(如监理需要蓝图则按要求提供),纸张大小视工程量确定,明晰、清楚;②材料计划单,供施工组(单位)领料、采购及竣工后结算的表单;③用工安排表;④施工说明表;⑤施工计划表。

（2）送监理方的资料:①开工报审表;②开工报告;③施工组织、设计报审表;④施工方案;⑤应急预案;⑥半成品及设备保护措施。

（3）进场时的资料:①(子部、分部)设备及主要材料进场监理检查记录(含开箱记录);②材料、设备、构件的质量合格证明资料、产品说明书等;③图纸会审和设计交底记录等。

（4）施工中涉及的资料:①施工记录(含预检记录、隐蔽工程检查记录、交接检查记录);②施工试验记录(循环管路严密性试验、管路冲洗试验记录、水箱满水试验记录、系统通水试验记录、各类阀门安装调试记录、设备单机试运转记录);③施工质量验收(即工程各分部、分项验收)记录;④其他(设计变更通知单、技术变更核定单、质量事故发生后查证和处理资料、施工日志)。

（5）竣工后必备的资料:①竣工报告;②竣工图纸;③招、投标文件;④施工物资检验单;⑤系统运行使用说明书、保修卡;⑥工程验收单;⑦工程结算单。

3. 工程资料管理办法

（1）进场前,由业务员联系甲方和监理方,资料员与甲方及监理方对接,确定资料内容、要求等;施工中,资料员保持与监理方的对接工作。

（2）如涉及有技术含量的资料,由工程部项目主管协助资料员共同管理。

（3）资料员对工程资料的时效性、完整性和真实性负全责,并与绩效工资挂钩。

2.3.11.11　工程移交与撤离

1. 工程移交

（1）竣工检验合格后,施工方与用户协商,按双方认可的方式进行工程验收。

（2）验收合格的工程,及时移交给用户。工程移交至少包括(但不限于)以下内容:①相关工程技术和运行维护资料;②工程验收情况资料;③电控箱钥匙;④常用的易损配件,如真空管、密封圈、管件等。

（3）移交时,将临时借用的场所打扫清理,达到干净、整洁,不留死角。借用户的物品及时归还,欠用户的各种费用及时结清。做到善始善终,清清白白。

（4）上述事项办完后,由项目负责人填写工程验收移交单,与用户办理工程移交手续,由双方签字、盖章以及第三方签字为准。

2．撤离施工现场

（1）施工队全部撤离时,对清理出的废料分类处理,有用的材料和配件,回收退库;没用的垃圾,按环保相关规定妥善处理。

（2）撤离现场时,应及时、礼貌地通知用户,办理相关手续。

2.3.12　大型太阳能热水系统的运行维护和故障排除

系统运行前,应检查是否符合设计图纸和相关验收标准、规范的要求。先冲洗储热水箱、集热器及循环管路,然后向系统内填充传热介质。基于真空管集热器的太阳能热水系统,应在太阳光照很弱时充填传热介质。系统处于工作状态时,对控制部件和计量装置等进行调试,保证各部件在设计要求的状态下工作。太阳能热水系统投用后,应根据系统的特性和工作情况进行管理和维护,保证能长期稳定工作。

2.3.12.1　大型太阳能热水系统的运行维护

（1）定期排污,防止管路阻塞;定期清洗水箱,保证水质清洁。排污时,在进水正常的条件下,打开排污阀放水,直到排污口流出清水。

（2）定期清除太阳能集热器透明盖板或者真空管上的尘埃、污垢,保持盖板或真空管的清洁,以保证较高的透光率。清洗工作应在清晨或傍晚日照不强、气温较低时进行,以防止集热管被冷水激碎。

（3）每隔半年检查一次平板集热器透明盖板是否损坏,如有破损,应及时更换。

（4）对于真空管集热器,检查真空管的真空度或内玻璃管是否破碎。若真空管的钡—钛吸气剂变黑,表明真空度已下降,需更换真空管。

（5）真空管太阳能集热器除了清洗真空管外,还应同时清洗反射板。

（6）巡检各管路、阀门、电磁阀、连接胶管等有无渗漏现象,如有应及时修复。

（7）太阳能集热器的吸热涂层如有损坏或脱落,应及时修复。所有支架、管路等每年涂刷一次保护漆,以防锈蚀。

（8）绝对防止闷晒。系统停止循环时,集热器的照晒称为闷晒。闷晒会造成集热器内部温度升高,损坏涂层,使箱体保温层变形、玻璃破裂等。

（9）有辅助热源的太阳能热水系统,定期检查辅助热源系统工作正常与否。使用电加热管加热的,使用之前一定要确保漏电保护装置无问题,否则不能使用。对于热泵—太阳能供热系统,检查热泵压缩机和风机工作是否正常,无论哪个部分出现问题都要及时排除故障。

（10）冬季气温低于 0 ℃时,应排空平板集热器内的水。安装有防冻功能的强制循环系统,只需启动防冻系统即可,不必排空系统内的水。

2.3.12.2　集热器阵列的运行维护与保养

（1）绝对禁止真空管集热器空晒和闷晒。若空晒时间较长,上冷水时可能会引起炸管。应停止运行一天,待夜间或第二天清晨日出前上满水。介质流动不畅引起闷晒,闷晒下的集热器,吸热板温度过高会损坏涂层,并且由于温度过高发生变形造成玻璃管破裂,以及损坏密封材料和保温层等。造成闷晒的原因,对于强制循环系统,可能是循环泵工作不正常。因此,维护人员应定期检视太阳能集热系统的温度变化,如有异常,采取相应措施,如在集热器上加盖遮挡物,排除故障后再移去等,避免太阳能集热器在运行中空晒和闷晒。半年至一年,在阴天时擦洗一次真空管,用肥皂水或洗衣粉水擦洗 2 遍,然后用清水冲刷真空管表面及反光板。采用全玻璃或热管真空管型集热器时,冻结一般发生在系统循环管路,特别是严寒地区,要重视防冻问题。对采用水作为传热介质的系统,应在结冰季节到来之前将太阳能集热器排空,停止运行。集热器不能被硬物冲击,多冰雹的地区更要注意天气的变化和天气预报,及时保护。真空管内水温较高,容易结垢,要定期除垢。

（2）全玻璃真空管集热管出现漏水时，可转动集热管，看是否还漏。如果还漏，说明密封胶圈已老化，应在清晨、傍晚或阴天时更换。

（3）真空管集热器阵列中，若有一个真空管破裂，系统就无法运行，此时应立即关闭上水阀门，更换破损的真空管。

2.3.12.3　电气系统常见的故障判断与排除方法

1. 辅助电加热管故障及排除方法

（1）辅助电加热时间过长，主要原因及排除方法：

①电热管的功率不够，应更换更大功率的电热管；

②多根电热管中有一根或几根损坏，应用万用表测量电热管的直流电阻，若电阻无穷大或接近零，说明内部烧断或短路，应更换损坏的电热管；

③交流接触器一相触头烧坏，应更换损坏的触头；

④漏电开关一相触头烧坏，应更换漏电开关。

（2）辅助电加热开启，但水不热，主要原因及排除方法：

①电热管烧坏，应更换电热管；

②交流接触器的吸合线圈烧坏，应更换交流接触器的吸合线圈；

③交流接触器的触点烧坏，应更换交流接触器触点；

④漏电开关的触点烧坏，应更换漏电开关；

⑤温控器失灵，应更换温控器；

⑥保险丝烧断，更换保险丝。

2. 漏电保护开关故障及排除方法

（1）漏电开关不能合闸，主要原因及排除方法：

①漏电开关额定电流过小，应更换额定功率电流大的漏电开关；

②负载端有短路，应用万用表查出短路点，焊接连接好；

③漏电开关烧坏，应更换漏电开关；

④电热管漏电，应更换漏电的电热管；

⑤电加热管内部导线线头脱落或绝缘破损造成裸线碰壳等，应认真检查并做绝缘处理；

⑥漏电开关严重受潮，应做驱潮干燥处理。

（2）漏电开关温升偏高，主要原因及排除方法：

①接线螺钉未压紧或出现松动，应拧紧接线螺钉；

②选用的导线截面积偏小，应换为截面积更大的导线。

（3）漏电开关不通电，主要原因及排除方法：

①导线剥头太短，应重新剥线、接线；

②接线螺钉未压紧或出现松动，应拧紧螺钉。

3. 水泵故障及排除方法

（1）水泵启动不了，主要原因及排除方法：

①电源电压过低，应调整电压；

②电源断电，应查找断电原因，及时恢复供电；

③叶轮卡住，应拆开、清除垃圾，并在转轴处滴加润滑油；

④电缆断裂，应更换电缆线；

⑤电缆线中一相不通，应查找开关出线盒，用万用表检测电缆线；

⑥定子绕组烧坏，应更换绕组线圈。

（2）水泵出水量少，主要原因及排除方法：

①扬程过低，应按扬程使用范围选水泵；

②过滤网阻塞,应清除过滤网杂物或更换新网;

③叶轮转向错误,应调换二相接线;

④叶轮磨损,应更换叶轮;

⑤鼠笼转子断条,应更换转子;

⑥机械密封损坏,应更换机械密封。

(3)水泵定子绕组烧坏及排除方法,主要原因及排除方法:

①接地错误或电源接错相,应重做接地;

②密封盒损坏漏水,匝间或相间短路,应拆开绕组,找出短路点,重新绕线;

③水泵脱水运行时间过长,应暂时停转水泵,检修,锁定故障点;

④水泵超负荷运行,应暂时停转水泵,检修,锁定故障点;

⑤叶轮卡住,应拆开水泵,清理发物,滴加润滑油;

⑥电缆线破损进水,或者绕组受潮,不应擅自维修,应联系厂家或专业人员检修;

⑦水泵开关频繁,不应擅自维修,应联系厂家或专业人员检修;

⑧水泵受雷击,不应擅自维修,应联系厂家或专业人员检修。

4. 电磁阀故障及排除方法

(1)电磁阀不能启动,主要原因及排除方法:

①管路水压过大,应更换与水压一致的电磁阀;

②电磁阀线圈烧坏,应更换电磁阀;

③电磁阀不通电,应认真检查电路,查出断线处,重新焊接;

④控制器失灵,应更换控制器。

(2)电磁阀漏水,主要原因及排除方法:

①连接管接头破裂,应修理或更换损坏接头;

②密封件断裂、变形、老化等,密封作用丧失,应更换损坏的密封件。

5. 控制器无法控制上水及排除方法

可能是电磁阀坏了,或接线没接好及接触不良,应更换电磁阀,重新接线。

若智能控制仪显示"100%"而实际上没水,可参考"水箱里没水显示 100%"情况与故障排除方法。可能是通气孔堵塞,水箱内气体排不出致使上不去水。冬季时,也可能室外管路因电伴热带未开启或者失效而被冻上导致自来水无法进入水箱,或者是自来水压偏低或者停水。

6. 电气控制柜常见故障及排除方法

电气控制柜常见故障及排除方法见表 2-28。

表 2-28　太阳能电气控制柜常见故障及排除方法

故障现象	可能的原因	排除方法
温度显示不稳	控制器接地线松动 传感器屏蔽线接地松动 传感器连线松动 传感器损坏	拧紧接线或更换传感器
电源开关跳闸	系统漏电 电源开关损坏 系统过载	检查电加热管、电源开关和循环泵等,必要时更换
显示屏无显示	无电源或者未接通 熔断器损坏 开关元件损坏 控制器损坏	检查电源或更换部件

2.3.12.4　执行及控制系统的常见故障与解决方法

1. 水泵的运行与维护

1）水泵的运行

在强制循环太阳能热水系统中,水泵是输送水的设备,其平稳运行是正常工作的前提。晴天时,如果泵运行正常,集热器出口管的水温应正常;如泵运行异常,集热器出口水温会升高,此时要停止运行,进行检修。水泵启动前,先充满水,运行时与水接触,水泵的工作条件比较差。对水泵的检查,可分为启动前的检查与准备、启动检查和运行检查3部分。

（1）水泵启动前应检查以下项目。

①水泵轴承的润滑油充足。

②水泵及电机的地脚螺栓与联轴器螺栓无脱落或松动。

③水泵及进水管全部充满水。从手动放气阀放出的水没有气时说明水泵已充满水,在充水过程中要排净空气。

（2）水泵启动后的检查。有些问题在水泵工作后才能发现,例如泵轴（叶轮）的旋转方向要通过启动电机来查看。应检查泵轴的旋转方向是否正确,泵轴的转动是否灵活,运转噪音是否过大等。

（3）运行检查工作是水泵日常运行时,需要值班人员进行的常规检查,主要项目如下。

①电机不能有过高的温升,无异味散发出来。

②轴承温度不得高出周围环境35~40 ℃。

③轴封处、管接头均无漏水现象。

④无异常声音、过大噪声和振动。

⑤地脚螺栓和其他各连接螺栓的螺母无松动。

⑥基础台下的减振装置受力均匀,进出水管的软接头无明显变化。

⑦电流在正常范围内。

⑧压力表指示正常且稳定,无剧烈摆动。

2）水泵的保养和检修

为保证水泵安全、正常运行,还要定期做好以下几方面的保养。

（1）加油:在水泵运行期间,应每月观察一次油位是否在油镜标识的范围内。不够时应及时加油,并且一年清洗换油一次。轴承用润滑脂（俗称黄油）润滑,在水泵使用期内,每工作2 000 h要换油一次。

（2）更换轴封:填料在使用一段时间后会磨损,当发现漏水或漏水滴数超标时,就要考虑是否需要压紧或更换油封。

（3）解体检修:一般每2年对水泵进行一次解体检修,内容包括检查和清洗。清洗需刮去叶轮内外表面的水垢,清洗泵壳的内表面以及轴承。在清洗同时,应对叶轮、密封环、轴承、填料等部件进行检查,以便确定是否需要修理或更换。

（4）除锈刷漆:每年应对水泵表面进行一次除锈刷漆。

水泵常见故障现象与解决方法见表2-29。

表 2-29　水泵常见故障及解决方法

故障	原因分析	解决方法
在运行中突然停止	进水管、口被堵塞	清除堵塞物
	有大量空气吸入	检查进水管、口的严密性和轴封的密封性
	叶轮严重损坏	更换叶轮
泵内声音异常	有空气吸入,发生气蚀	查明原因,杜绝空气吸入
	泵内有固体异物	拆泵清洗

续表

故障	原因分析	解决方法
泵振动	地脚螺栓或各连接螺栓螺母有松动	拧紧
	有空气吸入,发生气蚀	查明原因,杜绝空气吸入
	轴承破损	更换
	叶轮破损	修补或更换
	叶轮局部有堵塞	拆泵清洗

2. 电气控制系统的运行与维护

1)电气控制系统的运行

在太阳能热水系统运行期间,应定期对电气控制系统参数进行检查,并做好记录。数据分为两部分:一部分是监测数据,用于监控系统的工作状态和判断系统运行是否正常;另一部分是为经济效益分析提供依据。

为了确认电气控制系统正常工作,要对集热器进出口的水温、水箱出口水温的变化情况和其他设备的工况及时监测,了解集热器(阵列)是否过热或冰冻,检测设备是否出现故障,便于及时发现问题,及时排除故障隐患。维护、检修人员应定期巡检,发现问题及时处理,处理不了要及时上报,这对于保证太阳能热水系统安全正常运行十分必要。巡回检测的参数包括:①集热器进出口温度,②储热水箱出口温度,③储热水箱出口流量,④水泵、电动阀和电磁阀的开关状态,⑤储热水箱水温、水位,⑥辅助热源系统/设备的工况。

为了分析电气控制系统的工况,应对运行数据进行分析,并把数据绘制成曲线(横坐标为时间,纵坐标为运行参数)。通过运行曲线图,可直观了解太阳能热水系统各设备及整体的运行情况。

2)控制部件和系统的维护保养

太阳能热水系统常用热电阻温度传感器。它用导体或半导体制成的热电阻作为感温元件,利用其电阻值与温度成正比的特性来测温,一般测温范围为测量 $-200\sim850$ ℃,采用三线制接法。为使热电阻免受腐蚀性介质的侵蚀和外来机械损伤,延长使用寿命,热电阻均套有保护套管。热电阻温度传感器的维护保养主要有以下三方面:①定期检查热电阻是否受到外部冲击,因为外部冲击容易使绕有热电阻丝的支架变形,从而导致电阻丝断裂;②定期检查热电阻套管的密封情况,如果套管的密封受到破坏,被测介质中的有害气体或液体会与电阻丝接触,造成腐蚀,致使传感器的损坏或准确度严重下降;③检查热电阻引出线与传感器线的连接情况,如有松动、腐蚀等情况应立即处理。

太阳能热水系统调节器主要是嵌入式微电脑调节器。平时保养应保持显示器、键盘表面清洁,调节器周围的环境温度与相对湿度是否在正常范围内,数据显示是否清晰等。

在太阳能热水系统电气控制系统中,执行器把传感器送来的信号转变成阀门开/关动作。系统使用的执行器通常为电动执行器。执行器的维护保养主要是外观和动作检查。一般应检查外壳有无破损,连线是否损坏、老化,连接点是否松动、腐蚀,执行器与阀门、阀芯的连杆有无锈蚀、弯曲。动作检查是用手动代替伺服电机,采用减速机构对执行器的动作进行检查,通过手动机构的转动检查执行器的动作是否正确。当把执行器从最小转到最大时,看阀门是否从全开变为全关(或相反),运转是否灵活,中间是否有卡顿。阀门不能全开/全关或中间有卡位时,要及时查明原因,予以修复。注意环境温度对执行器的影响。电子元器件,如电阻、电容等对温度有一定的敏感性,它们的数值往往随着温度的变化而变化。

控制系统的维护保养主要包括四个方面。①检查控制仪表指示(或显示)是否正确,其误差是否在允许的范围内,如发现异常,及时处理。②检查微电脑(单片机)对指令的执行情况。为保证指令的正确执行,对控制系统中的有关调节、执行机构及时维护保养,使它们处于可靠运行状态。③检查微电脑电源是否正常。如有故障,系统无法工作。如电压过高、负载过大会造成某些元器件的损坏或烧毁。④正确输入设定值。系统在启动之后、控制之前,将各参数的设定值输入,微电脑进入控制状态;否则,系统一直处于等待状态。如果发现运行参数失控,应先检查输入微电脑的控制参数是否有误。

太阳能热水系统中,传感器时间常数过大是常见问题。以温度传感器为例,由于时间常数过大(热惯性大），其呈现的温度值与真实值有较大差异。传感器时间常数与传感器的保护套管厚薄及结垢有关。当发现读数波动又无其他原因时，检查传感器的沾污以及选型是否合理。若有污染应及时清洗，若选型不合理则要更换时间常数小的传感器，更换时注意其分度号要与原传感器分度号一致。

3. 辅助热源系统的运行与维护

（1）辅助电加热器和电锅炉的运行与维护：首先，初次启动时，电加热器所在装置内必须满水。应排空电加热器内的空气，才能合闸送电。其次，应检查电加热器是否有水垢。检查所有阀门的开闭状态是否正确，检查安全阀是否能正常工作，低水位保护是否正常工作。再次，定期拆下电加热部件，查看结垢或淤积情况。水垢会降低加热元件的寿命以及元件与水之间的热交换能力，可能造成电加热部件过热或烧毁。如必要，应清洁加热部件。松散的粉状水垢可用细的钢丝刷清除；硬的水垢，则用化学药剂溶解。每半年进行一次详细的检查，拆下并清洗电加热器和低水位探头，检查加热部件是否开裂或松动；用万用表测试部件的导电能力。

（2）保险丝维护：通电状态下，用万用表测量保险丝两端的电压。断电状态下，取下保险丝，肉眼观察保险丝是否熔断。如已熔断，则应切断电源，更换同型号的保险丝。如怀疑控制电路发生故障，应参照电路图，用万用表测量各元件，确认各电压正常。如果在某点测不到电压，则更换该元件并继续测量（在需要更换的线上做记号），直到完成整个电路的检测。可能用到的工具包括螺丝刀（十字、一字）、活扳手、尖嘴钳、剥线钳等。

（3）低水位保护及设备维护：用万用表检测设备端子是否带电，检查设备的各部分电压是否正常。在通电状态下，用肉眼观察工作机件（插在继设备底部的长方体）。如果出现故障，可用一字螺丝刀和拔线钳更换。

（4）探棒检查与维护：检查探棒接线，如果怀疑连接导线出现问题，则切断电源用连续光源进行检查。一般用活扳手或套筒扳手拆下探棒进行检查。如果探棒太脏，应用细的金刚砂纸打磨，使之露出金属光泽。

（5）温控器检查：温控器维护通电状态下，检查温控器两端的电压是否正常。未通电的状态下，用连续灯光照明进行检测。如温控器损坏，则用螺丝刀拆下、更换。

（6）导线连接检查：断电状态下，用万用表逐点检查电路，以判断有无断路。如某处断路，可使用的修复工具具有：剥线钳、螺丝刀（十字、一字）、电烙铁、焊锡丝、接头等。修复完毕后，在未通电状态下重新检查电路，合上电源，用万用表检查。

（7）接触器触点检查：如果接触器上有灼烧痕迹或接触面不洁净，用细的金刚砂纸打磨。如果接触面被烧穿，则应更换接触器。如果接触不良，有可能是接触器线圈老化，应更换接触器。可用万用表测量接触器两引脚间的通电电流。未通电状态下，用欧姆表测量两接触面间的电阻，或以肉眼从侧面观察接触情况。用电压表检测通过接触器的电压。如果接触器需要更换，应先在连接导线上做好标记后，再更换接触器。

（8）电加热元件检查：在未通电状态下，用欧姆表检测加热元件是否损坏。在通电状态下，用电压表检查加热元件上各点间的电压，确定元件是否损坏。如果元件已损坏，应更换，在更换元件时应同时更换垫圈及密封圈。检查各元件的电压降和电流是否正常。

辅助电加热装置常见故障及排除方法，见表2-30。

表 2-30　辅助电加热装置常见故障及排除方法

故障	原因	排除/修理方法
控制电路失灵	保险丝	如果主线路保险丝熔断,切断电源并更换保险丝
	电压	按照接线图测量各级电路是否通电,如果某一点不能测到电压,应更换元件后继续测量
	控制开关	检查接线板上的所有接线是否松动或腐蚀,如有必要应更换接线,然后检查开关的开闭情况
	低水位安全级设备	用万用表检测端子上是否有电,继续检查该级设备的各部分电压是否正常;在通电状态下,观察工作部件,如果出现故障,应更换
	探棒腐蚀	检查并确认所有探棒的接线是否正确,如果导线放置位置不合理,应关闭电源并用连续光线检查,调整导线位置;如果探棒太脏,应用细的金刚砂纸清洁
	程序控制器	检查输出保险丝是否熔断,如熔断应更换;检查状态指示灯以确定哪个模块出现问题,如有必要应更换
控制电路失灵	加热元件温控器	如供电正常,检查温控器两端的电压是否正常,在未通电状态下,用连续灯光照明进行检测,如损坏应更换
	温控器	在通电状态下,检查温控器两端的电压,如损坏应更换
主电源电路	保险丝	如果保险丝熔断,应切断电源并更换保险丝
	电压	按照接线图测量各级电路是否通电,如果某一点不能测到电压,应更换元件后继续测量
	接线	切断电源,逐点检查电路是否断路。如果发现断路,应进行维修,通电后用安培表检测
	导线烧毁或坏掉	切断电源,逐点检查电路是否断路。如果发现断路应进行维修,通电后用安培表检测,确保使用的导线有足够的导电容量
	接触器触点	如果触点烧坏或太脏,应用精细的金刚砂纸清洁,如有必要,应更换。如果不能完全吸合,可能是线圈感应能力下降,应更换线圈
	元件短路或开路	通电情况下,用电压表检查电热元件两端是否有电压降;如果电热元件被烧坏,应更换
低水位	给水	检查并确认给水未被切断且通往电加热装置的循环管路上无障碍物
	系统有泄漏	检查所有管路

2.3.12.5　循环管路、水箱和附件的维护保养

1. 循环管路的维护保养

（1）检查管路保温层和表面防潮层是否有破损或脱落,防止出现热桥和结露、滴水。

（2）保证循环管路内没有空气,热水可正常输送到各个用水点。

（3）对循环管路除垢,定期冲洗,防止沉积物及锈垢堵塞管路。

循环管路常见故障与解决方法,见表 2-31。

表 2-31　循环管路系统的常见故障与解决方法

问题	原因	解决方法
漏水	丝扣连接处拧得不够紧	拧紧
	丝扣连接所用的填料不够	在渗漏处涂抹憎水性密封胶或者重新加填料连接
	法兰连接处不严密	拧紧螺栓或者更换橡胶垫
	循环管路腐蚀漏水	补焊或者更换新循环管路
保温层受潮或者滴水	被保温循环管路漏水	参见上述方法,先解决漏水问题,再更换保温层
	保温层或者防潮层受潮	受潮和含水部分全部更换
阀门漏水或者产生冷凝水	阀杆或者螺纹、螺母磨损	更换
	无保温或者保温不完整、破损	进行保温或修补完整

2. 水箱的维护

水箱的维护主要是检查保温的密封性,是指保温层形成一个密封的整体,无缝隙和孔眼。如果发现密封

损坏,及时修补。储热水箱内水温高,有些地区水质硬,易结水垢,长时间使用后会影响保温效果,一般 2~3 年除垢一次。

3.附件的维护

管路的主要附件是阀门和支撑构件。阀门分为闸阀、蝶阀、截止阀、止回阀(逆止阀)、平衡阀、电磁阀、电动调节阀、排气阀和安全阀等。必须保证阀门启闭可靠、调节有效、不漏水、不滴水、不锈蚀,定期维护保养应做好以下几项工作:

(1)保持阀门的清洁;

(2)阀杆螺纹部分应涂抹黄油以减少磨损;

(3)经常调节或启闭的阀门,定期转动手轮或者手柄,以防锈死;

(4)自动动作的阀门(如止回阀和自动排气阀),检查其动作是否失灵,有问题及时修理和更换;

(5)电力驱动的阀门(如电磁阀和电动阀),除阀体外,应特别注意对电控元器件和线路的维护保养;

(6)不能用阀门来支撑重物,严禁操作或检修时站在阀门上,以免损坏阀门或者影响阀门的性能。

管路系统的支撑构件包括支吊架和管箍等,在长期运行中会出现断裂、变形、松动、脱落和锈蚀。维护应针对具体情况采取相应的措施,如更换、补加、重新加固、补刷油漆等。

阀门常见故障分析及解决方法,见表 2-32。

表 2-32　阀门常见故障及解决方法

问题	原因	解决方法
阀门关不严	阀芯与阀座之间有杂物	清除
	阀芯与阀座密封面磨损或者损坏	研磨密封面或者更换损坏部分
阀门与阀盖间有渗漏	阀盖旋压不紧	旋压紧
	阀体与阀盖间的垫片过薄或者损坏	加厚或者更换
	法兰连接的螺栓松紧不一	均匀拧紧
止回阀阀芯不能开启	阀座与阀芯粘住	清除水垢
	阀芯转轴锈住	清除铁锈,使之活动
电磁阀通电后阀门不开启	电压过低	查明原因,提高至规定值
	线圈短路或烧毁	检修、更换
	动铁芯卡住	查明原因,恢复正常
电磁阀断电后阀门不关闭	动铁芯或弹簧卡住	查明原因,恢复正常
	剩磁的力量吸住动铁芯	去磁或更换新材质的铁芯或更换新阀

大型太阳能热水系统的常见故障与排除方法,见表 2-33。

表 2-33　大型太阳能热水系统的故障原因与排除方法

故障表现	原因	排除方法
日照较好时,系统内无渗漏,手摸集热管/盖板烫手,但系统不出热水	循环管路堵塞	疏通或更换管路
	上下循环管严重反坡	准确测量上下循环管长度,去除反坡;调整集热器,使上循环管侧略高于下循环管侧
	集热器斜置,下循环管侧高于上循环管侧,形成气阻,造成系统不循环	
	热水箱内水位低于上循环管口,使系统不能形成循环回路	调整水位至上循环管以上,若使用落水式或浮球取水,用水后一定要及时将水上满

续表

故障表现	原因	排除方法
日照较好时,手摸集热管/盖板不烫手,上下循环管路有温差	集热器南、偏东或偏西三个方向遮阴;集热器没有面向正南,偏东或偏西角度过大	重新选择安装位置和朝向,避免遮阴和方向偏移过大
	储热水箱与集热器面积不匹配,水箱容量过大	增加集热面积,使之与水箱容量匹配
	有串水,即冷、热水管内的水互相流通,这是由于冷、热水水压不同,冷、热水混合后加闸阀使之无出口而相互串通。串水现象一般多在室内管路,特别是与煤气热水器或电热水器混接的管路	找出具体的串水原因和位置后排除
	系统有滴漏现象	修复滴漏处,消除滴漏
	上下循环管有不严重的反坡现象	重新安装循环管,消除反坡
	集热器翼管伸进集管过长	更换集热器
储热水箱内有热水,但放不出来	开口水箱顶水法取水,水源水压不够,冷水无法补充	增设高位水箱,增加水压
	密闭水箱虹吸式取水,由于水温升高,水蒸发或由于管路接口处密封不严,水箱负压吸进空气,形成水箱气阻	打开排气口,排出水箱内气体,将水箱灌满水
天气晴朗,白天有热水,到晚上水不热	储热水箱保温层损坏,特别是用珍珠岩保温的老式水箱,珍珠岩吸水后不但不保温,反而会吸热	修复或更换储热水箱保温层
日照较好时,热水产量小、水温较低、系统热效率低	集热器阵列连接方式不合理,造成阻力不平衡,流量分布不均匀	如是并联组合,并联的集热器不能太多;若采用混联组合,须"等程"处理,使各集热器沿程水阻接近,避免某些集热器因管路长、水阻大而被管路短、水阻小的集热器"短路"。在强制循环或定温放水系统中,为保证各组集热器流量均衡,可在每组集热器的进出水口加装调节阀来调节流量,为保证调节准确,可在调节阀门前加装监测水表
	系统循环不畅,系统设计不合理	在太阳热水系统中,为了有利于热水的升浮,上循环管要有一定的爬升坡度。但有些情况下,容易忽视下循环管也要有下降坡度。循环管路还必须避免锐角弯和过多的直角弯。此外,系统循环管路的口径与系统的容量大小要成比例,在选择时尽量选择粗一些的管路
	强制循环或直流式系统温度控制系统调整不当、电气控制设备或水泵损坏造成系统不循环或循环不畅	排除水泵或电气控制系统故障,重新设置或调整温控系统

2.4　太阳能热水工程设计

2.4.1　太阳能热水系统组成设备、附件和相关参量

2.4.1.1　简述

　　太阳能热水系统由集热器阵列、循环管路、储热水箱、水泵、智能控制系统、监控系统、辅助热源和其他零部(配)件组成。以下简要介绍真空管集热器太阳能热水系统组成设备的相关参量。

2.4.1.2　主要组成设备与相关参数

　　太阳能热水系统组成设备主要包括真空管集热器阵列、循环管路、储热水箱、电气控制与远程监控、辅助热源系统等,各自的技术参数类型如下。

　　(1)真空管集热器阵列:真空管支数,真空管的阳光吸收涂层(材质和厚度等)、直径和长度,真空管间距,联箱阻力,集热器容水量,集热器放置朝向和倾角,集热器之间的连接方式。

　　(2)循环管路:管路的材质,循环管路的直径(外径和内径),循环管路接头的连接形式,循环管路的坡

度、走向,管件和附件。

（3）储热水箱:储热水箱的材质、厚度、形状和容积,换热盘管的管径、长度、串并联方式及安装位置,内部的工作压力和温度,保温做法、材料及保温层厚度,水箱各进出水管口的位置、孔径和焊接方式。

（4）管件泵阀:水泵数量、安装位置、流量和扬程,膨胀罐安装位置、容积及工作压力,电磁阀、电动阀和普通阀门的规格、型号和安装位置,温度、压力、流量监测点的选择。

（5）电气控制与远程监控:单片机/PLC/计算机、上位机和云端、控制软件、通信网络和通信协议、远程监控解决方案。

（6）辅助热源系统:电热管的参数、电锅炉组成及参数、燃气/燃煤锅炉结构及其参数、热泵机组及参数。

2.4.1.3　直接式和间接式太阳能热水系统

直接式和间接式太阳能热水系统是按照储热水箱中有无换热器划分的。介质和用水分开,通过换热器进行热量交换而无质量交换的为间接式系统;介质和生活用水混合,同时传递质量和热量的为直接式系统。直接式系统的储热水箱没有换热器,结构简单,集热器和水箱中的介质是水。图 2-65 是以热泵为辅助热源的直接式太阳能热水系统图。

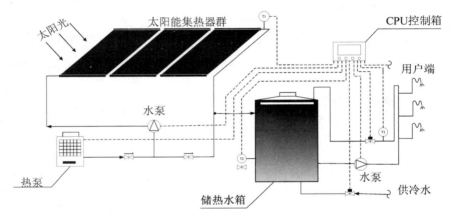

图 2-65　以热泵为辅热的直接式太阳能热水系统图

间接式太阳能热水系统有换热器,集热器和水箱循环的介质不同,压力也不同。循环介质为防冻液,自成系统,通过换热器将热量传给水箱里的水。

2.4.1.4　太阳能集热器的串并联

通过联集管将集热器串并联可以一定的方式组成太阳能集热系统。一般大型太阳能热水工程中,多采用集热器混联增大集热面积,从太阳辐射获得更多热量,产生更多热水。图 2-66、2-67 和 2-68 分别是串联、并联和混联集热器阵列的太阳能热水系统图。

2.4.1.5　系统储热

在太阳能热水系统中,水箱储存太阳能集热器产生的热水。对液体(特别是水)进行储热,水是各种储热介质中最成熟和应用最普遍的。液体介质除有较大的比热外,还有较高的沸点和较低的蒸气压,前者避免相变(变为气态),后者减小对水箱的压力。在低温液态蓄热介质中,水的性能最好,因而也是最常用的。

1. 水作为储热介质的优缺点

水作储热介质的优势体现在五个方面:①性质稳定,使用技术最成熟;②可以兼作蓄热和传热介质,在直接系统内免用热交换器;③传热及流体特性好,在介质中,比热最大,热膨胀系数较小,黏滞性小,适合于自然循环和强制循环;④液态/气态平衡时的温度 — 压力关系适用于平板太阳能集热器;⑤ 来源丰富,价格低廉。但它也存在一定的缺陷:①水中溶解的氧容易锈蚀金属,水对于大部分气体都是溶剂,对容器和管路的腐蚀是需要克服的问题;②水结冰时,体积膨胀较大(约 10% 左右),可能会胀坏存水容器和管路;③在中温以上(超过 100 ℃),它的蒸汽压随温度的升高而指数增大,用水储热,温度和压力都不能超过其临界点

（373.0 ℃，22.05 MPa）。就成本而言,储热温度为 300 ℃时的成本比储热温度为 200 ℃时的成本要高出 2.75 倍。用水作为蓄热介质,可用不锈钢、搪瓷、塑料、铝合金、铜、铁、钢筋水泥、木材等材质制作储热容器,其形状可以是圆柱形、箱形和球形等,但应注意,所用的材料须抗腐蚀和耐用。例如选用水泥和木材作为储热容器材料时,就必须考虑其热膨胀性,防止因长久使用产生裂缝而漏水。储热水箱在给建筑物供应热水、供暖以及在空调系统中作为一个部件使用时,被用于调节能源与能耗之间的不平衡,以提高系统的热利用效率以及满足热负荷的需要。

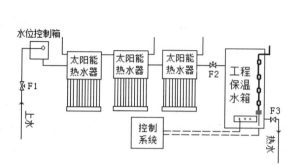

图 2-66　串联集热器太阳能热水系统图

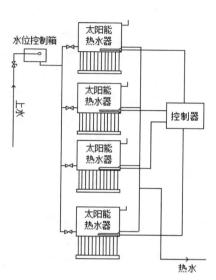

图 2-67　并联集热器太阳能热水系统图

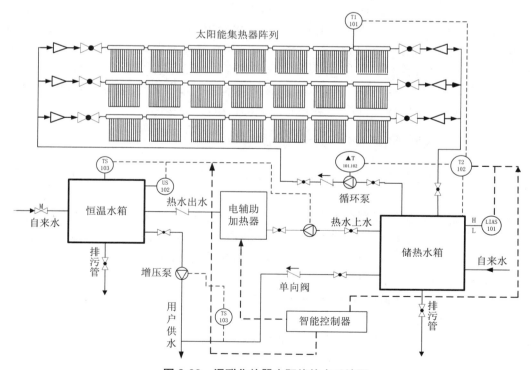

图 2-68　混联集热器太阳能热水系统图

2. 储热水箱的基本特性

根据储热水箱的热特性、压力状态（敞开式和封闭式）、水箱数多少（单箱和联箱）、安装方式（立式、纵式、卧式或横式）、结构、材质以及用途等的不同,可以分为各种不同的类型。下面就前两者重点介绍。

1）水箱的分类

按照储热水箱的承压状态，分为敞开式和封闭式两类。在通常的大气压下，水箱采取何种形式为宜，视用户的要求和实际情况而定。

敞开式水箱与大气相通，承压较小，容易受杂质和细菌污染，也易受酸性腐蚀，且氧气溶于水，对容器的耐腐蚀性要求较高。一般多用于大型太阳能热水系统。

封闭式水箱没有任何部分和大气相通，管路盛有热水，热水管路上应设置膨胀罐，以免将储热水箱胀坏。其优点是配管系统简单，所需水泵的扬程较小，循环泵能耗较少；其缺点是要求承受的静压力比较大，对储热水箱的耐压性要求比较高，而耐压容器的设备费用较高，一般多用于小型太阳能热水系统。

在工程实践中，建筑物的供热水系统和储热水箱（与自然循环热水系统配套使用）大都是敞开式的。此外，利用基础梁的空间作为储热水箱以及使用混凝土制作的单独储热水箱也是敞开式的。相反，当系统运行温度在 100 ℃以上时，除非采用特殊的传热介质，所用储热水箱必须是封闭的。此外，放置在地面上的强制循环热水系统的储热水箱也大都是封闭式的。

有关储热水箱的材质，敞开式的多用镀锌钢板、不锈钢和玻璃钢等，而封闭式的则多用搪瓷、不锈钢和玻璃钢等。储热水箱的外形，多采用圆筒形或方形，易于加工和封闭，热性能较好，形成的死水区较小，有较好的耐压性（在内压相同的情况下，作用在圆筒壁上的张力与半径成正比）。

2）动态特性

储热水箱的热动态特性参数包括以下几个：①水箱内死水区域的大小；②由水箱内不同温度的水的混合程度所确定的混合特性 M 值的大小；③储热材料内部的温度梯度；④热交换器的热容量；⑤与储热水箱连接的管路的热容量；⑥与储热水箱接触的周围环境的热容量（适用于埋在地下的储热水箱）。注意：对于水作为蓄热介质的储热水箱，不必使用热交换器，故可不考虑③、④两项。

影响储热水箱热动态特性的因素有四个方面。①水箱内流体的混合状况。在贮热水箱中，水流有可能形成非完全活塞流，不仅不能充分地储热，也会使储存的热量得不到充分利用。②水箱的结构和循环水量。是指水箱内隔板的数量和配置方式、连通管的数量、管径和安放位置，还有箱的形状和循环水量等。③失热和得热。水箱本身的结构关系到失热和得热。为削平瞬时用热高峰而设置的短期储热水箱，如果埋于地下又采取隔热措施，对其热动态特性更为有利，因为土壤具有较大的热容量，能起到较好的储热作用。④储热温度和取热温度。储热温度是指储热终了时水箱内的平均水温。取热温度，是指从水箱内取热时的出口水温。热量能否充分地被利用以及整个储热水箱运行时间的长短，都与这两个温度的设置相关。

2.4.2 太阳能集热器阵列朝向与倾角的确定

确定集热器阵列朝向与倾角的原则是使得到的太阳辐射能最大。理论上，当采光面与太阳光线垂直时，得到的太阳辐射能最大。

对于跟踪式太阳能集热器，可通过自动跟踪机构，控制集热器的采光面与太阳光线垂直。但跟踪装置复杂，成本较高，一般采用固定朝向与倾角。对于固定式集热器，为了得到最大的太阳辐射量，应使当地正午的太阳光线与集热器的采光面垂直。因此，对于在北半球使用的集热器，应朝正南放置。

早上气温低，太阳光照不强，中午到下午 14：00 气温高，光照较强，所以将集热器正南偏西 5°放置，使集热器在下午能获得更多的太阳能，见图 2-69。

当太阳光与集热器的采光面垂直时，集热器倾角 θ 与当地纬度角 φ 以及太阳赤纬角 δ 有如下关系：

$$\theta = \varphi - \delta$$

（1）当全年使用时，可认为全年的平均赤纬角 δ 为 0°，$\theta = \varphi - \delta = \varphi$；

（2）主要夏季使用时，可认为该期间的平均赤纬角

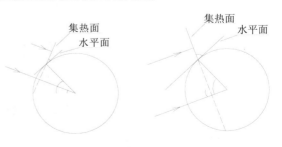

图 2-69 太阳能集热器阵列倾角示意图

为 10°，$\theta=\varphi-\delta=\varphi-10°$；

（3）主要冬季使用时，可认为该期间的平均赤纬角为 $-10°$，$\theta=\varphi-\delta=\varphi+10°$。

真空管集热器南北竖放时，如有太阳自动跟踪功能，在相邻两支真空管不发生光线遮挡时，无论太阳在东、西任何位置，有效采光面积都一样。但当 Ω 大于临界夹角 Ω_0 时，相邻的真空管之间会产生光线遮挡。如果真空管集热器南北竖放时，不具有季节自动跟踪功能，集热器的倾角仍应按上述结论确定。

真空管集热器东西横放时，具有季节自动跟踪功能，无论太阳是在南、北回归线之间任何位置，有效采光面积都一样。但为了保证在全年时间内，相邻两支真空管不发生光线遮挡，集热器的倾角应满足下列条件：

$$\varphi-|\Omega_0|+23°\ 26' \leqslant \theta \leqslant \varphi+|\Omega_0|-23°\ 26' \tag{2-3}$$

式中：$23°\ 26'$ 为太阳直射南北回归线时的赤纬角的绝对值；Ω_0 为相邻的真空管之间产生光线遮挡的临界夹角；Ω 为太阳光入射线在集热器横截面上的投影与真空管法线方向的夹角。当 Ω 大于临界夹角 Ω_0 时，相邻的真空管之间产生光线遮挡。

Ω_0 的计算公式为：

$$|\Omega_0|=\arccos[(D_1+D_2)/2B] \tag{2-4}$$

式中：D_1 和 D_2 分别为真空管内、外管的直径，如 $D_1=38\ \text{mm}$，$D_2=49\ \text{mm}$；B 是相邻两支真空管之间的中心距，各个量的含义见图 2-70。

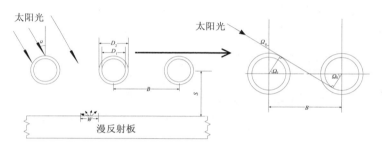

图 2-70　太阳能集热器倾角示意图

假设 $B=137\ \text{mm}$，代入式（2-3），有：

$$|\Omega_0| = \arccos\frac{38+49}{2\times137} = 71.49°$$

以上关于集热器倾角的讨论，没有考虑各地不同季节天气的影响。实际上，不同地方在不同季节的实际太阳辐照量是不同的。

（1）某一地方在某一季节，雨季偏多，太阳辐射量很少，此时段内，即使太阳光与集热器采光面垂直，也得不到很多的太阳能；而在另一季节，天气经常晴朗，太阳辐射量相对较多，此时段内，即使太阳光线与集热器采光面不垂直，也会得到较多太阳能。

（2）在太阳辐射较强的季节，热水过剩，而太阳辐射较少的季节，热水不足。应根据不同地区的具体情况，设计和制造规格不同的真空管集热器，让太阳辐射较少的季节尽可能多地吸收太阳能。

确定集热器倾角要综合考虑当地各时段的太阳辐照量和用户热水需求量等因素，在满足使用需求的前提下，定出整个使用期内可得到最大太阳辐射量的集热器倾角值，在安装前实地验证。

2.4.3　太阳能集热器面积的确定

2.4.3.1　理论依据

集热器面积的大小，根据用户所需热水量来确定。在不考虑投资和场地等因素时，太阳能热水系统得到的有用能量应等于用户所需要的热负荷能量。依据《太阳热水系统设计、安装及工程验收技术规范（GB 18713—2002）》，太阳能集热器采光面积的计算公式为：

$$A_c = \frac{fMC_W(t_{end}-t_i)}{J_T h_{cd}(1-h_L)} \tag{2-5}$$

在式中：A_c 为系统集热器采光面积，m^2；f 为太阳能保证率，%，是指太阳能集热系统来自太阳辐射的有效得热与热负荷之比，根据系统使用期内的太阳辐照、系统经济性及用户要求等因素综合考虑，通常为 65%~75%；M 为日均用水量，如 200 kg、300 kg 或 500 kg 等；C_W 为水的定压比热，kJ/(kg·℃)，随温度变化，常温下一般选用 4.187 kJ/(kg·℃)；t_{end} 为储热水箱内水的设计温度，℃，可选 50~75 ℃；t_i 为水的初始温度，℃，按照当地平均水温选取；J_T 为当地集热器采光面上的年平均日太阳辐照量，kJ/m^2；h_{cd} 为集热器的年平均集热效率，无量纲，一般小于 0.85；h_L 为储热水箱和循环管路的热损失率，无量纲，一般选择 20%~30%。

从使用效果和投资两方面考虑集热面积：①全年使用时，以满足春秋季使用为原则；②季节性使用时，以满足季节使用为原则。

根据实际现场，确定太阳能集热器的摆放。当摆放场地受限时，以现场允许的摆放面积作为设计面积，不足部分，由辅助热源补充。以投资能力确定系统集热器面积，资金不足时，以资金确定系统规模。可以将工程分成一期二期来考虑，以解决资金问题。

2.4.3.2　注意事项

（1）注意不同太阳能集热器的集热效率不同。

（2）清除灰尘，集热效率一般在 90%~98%。

（3）减少循环管路和水箱散热，集热效率在 90%~95%。

（4）改进辅助加热方式，间接系统的集热效率在 90%~95%。

（5）优化系统运行方式，自然循环和直流系统比强制循环系统的平均热效率高 3%~5%。

2.4.4　太阳能热水工程施工组织设计示例

2.4.4.1　施工组织设计编制的依据、编制原则和引用标准

施工组织设计编制的依据是居民楼施工图纸以及国家有关的施工规范、标准图集、质量评定标准、工业标准和当地政府的有关规定。

编制基本原则包括如下八个方面。

（1）落实国家及地方政府对工程建设的各项政策，严格遵循工程建设程序；

（2）遵循太阳能工程施工工艺及技术规范，坚持合理的施工程序和工法；

（3）采用流水施工法、工程网络计划技术和其他现代管理方法，组织有节奏、均衡和连续施工；

（4）科学地安排各阶段施工项目，保证施工的均衡性和连续性；

（5）采用先进施工技术，科学地确定施工方案，严控工程质量，确保安全施工，努力缩短工期，降低工程成本；

（6）了解影响施工的各种因素和本工程的特点，尽量减少施工设施，合理储存物资，减少物资运输量，科学规划施工平面，减少施工用地；

（7）严格按照施工质量管理体系，确保工程保质保量如期完工；

（8）按照公司质量方针组织施工，按优质工程目标进行管理，确保工程达到规定的验收标准。

施工组织设计一般引用如下标准：

（1）《太阳能热利用术语（GB/T 12936—2007）》；

（2）《玻璃—金属封接式热管真空太阳集热管（GB/T 19775—2005）》；

（3）《太阳能集热器热性能试验方法（GB/T 4271—2007）》；

（4）《生活饮用水输配水设备及防护材料的安全性评价标准（GB/T 17219—1998）》；

（5）《民用建筑太阳能热水系统应用技术标准（GB 50364—2018）》；

（6）《太阳热水系统设计、安装及工程验收技术规范（GB/T 18713—2002）》；

（7）《太阳热水系统性能评定规范（GB/T 20095—2006）》；

（8）《民用建筑电气设计标准（GB 51348—2019）》；

（9）《全国民用建筑工程设计技术措施——节能专篇（2007）　给水排水》；

（10）《真空管型太阳能集热器（GB/T 17581—2007）》；

（11）《太阳能热水器吸热体、连接管及其配件所用弹性材料的评价方法（GB/T 15513—1995）》；

（12）《全玻璃热管真空太阳集热管（GB/T 26975—2011）》；

（13）《全玻璃真空太阳集热管用玻璃管（GB/T 29159—2012）》；

（14）《水泵流量的测定方法（GB/T 3214—2007）》；

（15）《泵的噪声测量与评价方法（GB/T 29529—2013）》；

（16）《采暖通风与空气调节设计规范（GB 50019—2003）》；

（17）《建筑电气工程施工质量验收规范（GB 50303—2015）》；

（18）《建筑物防雷设计规范（GB 50057—2010）》；

（19）《家用太阳热水系统热性能试验方法（GB/T 18708—2002）》；

（20）《设备及管道绝热技术通则（GB/T 4272—2008）》；

（21）《不锈钢卡压式管件组件　第 2 部分：连接用薄壁不锈钢管（GB/T 19228.2—2011）》；

（22）《不锈钢卡压式管件组件　第 1 部分：卡压式管件（GB/T 19228.1—2011）》；

（23）《建筑给水排水及采暖工程施工质量验收规范（GB 50242—2002）》；

（24）《风机、压缩机、泵安装工程施工及验收规范（GB 50275—2010）》；

（25）《工业设备及管道绝热工程施工规范（GB 50126—2008）》；

（26）《工业金属管道工程施工规范（GB 50235—2010）》；

（27）《不锈钢卡压式管件组件　第 3 部分：O 形橡胶密封圈（GB/T 19228.3—2012）》；

（28）《流体输送用不锈钢焊接钢管（GB/T 12771—2019）》；

（29）《无缝铜水管和铜气管（GB/T 18033—2017）》；

（30）《平板型太阳能集热器（GB/T 6424—2007）》；

（31）《铜管接头　第 1 部分：钎焊式管件（GB/T 11618.1—2008）》；

（32）《铜管接头　第 2 部分：卡压式管件（GB/T 11618.2—2008）》；

（33）《施工现场临时用电安全技术规范（JGJ 46—2005）》；

（34）《建筑机械使用安全技术规程（JGJ 33—2012）》；

（35）《家用太阳能热水系统控制器（GB/T 23888—2009）》；

（36）《电气装置安装工程接地装置施工及验收规范（GB 50169—2016）》；

（37）《电气装置安装工程母线装置施工及验收规范（GB 50149—2010）》。

2.4.4.2　施工目标

（1）工程质量：确保本工程质量达到优良标准。

（2）工程进度：确保满足整体施工进度要求。

（3）工程安全：确保符合安全达标工地要求。

（4）文明作业：确保达到文明工地的要求。

（5）协调配合：协调好内外关系，发挥企业优势，与其他施工单位互相支持与配合。

2.4.4.3　工程方案设计

太阳能热水工程施工要求系统具有高度的安全性、可靠性和稳定性以及整体美观、方便实用和维护便利。案例项目将对太阳能热水系统进行人性化设计，将其建成标准化、智能化系统。要求认真研读太阳能热水工程采购、施工总承包文件，结合承建人的施工进度计划安排，制定施工组织设计方案。

1. 工程概况

山东滨州地处中纬度，属暖温带亚湿润季风气候，年平均气温 12.5 ℃，气温最高月为 7 月，平均 31.3 ℃；气温最低月为 1 月，平均 7.8 ℃。全年日照时数为 3 183 小时。春秋两季光照柔和，少雨雪天气。要求对太阳能系统、循环管路、水箱、循环泵、保温等自行设计、采购、施工。整个工程计划工期为：

（1）预计开工日期：甲方签发开工报告 5 日内；

（2）预计试运行日期：签发开工报告 90 天内；

（3）预计工程竣工日期：签发开工报告100天内；

（4）工期总日历天数：100天；

（5）竣工验收时间：竣工后10个工作日内完成工程验收；

（6）工程质量目标：确保验收达到国家验收优良标准。

2. 施工条件

（1）施工图纸和有关技术文件齐全；

（2）工程所需的主要材料、机具准备齐全；

（3）发包方提供必要的堆放材料场地。

3. 工程总体部署

根据合同约定，本项目为包工、包料、包质量、包安装、包造价、包工期、包安全施工、包文明管理的一揽子承包方式。项目施工管理方案和措施依照国家相关规定和项目的实际来制定。根据居民楼太阳能热水工程的相关要求、工期进度及工作性质，本方案将居民楼太阳能热水工程管理分为优化系统设计、施工前准备、设备的安装与调试及试运行与验收移交。

根据发包人及监理要求及相关行业规范，结合公司的施工经验，将原设计图纸细化并根据实际情况提出建设性方案，绘制出符合实际的施工蓝图，作为施工的基本依据。安装公司将在7天内完成系统的优化设计，由有经验的工程师参与。

在完成优化设计后，做好项目施工前的各项准备工作，采购所需的设备、机具和材料，组建项目部，配齐人员，办好各项相关施工手续。安排施工人员进场，熟悉现场情况。注意做好现场施工的各项管理措施，严把工程质量关，保证按期交出合格的"产品"。同时要认真做好以下工作。

（1）实行项目工程例会制度。保证系统在分工交接点上能配合，确保各系统按正确的程序施工。

（2）建立项目系统设计变更及其他各类资料管理档案并审定相关的变更图纸。

（3）每周向发包人和监理方提交工程施工进度报告。提前一周向发包人和监理提交系统设备安装及调试所需要的测试工作计划和方案及施工条件报告。按监理方要求，认真做好材料及设备的选样送审和报验工作。协调好本项目与发包人以及监理的关系，确保本工程按工期进度计划施工。

4. 工程项目管理

项目管理是工程实施成功、确保施工进度及工程质量的关键因素之一。根据太阳能热水工程的具体情况，结合承建公司的施工管理经验，项目部在施工中应从以下几个方面做好协调管理工作。

（1）人员管理。太阳能热水工程的管理人员须有丰富的工程组织协调及管理经验；能化解各种矛盾，善于团结各类人员一起做事，从进场施工到系统验收，充分发挥每个员工的主动性和积极性，高质量地完成项目施工任务。

（2）技术管理。太阳能热水工程项目部对施工技术作全面深入的了解，根据施工方案和图纸，严把施工技术关，结合各设备的现状，在各环节中优化施工工艺，使系统的相关技术更加先进、完善。

（3）施工计划与进度管理。太阳能热水工程施工中，每项任务实施时，首先编制施工计划，包括各阶段任务的划分、各阶段的任务内容与责任、施工进度安排和应采取的各类措施等。根据总体进度要求，制定月、周、日工作目标；为保施工质量，可实施必要的强制手段。

（4）施工工艺管理。太阳能热水工程施工中，严格按国家制定的有关标准和规范以及招标人、监理提出的相关工艺要求施工；施工中安排专人对各施工工艺随时检查与监督，及时纠正施工中不符合要求的地方。

（5）施工流程管理。按照施工工序，兼顾发包人和监理的有关要求，管理和控制施工流程，制定出一套适合项目实际情况的、科学的、可行的管理模式。

（6）阶段性验收。为确保太阳能热水工程的质量，在施工中配合项目监理认真做好阶段性验收工作。根据系统的特点把其分成几个不同的施工阶段，前一阶段任务完成并经验收合格后，才可进入下一阶段施工。把施工中的不合格问题在早期及时整改好，不积压问题，保证后续工程顺利施工，以确保系统的整体施工质量。

（7）工程变更管理。对项目任一阶段发生设备与图纸不符而导致施工方案的更改都要有效监控，对合同、施工计划、文档的修改都应履行相应的审批手续,对于更改后的事项,经验证无误后方可实施。

（8）成品保护管理。项目部将对本项目各阶段性成品进行管理,防止人为破坏;技术上采取必要的措施,制度上制定严格的规定,做好成品的保护,以确保各阶段成品的安全。

（9）安全施工和文明作业管理。安全施工与文明作业是顺利完工的保障,根据不同工序,贯彻相应的操作规范,依据具体情况,制定出合适的措施;施工中将严格执行规章制度,明确物料的堆放要求,制定严格的奖惩制度并认真落实。

（10）仓储管理。进场后,由项目部提供材料和设备的存放场所,并安排专人负责库房的安全,有效利用库房空间,调度好材料和设备的进出场时间;制定严格的出入库制度,加强防火防盗,提高库房材料和设备管理的安全性。

（11）工程资料管理。工程文档资料可指引人们了解施工过程。应有专人负责管理文档资料。工程文档资料包括:已批准的设计施工图纸、施工方案、施工组织设计、开工前的各类报批文件、系统阶段性分项测试及验收文档、所有材料和设备进场的报验资料、施工中已批审的工程变更洽商及问题联系单、系统调试技术文档以及各类相关产品的出厂合格证明与使用说明书等。

2.4.4.4　项目管理的主要方式

1. 会签制

太阳能热水工程施工中,由于发包人变更或施工现场出现材料不能及时到位时,为不拖延工期,可由项目部提出解决方案,并予以实施,与原设计不符之处,在竣工图中标注。

2. 例会制

太阳能热水工程施工中,项目管理人员定期举办现场例会,就上次例会所确立的事项进行检查,对存在的问题予以处置,确定解决方案和下一步工作安排。项目部内将不定期组织现场工程例会,每次会议都出具会议记录,并交公司备案。

3. 汇报制

太阳能热水工程施工中,项目部就重要工程问题向发包人、监理汇报;遇有影响工程进度的问题,与发包人、监理及时沟通,对方应在限定的时间段内予以明确答复,项目部要及时将工程的进展情况向发包人、监理汇报。

2.4.4.5　项目管理组织机构

一个专业的太阳能热水工程安装公司,除了提供先进的系统方案和可靠的施工质量,还应提供一流的、完善的后续服务。

1. 施工组织机构

太阳能热水工程管理小组由项目经理(1名)、副经理(2名)、工程师(数名)、工长(若干名)、质检员(若干名)、安全员(若干名)等组成,负责组织协调各方面为施工项目服务。

项目经理是太阳能热水工程的核心领导,是工程能否顺利完工的责任人。项目经理对项目负全责。掌握太阳能热水工程的质量、进度、成本、机具、材料、设备和人员的调配,是安全施工、文明作业和防火防盗的第一责任人。项目经理负责协调各方关系,代表施工方办理工程的变更签证;在施工中执行国家劳动保护法律、法规和本单位安全施工的规章制度,接受客户、监理、单位领导和上级有关部门的工作检查。项目经理作为太阳能热水工程的职业经理人,监督工程的执行,按期回笼资金。遇到问题,项目经理应及时与主管部门沟通,限期解决。落实“安全第一,预防为主”的方针,保证安全施工。定期对施工人员进行安全教育。经常对照、核查施工安全检查表、质量报表等,掌控施工进度,管理人、财、物,排查事故隐患。制定分级安全管理体系,确保施工安全。发生重大伤亡事故、重大未遂事故,要保护现场,立即报告,参加事故调查,落实整改措施、不隐瞒、不虚报、不拖延报告,更不能擅自处理。工地建立安全岗位责任制和事故预防措施,督促有关人员整理好施工资料。项目副经理协助经理工作,管好职责范围内的事务。

技术工程师负责解决太阳能热水工程中出现的施工工艺技术问题。具体职责是:对工程施工进行专业的技术支持、指导、协调、调试及试运行,深化施工组织设计,留意技术变更;监督施工图纸(包括系统图、平面图、设备材料表等技术文件)的执行,指导人员施工和设备调试;负责整理各类工程图纸、文件审核,参与人员培训和系统维护等;确保系统调试成功,性能指标达到设计、使用要求。

施工负责人(工长)对项目经理负责,负责解决太阳能热水工程施工中的各种具体问题。主要职责是:严格控制进场材料的质量,杜绝不合格材料进场;每周日前,上报各种报表,做好工人的考勤,填写施工日志;做好施工过程的原始记录及统计,填写质量报表、工程进度表、施工人员签到表、工程领料单等,整理、收集各种原始资料,保证完整性、准确性和可追溯性;调配班组内的人力、物力,落实施工方案,对施工进度、质量、安全等进行控制;参与图纸会审和技术交底,安排好每天的工作,带领班组成员按规范及标准施工,保证进度及施工质量和安全。

质检员负责太阳能热水工程施工工艺、材料、设备的质量检查,在各工序交接前进行质量检查,向项目经理汇报工程质量情况。具体职责是:在项目经理领导下,负责监督检查施工中的质量保证措施,贯彻质量保证体系的条款,严格按图施工,以标准和规定检验工程质量,做出结论,对因错、漏检造成的质量问题负责;对不合格施工按类别和程度进行分类、标识,填写不合格工程通知单、返工通知单;监督施工质量控制情况,严格执行"三检制",做好被检查工程部位的标识,发现质量问题及时反映,正确填写工序质量表,做好原始记录和数据汇总,对所填写的各种数据、文字负责;监督班组操作是否符合规范。

安全员参与太阳能热水工程现场的安全交底,进行安全检查,对安全施工和文明作业负责。具体职责是:检查施工单位制定的安全施工、文明作业、防火防盗等措施的落实情况,做好施工安全记录,及早消除事故隐患;按时汇报工程质量情况,填写工程事故报表,并对其准确性负责。

资料员负责工程资料的收集和立卷;对竣工资料等进行登记和核对;对各类档案材料按规范化的要求分类编目;做好档案资料的归档和统计。

2. 施工方案

施工方案主要包括组织机构方案(组织机构的人员构成、各自职责、相互关系等)、技术方案(进度安排、各工序的施工工艺关键技术预案、重大施工步骤预案等)、安全方案(安全总体要求、施工危险因素分析、安全措施、重大施工步骤安全预案等)、材料供应方案(材料供应流程、临时(急发)材料采购流程)等。应坚持质量第一的原则,确保安全施工。在准备阶段,根据合同,明确工期和进度安排,成立施工团队,配齐技术力量,组织施工人员熟悉施工图等资料,利用新技术、新工法、新工艺,精心施工,铸造一流工程。

根据工程实际,制定科学合理的施工程序。一般施工顺序是:编报材料、设备计划→材料、设备到场查验→集热器支架基础、水箱基础制作→支架焊接及防腐→集热联箱管安装→管路连接及水泵安装→真空管插装→控制系统安装→系统试水→管路保温→系统调试、试运行。必须按图施工,以现场实际为依据。对施工班组、人员进行任务分配和技术交底。层层落实责任,各班组严格控制施工质量和工程进度。

2.4.4.6　施工技术要求

1. 核对集热器阵列定位

(1)按图施工。确定安装位置时,用指南针来核对方位,用倾角仪测量集热器倾角。

(2)集热系统的满载负荷加上风载、雪载后产生的负荷,应低于建筑结构的承载要求,大批量安装时,应请建筑结构专业人员复核基础荷载。

(3)对现场已有热水系统的情况,要尽量使新、旧系统协调一致,不能影响建筑的观瞻效果。

(4)防止系统的反射光照射到其他建筑物内,以免引起光污染。

(5)为了减少管路热损及降低材料成本,应使走水管路尽可能短。

(6)集热器的定位,应尽量避开树木和建筑物的遮挡。

2. 集热系统基础制作

集热器阵列基础是混凝土浇筑的加设 $\phi300$ mm 预埋件,栽插在地面上,均匀排列,使荷载均匀分布。基础的总高度根据现场平整度而定,可高可低,但最低不小于 500 mm,基础墩上平面标高高出地平面 200 mm,混凝土养护按一般规定执行。

3. 太阳能集热器阵列组装

1)技术要求

(1)集热器摆放位置应符合设计要求,并与支架牢靠固定,防止滑脱。

（2）集热器之间应按照厂家规定的连接方法连接,密封可靠、无泄漏、无扭曲变形。

（3）集热器之间的连接件应便于拆卸和更换。

（4）集热器安装完毕,进行检漏试验。检漏试验应符合设计要求和《民用建筑太阳能热水系统应用技术标准(GB 50364—2018)》的相关规定。

（5）集热器间连接管的保温应在检漏合格后进行。保温应符合《工业设备及管道绝热工程施工质量验收规范(GB 50185—2010)》的要求。

2）集热器之间的连接

（1）集热模块的相互连接,要符合设计的连接方式。

（2）真空管与联箱的密封,应按设计的密封方式,具体操作按规范进行。

（3）安装集热模块时,应用不透明材料遮盖玻璃盖板或真空管,直至通水后撤去。

（4）集热模块按设计要求可靠地固定在支架上。

（5）集热模块之间的连接管应进行保温,保温层厚度不得小于 50 mm。在寒冷地区运行的,其保温层应适当加厚。真空管集热模块连接管的保温层厚度不应小于联箱的保温层厚度。

3）太阳能集热器支架

太阳能热水系统的支架应按图纸要求制作,整体协调、美观。支架根据设计要求选材,符合《碳素结构钢(GB/T 700—2006)》和《桥梁用结构钢(GB/T 714—2015)》的规定,材料在使用前应进行矫正。钢结构支架的焊接应符合《钢结构工程施工质量验收标准(GB 50205—2020)》的要求。所有钢结构支架的材料(如角钢、方管、槽钢等)放置时,在不影响其承载力的情况下,应选择利于排水的地方放置。当由于结构或其他原因造成不易排水时,应采取措施,确保排水通畅。支架应按设计要求安装在承重基础上,位置准确,与基础固定牢靠,无松动。根据现场条件,对支架采取合适的防风措施,并与建筑物牢靠固定。钢结构支架应与建筑物接地系统可靠连接。钢结构支架焊接完毕,应做防腐处理,防腐应符合《建筑防腐蚀工程施工规范(GB 50212—2014)》和《建筑防腐蚀工程施工质量验收规范(GB/T 50224—2010)》的要求。

支架应用螺栓或焊接固定在基础上,强度可靠,稳定性好。为确保自然循环、泄水及防冻回流等需要,有坡度的支架应按设计要求安装。太阳能热水系统采用建在楼顶防水层上的基础时,支架摆放在基础之上,然后把各排支架用角钢等材料连接在一起并与建筑物固定,提高抗风能力。集热器支架在混凝土基础上安装时,应先按图纸和集热器实物,核实土建基础构造,检查基础标高、坐标及地脚螺栓的孔洞位置是否正确,清除基础上的杂物,特别是螺栓孔中的碎屑,按图在基础上放出中心线。

集热器安装过程中,混凝土底脚表面要平整,各立柱支腿基础在同一水平标高上,高度允差 ±20 mm,分角中心距误差 ±2 mm。支架柱脚应与基础预埋钢板焊接连接。安装时要找正、找平,支架要稳定牢固。支架的各连接部位的连接件均用热镀锌或不锈钢螺栓,相同部位连接件的紧固程度要一致。

4. 储热水箱安装

1）储热水箱的安装条件

（1）水箱安装地点的土建施工已完成,满足水箱安装条件。

（2）水箱材料进场时已通过验收,符合设计要求。水质必须符合《生活饮用卫生标准(GB 5749—2006)》的要求。

（3）水箱的支座应按图纸要求制作,支座的尺寸、位置和标高经检查符合要求。混凝土支座的强度应达到安装要求的 70% 以上,支座表面应平整、清洁;用型钢支座和方垫木时,按要求做好刷漆和防腐。

2）储热水箱的安装方法

（1）水箱安装时,用水平尺和线坠检查水箱的水平和垂直度。水箱组装完毕其允许偏差:标高为 ±5 mm,垂直度为 5 mm/m。

（2）水箱安装完毕,按设计的接管位置在水箱上开出管路接口,装上带法兰的短节接头或管箍,然后安装水箱内外人梯等附件。

3）水箱附件安装注意事项

（1）溢水管不得与排水系统的管路直接连接,必须间接排水。溢水管出口应装设网罩(网罩构造可采用长 200 mm 的短管,管壁开设孔径 10 mm,孔距 20 mm,且一端管口封堵,外用 18 目铜或不锈钢丝网包扎牢固)。溢水管上不得装设阀门。

(2)泄水管上安设阀门,阀后与溢水管相连,但不得与排水系统直接连接。

(3)通气管的末端可伸至室外,但不允许伸至存在有害气体的地方;管口朝下,并在管口末端装设防虫网;通气管上不得装设阀门;不允许与排水系统的通气和通风管路连接。

(4)水箱入孔盖应为加锁密封型,高出水箱顶板面不小于 100 mm。

(5)水箱安装完毕应进行满水试验。试验方法:关闭出水管和泄水管阀门,打开进水管阀门放水。边放水边检查,放满水,静置 24 h 后观察,不渗不漏为合格。

5.管路、水泵和阀门安装施工

管路系统施工一般在集热器及其支架安装就位后进行。由于部件和支架结构的累积误差,管路施工具有一定的灵活性。太阳能热水系统的管路安装一般应遵守以下技术要求。

(1)下料尺寸准确、两对接口吻合。

(2)管路避免上、下折弯,以免发生气堵。

(3)管路直线距离较长时,安装补偿器,以缓和因温度变化产生的伸缩。

(4)管路的坡向及坡度按设计要求进行安装。

(5)管路经过混凝土板和墙壁时,根据房屋结构合理安排管路走向,准确选择穿越位置,加装穿墙套管。

(6)泵安装在室外时,用全封闭型或设保护罩;在室内安装应注意防潮。

(7)阀类按施工方案选型,根据制造厂家的安装规范安装,电磁阀、温控阀、伴热带、传感器的安装符合规范,手动阀安装在易操作的位置。

(8)有防冻排空或防冻回流功能的热水系统,在没有通气孔的管路上,应安装吸气阀,管路应有 5‰~7.5‰ 的坡度,保证系统排空或回流水回到水箱。防冻排空的管路最低处应安装泄水装置。

(9)泵和电磁阀的两端应安装活接头,加装手动阀门,以便维修或更换方便。

(10)管路支架应有足够的强度,能支撑管路下垂弯曲,使之保持系统需要的循环及排泄坡度。

(11)管路在支架上的固定,应在保温前进行。

(12)管路安装完毕,应进行水压试验。对于开口系统,任何部件应能承受该部件处的最大工作压力。

(13)在系统检漏及试运行合格后应进行管路保温。有自动控温及伴热带防冻的系统,先安装温感器和伴热带后再做保温。保温处理应符合《设备及管道绝热技术通则(GB/T 4272—2008)》的规定。

(14)泵类、电磁阀、单向阀、电动阀和安全阀等严格按厂家说明书安装。主管路安装完毕后做水压试验,封闭系统必须能承受系统最大工作压力的 1.5 倍不漏水,然后对管路保温,加装温度传感器及电伴热带,连接至用水点。

6.智能电气控制系统安装

1)电气控制柜的安全注意事项

(1)接通电源前,检查电控箱内所有螺栓是否松动。

(2)务必先接好地线,否则可能造成触电或火灾。

(3)勿用潮湿的手去操作开关,否则可能触电。

(4)上电前,确认转换开关在手动位置,否则会导致设备突然启动,造成严重后果。

2)电气控制柜的主电路

主电路均采用国标电子元器件,对主电路均做可靠的保护,保证系统的正常运转。

3)控制箱的控制方式

有手动和自动两种方式。手动时,将开关扳到手动位置,通过相应按钮开启或停止某项操作,所有仪表均不控制启停,只作显示。当扳到自动位置时,进入自控状态,各传感器把信息反馈给仪表,进行相应的控制。

4)智能控制系统调试

检查控制柜零部件的固定及元器件的完好,满足用户要求,完成控制柜的调试,确保实现下列功能:①水温显示,全自动无人值守;②自动补水,多重保护功能;③自动温差循环;④自动启动辅助加热系统;⑤防冻电伴热带工作正常;⑥定时或 24 小时自动恒压供水。

7. 太阳能热水系统其余设备及部件安装

(1)循环泵、供水泵:按生产厂家的要求安装,做好接地保护。较大的泵用螺栓固定在底座上,作减振处理。当泵的流量比设计值大时,加旁路管及手动阀调节。泵在室外安装时,用全封闭型或设置保护罩。

(2)电磁阀:电磁阀应水平安装,在其进水口前安装过滤器,在电磁阀两端安装旁路管及手动阀。当其发生故障时用手动阀控制水流量。

(3)温控仪:一般采用上、下限双控,即当低于下限温度时,辅助加热系统自动启动;高于上限温度时,加热停止(防止接触器频繁启动)。

(4)温度传感器:与被测部位接触良好,应能承受集热器的最高闷晒温度,精度不大于 2 ℃。

(5)导线、电缆:根据负荷要求和载流量选择加装穿线管、接地处理,确保使用安全。

8. 防水工程

防水施工必须按设计图的要求进行防水层的基层处理,严格按规范进行操作。防水层的施工必须控制工序,上道工序检查未达标,不能进行下道工序施工。

9. 系统试运行

安装完毕投用前应进行系统调试。调试在竣工验收阶段进行。如果不具备条件,经施工单位同意,可延期进行。

系统调试包括设备单机或部件调试和系统联动调试。系统设备单机或部件调试应包括水泵、阀门、电磁阀、电气及自动控制设备、监控显示设备、辅助能源系统等的调试。联动调试是指系统整体调试。

设备单机或部件调试包括以下内容。

(1)检查水泵安装方向。在设计负荷下连续运转 2 h,水泵应工作正常,无渗漏,无异常振动和响声,电机电流和功率不超过额定值,电机温度在正常范围内。

(2)检查电磁阀安装方向。手动通断电试验时,电磁阀应开闭正常,动作灵活,密封严实。

(3)温度、温差、水位、流量等仪表应显示正常,动作准确。

(4)电气控制系统应达到设计要求的功能,控制参数准确,性能可靠。

(5)漏电保护装置动作准确可靠。

(6)防冻保护装置、过热保护装置等应工作正常。

(7)各种阀门应开启灵活,密封严密。

(8)辅助能源加热设备工作正常,加热能力达到设计要求。

系统联动调试包括以下内容。

(1)调节各个分支回路的阀门,使各回路流量平衡。

(2)调试辅助热源系统使其与太阳能热水系统匹配。

(3)调节电磁阀,使阀前后的水压处于设计要求的范围内。

系统联动调试完后应连续运行 48 h,设备及主要部件的工作正常,动作准确,无异常现象。

10. 有关验收方式及程序

为了保证系统的正确安装和正常使用,太阳能热水工程的验收参照设计要求和《太阳热水系统性能评定规范(GB/T 20095—2006)》。

(1)组织工程部领导、用户代表团(至少 3 人)、监理方及施工负责人对系统进行评审、验收。

(2)检查所有设备的外观、防冻、防腐、集热及蓄热效果、保护装置等,在晴好天气的 3 天内每天测试系统的水温、水量是否达到验收指标。

(3)在满足设计要求的前提下,交付用户的太阳能热水系统文件资料包括:①系统主要技术参数及性能指标,②系统使用说明书(操作方法、注意事项、常见故障排除方法等,用户遇到无法排除的设备故障,可立即联系当地服务商),③系统维护保养规程,④系统主要设备(或部件)的合格证、保修卡、使用说明书、联系方式,⑤系统运行原理图、布置图、管路图、智能控制电路接线图,⑥各类管、件、泵、阀的规格、数量表,⑦签署相关验收情况说明、验收意见书、完成系统交付使用。

（4）主要验收设备或部件包括集热系统、管路系统和智能电气控制系统,验收时各部分的检查重点如下。

①集热系统方面,检查集热器阵列有无损伤、变形;检测集热器通气孔有没有堵塞;检测集热器连接处是否漏水;储热水箱、集热器基础等是否达到设计要求;支架安装是否符合设计要求,与基础连接是否牢固,是否达到防风设计要求,抗风等级是否符合《建筑结构荷载规范(GB 50009—2012)》的要求;检查集热器和水箱的安装位置以及管路是否符合设计要求;检测水箱是否漏水,水箱壁是否有明显变形,保温层是否潮湿;水箱及集热器放置于楼顶时,要对楼顶做强度校核。

②管路系统方面,管路的安装应符合《建筑给水排水及采暖工程施工质量验收规范(GB 50242—2002)》的规定;管路和设备的保温应符合《工业设备及管道绝热工程施工质量验收规范(GB 50185—2010)》的规定;检测管路的各个连接处是否泄漏,保温层有没有浸湿和破损;检测电磁阀开关是否正常。

③智能电气控制系统方面,其安全性应符合《家用和类似用途电器的安全 第 1 部分:通用要求(GB 4706.1—2005)》和《家用和类似用途电器的安全 储水式热水器的特殊要求(GB 4706.12—2006)》的要求;温度传感器要与被测温部位有良好的热接触,温度传感器四周应进行良好的保温;管路温度传感器应按设计要求或厂家推荐的方式安装;导线布置、连接应符合《建筑电气工程施工质量验收规范(GB 50303—2015)》规定的要求。

2.5　安全文明施工和环境保护

2.5.1　施工安全措施

2.5.1.1　施工安全保障措施

（1）入场前,对施工人员进行安全教育,将安全施工提到议事日程,做到时时处处不忘安全施工。

（2）现场人员必须严格按照安全施工、文明作业的要求,执行施工的标准化流程,按设计组织施工,科学组织施工。

（3）按施工总平面图设置临时设施,严禁侵占场内道路及安全防护等设施。

（4）施工人员应正确使用劳动保护用品,入场必须戴安全帽、口罩和手套,高空作业必须系好安全带。严格执行操作规程和施工现场的规章制度,禁止违章指挥和违章作业。

（5）施工用电,临时架设线路、设施的安装和使用必须按住房与城乡建设部颁发的《施工现场临时用电安全技术规范(JGJ 46—2005)》规定操作,严禁私拉电线,严禁带电作业。

（6）使用电气设备、电动工具应可靠接地,常用的工具应放在顺手可拿的地方,严禁乱摆乱放。

（7）高空作业必须设置防护,并符合《建筑施工高处作业安全技术规范(JGJ 80—2016)》的要求。确保施工人员的人身安全。

（8）施工用的高凳、梯子、人字梯、高架车等,使用前必须检查其牢固性。梯外端采取防滑措施,不得垫高使用。在通道处使用梯子时,应有人监护或设围栏。

（9）人字梯应在距梯脚 40~60 cm 处设拉绳,不准在梯子最上一层作业,严禁在此取放工具和材料。

（10）吊装作业前,机具、吊索必须经过严格检查,不合格的禁用,防止发生事故。

（11）遇到不可抗力的因素(如暴风、大雨等),应办理停工手续,保障人身、设备等安全。

（12）施工领导小组负责现场施工技术安全的检查和督促工作,并做好记录。

2.5.1.2　文明作业保障措施

为实现文明作业,贯彻"强化管理、落实责任、严肃法规、消灭违章"的要求,进场的施工队均应遵守标准化工地的相关规定。

（1）进场后,保护好环境,实行标准化管理,做好道路保洁。施工前,认真勘查现场,熟悉环境,根据作业条件,灵活、合理安排施工。施工中,注意保护原有设施,如管线、屋面防水层、避雷线和绿地花草等自然景观。

（2）最大限度减少施工噪声、粉尘对施工现场周围居民的影响。

（3）按要求设置排污、排水系统,指定临时道路及材料堆放场地,保持场地整洁。

（4）严格按规范、标准和设计要求施工,杜绝野蛮施工。

（5）加强成品、半成品及产品、材料的管理,派专人看护,持卡领取,登记在册。

（6）施工现场水管、电线要按规范布置,不得任意乱拖、乱拉、乱接和破坏,防止火灾发生。

（7）生活饮用水,由专人送到现场,派专人轮流看护,不得擅自离开。

（8）现场人员必须佩戴胸卡上岗,施工人员必须穿工装。人人均有权制止施工现场内的不文明行为。

（9）施工中,认真落实施工安全措施,确保人身、设备和材料安全。

（10）施工现场入口铺设草皮包,避免车辆轮胎将垃圾、污泥带出工地。妥善保护管线,保持窨井、下水道畅通。

（11）施工管理标准化,严格现场物料、构件和机具管理,分类、分规格摆放。

（12）严格垃圾管理,每天指定专人清运垃圾,建立值班制度,当值人员记录当天卫生情况。

（13）建立卫生管理责任制度和奖罚制度,项目部公布当天卫生情况,视情况进行奖罚。

（14）严格遵守当地政府的有关规定,渣土及建筑垃圾不乱倒、不乱堆。

2.5.1.3　系统运行资料调阅

太阳能热水工程交接时,向用户移交必需的文档资料,如图纸、设计文档、施工方案、操作手册、运行维护手册、设备清单等,以便备查;在使用中,还应不定期记录运行情况,发生事故或出现异常时,可调阅。

2.5.2　施工中的环境保护

为了减少施工造成的污染,避免扰民,保障施工现场附近居民和施工人员的身心健康,施工单位应做好环境保护。

1. 组织措施

施工期间,保护环境是施工方的职责。应加强环保教育,提高环保意识,出台激励措施,把环保作为全体施工人员上岗培训的内容之一。施工单位应根据国家及地方法规、企业管理制度、发包方或业主要求,结合具体情况制定本工程《环境保护实施细则》,以细则的各项规定规范全体施工人员的行为。同时,委任专门的环保工作人员,监督环保措施落实到位。对违反环保的班组和个人进行处罚。

2. 大气污染防治措施

①施工垃圾及时清运。清运时,适量洒水,减少扬尘。严禁凌空抛撒垃圾。

②易飞扬的细颗粒散体材料尽量库内存放,露天存放时严密遮盖。运输和卸料时防止遗撒飞扬。

③在施工区,严禁焚烧有毒、有害、有恶臭味的物料,严禁明火,施工期间严禁吸烟和饮酒。

3. 施工噪声防治措施

①对于噪声过大的设备尽可能不用或少用。如使用,要采取防护措施,把施工噪声降到最低。

②对于强噪声机械(如搅拌机、电锯、电刨、砂轮机等)设置封闭的操作棚,以减弱噪声。

③减少人为噪声,不使用高音喇叭或怪音喇叭,增强全体施工人员防止噪声扰民的意识。

④尽量避免夜间施工,确有必要时,向有关部门办理夜间施工许可证,并在现场周边拉起警戒线。

4. 其他治污措施

①制定卫生管理制度,落实施工现场卫生分工包干,可设专职自治员。集中堆放施工垃圾,生活垃圾放入垃圾箱,并加盖,每日清运。确保生活区、作业区环境整洁。

②砂石料等用车辆全封闭运输,不超载。车辆应用冲水枪冲洗后出场,避免在路上"抛、洒、滴、漏"。

③保护好施工周围的树木、绿化带和草坪,不许破坏。

④如在挖土等施工中发现文物等,应立即停工,保护好现场,并及时报告文物局等有关单位。

⑤多余土方应在规定时间、规定路线、规定地点弃土,严禁乱倒、乱堆。

2.6　北京印刷学院日产 60 吨太阳能热水工程案例

2.6.1　项目简介

最近几年,国家在北方推行冬季煤改气供暖,绿色可再生能源尤其是太阳能的应用更受关注。北京印刷学院是一所特色大学,在校生近 9 000 人,是一个比较大的热水消耗单位(每日几千吨热水)。国内一些大学也在考虑节约传统能源,降低运行成本,通过利用安全、可靠、高效、经济的新能源为广大师生创造更舒适的生活环境。北京印刷学院于 2017 年 8 月为康庄校区公共浴室安装了 837.5 m² 太阳能中央热水系统,迈出了大学太阳能光热利用的一大步。

(1)康庄校区共有师生 3 000 余人,每日洗浴人数在 1 000~1 500 人左右,占总人数的 33.3%~50%。

(2)用水定额:据学校统计,浴室采用插卡计时用水,平均用水量为 45 kg/(人×次),用水温度 38~40 ℃,日用热水量约为 60 t(40 ℃)。

(3)辅助能源:电锅炉,与浴室原有的水换热器并联。

(4)供水时间:定时,每日 16:00 至 20:00。

(5)用水方式:集中洗浴、插卡式取水。

2.6.2   项目规划设计方案

本项目本着充分利用太阳能,节约常规能源,降低成本,保障恒温热水,实现系统智能化运行,做太阳能行业里的精品工程的理念进行设计和安装施工。本工程系统运行原理图见图 2-71。

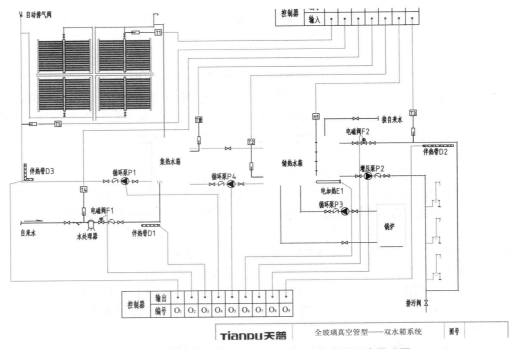

图 2-71   北京印刷学院学生浴室用太阳能热水系统原理图

(1)根据日用热水量 60 t,温度 40 ℃左右,考虑北京日照条件,确定太阳能集热面积为 837.5 m²。本项目选用北京雨昕阳光太阳能工业有限公司生产的 YXYG-ϕ47×1 500×50 型太阳能集热模块,单组模块 6.25 m²,横插管,共需 134 组。该模块采用对插式结构,节约投资成本,节省安装空间,性价比高、热效率高、安全可靠。

(2)设计 1 个 20 方形不锈钢保温水箱,利用原有的 40 t 玻璃钢水箱,采用恒温控制,保证玻璃钢水箱内水的温度不低于 45 ℃,使用 80 mm 厚的聚氨酯材料保温,镀锌板外壳。

(3)根据安装场地情况,太阳能集热循环系统分为 2 个子系统,每个子系统设置 2 台循环水泵(一备一用),采用温差控制。

(4)保持储热水箱温度恒定为 40 ℃。

(5)安装 1 套智能电气控制系统,有水温水位显示、温差循环、自动上水、强制循环、防冻电伴热、手动增压等功能。

（6）安装 1 套远端监控系统,值班人员在监控室里即可操作系统,对太阳能热水系统进行 24 小时监控。设备出现问题,值班人员在监控室能及时发现、解决。

（7）热水管路与原有热水换热器并联。当太阳能水温达到 38 ℃以上时,换热器不启用;在阴雨天或太阳光照不足时,换热器启动,二次加热至可使用的温度,自动运行。

（8）浴室采用单管供水,插卡计时取水,节约水资源。

（9）系统充分考虑防风、防冻、防雷等安全保护措施,确保长期安全可靠运行。

2.6.3　系统特点

1. 规模大

太阳能集热面积 837.5 m²,占地面积 2 368 m²,日产热水量约 60 t,共计安装雨昕阳光太阳能集热器 $\phi 47 \times 1\,500 \times 50$ 型 134 块,6 700 支真空管。

2. 智能化程度高

系统采用微电脑智能控制,有水温水位显示、自动上水、自动集热循环(温差循环)、防冻保护、防风、防雷保护及抗震等功能,设有远程控制和视频监控,“傻瓜式”操作,控制简单,便于管理。

3. 设计与施工难度大

系统安装位置分为几个不同标高的安装平台,给设计、施工带来了难度。尤其是规模如此大的系统,要考虑系统的正常运行,不产生水力和水温失调,保证整个系统载荷设计在原有建筑的承载范围内。

4. 热效率高,使用效果好

每日得热量 $Q \geqslant 7.0$ MJ/m²,温升 25 ℃。经 9~11 月近 3 个月的试运行,天气晴好时,每日水温均达到 45 ℃以上,完全达到供应热水的要求。

5. 使用范围广

该系统有可推广性,除学校外,可用于部队营房、企事业单位员工宿舍、酒店、洗浴中心等用热水的大户。

6. 技术先进、有亮点和创新

（1）系统采用远程控制系统、视频监控系统、全智能化控制,无须专人管理,可实时记录系统的运行情况,并设置故障报警装置。这在国内太阳能行业尚属首例。

（2）由于全玻璃真空管容易炸管,本项目公司独创太阳能热水系统防炸管装置,即使单管炸管系统仍可照常运行,并可及时通知管理人员维修。

（3）将视频监控系统运用到太阳能热水系统上,视频监控电源依靠太阳能光伏发电系统供电,管理人员坐在办公室里就可以直观地观察设备的运行情况。

（4）考虑公共浴室供水的特殊性,在太阳能热水水温不稳定的情况下,设置了恒温供水装置,使水温保持在 38 ± 1 ℃。

（5）采用插卡式取水,可提高用户的节水意识。

2.6.4　技术经济分析、环境效益和社会影响

试运行结果表明,系统达到设计预期指标。经计算,每日可节约标准煤 1 000 kg 左右。假设每吨煤价 800 元,每日可节约运行费用 800 元,按每年 300 天晴好天气计算,每年可节约运行成本 24 万元,15 年使用寿命内共计可节约运行费用 360 万元。

太阳能属于无污染、绿色可重复利用能源。相对安装前,该系统每年可减少用煤量 300 吨,减少 SO_2 排放量 7 吨,减少氮氧化物排放量 4 吨,减少烟尘排放量 6 吨左右。在太阳能热水系统 15 年的使用寿命内,共计可减少 SO_2 排放量 105 吨,减少氮氧化物排放量 60 吨,减少烟尘排放量 90 吨左右,极具社会价值。

本项目系统施工完毕,一次性通过校方组织、第三方主持的验收,经过 3 个月的试运行,各项性能指标均达到了设计要求,现已全面投入正常运营。

第3章 太阳能温室

3.1 塑料温室大棚

3.1.1 塑料温室大棚简述

塑料温室大棚(俗称塑料大棚),又称暖房、春秋棚或冷棚,是能透光、保温(或散热)、用来栽培作物的农业设施。在不适宜作物生长的季节,塑料温室大棚可提供作物生长环境,增加产量,多用于培育低温季节的喜温蔬菜、花卉、矮化果树、林业育苗等。温室依据屋架材料、采光材料、外形及增温条件等可分为很多种类。塑料大棚以其造价低、建造灵活、内部空间大、生产周期短、经济效益高等优点在我国农村得到大面积推广。截至 2020 年,我国太阳能温室(包括日光温室)超过 180 万公顷,主要分布于城郊及农村地区用于蔬菜越冬生产和畜禽、水产养殖,为我国农产品的稳定供给、养殖户的持续增收和农业设施现代化水平的提升做出了贡献。

3.1.2 温室大棚的原理和类型

塑料温室大棚是以太阳能为能源,以竹木、钢筋混凝土、钢管、复合材料等作骨架(一般为拱形),以塑料薄膜为透光覆盖材料,内部通常无环境调控设备的农业结构设施。大棚跨度一般为 8~12 m,高度 2.4~3.2 m,长度 40~100 m。根据温室效应,配置了采光和保温结构,利用太阳能,对室内的温度、湿度、光照、水分等因素进行调节,创造适宜作物生长的室内环境。白天,温室大棚接收的太阳能超过向外散发的热量,温室处于升温状态。有时,若棚内温度超过设定值,还要开启通风口,排出一部分热量。夜间没有太阳辐射,温室仍不断地向外散热,处于降温状态。为减少散热,夜间都在温室顶加盖保温被。

3.1.2.1 温室大棚的基本原理

温室大棚利用的是吸热保温原理。温室大棚的覆盖材料透光吸热,同时也有保温作用。室内的空气、设施、土壤和作物不断地吸收太阳能,温度缓缓升高,最终达到作物生长所需的温度。被吸收的太阳能不断积累和温度升高的过程,称为温室效应。所有温室大棚,均是根据这一原理设计和建造的。塑料温室大棚的骨架简易,附加的设施少,尽管保温效果不如日光温室,但造价低,比较适合在我国乡村地区建造。

3.1.2.2 温室大棚的类型

温室大棚通常坐北朝南,可分为普通塑料大棚和骨架塑料大棚。按棚顶形状可分为拱圆形大棚、屋脊形大棚;按骨架材料可分为竹木结构大棚、钢筋混凝土结构大棚、钢架结构大棚、钢竹混合结构大棚等;按连接方式分为单栋大棚、双连栋大棚、多连栋大棚。决定温室大棚性能的因素是采光和保温,用什么建材则由经济条件和生产效益决定。

1. 普通塑料大棚

普通塑料大棚支架一般由竹木构成,材料强度较低,抗荷载能力非常有限,但造价低廉。图 3-1 为分体联栋式竹木结构塑料大棚外观图。

图 3-1 分体联栋式竹木结构塑料大棚实景图

单栋温室用竹木结构或钢结构骨架均可。以下是竹木结构单栋温室的介绍。它是以木材或竹竿为立柱,以毛竹为拱杆和拉杆,用铅丝连接固定的大棚。单栋温室跨度 8~12 m,高 2.4~2.6 m,长 40~60 m,单栋生产面积 0.5~1.0 亩。其优点是设计简单,建造容易,取材方便,造价低廉。简单说来,连栋式塑料大棚是把单栋塑料大棚贯通起来形成的,其功能和单栋温室相同,但空间大,可栽培的作物多,经济效益好,便于在我国较落后的农村地区推广建造。连栋式塑料大棚一般分成三类:第一类是常规以镀锌管为主材的整体式联栋大棚,造价高,跨度小;第二类以钢筋为主材,配少量 4 分管,比第一类强度更高,跨度更大,造价降低 50% 左右;第三类是分体联栋大棚,为单体大棚增加垂直边柱,棚棚相邻,间距 40 cm,中间设排水沟,可单体隔断,也可连通使用,优点是降低造价、增加强度、增大跨度,又克服了排雨水不畅和压膜线难以设置的难题。单栋竹木结构塑料大棚的构件和功能见表 3-1。

表 3-1　单栋竹木结构塑料大棚的构件和功能

构件	主要功能
立柱	支撑拱杆和棚面
拱杆	支撑棚膜,决定大棚的形状和空间
拉杆	纵向连接拱杆和立柱、固定压杆,使大棚骨架成为一个整体
压杆	压平、绷紧棚膜
棚膜	多采用 PVC、PE、EVA 多功能棚膜以透光保温
铁丝	捆绑连接压杆、拱杆和拉杆
门窗	大棚两端设门,两侧和顶部开窗以便进人和通风

2. 钢骨架塑料大棚

又称为钢架结构塑料大棚。它是以钢管为骨架,无立柱、无墙体,一般顶部不覆盖草帘(草苫子)的塑料大棚。与竹木结构塑料大棚相比,钢管的断面小,透光率高,稳固性提高。由于采用内撑外压结构,抗风雪能力增强,棚内无立柱,便于耕作,目前已在我国广大乡村推广应用。近年来,经过改良试验出现了一次成型的全钢架塑料大棚、钢丝管结构塑料大棚等新型大棚。一般钢架竹木混合结构塑料大棚如图 3-2 所示。全钢架结构塑料大棚如图 3-3 所示。

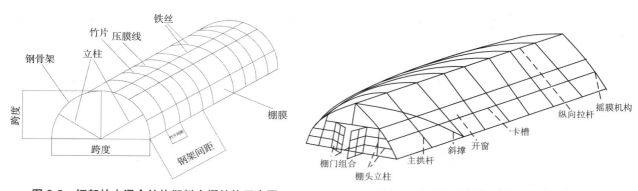

图 3-2　钢架竹木混合结构塑料大棚结构示意图　　　图 3-3　全钢架结构塑料大棚结构示意图

钢架结构塑料大棚强度大,便于加工和安装施工。这里面又分两大类。一是焊接式钢结构,多用以钢筋棍为主的三角断面空间拱形桁架结构。在较低建造成本的前提下,可提高大棚跨度、抗风雪能力、耐锈能力,可加盖保温被,可由非专业队伍施工,用 12# 圆钢筋可将跨度做到 15 m,如采用钢管可将跨度加大到 16~27 m。二是装配式大棚,一般用直径 22~32 mm 的热镀锌钢管,可建成单栋或连栋的大棚。其优点是人工成本低、工期短、拆装方便、耐腐蚀性好,特别适合春秋大棚,最好由专业队伍施工建造。

3.1.3　塑料温室大棚施工前的准备

3.1.3.1　标高标注法

标高表示建筑物各个部分或各个位置的高度。在建筑施工图纸上,标高标注尺寸数字一般以 mm 为单位,注到小数点后 3 位,在总平面图上注写到小数点后 2 位即可。总平面图上的标高用全部涂黑的三角形表示,其他图纸上的标高符号如图 3-4 所示。标高有绝对标高和相对标高之分。

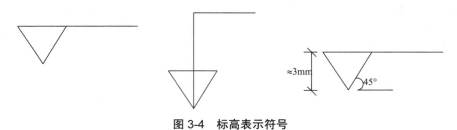

图 3-4　标高表示符号

3.1.3.2　绝对标高

我国以青岛黄海海平面为基准,将其高程定为零点。地面建筑物与基准点的高差称为绝对标高。绝对标高一般只用在总平面图上。绝对标高零点(一般为室内地面高度)注成 ±0.000。在零点以上位置的标高为正数,注写时数字前一律不写(＋),如 3.000、4.500 等;在零点位置以下的标高为负数,注写时数字前必须加注符号(－),如 -0.500、-1.500 等。

3.1.3.3　相对标高

建筑物相对标高是以所建房屋首层室内地面的高度为零点,写作 ±0.000,计算房屋的相对高差。在一个详图中,如同时代表几个不同的标高时,可把各个标高都注写出来,注写方法如图 3-5 所示。

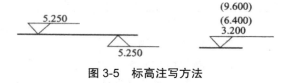

图 3-5　标高注写方法

3.1.3.4　符号

建筑施工图中常会遇到各种符号,用来表示本图与其他图样之间的关系,常见的一些符号如下。

1. 索引标志及详图符号

用于看图时便于查找有关的图纸,如图样中的某一局部或构件需要另见详图时,应以索引符号和详图符号来反映图纸间的关系。

2. 引出线

用于对图样上某部位引出文字说明、符号编号和尺寸标注的线,如图 3-6 所示。太阳房中有些部位由多层材料构成,如复合墙体、屋顶和地面构造等。对多层构造加以说明,也可以通过引出线表示,引出线应通过被说明的多层构造,多层构造引出线如图 3-7 所示。

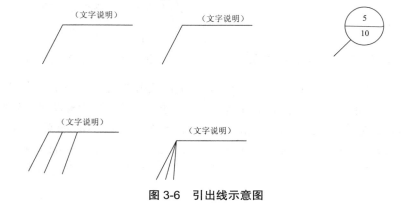

图 3-6　引出线示意图

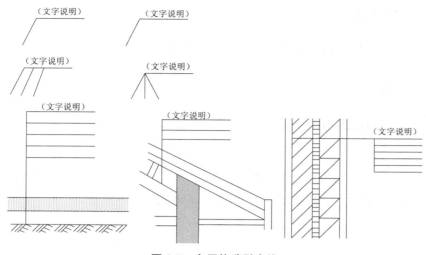

图 3-7　多层构造引出线

3. 对称符号

用于完全对称的建筑工程图样,其画法是在对称轴两端画出平行的细实线。平行线长度为 6~10 mm,间距为 2~3 mm,平行线在对称轴的两侧应相等,见图 3-8。

4. 连接符号

当图面绘不下整个构件时,要分开绘制并用连接符号表示相接的部位,连接符号以折断线表示需连接的部位。两部位相距较远时,折断线两端应标注大写字母表示连接编号,如图 3-9 所示。

图 3-8　对称符号　　　　　　　　　　　　图 3-9　连接符号

5. 指北针

它是用在一个圆内画出的涂黑指针表示,针尖所指的方向即为北向。圆的直径宜为 24 mm,用细实线绘制;指针尾部的宽度宜为 3 mm。一般用于总面积图及首层的建筑平面图上,表示该太阳能热利用建筑的朝向,如图 3-10 所示。

6. 风玫瑰

表示某地区每年风向频率的图形,它以坐标及斜线定出 16 个方向,根据该地区多年统计的平均各方向刮风次数的百分比绘制成折线图形,称为风频率玫瑰图,简称风玫瑰,如图 3-11 所示。

图 3-10　指北针

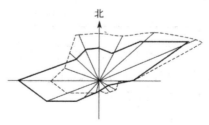

图 3-11　风玫瑰

3.1.4　施工机具和材料

应及时备齐土建工具和温室大棚的施工机具,包括水平尺、线锤、经纬仪、龙门板、线绳、墨斗、钢卷尺、盘尺、冲击钻、手枪钻、铁抹子、泥瓦刀、铲刀、钢筋弯曲机、卷膜机、石灰水泥浆、砖、笔、纸、计算器、计算机以及修缮施工缺陷常用的工具。

3.1.5　温室大棚施工建造和验收

3.1.5.1　选址和走向

塑料大棚的建造场地常选地面开阔,排水良好,东、南、西三面无高大树木和建筑物遮阴,避开风口的农田。如果连建多个大棚,大棚间至少间隔 1 m 以上,并修筑排水渠。大棚方位一般采用南北走向,也可以东西走向。

3.1.5.2　定位放线

把欲建大棚的场地平整好,清理干净,使用水平尺、线锤等工具进行定位放线。

3.1.5.3　施工建造

1. 竹木结构塑料大棚的建造

1)预制砼主拱架、立柱

主拱架为跨度 10 m 的弧形,棚架弧长 14.2 m;脊高分成对称的两部分,便于建造和搬运。制作时在连接处预留螺丝孔,用夹板重叠连接,地下埋深 40 cm。主拱截面为矩形,宽 5 cm,高 13 cm,配筋用 8# 冷拔钢筋 4 根,箍筋用 10# 冷拔丝,用 C25 混凝土浇筑。主拱架提倡使用钢管;如果使用复合材料做主拱架,必须达到与上述钢筋混凝土主拱架相当的承压要求。立柱长 3 m,横断面 12 cm × 12 cm,4 根 6# 钢筋做竖筋,间隔 10 cm 用 10# 铁丝做箍筋,用 C20 混凝土浇筑。距顶部 10 cm 处留一个 $\phi 15$ mm 的贯通孔。

2)挖棚架坑

在选好的地块南北向挖两行坑,坑深 0.4 m,坑间距 10 m,东西对齐。每行坑间距 4 m,南北对齐;立柱坑与主拱架坑在一条线上,两立柱坑间距 4 m,与主拱架坑间距 3 m,坑深 0.4 m。每个坑的底部用三合土夯实。

3)立棚架

将预制好的棚架放入挖好的坑内,第一个棚架要离地头或道路 2 m,先将最北面和南面首尾棚架立起,棚架顶部和两侧要定位,确保顶部和两侧整齐一致。放线依次立起其他棚架,注意棚架入土 0.4 m,棚架脊高 2.8 m,保持主拱架处于垂直状态。

4)树立柱

将预制好的立柱放入坑内,水泥柱上开一排孔,安放时孔要朝南北方向,便于固定梁和作物吊杆,拉线对齐,支柱要和棚架紧密接触,为此水泥柱可向东西倾斜 5°。如有缝隙,用楔子打紧,再用 12# 铁丝穿过水泥柱的孔和棚架固定、埋实。另外,南北两端边架各用 4 根水泥柱支撑,间距 2 m,在边架内侧各用 2 根顶柱斜顶在与棚内立柱对应的边立柱上。

5)棚头棚尾挖地锚沟

在南北首尾棚架处沿东西向各挖一条沟,沟宽 80 cm,沟深 1.2 m,沟长 8 m,沟离首尾棚架 1.5 m。

6)安放地锚

用 12# 钢筋绑在石块上做地锚,埋入坑中,南北两侧各用地锚 12 个,每个地锚上拴两根钢绞线。

7)拉钢绞线

从两侧开始往棚上拉钢绞线,24 根 12# 钢丝以南北方向搭在棚架上,并将其与地锚连接固定,用绞线机绞紧,每道钢丝和棚架交叉处都要用 12# 铁丝固定。棚内立柱南北方向上各拉一道铁丝,铁丝要穿过水泥立柱上的孔,主要用于蔬菜吊蔓。

8)编竹竿网

每梁之间要绑竹竿 5 道,5 m 长的竹竿需 15 根。竹竿与钢绞线之间用粗布条或细铁丝固定,竹竿的头尾都要插到钢丝下,避免将来划破棚膜。

9)挖压膜线地锚坑

在每两个棚架之间的东西两侧距离棚架底边 10 cm 处各挖 6 个坑,坑深 40 cm,坑距 1 m,用 12# 铁丝绑两块砖做好地锚,并埋好。

10)覆盖棚膜

要两侧通风,用三块厚度 8~14 丝(0.08~0.14 mm)的棚膜(PE 或 EVA 材质),宽度为一块 10 m、两块 2 m,其中 2 m 膜的一侧做双层边穿入 12# 钢丝或压膜线。覆膜在无风的早晨进行,先把 10 m 塑料棚膜铺在棚架顶端,2 m 膜固定在两侧;2 m 塑料膜下边埋入土中 20 cm,将 10 m 塑料棚膜南北两端卷上竹竿拉紧后埋入土中;10 m 膜在外,2 m 膜在内,压幅 40 cm 左右。要 10 m 膜压 2 m 膜,利于排水抗风。

11)固定压膜线

棚膜上好后,用压膜线将棚膜压紧并固定在东西两侧的地锚上。可以用钢丝芯的压膜线,也可用耐高温塑料绳。为了抗大风,可用竹竿缠布条后与梁固定,把膜压紧。

2. 钢竹混合结构塑料大棚的建造

钢竹混合结构大棚以毛竹为主,钢材为辅。毛竹经蒸煮、烘烤、脱水、防腐、防蛀等工艺处理后,使之强度、坚韧度等达到与钢材相当的程度,作为大棚框架主体架构材料。大棚内部的接合点、弯曲处用全钢片和钢钉连接铆合,将钢材的牢固、坚韧与竹质的柔韧、价廉等优势互补。大棚以南北方向为好,也可以东西向建造。跨度可选 5.5 m,脊高度 2.3 m,肩高 1.0~1.3 m,棚长 40 m 左右,拱间距 70~80 cm,占地面积约 220 m²。

在选好的地块上,按长 40 m、宽 5.5 m 放线,沿棚向每隔 4 m 设钢架固定点 1 个,在固定点挖深 30 cm、直径 30 cm 的预埋坑,将直径为 20 cm、长 8 m 的无缝钢管拱架用混凝土浇筑于预埋坑中,每架大棚由 11 根钢架构成。要求拱架弧圆滑,间距相等,中间直立柱高 2.5 m,两侧倾角为 30° 的立柱高 2 m,下端埋于土中。全部 11 个拱架用 5 道 8# 铁丝连接,铁丝两端与地锚固定,地锚埋于离两侧钢架 50 cm 处,铁丝与钢架交叉处用铁丝拧紧。在两根钢管之间每隔 80 cm 钉直径为 3~4 cm、长 40~50 cm 的木桩 1 个,将长 4 m 的竹片,大头固定于木桩上,小头对接成圆拱形固定于拉好的铁丝上。接口处用铁丝绑紧,用布条缠好,防止尖头损坏棚膜。绑铁丝时应向下打结,以防刺破棚膜。棚膜一般可选用厚度为 0.08 mm 的普通聚乙烯膜。在无风晴天的上午,先从棚的迎风面扣膜,棚膜要拉紧,四边用土压实。每两根拱杆间设压膜线 1 根,两侧拉紧拴牢在地锚上。

3. 全钢架结构塑料大棚的建造

这种大棚的方位以南北方向为宜。春秋季节有大风地区,必须沿风向延长,使大棚端面受风。棚群对称式排列,两棚间距不小于 1.5 m,棚头间距 4 m,为运苗、排水、通风等作业创造方便条件。表 3-2 给出了这种大棚的结构参数。

表 3-2　全钢架结构塑料大棚的结构参数表　　　　　　　　　　单位:m

跨度	脊高	长度	肩高	基础埋深	骨架间距
7.0	2.7	40~60	1.0	0.4	0.8~1.0
8.0	2.9	40~60	1.2	0.5	1.0~1.1
8.5	3.1	40~60	1.2	0.5	1.0~1.2
9.0	3.3	40~60	1.3	0.5	1.1~1.3

1)基础施工

确定好建棚地点后,用水平仪测量地块高程,将最高点一角定为 ±0.000,平整场地,确定大棚四周轴线。沿大棚四周以轴线为中心平整出宽 50 cm、深 10 cm 的基槽。夯实找平,按拱杆间距垂直取洞,洞深 45 cm,拱架调整到位后插入拱杆。拱架全部安装完毕并调整均匀、水平后,每个拱架下端做 0.2 m×0.2 m×0.2 m 独立混凝土基础,也可做成 0.2 m 宽、0.2 m 高的条形基础。混凝土基础上每隔 2.0 m 预埋压膜线挂钩。

2）拱架施工

（1）拱架加工。拱架采用工厂加工或现场加工，塑料大棚生产厂家生产出的大棚拱架弧形及尺寸一致。若现场加工，需在地面放样，根据放样的图形加工。

（2）拱杆连接。在材料堆放地就近找出 20 m × 10 m 水平场地一块，水平对称放置 2 个拱杆，中间插入拱杆连接件，用螺丝和螺母连接。

（3）拱杆安装。将连接好的拱杆沿根部画 40 cm 标记线，2 人同时均匀用力，自然取拱度，插入基础洞中，40 cm 标记线与洞口平齐，拱杆间距 0.8~1.0 m。春秋季大风天气较多的地区，拱杆间距取下限为宜，风力较小地区拱杆间距可取上限。

3）横拉杆安装

全部拱杆安装到位后，用端头卡及弹簧卡连接顶部的一道横拉杆。连接完成后，进行第 1 次拱架调整，达到顶部及腰部平直。第 1 次调整后，安装第 2 道横拉杆，完成后微调；依次安装第 3 道横拉杆。春秋季大风天气较多地区横拉杆需装 5 道，横拉杆安装完成后，主体拱架应定型。如果整体平整度目测有变形，则应多次调整；局部变形较大时应重新拆装，直到达到图纸安装要求。

4）斜撑杆安装

拱架调整好后，在大棚两端将两侧 3 个拱架分别用斜撑杆连接起来，防止拱架受力后向一侧倾倒。

5）棚门安装

大棚两端应安装棚门作为出入通道和用于通风，规格为 1.8 m × 1.8 m 或根据实际情况自行设定。

6）覆膜

（1）覆膜前的准备。上膜前要细心检查拱架和卡槽的平整度。薄膜幅宽不足时需粘合，可用粘膜机或电熨斗进行粘合。一般 PVC 膜粘合温度为 130 ℃，EVA 及 PE 膜粘合温度为 110 ℃左右。

（2）覆盖棚膜。上膜要在无风的晴天进行，先要分清棚膜正反面。将大块薄膜铺展在大棚上，将膜拉紧，依次固定于纵向卡槽内，在底通风口上沿卡槽固定。两端棚膜卡在两端面的卡槽内，下端埋于土中。棚膜宽度与拱架弧长相同，棚膜长度应大于棚长 7 m，以覆盖两端。

7）通风口安装

通风口设在拱架两侧的底角处，宽度 0.8 m，底通风口采用上膜压下膜扒缝通风。选用卷膜器时，安装在大块膜的下端，用卡箍将棚膜下端固定于卷轴上。每隔 0.8 m 卡一个卡箍，向上摇动卷膜器摇把，可直接卷放通风口。大棚两侧底通风口下卡槽内安装 40 cm 宽的挡风膜。

8）覆盖防虫网

在大棚两侧底角风口安装时，截取与大棚室等长的防虫网，宽度 1 m，防虫网上下两面固定于卡槽内，两端固定在大棚两端卡槽上。

9）绑压膜线

棚膜及通风口安完后，用压膜线压紧棚膜。压膜线间距 2~3 m，固定在混凝土基础上预埋的挂钩上。

10）多层覆盖

根据种植需要可进行多层覆盖。在距外层拱架 25~30 cm 处加设内层拱架，内层拱架间距 3 m，内外两层拱架在顶部连接。还可在大棚内用竹竿或竹片加设 1.2~1.5 m 高的小拱棚。

3.1.5.4 施工质量检查和验收

1. 整理施工记录

认真整理施工记录，遵循有关的标准或规范，如《工程测量规范（GB 50026—2007）》《建筑地基基础工程施工质量验收标准（GB 50202—2018）》《土地整治项目验收规程（TD/T 1013—2013）》等。施工记录必须完整、清楚，从进场进行土建基础施工到大棚竣工，依照施工进度，每一个环节/节点均须有明确的记录，不许漏报，不得弄虚作假。通常要做好如下两项记录。

（1）工程测量记录，主要有：定位测量记录、地基验槽记录、放线记录、沉降观测记录、单位工程垂直度观测记录。这些测量结果，测完后应立即记录。记录单上须有相关人员签字和写明日期，记录的信息要录入电脑。

（2）工程施工记录,包括:隐蔽工程检查记录、预检工程检查记录、中间检查交接记录、地基处理记录、地基钎探记录、混凝土施工记录、混凝土养护测温记录、混凝土开盘鉴定等。这些记录单上必须有相关人员签字和日期,记录的信息要在当日录入电脑。

2. 施工质量检查

1）基础工程

基础工程各项指标允差见表3-3。

表3-3　温室大棚基础现浇混凝土工程允差　　　单位:mm

项目		允差
轴线位置	条形基础	±3
	独立基础	±3
预埋件中心线位置		±5
预埋件顶标高		±3
基础圈梁表面平整度		≤20
纵横向最外侧轴线间距离		±8
相邻两轴线间距		±3

除本表准规定外,其他各项应按照《建筑地基基础工程施工质量验收标准(GB 50202—2018)》《混凝土结构工程施工质量验收规范(GB 50204—2015)》《砌体结构工程施工质量验收规范(GB 50203—2011)》进行。

2）地面工程

地面工程施工及验收,应按照《建筑地面工程施工质量验收规范(GB 50209—2010)》进行。

3）钢架工程

A. 放样、号料、剪切、切割

放样和样板(样杆)的允差见表3-4。

表3-4　放样和样板(样杆)的允差

项目	允差
平行线距离及分段尺寸	±0.5 mm
对角线差	±1.0 mm
宽度、长度	±0.5 mm
孔距	±0.5 mm
加工样板角度	±20′

号料的允差见表3-5。

表3-5　号料的允差　　　单位:mm

项目	允差
零件外形尺寸	±1.0
孔距	±0.5

剪切的允差见表3-6。

表 3-6　剪切的允差　　　　　　　　　　　　　　　　　　　单位:mm

项目	允差
边缘缺陷	±1.5
型钢端部垂直度	±2.0
零件直度	±1.0

切割的允差见表 3-7。

表 3-7　切割的允差　　　　　　　　　　　　　　　　　　　单位:mm

项目	允差
零件宽度、长度	±3.0
切割面平整度	±0.5
割纹深度	±0.2
局部缺口深度	±1.0

B. 矫正、成型

板件的弯曲成型应根据材料的材质及厚度(t)确定最小弯曲半径。管件弯曲成型应根据管径确定弯曲半径,一般必须大于半径的 3 倍。弯曲成型的管件用弧形样板检查,管外径为 30~60 mm 时,若弯曲半径 $R>1\ 000$ mm,则允差 ±5 mm;若弯曲半径 $R \leqslant 1\ 000$ mm,则允差 ±3 mm。折弯件允差尺寸误差不大于 0.5 mm。表 3-8 给出了板件的最小弯曲半径(为板厚 t 的倍数)。

表 3-8　板件的最小弯曲半径

材料	垂直于扎制纹路	和扎制纹路成45°角	平行于扎制纹路
05,10,A1,A2	0.3	0.5	0.8
15,20,A3	0.5	0.8	1.3

C. 钢构件制作

钢构件制作的允差应符合表 3-9。

表 3-9　钢构件制作允差　　　　　　　　　　　　　　　　单位:mm

项目			允差
同组螺栓	相邻孔距	≤500	±0.7
	任意两孔距	≤500	±1
		500~1 200	±1.2
	相邻两组的端孔距	≤500	±1.2
		500~1 200	±1.5
		1 200~3 000	±2
		>3 000	±3

桁架制作允差项目见表 3-10。

表 3-10　桁架制作允差

项目		允差
$L\leqslant24$ m		± 7 cm
$L>24$ m		+10 cm
桁架起拱	设计要求起拱	± 10 cm
	设计不要求起拱	$\leqslant L/5\,000$
支撑面到第一个安装孔的距离		± 1 cm

（注：L 为桁架长度。）

钢柱制作允差项目见表 3-11。

表 3-11　钢柱制作允差项目

项目	允差
柱身挠曲矢高	$\leqslant L/1\,000$
柱身扭曲	± 3 cm
柱截面几何尺寸	± 3 cm
柱脚底板翘曲	± 3 cm
柱脚螺栓孔中心对柱中心线的偏移	± 1.5 cm

（注：L 为桁架长度。）

D. 钢架的安装

钢柱、钢桁架安装工程的允差应符合表 3-12 和表 3-13 的要求。

表 3-12　钢柱安装的允差

项目		允差
柱脚底板中心线	膜温室	± 5 mm
定位轴线的偏移	板温室	± 3 mm
	玻璃温室	± 2 mm
柱基准点标高	膜、板温室	± 3 mm
	玻璃温室	± 2 mm
挠曲矢高	膜、板温室	
	玻璃温室	± 3 mm
柱轴线垂直度	膜、板温室	$\leqslant H/1\,000$
	玻璃温室	± 2.5 mm

（注：H 为钢柱高度。）

表 3-13　钢桁架安装的允差

项目	允差
桁架跨中的垂直度	$\leqslant H/250$ 或 5 mm
桁架及其受压弦杆的侧向弯曲矢高	$\leqslant L/1\,000$ 或 5 mm

（注：L 及 H 分别为桁架长度和钢柱高度。）

3. 工程验收

钢结构验收应提供所用的钢材、连接材料和镀锌质量证明书或试验报告,并提供安装记录及安装质量评定报告,同时应按照《钢结构工程施工质量验收标准(GB 50205—2020)》执行。

覆盖工程验收应提供如下资料:①覆盖材料生产厂家、品牌、出厂日期和主要性能参数表;②覆盖材料的质量证明书或检验报告。其安装质量指标要求包括:①板材外观平整,分隔均匀,无明显倾斜、鼓包;②用带防水垫圈的镀锌螺栓或自攻钉固定板材,钉距均匀且满足设计要求;③棚膜外观平整,无较大皱褶,卡具应为镀锌铝制等不锈材料,固定可靠;④玻璃裁割尺寸正确,填塞严密,安装平整,固定牢固,无松动、无渗漏。

棚膜的水密性和透光性检测要求如下。

(1)水密性:用压力大于300 Pa,流量2~3 m³/h的水流在测点持续喷淋至少5 min,不得出现明显的滴漏。温室测点可随机选取,50 m²内不少于3处,500 m²不少于20处。

(2)透光性和雾度:透光性是穿过棚膜的光通量与照射到棚膜的光通量的比值,表示棚膜的透明程度;雾度为透过薄膜但偏离入射光方向的光通量与透射光通量的比值,表示薄膜的浑浊或不清晰程度。塑料温室大棚棚膜材料平均透光率必须达到70%以上。

3.1.6　塑料温室大棚的维护与保养

1. 及时扶正骨架

如土地不平整,土层薄且疏松不一,大棚可能向一端倾斜,发现此现象应及时扶正。方法是:用3道绳索或铁丝把骨架从相反方向拉住,或用竹竿在相反方向撑住。扶正前,先将相反方向骨架底部的土松开,以防用力过猛使骨架折断,扶正后再夯实。还可在轻质大棚骨架内每3~5架再斜绑一道毛竹,以防变形。

2. 不要人为增加负荷

不要把扁豆、丝瓜、南瓜等攀爬果蔬牵到大棚上。若遇到刮风下雨,骨架将难以承受,容易造成骨架裂缝、折断或倒塌。

3. 及时夯实棚脚

由于土壤涨墒、缩墒及雨水冲淋等,间隔一段时间后,脚洞边的土会自然形成空洞和间隙。如遇连续干旱后暴雨,易造成大棚倾斜、损毁,因此每年至少要对棚脚的脚洞填土两次。

4. 棚膜保养

大棚使用中,注意不要用尖锐物在棚膜上碰撞,以免划破棚膜。棚膜出现裂口时,可用黏合剂修补或用透明胶带修补。聚乙烯膜可用聚氨酯黏合剂修补。雪天之后,应及时清扫棚膜上的积雪,以防压坏棚膜。要经常保持棚膜的清洁,一般棚膜使用2~3年后必须更换,以免影响透光率。

5. 棚架保养

钢架大棚应每年涂刷1次防锈漆,尤其注意易生锈部分的连接件。如大棚棚架内嵌的钢丝、竹片漏出,应进行打磨、包裹,以免划破棚膜,个别断裂的单架应及时更换,以免影响整体的牢固性。竹木大棚和水泥大棚等还应注意拱柱、立柱等连接处的铁丝、螺栓的连接牢固性,也应注意防锈。

6. 地锚线、压膜带维护

如地锚线和压膜带较松动或断裂,应及时紧固或更换。

3.2　日光温室

3.2.1　日光温室基础知识

3.2.1.1　日光温室概况

日光温室,又称暖棚,是一种以玻璃或塑料薄膜等作为覆盖材料,东、西、北三面用土、砖、水泥等做成围墙并有支撑骨架,或者全部以透光材料作为屋顶和围墙的太阳能利用设施,有采光、散热和通风的功能。根据国标,夜间把前坡面用保温被或草苫子覆盖,东、西、北三面为围墙的单坡面塑料温室统称为日光温室。图 3-12 是一种常见的日光温室。

图 3-12　常见日光温室外观实景图

日光温室的墙体可吸热和蓄热。根据需要,室内可安装加热、降温、补光、遮光等设备,灵活调节室内光照、空气和土壤的温湿度、CO_2 浓度等蔬菜、花卉作物生长所需的环境条件。有人走访了北京市 13 个郊区 63 个乡(镇)124 个村的 804 家从业者,2013—2014 年日光温室与塑料温室经济效益的整体情况,种植同样的蔬菜与甜瓜,塑料温室大棚的平均效益低于日光温室,其中蔬菜比日光温室低 35.39%,西甜瓜低 29.74%。日光温室比塑料大棚温室的效益更高,但投资也较大。

3.2.1.2　日光温室的原理和类型

1. 太阳能温室效应

利用透明覆盖材料的透光性和保温墙体的隔热性,将投射到顶棚上的太阳能尽可能多地引入室内,被作物或蓄热体吸收,减少向外散热。当进入室内的太阳能大于向外散失的能量时,室内的作物、空气、墙体和土壤等吸收太阳辐射能,温度不断升高。不断积累净太阳能和温度升高的过程,称为太阳能温室效应。一切日光温室,都是根据这一原理设计和建造的。

2. 日光温室的工作过程

日光温室配置良好的采光和保温围护结构,利用太阳能,通过调节室内的温度、湿度、光照、水分及通风等条件,可创造适宜动物生活(养殖业)和植物生长的室内局部环境。白天,日光温室接收的太阳能超过向外散发的热量,温室升温。有时温度太高,超过设定的温度,应开启通风口,排出一部分热量。夜间没有太阳辐射,温室不断地向外散热,处于降温状态。为减少散热,一般夜间加盖保温层(如保温被或草苫子等)。

3. 日光温室的类型

日光温室通常坐北朝南,东西延长,东、西、北三面筑墙,后屋顶覆盖不透明保温材料,前屋顶用透明塑料薄膜覆盖,作为采光屋顶。日光温室从前屋顶的构型来看,基本分为一斜一立式和半拱式。因后坡长短、后墙高矮不同,又可分为长后坡矮后墙温室、高后墙短后坡温室、无后坡温室(俗称半拉瓢)。从建材上可分为竹木结构温室、早强水泥结构温室、钢筋水泥砖石结构温室、钢竹混合结构温室以及全钢架温室。

决定温室性能的关键因素是采光和保温,采用什么建材主要由经济条件和生产效益决定。日光温室一般采用带有后墙及后坡的半拱式日光温室,这种温室既能充分利用太阳能,又具有较强的棚膜抗摔打能力。因此,温室结构设计及建造以半拱式为好。

1）一斜一立式温室

一斜一立式温室是由一斜一立式玻璃温室演变而来的。20世纪70年代以来,由于玻璃短缺和塑料工业的兴起,塑膜代替玻璃覆盖的一斜一立式日光温室最初在辽宁省瓦房店市发展起来。现在已辐射到山东、河北、河南和安徽等地。如图3-13所示,一般温室跨度7 m左右,脊高3~3.2 m,前立窗高80~90 cm,后墙高2.1~2.3 m,后屋顶水平投影1.2~1.3 m,前屋顶采光角达到23°左右。一斜一立式温室多数为竹结构,前屋顶每3 m设一横梁,由立柱支撑,也可起抗风作用。

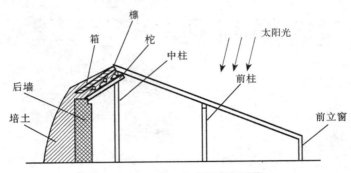

图 3-13　一斜一立式温室剖面图

这种温室空间较大,弱光带较小,在北纬40°以南地区应用效果较好。但前屋顶压膜线压不紧,只能用竹竿或木杆压膜,既增加造价又遮光。

20世纪80年代以来,改进了温室屋顶的结构,创造了琴弦式日光温室。前屋顶每3 m设一桁架,桁架用木杆或用25英寸钢管作上弦,用直径为14 mm的钢筋作下弦,用直径10 mm的钢筋作拉花。在桁架上按30~40 cm间距,东西拉8号铁线,铁线东西两端固定在山墙外基部,以提高前屋顶强度,铁线上拱架间每隔75 cm固定一道细竹竿,上面覆盖薄膜,膜上再压细竹竿,与膜下细竹竿用细铁丝捆绑在一起。盖双层草苫。跨度7~7.1 m,高2.8~3.1 m,后墙高1.8~2.3 m,用土或石头垒墙加培土制成,经济条件好的地区以砖砌墙。近年来,温室垒墙还出现了用使用过的编织袋装石块垒墙的做法。琴弦式温室见图3-14。近几年来,一斜一立式或琴弦式温室又发展成前屋顶向上拱起的结构,以便于更好地压膜,减轻棚膜的摔打现象。

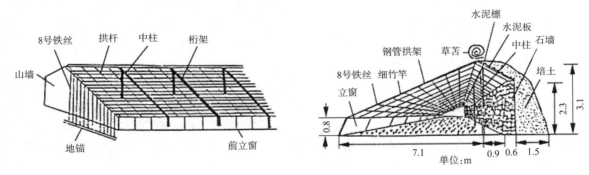

图 3-14　琴弦式日光温室结构图

2）半拱式温室

半拱式温室是从一面坡温室和北京改良温室演变而来的。20世纪70年代木材和玻璃短缺,前屋顶由松木棱改为竹竿,以竹片作拱杆,以塑料薄膜代替玻璃,屋顶构型改一面坡和两折式为半拱式。温室跨度多为6~6.5 m,脊高2.5~2.8 m,后屋顶水平投影1.3~1.4 m,如图3-15所示。这种温室在北纬40°以上地区较为普遍。

无柱钢竹混合结构日光温室如图3-16所示,矮后墙长后坡竹木结构日光温室、高后墙矮后坡竹木结构日光温室见图3-17和图3-18。

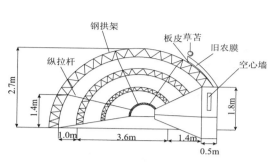

图 3-15　半拱式温室结构图

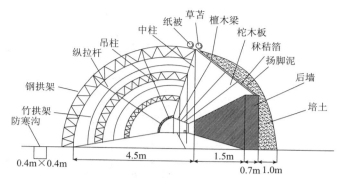

图 3-16　无柱钢竹混合结构日光温室结构图

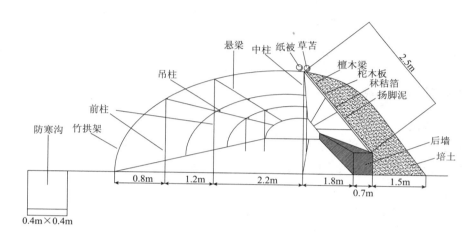

图 3-17　矮后墙长后坡竹木结构日光温室结构图

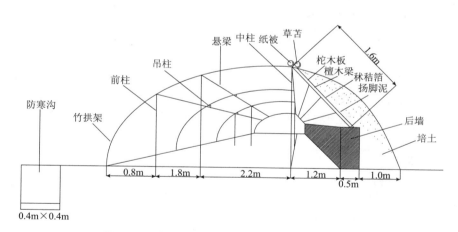

图 3-18　高后墙矮后坡竹木结构日光温室结构图

　　从太阳能利用效果、塑膜棚面在有风时对棚膜捶打现象的减弱程度和抗风雪载荷的强度出发,半拱式温室优于一斜一立式温室。故优化设计的日光温室是以半拱式为前提的。

　　近年来,半拱式日光温室出现了全钢架式,墙体为复合保温墙,采光面为"全钢架＋保温膜",设通风口,其中立柱为水泥预制件,棚架为钢架,用钢管固定。温室后屋顶用麦草帘填充。一种全钢架无立柱的日光温室见图 3-19。

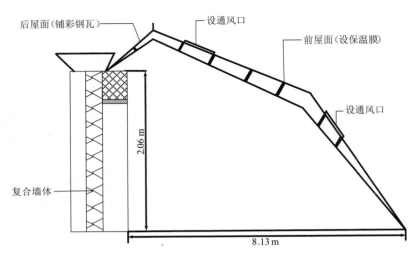

图 3-19　一种全钢架无立柱日光温室结构图

3.2.2　日光温室施工建造

3.2.2.1　施工前的准备

1. 识读技术文件

看懂日光温室结构图、装配图和施工图,熟悉相关的施工规范和技术指标。

2. 日光温室选址原则

(1)要求温室区地形空旷,光照充足,东、南、西三个方向没有遮阴物。

(2)地势平坦,土壤肥沃,便于供水和排水。

(3)水源充足,水质优良,供电方便,有井灌。

(4)必须具备挖掘灌水渠、排水渠的条件。

(5)避开水源、土壤、空气污染区,保证产品符合食品卫生标准。

3. 熟悉施工方案

施工方案是为达到施工目标而制定的具体实施方案,包括组织机构方案、人员组成方案、施工技术方案、施工安全方案、材料供应方案等。根据项目大小,还有现场保卫方案、后勤保障方案等。第 2 代节能日光温室施工基本流程为:选址→基础工程→墙体修建→立柱固定→骨架安装→门窗安装→后坡施工→前屋顶施工→卷帘机安装→覆膜。

4. 施工机具和材料准备

一般施工所需机具和材料包括:水平尺、线锤、经纬仪、龙门板、线绳、墨斗、钢卷尺、盘尺、冲击钻、手枪钻、混凝土搅拌机、砂浆机、切割机、角磨机、电焊机、钢筋弯曲机、卷帘机、卷膜机、模板加工机具、挖土机具、皮灰斗、铁抹子、泥瓦刀、铲刀、石灰水泥浆、砖、笔、纸、计算机、氧气、乙炔以及修缮施工缺陷的工具。

3.2.2.2　施工建造

1. 定位

用棒影法确定正南正北方向。在平整后场地的适当位置处立一根垂直立杆,记下立杆的时间(比如上午 10 点),用白灰在地上撒出棒影的灰线,取一根与棒影长度相同的绳子,以立杆点为圆心,从棒影开始,以该绳子的长度为半径逆时针画弧并用白灰撒出灰线。由于棒影长度随着太阳高度的变化而变化,午前至正午,棒影越来越短,到正午时棒影最短,午后棒影越来越长,下午 2 点前后,棒影与圆弧再次重合,用白灰撒出棒影灰线,两个棒影灰线夹角的平分线方向就是正南正北的方向。角平分线的做法有两种:一种是数学的方法,即以两棒影与圆弧的交点为圆心,以适当长度为半径画弧,两弧交点与立杆点的连线是正南正北方向;另一种是尺量法,用钢尺量出两棒影与圆弧交点间的距离,该长度的中点与立杆点的连线方向即为正南正北的方向。

棒影法确定南偏东、偏西 5°。在平整后的场地上的适当位置处,上午 11:40 时立一根垂直立杆,立杆在地上的投影方向可粗略地认为是南偏东 5° 的方向;下午 12:20 立一根垂直立杆,该立杆在地上的投影方向就可粗略地认为是南偏西的 5° 方向。

2. 放线

在测绘精度要求不高时,直角的测量可用钢尺按"三、四、五"(勾股定理)作垂线进行。在日光温室建设中,这种方法是十分方便和有效的。

在精度要求较高时,用经纬仪和钢尺联合放线,方法是:首先确定出温室的一个角点,由经纬仪测定角度,用钢尺量出距离,用龙门板确定出温室围护结构(或外墙)的轴线并定出龙门桩;然后将温室的标高和各轴线及墙体内外边线、洞口等引测到龙门板上;根据轴线放出基础砌筑线和基础开挖线,墙体较长时,可在30~50 m 中间加设龙门板;定位后,沿基础开挖线在地面上撒上白灰作为基础开挖的标志线。

3. 施工建造方法

1)日光温室墙体施工

日光温室的墙体一般有土墙、毛石墙体、实心砖墙和空心墙等。以下介绍毛石墙体和砖墙的施工要点。

A. 准备工作

(1)施工建材:石料、砂、水泥、水、砖、塑钢门、拉结筋、预埋件(已做完防腐)。

(2)施工机具:搅拌机、筛子、铁锹、手锤、大铲、泥瓦刀、托线板、线坠、水平尺、钢卷尺、小白线、半截大桶、扫帚、工具袋、手推车、挂线架、脚手架等。

(3)砌筑毛石墙,应在基础回填土回填结束后进行,并在墙体两侧搭设脚手架。

(4)检查毛石、砂浆的等级是否符合设计要求。

(5)检查基础顶面的墨线是否符合设计要求,标高是否正确。

B. 毛石墙体砌筑

毛石墙砌筑前,应清扫基础面,在基础面上弹出墙体中心线和边线;在墙体两端树立皮数杆,在皮数杆之间拉准线,以控制每皮毛石进出位置,挂线分皮卧砌,每皮高度 300~400 mm。建造流程为施工准备→混凝土搅拌→试排摆底→砌筑→收尾工作。砌筑墙体可用铺浆法。砌前先试摆,使石料大小搭配,大面平放朝下,外表面要平齐,斜口朝内,各皮毛石间利用自然形状经敲打修整,使其能与先砌毛石基本吻合,搭砌紧密,逐块卧砌坐浆,使砂浆饱满。所用的平毛石较大时,先砌转角处、交接处和洞口处,再向中间砌筑。

C. 毛石墙体施工方法

(1)角石砌法。角石选用三面都比较方正且较大的石块,缺少合适的石块时应加工。角石砌好后架线砌筑墙身,墙身的石块也要将平整面放在外面,选墙面石的原则是"有面取面,无面取凸",同一层的毛石要用大小相近的石块,同一堵墙的砌筑,要把大的石块砌在下面,小的砌在上面,以增强稳定性。如果是清水墙,应选取棱角较多的石块,以增强墙面的美感。

(2)抱角砌法。它是在缺乏角石料又要求墙角平直的情况下使用的。不仅可用于墙的转角处,也可以用在门窗洞口边。砌抱角的做法是在转角处(门窗洞口边)砌上一砖到一砖半的角,一般砌成五进五出的马牙槎。砌筑时,先砌墙角的五皮砖,再砌毛石,毛石上口要基本与砖面持平。待砌完这一层毛石后,再砌上面的五皮砖。五皮砖要深入毛石墙身半砖长,起到拉结作用。

D. 毛墙体砌筑要领

(1)搭:砌毛石墙都是双面挂线、内外搭脚手架,同时操作,要求里外两面的操作配合默契。所谓搭,就是外面砌一块长石,里面就要砌一块短石,使石墙里外上下都能错缝搭接。

(2)压:砌好的石块要稳,能承受上面的压力。上面的石块摆稳,以自重来增加下层石块的稳定性。砌好的石块要求"下口清,上口平"。下口清是石块要有整齐的棱边,砌入墙身前应先适当加工,打去多余的棱角,砌完后做到外口灰缝均匀,里口灰缝严密。上口平指的是留槎口里外要平,为上层砌石创造条件。

(3)拉:为了增加墙体的稳定性,毛石墙每 0.7 m² 要砌一块拉结石,拉结石的长度应为墙厚的 2/3,当墙厚小于 400 mm 时,可使用长度与墙厚相同的拉结石,但必须做到灰缝严密,防止雨水顺石缝渗入室内。

（4）槎:每砌一层毛石,都要给上一层毛石留出槎口,槎的对接要平直,使上下层石块咬槎严密,以增加砌体的整体性。留槎口要防止出现硬蹬槎或槎口多的现象,当砌到窗口、窗上口、圈梁底和楼板底等处时,应跟线找平。找平槎口留出高度应结合毛石尺寸,但不得小于 100 mm,然后用小块石找平。

（5）垫:毛石砌体要做到砂浆饱满,灰缝均匀。由于毛石本身的不规则,造成灰缝的厚薄不同,砂浆过厚,砌体容易产生压缩变形;砂浆过薄或块石之间直接接触,应力易集中,会影响砌体强度。因此在灰缝过厚处要垫塞石片,石片要垫在里口,不要垫在外口,上下都要填抹砂浆。

E. 毛石墙体砌筑注意事项

（1）毛石墙的砌筑要注意大小石块搭配,避免把好石块在下半部用完,墙角的各层石块应相互搭压,绝对不可留通缝。

（2）毛石墙砌好一层后,应用小石块填充墙体空隙,不能只填砂浆不填石块,也不能只填石块,使砂浆无法进入。墙身要上下错缝,也要内外搭接,要正确使用拉结石,避免砌成夹心墙。

（3）毛石墙每天的砌筑高度不得超过 1.2 m,以免砂浆没有凝固时石材靠自重下沉造成墙身鼓肚或坍塌。接槎要将槎口的砂浆和松动的石块铲除,洒水湿润,再将要砌的石墙接上去。砌筑毛石墙是把大小不规则的石块砌成表面平整、花纹美观的墙体。

F. 收尾工作

砌筑结束后,要把当天砌筑的墙勾好砂浆缝,根据设计要求确定勾缝的深度。当天勾缝,砂浆强度还很低,操作容易。当天勾缝既是补缝又是抠缝,对砂浆不足处要补嵌砂浆;同时抠掉多余的砂浆,可用抿子、溜子等作业。墙缝抹完后,要用钢丝刷、竹丝扫帚等清刷墙面,使石面能将其美观的天然纹理面展现出来。

G. 砖墙的施工建造要点

（1）抄平放线:砌筑之前要在基础顶面做墙身防潮层。做法是抹 20 mm 厚水泥砂浆防潮层,内掺水泥重量 3%~5% 的防水剂。然后根据龙门板上标志的轴线弹出墙身的轴线、边线及门窗洞口位置线等。

（2）摆底:按选定的组砌方式在墙基础顶面上试摆,以尽量使门窗垛处符合砖的模数。偏离可调整砖与砖之间的缝隙,使砖的排列及砖缝均匀,提高砌筑效率。

（3）立皮数杆:皮数杆是一种方木标志杆,上面画有每皮砖及灰缝的厚度以及门窗门洞、过梁、楼板、梁底等的标高位置,用以控制砌体的竖向尺寸。一般立在墙体的转角处及纵横墙交接处。

（4）盘角及挂线:砌墙时应先盘角,每次盘角不宜超过五皮砖。盘角时要仔细对照皮数杆的砖层及层高,控制好灰缝大小,使水平灰缝均匀一致。砌筑复合保温墙必须双面挂线。如果长墙几个人共享一根通线,中间应设几个支线点,小线要拉紧。每层砖都要穿线看平,使水平缝均匀一致。

（5）墙体砌筑:砌砖要用"三一砌砖法",即一铲灰、一块砖、一挤揉。严禁溜长趟,即先在墙上放几铲灰,向上摆砖。砌砖时一定要跟线,"上跟线,下跟棱,左右相邻要对平"。水平灰缝和竖向灰缝宽度一般为 10 mm 左右,在 8~12 mm 之间为宜。砌筑应严格遵循砖石施工及验收规范要求的 16 字方针,做到"横平竖直,灰浆饱满,内外搭接,上下错缝"。砌体水平灰缝的砂浆饱满度必须达到 80%（用百格网检查）。

墙体转角和丁字接头处应同时砌筑,不能同时砌筑时应留斜槎,斜槎长度不应小于其高度的 2/3。如果留斜槎确有困难时,除转角外,也可以留直槎,但必须是阳槎（公槎）,严禁阴槎（母槎）,并设拉结筋。拉结筋的间距是沿墙高 8~10 皮砖（500~600 mm）设一道,240 mm 墙设 2 根 ϕ6mm 钢筋,370 mm 设 3 根。拉结筋埋入长度要求两侧均不少于 1 000 mm,末端设有弯钩。

砌筑砂浆应随搅拌随使用,水泥砂浆必须在 3 h 内用完,混合砂浆必须在 4 h 内用完,不得使用过夜砂浆。墙体砌筑时严禁用水冲浆灌缝。

H. 空心墙体砌筑

空心墙体的内层采用 240 mm 厚的承重砖墙,外层是 120 mm 厚保护墙,中间是 60~120 mm 厚的空隙竖直空气夹层。为了使两层墙壁结合牢固,两层墙体需要拉结,常用做法有两种:一种是用拉结砖,每隔 1 m 左右在两墙体间砌一层拉结砖;另一种方法是沿高度方向每隔 8~10 皮砖（500~600 mm）设一道拉结筋,沿长度方向每隔两砖到两砖半（500~750 mm）设一道拉结筋，上下两层拉结筋呈交错布置。拉结筋采用 ϕ6mm 钢筋，两端设有弯钩。

I. 日光温室后墙、山墙的建造

日光温室后墙高度一般为 1.8~2.2 m，不低于 1.6 m。后墙要在距房屋 3~4 m 外，沿着温室延长方向划线。后墙、山墙按建筑材料可分为泥垛、砖石两种。无论是用泥还是用砖，基础最好是用砖或石头砌为 0.5 m 高，可有效抗雨淋、水泡，延长温室的使用寿命。墙体若用砖砌，内层砖墙厚 24 cm，中间保温夹层厚 12 cm，外层砖墙厚 12 cm。保温夹层可填充珍珠岩、炉灰渣等。若用泥垛，用扬脚泥垛，底宽 1 m，顶宽 0.8 m。后墙培土，可增强保温效果。图 3-20 示出了砖砌异质复合保温墙体剖面图。

J. 砌筑墙体注意事项

东、西山墙按设计尺寸建造，其各点的高度应低于事先所标尺寸，以便后期修正。北墙与东、西山墙的拐角处应该同时建造，防止出现裂缝。如条件允许，可在北墙外堆土压实，保温效果会更好。

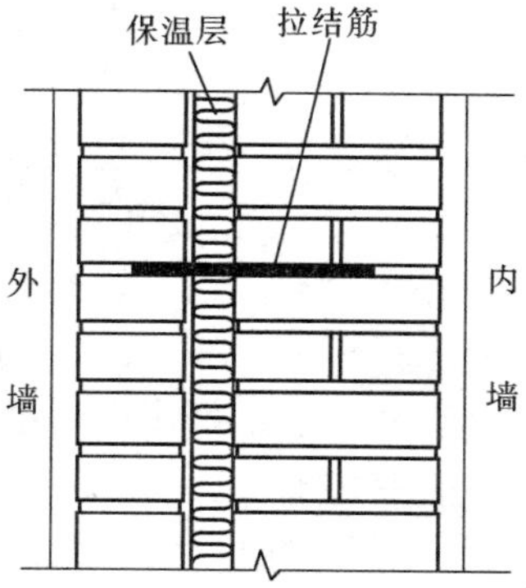

图 3-20　砖砌异质复合保温墙体剖面图

2）日光温室拱架的安装施工

日光温室拱架可分为：水泥预件＋竹木混合构造、钢架竹木混合构造和钢架构造。水泥预件与竹木混合构造特点为：立柱、后横梁由钢筋混凝土柱形成；拱杆为竹竿，后坡檩条为圆木棒或水泥预制件。中间立柱分为后立柱、中立柱、前立柱。后立柱可选 13 cm×6 cm 钢筋混凝土柱，中立柱可选 10 cm×5 cm 钢筋混凝土柱，因温室跨度不同，中立柱可由 1 排、2 排或 3 排形成，前立柱可由 9 cm×5 cm 钢筋混凝土柱形成。后横梁可选 10 cm×10 cm 钢筋混凝土柱。后坡檩条可选 ϕ10~12 cm 圆木，主拱杆可选 ϕ9~12 cm 圆竹进行建造。

钢架竹木混合构造特点为：主拱梁、立柱、后坡檩条由镀锌管或角铁形成，副拱梁由竹竿形成。中间主拱梁由 ϕ27 mm 国标镀锌管（6 分管）2~3 根制成，副拱梁由 ϕ5 mm 左右圆竹制成。立柱由 ϕ100 mm 国标镀锌管制成。后横梁由 50 mm×50 mm×5 mm 角铁或 ϕ60 mm 国标镀锌管（2 寸管）制成。后坡檩条由 40 mm×40 mm×4 mm 角铁或 ϕ27 mm 国标镀锌管（6 分管）制成。

钢架构造特点：全部骨架构造由钢材构成，无立柱或仅有一排后立柱，后坡檩条与拱梁连为一体，中纵肋（纵拉杆）3~5 根。中间主拱梁由 ϕ27 mm 国标镀锌管 2~3 根制成，副拱梁由 ϕ27 mm 国标镀锌管 1 根制成，立柱由 ϕ50 mm 国标镀锌管制成。

日光温室拱架的安装过程如下。

（1）钢筋或钢管拱架的安装。用钢筋或钢管焊接的双弦拱架，钢管必须是管壁厚度 3.6 mm 的国标 6 分管。一般用 6 分镀锌管作上弦，p12 钢筋作下弦，p10 钢筋作拉花，按前屋顶形状做好模具，焊成拱架。一般每隔 1 m 设 1 道拱架，用 4 分钢管设横向拉筋，设 3~4 道，互相连接而成。钢架外拱为 4 分钢管，内拱为 ϕ14 mm 圆钢，花筋为 ϕ10 mm 圆钢。除锈后，刷两遍防锈漆。该类温室造价高，投资较大，遮阳率少，没有支柱，便于作物生长和人员操作，维护费用少，折旧期年限长。

（2）钢竹混合结构的安装。钢竹混合结构的建造流程为：温室选址→地基土建施工→墙体建造→后屋顶搭接→立柱加工、安装→檩子椽子加工、安装→拱架焊接固定→整体拱架安装→竹竿摆放→铁丝绑扎固定→棚膜安装→压膜线固定→棉被铺放→卷被机安装→其他配套设施安装。温室钢骨架每隔 3 m 架设 1 个，钢架之间架设 4 根竹木结构拱架，拱架与拱架之间通过 10 号铁丝连接。安装拱架时，先装温室两头的拱架，前脚焊接在前屋顶地脚的预埋件上，另一头用扁铁钢钉固定在檩子上。在两头拱架地脚 20 cm 处拉一条线，其余拱架应按此线安装。待拱架安全固定后，在拱架上拱的下部焊 3 道 ϕ12 mm 的横拉钢筋，使前屋顶的拱架为一个牢固的整体。焊接时注意调整拱架的垂直度。

日光温室覆膜前要做好以下准备工作。

（1）人员准备：以东西长 100 m、跨度 9.5 m 的温室大棚为例，至少需要 20 人参与。

（2）薄膜准备：温室大棚薄膜共分两幅，一幅屋顶棚膜，另一幅为放风棚膜。前者建议选购透光率高、无滴、消雾强、寿命长的 EVA 或 PO 等薄膜，长度以 98 m 左右、宽度为 10.5 m 左右为宜，并且要事先在棚膜上端穿一拉绳。后者选购普通棚膜为宜，长度与前者相同，宽度约 3 m，同样要备拉绳。

（3）工具准备：钳子、紧线机、竹竿、铁丝、钢丝、压膜绳等若干。

覆盖温室大棚膜，宜选择晴天、无风的下午进行。覆膜分 4 个步骤。①拉膜上棚。从温室大棚东边，每隔 5 m，依次抬起棚膜，沿着大棚前面，将棚膜一端抬到大棚西边。而后，拉起（带有拉绳的）棚膜一边，从大棚底部上去，沿着拱杆向上走，将薄膜拉上棚面。②固定膜上端。一人先在温室大棚东边，将钢丝固定在拉绳上，另一人在大棚西边拉动拉绳，可顺势把钢丝穿过棚膜，之后再把钢丝这一端固定在棚西墙处的地锚上，钢丝另一端用紧线机固定。最后用铁丝，把棚膜上端捆绑在竹竿上，每隔一竹竿捆绑 1 次。注意捆绑后的铁丝头要往下，避免扎破防风棚膜。③固定膜两端。先用棚膜边将长约 10 m 的竹竿包好，10 人拿起竹竿往下拽，将其拽紧后，便可用铁丝将其固定在地锚上，约 50 cm 固定一处。为了加强牢固性，建议铁丝在钢丝上呈 S 形缠绕。按照同样的方法，将棚东边的棚膜端固定。④埋压膜前端。在温室大棚前沿处，从棚东边用竹竿卷上棚膜前端，下拽拉紧棚膜后，同时用土埋压棚膜，并踩实。

按覆盖屋顶棚膜的方法，将防风棚膜覆盖后，要上压膜绳，加强棚膜的牢固性。压膜绳上端系在棚顶部的地锚上，下端系在棚前沿的地锚上，每隔 2 m 设一处压膜绳。重点是拉紧、固牢。

4. 施工质量检查

1）砖基础质量标准

（1）保证项目：①砖的品种、强度等级必须符合设计要求，规格必须一致；②砂浆的品种必须符合设计要求，强度必须符合规定；③同一验收批砂浆试块的平均抗压强度必须大于或等于设计强度；④同一验收批砂浆试块的抗压强度的最小一组平均值必须不小于设计强度等级的 0.75 倍；⑤砌体砂浆必须密实饱满，实心砌体水平灰缝的砂浆饱满度不小于 80%；⑥外墙的转角处严禁留直槎，其他临时间断处留槎的做法必须符合施工验收规范的规定。

（2）基本项目：①砌体上下错缝，每间（处）3~5 m 的通缝不超过 3 处，混水墙中长度大于等于 300 mm 的通缝每间不超过 3 处，且不得在同一墙面上；②砌体接槎处灰浆密实，缝、砖平直，水平灰缝厚度应为 10 mm，不小于 8 mm，也不应大于 12 mm；③预埋拉结钢筋的数量、长度均应符合设计要求和施工验收规范的规定；④构造体位置留置应正确，大马牙槎要先推后进，残留砂浆要清理干净。

（3）允许偏差项目：①轴线位置偏移用经纬仪或拉线检查，其偏差不得超过 10 mm；②基础顶面标高用水准仪和尺量检查，其偏差不得超过 15 mm；③预留构造柱的截面允差不得超过 15 mm，用尺量检查；④表面平整度和水平灰缝平直度均应符合要求。

2）毛石基础质量标准

（1）保证项目：①石料的质量、规格必须符合设计要求和施工验收规范规定；②砂浆品种必须符合设计要求，强度要求同砖基础；③转角处须同时砌筑，交接处同时砌筑时须留斜槎，留槎高度每次 1 m 为宜，不允许一次到顶。

（2）基本项目：①毛石砌体应内外搭砌，上下错缝，拉结石、丁砌石交错设置，拉结石每 0.7 墙面不少于 1 块，拉结石分布应均匀，毛石分皮卧砌，无填心砌法；②墙面应勾缝密实，黏结牢固，墙面清洁，缝条光洁，整齐、清晰、美观。

（3）允许偏差项目：①用经纬仪、水准仪、钢尺等检查；②轴线位置偏移不超过 20 mm；③基础和墙砌体顶面标高不超过 25 mm；④砌体厚度的允差不超过 +30 mm 或 -10 mm。

3）复合保温墙体质量标准及验收方法

（1）主控项目：砖和砂浆的强度等级必须符合设计要求。

（2）一般项目：①砖砌体组砌方法应正确，内外搭接，上下错缝，砖柱不得采用包心砌法；②砖砌体的灰缝应横平竖直、灰浆饱满、薄厚均匀，水平灰缝厚度宜为 10 mm，但不应小于 8 mm，也不应大于 12 mm；③砖砌体的一般尺寸允许偏差应符合相关标准规定。

4）地基工程

基础工程各项指标允许偏差见表 3-14。

表 3-14　日光温室基础现浇混凝土工程允许偏差　　　　单位：mm

项目		允许偏差
轴线位置	条形基础	± 3
	独立基础	± 3
预埋件中心线位置		± 5
预埋件顶标高		± 3
基础圈梁表面平整度（不超过 2 mm）		± 20
纵横向最外侧轴线间距离		± 8
相邻两轴线间距离		± 3

除上表规定外，其他各项按《建筑地基基础工程施工质量验收标准（GB 50202—2018）》《混凝土结构工程施工质量验收规范（GB 50204—2015）》《砌体结构工程施工质量验收规范（GB 50203—2011）》进行验收。

5）地面工程

地面工程验收按照《建筑地面工程施工质量验收规范（GB 50209—2010）》进行。

6）钢架工程

A. 放样、号料、剪切和切割

放样和样板（样杆）的允许偏差见表 3-15。

表 3-15　放样和样板（样杆）的允许偏差　　　　单位：mm

项目	允许偏差
平行线距离及分段尺寸	± 0.5
对角线差	± 1.0
宽度、长度	± 0.5
孔距	± 0.5
加工样板角度	± 20′

号料的允许偏差见表 3-16。

表 3-16　号料的允许偏差　　　　单位：mm

项目	允许偏差
零件外形尺寸	± 1.0
孔距	± 0.5

剪切的允许偏差见表 3-17。

表 3-17　剪切的允许偏差　　　　单位：mm

项目	允许偏差
边缘缺陷	± 1.5
型钢端部垂直度	± 2.0
零件直度	± 1.0

切割的允许偏差见表 3-18。

表 3-18　切割的允许偏差　　　　　　　　单位:mm

项目	允许偏差
零件宽度、长度	±3.0
切割面平整度	±0.1
割纹深度	±0.2
局部缺口深度	±1.0

B. 矫正、成型

板件的弯曲成型应根据材料的材质及厚度(t)确定最小弯曲半径;管件弯曲成型应根据管径确定弯曲半径,一般必须大于半径的 3 倍;弯曲成型的管件应采用弧形样板检查,管件外径为 30~60 mm 时,若 $R>1\,000$ mm,允许偏差 ±5 mm,若 $R<1\,000$ mm,允许偏差 ±3 mm;折弯件允许偏差尺寸误差不大于 0.5 mm。表 3-19 给出了板件的最小弯曲半径(为板厚 t 的倍数)。

表 3-19　板件的最小弯曲半径(为板厚 t 的倍数)

材料	垂直于扎制纹路	和扎制纹路成 45°	平行于扎制纹路
05,10,A1,A2	0.3	0.5	0.8
15,20,A3	0.5	0.8	1.3

C. 钢构件制作

钢构件制作工程的允许偏差应符合表 3-20;桁架制作允许偏差项目,见表 3-21;钢柱制作允许偏差项目,见表 3-22。

表 3-20　钢构件制作允许偏差　　　　　　　　单位:mm

项目			允许偏差
同组螺栓	相邻孔距	≤500	±0.7
	任意两孔距	≤500	±1
		500~1 200	±1.2
	相邻两组的端孔距	≤500	±1.2
		500~1 200	±1.5
		1 200~3 000	±2
		>3 000	±3

表 3-21　桁架制作允许偏差

项目		允许偏差
L≤24 m		±5 cm
L>24 m		±7.5 cm
桁架起拱	设计要求起拱	±10 cm
	设计不要求起拱	±L/5 000
支撑面到第一个安装孔的距离		±1 cm

(注:L 为桁架长度。)

表 3-22　钢柱制作允许偏差项目

项目	允许偏差
柱身挠曲矢高	≤ L/1 000
柱身扭曲	± 3 mm
柱截面几何尺寸	± 3 mm
柱脚底板翘曲	± 3 mm
柱脚螺栓孔中心对柱中心线的偏移	± 1.5 mm

（注：L 为钢柱长度。）

D. 钢架的安装

钢架、钢桁架安装工程的允许偏差应分别符合表 3-23 和表 3-24 中的规定。

表 3-23　钢柱安装的允许偏差

项目		允许偏差
柱脚底板中心线	膜温室	± 5 mm
定位轴线的偏移	板温室	± 3 mm
	玻璃温室	± 2 mm
柱基准点标高	膜、板温室	± 3 mm
	玻璃温室	± 2 mm
挠曲矢高	玻璃温室	± 3 mm
柱轴线垂直度	膜、板温室	≤ H/1 000
	玻璃温室	± 2.5 mm

（注：H 为钢柱高度。）

表 3-24　钢桁架安装的允许偏差

项目	允许偏差
桁架跨中的垂直度	± 5 mm
桁架及其受压弦杆的侧向弯曲矢高	± 5 mm

E. 验收

钢结构验收的要求为：

①钢结构验收应提供安装所用的钢材、连接材料和镀锌质量证明书或检验报告；

②钢结构验收应提供结构安装记录及安装质量评定资料；

③钢构件制作的允许偏差应符合表 3-20 的规定；

④除本规定外，钢结构的制作和安装应按照《钢结构工程施工质量验收标准（GB 50205—2020）》执行。

7）覆盖工程

（1）覆盖工程验收应提供如下资料：①覆盖材料生产厂家、品牌、出厂日期和主要参数；②覆盖材料的质量证明书或检验报告。

（2）外观的要求包括：①板材安装外观平整，分隔均匀，无明显倾斜、空鼓；②板材固定用带防水垫圈的镀锌螺栓或自攻钉，钉距均匀且满足设计要求；③膜安装外观平整，无较大皱褶，卡具应为镀锌活铝制等不锈材料，固定可靠；④玻璃裁割尺寸正确，填塞严密，安装平整，固定牢固，无松动、无渗漏。

（3）覆盖工程需进行水密性和透光性检测。①水密性：用压力大于 300 Pa，流量 2~3 m³/h 的水流在选定测点持续喷淋 3 min,不出现明显的滴漏为合格。温室测点随机选取,50 m 长度内不少于 5 点,500 m² 不少于 30 处。 ②透光性:棚膜的透光率和材质(PE、PVC、EVA 等)有关,新膜透光率在 90% 以上,使用 5 个月后透光率在 55% 以上为合格。

　　8)门窗工程

　　推拉铝合金门是用铝合金挤压型材为框、梃、扇料制作的铝合金门,采用宽 2 m、3 m、3.2 m,高 2 m、2.5 m、2.8 m 等规格,厚度不小于 30 mm,产品质量应符合《铝合金门窗工程设计、施工及验收规范(DBJ 15—30—2002)》的要求。铝合金推拉门不占室内空间,外观美丽、价格便宜、密封性较好。用高档滑轨,轻推可开关。配上大块的玻璃,可增加室内的采光,提升温室的整体容貌。铝合金门的受力均匀、不易损坏,但通气面积受到一定限制。

　　推拉铝合金窗的规格应根据通风量的要求确定,产品质量应符合《铝合金门窗(GB/T 8478—2020)》的要求。推拉铝合金窗是用铝合金型材制作框、扇结构的窗,分为普通铝合金窗和断桥铝合金窗。铝合金窗具有美观、密封、强度高等优点。铝合金表面经过氧化,光洁闪亮。窗扇框架大,可镶较大面积的玻璃,让室内光线充足,增强了室内外之间立面的虚实对比,更富有层次。铝合金本身易于挤压,型材的横断面尺寸精确,加工精确度高。

　　铝合金窗开窗机构应满足以下要求:

　　①在启闭范围内,满足设计开启度的要求,操作方便灵活、传动平稳、定位可靠;

　　②顶窗、侧窗呈开启、关闭状态时,全长范围内无歪扭,启闭度基本一致;

　　③开窗连接件连接牢固、可靠,无相对位置滑动;

　　④所有相对运动部件均具有润滑措施和防锈措施;

　　⑤窗户全部打开所有时间应不超过 10~15 min,开启噪音不超过 60 dB。

　　5.日光温室的竣工验收

　　(1)工程测量记录包括工程定位测量记录、地基验槽记录、放线记录、沉降观测记录、垂直度观测记录。

　　(2)工程施工记录包括隐蔽工程检查记录、预检工程检查记录、中间检查交接记录、地基处理记录、地基钎探记录、混凝土施工及养护记录、混凝土开盘鉴定、预应力张拉记录、有粘结预应力结构灌浆记录、钻孔灌注桩后注浆施工记录、钻孔灌注桩施工记录汇总表、人工挖孔桩隐蔽工程记录、振动(锤击)沉管灌注桩施工记录、夯扩桩施工记录等。

　　(3)工程检验试验记录是根据规范和设计要求进行试验,记录下原始数据和计算结果,得出试验结论的资料统称。检验试验记录包括各类施工试验记录,采用新技术、新材料及特殊工艺时应采取的特定施工试验记录。

3.2.3　日光温室的维护与保养

3.2.3.1　日常维护和保养

　　(1)不要人为增加日光温室的负荷,否则遇到大风时骨架难以承受,易造成裂缝、折断甚至倒塌。

　　(2)及时夯实地脚。由于土壤涨墒、缩墒及雨水冲淋等,每年至少要对地脚的孔洞进行两次填土、夯实。

　　(3)棚膜保养。在温室使用中,注意不要让尖锐物划破棚膜。万一棚膜出现裂口,可用黏合剂修补或用透明胶带修补。而聚乙烯膜可用聚氨酯黏合剂修补。要经常保持棚膜的清洁,一般棚膜使用 2~3 年后必须更换,以免使透光率下降。

　　(4)钢架保养。钢架温室每年涂刷 1 次防锈漆,尤其注意生锈部分和易生锈部分的连接部件。应注意拱柱、立柱等支撑体的牢固性,也应注意防锈。

　　(5)保存好保温被。夏季天气炎热,不再需要保温被,卷起并用双层黑地膜包好,防止日晒雨淋。

　　(6)杀菌消毒。使用一季后,日光温室内的土壤、空间潜存病虫源。再次使用前应进行消毒,消灭这些病虫源。首先进行高温闷晒,在使用前一个月内,选一两个晴天,用薄膜将全室密闭,使室内形成高温缺氧的小环境,以杀死低温好氧性微生物和部分害虫、卵、蛹。其次要消毒土壤,可采用药液喷施或药土撒施。

（7）遮阴降温。夏天高温时段,应采取覆盖遮阳网、放花帘、涂抹泥浆等方法遮阴降温,还要加大进风力度,顶风、底风同时放。放风口要设置防虫网,防止害虫进入温室大棚。

3.2.3.2　卷帘机的安装及维护

1. 卷帘机的组成及工作原理

（1）卷帘机的组成:减速机、电动机、摇把、机架、大轴及其支架、卷绳等。

（2）卷帘机的工作原理:电动机通过皮带或齿轮将动力传给减速机(电动机的传动齿轮小,减速机的传动齿轮大,电动机虽然转速很高,但减速机的转速很低),减速机通过输出轴(与大轴连在一起)带着大轴转动,大轴在转动中把卷绳绕在轴上,带动保温被卷起升高直至屋脊预定处停机;放帘时反转,由倒逆开关控制。停电时可用手摇。

2. 卷帘机的安装

在承重骨架安装就位,上后坡之前,先把机架和大轴支架焊在骨架上,要求机架与大轴支架在同一铅垂面内,机架在温室长度的中央,保证大轴的扭矩均衡。待后坡完工后安装卷帘机和大轴,在卷帘机大轴支架后部侧面焊一根 3/4 寸钢管,以便固定压膜线、保温被及其卷帘绳等。

3. 卷帘机的维护

（1）经常检查电动机、减速机的运转是否正常,如不正常,应及时维修。

（2）经常检查机架、大轴及其支架焊接是否牢固,有无变形、裂缝等质量问题。

（3）经常检查卷绳是否起毛或折断,发现有问题应及时处理。经常检查传动皮带或齿轮是否运行正常,如不正常应及时修理。

3.3　智能太阳能温室

3.3.1　太阳能温室设计

3.3.1.1　太阳能温室设计的基本要求

（1）采光良好,能最大限度地透过太阳光。

（2）有优良的保温和蓄热构造,选用在密闭条件下能最大限度地减少散热,同时有较大表面积的蓄热体。

（3）温室可抵抗较大风雪荷载,坚固耐用。

（4）温室具备通风、除湿、调温、调光等环境因子调控功能,有利于作物生长,留出人工作业空间。

（5）温室的构建材料、保温覆盖物及围护结构,遵循因地制宜、就地取材、注重实效、降低成本的原则。

3.3.1.2　太阳能温室设计参数

太阳能温室设计应考虑以下参数:屋顶采光角、后坡内侧仰角、温室跨度、后坡水平投影量、温室后墙高度、太阳能温室骨架/拱架曲线。

太阳能温室的规划设计应注意两方面条件。

（1）太阳能温室的朝向选择。为了合理利用土地,充分利用太阳能,连片温室修建前要统一场地规划。温室一般坐北朝南。北纬 41° 以北地区冬季气候寒冷,昼夜温差大,早晨温度低,往往晨雾大,揭帘时间要在日出之后,温室方位以南偏西 5°~10° 为宜(称为抢阴),以延长午后的光照时间,有利于作物生长。北纬 38° 以南地区,冬季气候较温暖,早晨温度又不很低,可早揭帘;如上午太阳光照好,尽量接收午前的光照,温室方位以南偏东 5°~10° 为好(称为抢阳)。方位的确定还要考虑当地冬季的主导风向。

（2）相邻两栋温室间距。在冬至日 10:00 至 14:00 之间,前栋温室对后栋温室以不遮光且略有宽余为宜。邻栋温室间几何关系见图 3-21。前后相邻两栋温室的间距可用下式计算:

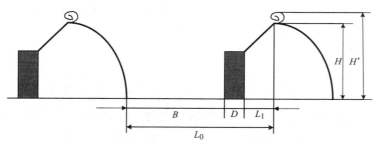

图 3-21　邻栋温室间距离示意图

$$L_0 = H' \cos \gamma_{10} = \eta_{10} H' = B + D + L_1 \tag{3-1}$$

式中：L_0 为后栋温室最高点至前栋温室地脚的距离；B 为前栋与后栋温室之间的净间距；D 为前栋温室后墙厚度（由于要留有余量，暂不考虑 D 值）；L_1 为前栋温室后坡水平投影长度。$B = \eta_{10} H' - D - L_1$，$\eta_{10} = \cos \gamma_{10}/\tan h_{10}$，$h_{10}$ 为冬至日 10：00 的太阳高度角；η_{10} 为日照间距系数，H' 为前面遮挡建筑物的遮光高度；γ_{10} 为冬至日 10：00 后栋温室方位与太阳方位的夹角，当朝向为正南时，$\gamma_{10} = A$；偏东时，$\gamma_{10} = A - \alpha$；偏西时，$\gamma_{10} = A + \alpha$；A 为冬至日 10：00 的太阳方位角；α 为墙面法线方向与正南方向的夹角。冬至日 10：00 太阳方位角和高度角的计算公式如下：

$$\sin \gamma_{10} = \cos \delta \cdot \sin \omega_{10}/\cos h_{10} = 0.4587/\cos h_{10} \tag{3-2}$$

$$\sin h_{10} = \sin \varphi \cdot \sin \delta + \cos \varphi + \cos \varphi \cos \delta \cdot \cos \omega_{10} = 0.7945\cos \varphi - 0.3979\sin \varphi \tag{3-3}$$

式（3-3）中：φ 为当地纬度；δ 为冬至日太阳赤纬角，$\delta = -23.45°$；ω_{10} 为时角，$\omega_{10} = -30°$，知道了纬度 φ，由式（3-3）可算出 h_{10}，利用式（3-2）算出 γ_{10}，结合 $\eta_{10} = \cos \gamma_{10}/\tan h_{10}$，可算出 η_{10}，根据 $B = \eta_{10} H' - D - L_1 \approx \eta_{10} H' - L_1$，得到前栋温室与后栋温室之间的净间距 B。

3.3.2　施工方案和工程预算

3.3.2.1　编制施工方案

施工方案是指导工程项目施工过程中的技术、经济和组织的书面文件，是提高工程质量、保证工期、降低成本、提高施工效益的重要保证，也是工程竣工结算的依据。合理的施工方案是施工管理的指南，是保证施工质量的前提。在施工前，应根据施工项目的具体情况制定方案。

施工方案必须体现工程的具体目标，经项目单位和监理等有关部门审核通过。施工方一般应包括下列内容。

（1）编制说明，主要包括：工程名称、地点、规模、施工范围、特性，对质量、安全、环保等降低工程成本的特殊考虑，工程特点及施工的特殊要求等内容。编制说明应是概括的，力求简明扼要，分若干条目予以说明。

（2）编制依据，主要包括：施工图（名称、编号及设计单位），有关设计文件（名称、编号及设计单位），所采用的规程规范、标准及设计文件（名称、编号），工程合同和上级对工程特殊要求的文件（名称、编号），项目管理实施规划或施工组织设计（名称及编制单位）。

（3）工程概况，分为工程情况和现场情况。工程情况主要包括：工程名称、施工项目、开工及竣工时间；主要实物工程量（如建设面积、设备台数、管线米数、钢结构的总吨数等）；主要技术参数（如主要设备的高度、重量、材质、转速、功率、设计压力、温度、介质，主要构件的几何尺寸、重量、起吊高度等）；工程特殊要求，施工技术难点等。现场情况主要包括：水文、地质、气象状况；施工条件（如水、电、气等）的供应，施工现场环境障碍物的处理；主要设备、材料的供货；主要工种配置、劳动力数量要求和施工机具的供应等。

（4）施工准备，分为施工材料和机具准备与施工现场准备。施工材料和机具准备是根据设计要求和施工规范，对原材料及设备复检数量、标准及验收条件提出要求；根据施工特点和工程需要，设定工艺评定项目、特殊的检验试验和要求施工准备内容；准备施工机具（如滑升模架、各种胎具、支架等）、设计计算、绘制图样等。施工现场准备主要包括场区平整、道路修筑和障碍物处理;现场水、电、气(汽)的设置;现场暂设工程,如抱杆、锚点等的修建;设备和工装的组装;重要工序的交接验收项目和标准;现场环保和防火措施。

(5)施工方法、程序和技术要求,包括施工方法的选择、主要施工程序及工艺。根据施工程序说明主要施工步骤,包括施工要领、测量方法及部位、偏差的控制调整等(必要时应附简图说明)。技术要求是施工方案的重要内容,对规范和标准已规定的内容要重点强调,如土建基础的验收标准、设备安装的水平、垂直度要求、管路的偏差要求等,还应有必要的资料,如大件吊装时的受力分析和计算等。

(6)保证施工的技术措施和要求。技术措施应包含进度、质量、安全、环境和产品防护等方面的内容。施工要对"人、机、料、法、环"全面考虑和有效控制,达到各个目标的要求。还包括需要采取的其他技术措施和要求(如推广新技术,冬、雨期施工等)。

(7)施工机具、用料、用工、计量器具需用量计划表。

(8)施工进度计划表。在满足工期要求的前提下,对施工方法,设备、材料加工件的供应情况,能投入施工的人员、机具的数量以及施工现场协调配合等情况进行综合研究,编制出施工进度计划表。

(9)应填写的技术资料目录。在方案中,要列出各工序需要填写的各种技术资料目录,便于施工过程控制。施工中,请有关部门组织检查验收,并在书面材料上签字认可。技术资料整理与工程同步进行。工程完工后,施工资料归档、留存。

3.3.2.2　工程预算

太阳能温室的工程预算是核定工程造价、进行工料分析、签订合同和工程决算的依据。

1. 单价法编制施工图预算

单价法是用编制好的分项工程的单位估价来编制施工预算的方法。施工图计算的各分项工程的工程量,乘以相应的单价,汇总相加,得到单位工程的人工费、材料费、施工机械使用费之和;再加上按规定程序计算出来的其他直接费、现场经费、间接费、计划利润和税金,可得出单位工程的施工图预算造价。单价法编制施工图预算的计算公式为:

$$单位工程施工图预算直接费 = \sum(工程量 \times 预算定额单价) \tag{3-4}$$

单价法编制施工图预算的步骤是:搜集各种依据资料→熟悉施工图纸和定额→计算工程量→套用预算定额单价→编制工料分析表→计算其他各项费用汇总造价→复核→编制说明、填写封面。

2. 实物法编制施工图预算

实物法是根据施工图纸分别计算出分项工程量,套用相应人工、材料、机械台班的预算用量,分别乘以工程所在地当时的人工、材料、机械台班的单价,求出单位工程的人工费、材料费和施工机械使用费,并汇总求和,求得直接工程费,按规定计取其他各项费用,汇总得出单位工程施工图预算造价的方法。实物法编制施工图预算,其中直接费的计算公式为:

$$单位工程预算直接费 = \sum(工程量 \times 人工预算定额用量 \times 当时当地人工工资单价) + \sum(工程量 \times 材料预算定额用量 \times 当时当地材料预算价格) + \sum(工程量 \times 施工机械台班预算定额用量 \times 当时当地机械台班单价) \tag{3-5}$$

实物法编制施工图预算的步骤是:搜集各种编制依据资料→熟悉施工图纸和定额→计算工程量→套用预算人工、材料、机械定额用量→求出各分项人工、材料、机械消耗数量→按当时当地人工、材料、机械单价汇总人工费、材料费和机械费→计算其他各项目费用,汇总造价→复核→编制说明、填写封面。

3. 太阳能温室工程施工预算编制步骤

下面以单价法为例介绍太阳能温室施工预算的编制步骤。

(1)收集基础资料,做好市场调研。收集编制施工预算的依据,包括施工图、相关的标准图集、图纸会审记录、设计变更通知、施工组织设计、预算定额等资料,经过市场调研,了解建材的市场价格及行情。

(2)熟悉施工技术文件。编制施工预算前,检查施工图纸是否齐全、J4 尺寸是否清楚。了解设计意图,掌握工程全貌。另外,结合要编制预算的进程,掌握预算定额的使用范围、工程内容及计算规则等。

(3)了解施工组织设计和现场情况。编制施工预算前,应了解施工组织设计中影响工程造价的诸要素。

如分部分项工程的施工方法,土方工程中余土外运使用的工具、运距,施工图中建材、构件等的堆放点到施工操作地点的距离等。

（4）计算工程量。按照图纸和有关规定规则,遵循既定程序,逐项计算子项目的工程量。按照工程中各子项目的顺序,列出单位工程所有子项目,逐个计算其工程量。既可以避免计算中出现盲目、零乱的情况,也可以避免漏项和增项。

（5）汇总工程量,确定预算定额基价。各子项目计算完毕并复核无误后,按预算定额手册规定的分部分项工程顺序逐项汇总。将汇总后的工程量填入预算表内,把计算项目的计量单位、预算定额基价以及人工费、材料费、机械台班使用费填入工程预算表内。

（6）计算直接工程费。计算各分项直接工程费并汇总,即将太阳能温室工程直接费定额;再以此为基数计算其他直接费、现场所需经费,求和得到总的直接工程费。

（7）计算各项费用。按取费标准（或间接费定额）计算间接费、计划利润、税金等,求得工程预算造价,填入预算费用汇总表;同时分析技术经济指标。

（8）进行工料分析。计算出单位工程所需要的各种材料用量和人工总数,填入汇总表中。这一步通常与汇总定额单价同时进行,以避免二次翻阅定额。如果需要,还要进行购料价差调整。

（9）编制说明,打印封面,装订成册。编制说明一般包括以下几项内容。①编制预算所用的施工图名称、工程编号、标准图集以及设计变更情况。②采用的预算定额及名称。③间接费定额或地区发布的动态调价文件等资料。④钢筋、铁件是否已经过矫正。⑤其他有关说明。通常指在施工图预算中无法表示,需要用文字补充说明的内容。如分项工程定额中需要的材料无货,用其他材料替代,以待结算时价格另行计算,用文字补充说明。施工预算常需填写的内容有工程编号及名称、太阳能温室结构形式、建筑面积、层数、工程造价、技术经济指标、编制单位及日期等。把封面、编制说明、预算费用汇总表、材料汇总表、工程预算分析表,按以上顺序编排、打印并装订成册。编制人员签字、盖章,请有关单位审阅、签字并加盖公章。

3.3.3　智能太阳能温室及控制系统

智能太阳能温室应配备计算机控制中心和通信网络,包括移动天窗、遮阳系统、补光系统、保温系统、升温系统、湿窗帘/风扇/风机降温、调湿系统等,其中降温系统由湿帘纸、冷风机组成,见图3-22。智能温室的控制系统一般由传感器、通信网络、电气控制系统、采暖系统及执行器等组成。智能温室＋物联网不仅能实现对温室作物的环境参数（土壤水分/温度、土壤 pH 值、土壤 EC 值、空气温湿度、光照强度、CO_2 浓度等）在线高精度监测,而且能实现棚内调温、排湿、进风、排风、灌溉、喷雾、遮阳、补光、卷帘等智能控制,实现自动进风、排风、遮阳、灌溉、卷帘等,可用手机 APP 控制,自动记录历史数据并上传存储于云端服务器。

现在国内一部分发达地区,将光伏发电系统和光热系统应用于智能温室,实现了电能自给、温度自控。充分利用太阳能,建成生态环保型温室,可实现能源循环利用,易维护、节约人力物力、经济效益可观。因此,在智能温室中充分利用太阳能光伏发电、光热系统,对生态科技型温室建设具有重要意义。

3.3.3.1　通风系统

1. 通风系统的作用

通风有利于温室内的对流散热过程,调节室内温度和湿度,置换室内空气,保持温室内氧气浓度的稳定。

2. 通风系统的组成

通风系统有顶开窗系统和侧开窗系统。其中顶开窗系统又分为推杆式（小屋脊 PC 板温室及北方型玻璃温室）、摆杆式（南方型玻璃温室）、齿轮链条传动（大屋脊 PC 板温室、充气膜温室）、顶部卷膜通风（单层膜温室）;侧开窗系统分为电动外翻式开窗、电动上下推拉窗、手动铝合金（塑钢）平开窗、手动铝合金（塑钢）推拉窗和侧面卷膜通风（单层膜温室）。

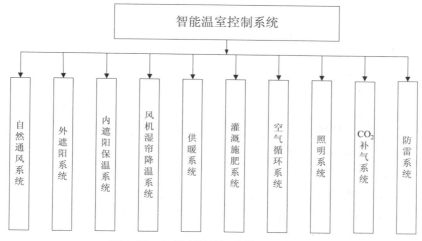

图 3-22 智能太阳能温室控制系统框图

1）顶开窗系统

（1）推杆式、摆杆式顶开窗系统，由减速电机、机座、链轮链条、传动轴、齿轮链条、推拉杆、滚轮座、链条连接件、推拉杆连接卡箍、开窗支杆、开窗支杆座和顶开窗等组成。电机经减速机减速后驱动传动轴转动，传动轴上齿轮的转动推动与链条相接的推拉杆往复直线运动，使顶窗绕开窗支杆座轴缓缓开闭，完成顶开窗打开或关闭。顶窗到达全开或全关位置后，减速电机限位装置控制电机停止，该行程运行结束。

（2）齿轮链条传动顶开窗系统，由驱动电机减速机、机座、链轮链条、传动轴、齿轮链条、链条连接件和顶开窗等组成。其工作过程与推杆式、摆杆式顶开窗系统大致相同。

2）电动侧窗系统

（1）电动外翻式开窗系统，由减速电机、机座、传动轴、齿轮链条、链条连接件等组成。工作过程为：电机启动后，通过传动轴带动齿轮转动，齿轮带动链条运动，链条通过连接件带动活动窗，完成窗开启与关闭。

（2）电动上下推拉窗系统。温室的东、南、西三面均可配置电动上下推拉窗系统，该系统由减速电机、机座、链轮链条、传动轴、齿轮链条、链条连接件、导向轮等组成。电机启动后，传动轴带动齿轮转动，齿轮带动链条上下运行，链条通过连接件带动活动窗框上下运动，完成活动窗开启与关闭。其运行原理见图 3-23。

3.3.3.2 遮阳系统

1. 内遮阳系统

图 3-23 智能太阳能温室电动推拉窗系统运行原理图

内遮阳材料一般采用铝膜，可实现白天遮阳降温，铝箔可以反射太阳光能的 95% 以上；夜间保温，隔断红外线，阻止热量散失，节能降耗。内遮阳高度一般为 4.5 m 左右。内遮阳系统是温室节能、遮光、温度和湿度调节的有效举措。遮阳保温幕的优点是反射太阳光而不是吸收太阳光，可有效降低温室内的光照度，使作物和空气温度相应降低。夏季，遮阳幕阻挡部分直射阳光，让太阳光漫射进入室内，保护作物免受强光灼伤，可使温室内温度下降 4~6 ℃；用不同的幕布，可获得不同的遮阳率，满足不同作物对光照的需求。冬季夜间，内遮阳系统可有效阻止红外线外逸，减少地面热流失，减少辅助热源能耗，降低温室的运行成本。

1）夏季遮阳降温

内遮阳保温幕一般采用铝箔与复合聚碳酸酯膜按规律间隔的镶嵌结构。当光照射在遮阳幕上时，绝大部分太阳光被铝箔反射掉，避免温室内气温过高。设有遮阳保温幕系统的温室，当遮阳幕展开时，湿凉空气经过湿帘进入室内，由于太阳辐射减少，在出风口与进风口间不会存在较大的温差。遮阳保温幕的设置，相当于压缩了温室内的换气空间，即在相同风机配置下，增加了单位时间内的室内换气次数，降低室内平均气温。

2）冬季保温节能

通过对流和辐射,遮阳保温幕在冬季可实现保温节能的效果。晚上展开遮阳保温幕,在温室覆盖物与遮阳幕间形成一层厚的保温层,减少温室内的热量散失,保温隔热。由于保温幕上铝箔的透热率很低,使室内的大部分热量得以保留,减少室内采暖能耗,降低温室运行成本。

3）遮阳系统的组成与操作

遮阳保温幕系统由控制箱、拉幕减速机、机座、链轮链条、手动链、轮链、副轴支座、U形螺栓、传动轴、齿轮链条副、推拉杆、滚轮座、推杆导杆连接卡、T形螺栓、驱动边铝型材、遮阳幕、卡簧、托幕线和压幕线等组成。

按下遮阳系统启动按钮,电机转动,经减速机减速后驱动传动轴转动,传动轴上齿轮的转动带动与链条相连的推拉杆作往复直线运动,使遮阳幕水平地缓缓展开或收拢。遮阳幕到达端头,减速机限位装置控制电机停止。

2. 外遮阳系统

外遮阳系统一般用遮光率为 50%~70% 的透气黑色网幕,或用铝膜覆盖于距离温室通风顶 30~50 cm 处。在夏季,外遮阳系统将多余太阳光挡在室外,形成阴凉,保护作物免受强光灼伤,为作物提供适宜的光照条件。遮阳幕布有助于实现室内温度和湿度控制,使阳光漫射进入温室种植区域,保持最佳的作物生长环境。

遮阳保温幕系统由控制箱、拉幕减速机、机座、链轮链条、手动链轮链条、轴支座、U形螺栓、传动轴、齿轮、链条、推拉杆、滚轮座、推杆导杆连接卡、T形螺栓、驱动边铝型材、遮阳幕、卡簧、托幕线和压幕线等组成。

3.3.3.3　湿帘与风机降温系统

1. 运行原理

湿帘利用的是水的蒸发,通过热湿交换,给空气加湿和降温。经循环管路将水送到湿帘顶部,均匀淋湿整个湿帘墙,将墙的表面湿润。当空气通过潮湿的湿帘时,水与空气充分接触,使空气的温度降低。

湿帘通常安装在温室的北面,风机安装在温室的南面。需要降温时,启动风机将温室内的热空气强制抽出,形成负压,同时水泵送水淋湿湿帘墙。室外空气因负压被吸入室内的过程中,以一定的速度从湿帘的缝隙穿过,加速水分蒸发和降温,经风机排出,使室内温度降低。

2. 系统基本配置

系统由湿帘、水泵、供水装置、淋水装置、回水装置、循环水池、风机组成。

3. 操作

需要降温时,控制系统发出指令,启动风机,强行抽出室内的空气,形成负压;启动水泵,将水打在对面的湿帘墙上,室外空气被负压吸入室内,以一定的速度从湿帘的缝隙穿过,水分蒸发、降温,冷空气流经温室,吸收室内热量后,经风机排出,从而达到循环降温的目的。

3.3.3.4　智能控制系统

智能温室系统包括机器人、气象站、传感器、控制器、执行机构、人机界面、计算机监控系统、云存储等。通过前端传感器采集信号,经处理后传输给主机,经逻辑控制和算法运算,控制执行器做出相应的动作。人机界面将系统的运行工况、参数信息和设备的动作指示一并在屏幕显示,将各项数据下载到控制中心的存储器里,用户亦可自行设定运行参数,通过主机控制各机构的动作。

智能控制系统可以实现对温室的监视、调节和控制,对温室微环境因子（温度、湿度、光照、CO_2 浓度、土壤水分、土壤温度、施肥、病虫害等信息）进行采集。将采集到的数据和用户设定的参数实时对比,基于算法,用软件计算出温室的实际环境参数和设定环境参数之间的差异,合理统筹开启或关闭温室中的降温、增温、加湿、通风、补光和遮阴等设备。

温室控制系统可实时监控多个单栋温室。从上位机设置各个测控站的最佳工作参数,根据各个温室返回的室内外温度、湿度、光照度、风速、风向、降雨等参数,按照预先设定的条件完成对风机、水泵、拉幕机、卷膜机、开窗机、加热器、灌溉、施肥等设备的全自动控制,实现科学化、自动化和无人化管理。全智能太阳能温室系统组成图见图 3-24。

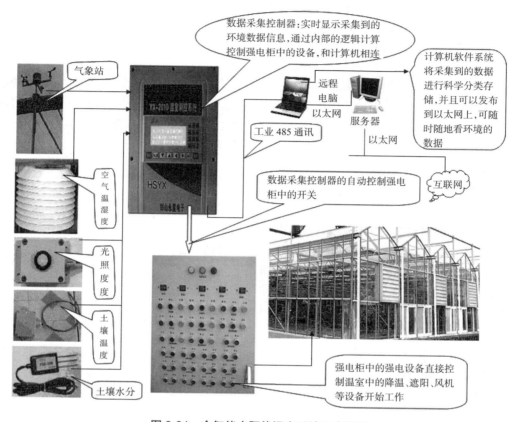

图 3-24 全智能太阳能温室系统组成简图

3.3.4 玻璃连栋智能太阳能温室设计和建设方案

3.3.4.1 智能太阳能温室设计

1. 设计依据及要求

1)设计依据

(1)《温室地基基础设计、施工与验收技术规范(NY/T 1145—2006)》;

(2)《连栋温室技术条件(JB/T 10288—2013)》;

(3)《农业温室结构荷载规范(GB/T 51183—2016)》。

2)设计要求

建筑等级:轻钢结构安全等级为三级,立柱、复合梁设计合理使用年限为 20 年。

2. 建筑设计总览

1)建筑设计

亲赴项目所在地现场,熟悉土建情况,考虑场地建设面积、形状、给排水及道路布局等因素,进行智能温室设计。本工程无地质勘察报告,按地基承载力特征值 f_{ak}=100 kPa 设计,与实际不符时,须变更设计。

(1)建筑层数:1 层。

(2)天沟高度:6.0 m。

(3)竖向设计:本工程以 ±0.000 m 设计标高,现场确定。温室内外高度差为 0.15 m。

2）建材规格和基础墙体

（1）种植型智能温室覆盖材料及结构：温室采用东西向排跨，南北向排开间，天沟为南北走向。温室采用 8 m 跨，5 m 开间，温室顶部覆盖 4 mm 厚散射玻璃，太阳光透过率约 91.5%，四周立面覆盖 5 mm 厚的浮法玻璃，布置专用椽子及水槽。用专门铝合金卡具及专用橡胶条和密封胶对玻璃固定密封。

（2）休闲型智能温室覆盖材料及结构：温室采用东西向排跨，南北向排开间，天沟为南北走向。温室采用 12 m 跨，8 m 开间，温室顶部覆盖 5 mm 单层钢化玻璃，阳光透过率约 89%（也可用透光率为 81% 的 8 mm PC 阳光板），四周立面覆盖 5 + 6A + 5 mm 双层中空钢化玻璃，温室采用专用椽子及水槽。

（3）基础墙体：温室四周采用条形基础，内部采用独立点式基础，四周设置圈梁，温室外设砼散水。散水分块浇筑，分块长度不大于 6 m，留缝位置应考虑建筑整体效果。根据标高线钉好水平桩。核对混凝土的配比，检查后过磅秤，进行开盘交底，散水混凝土强度不小于 C15，宽度 600 mm，厚度不小于 50 mm。温室区基础埋深 −1.2 m（冻土层以下）。东、西、南、北四面立有矮墙，墙体标高为 0.5 m，温室外墙厚度 360 mm，内墙厚度 240 mm。采用外排水。

3.3.4.2　温室结构设计

1. 设计依据及要求

1）设计依据

（1）《温室地基基础设计、施工与验收技术规范（NY/T 1145—2006）》；

（2）《农业温室结构荷载规范（GB/T 51183—2016）》；

（3）《连栋温室技术条件（JB/T 10288—2013）》。

2）设计要求

（1）屋面悬挂荷载：0.15 kN/m²；

（2）基本风压：0.60 kN/m²；

（3）基本雪压：0.30 kN/m²。

2. 结构设计说明

1）结构主体骨架参数

温室骨架为热镀锌轻钢结构，工厂化生产，现场组装，立柱、复合梁合理使用寿命不低于 20 年。钢构件之间用热镀锌防腐螺栓和自攻钉连接，尽量减少现场焊接。

A. 铝天沟类型

采用挤压成型中空 6063T5 铝合金天沟，内部设置冷凝水排水装置，见图 3-25。

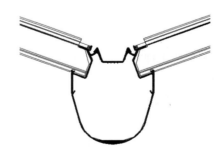

图 3-25　铝天沟部件结构剖面图

B. 屋面结构

（1）类型：4.0 mm 玻璃文洛式铝合金屋面系统。

（2）屋面角：22.5°。

（3）屋脊用铝合金连接件来承受扭矩，将椽子锁住并连接反向的两个椽子。

（4）椽子端部锁件，在天沟收边确保椽子和天沟之间的连接能够抵御强风。

（5）椽子锁定到天沟上。

（6）屋脊斜拉固定在山墙末端。

（7）独特的屋脊设计。

（8）屋顶的强度能够支撑屋顶清洗车的荷载。

3.3.4.3　温室给排水设计

1. 设计依据与要求

1）设计依据

（1）《建筑给水排水设计标准（GB 50015—2019）》；

（2）《建筑给水排水及采暖工程施工质量验收规范（GB 50242—2002）》。

2）设计要求

（1）水源进入温室前，水质应达到市政自来水标准，水压为 0.2~0.4 MPa。

（2）设计范围：温室内给水管路系统，包括室内给水管路、湿帘系统给水管路、栽培系统给水管路、喷雾系统给水管路等，具体参数要根据场地面积和温室内布局确定。

2. 给水设计说明

温室采用 PVC 给水管，室外埋深要参考当地施工经验，建议埋深为 –1.0 m（在冻土层以下），室内管路采用直埋敷设，埋深 –0.6 m；室内给水管轴线距离 0.3 m，靠近墙体敷设，但不可以影响基础。

3. 排水设计说明

温室排水分为内排水和外排水两种方式。两种排水方式均采用南北两侧排水；南方温室建议选择外排水方式，即排水管设置在温室外部，水槽排水坡度约 2.5‰，一趟水槽设 2 个下水点。温室外雨水沿着天沟朝南北两侧排水，通过排水立管直接排至室外排水沟。

3.3.4.4　温室电气设计

1. 设计依据和要求

1）设计依据

（1）《温室电气布线设计规范（JB/T 10296—2013）》；

（2）《供配电系统设计规范（GB 50052—2009）》；

（3）《低压配电设计规范（GB 50054—2011）》。

2）设计要求

（1）电源参数：220 V/380 V，50 Hz。电压波动范围：± 5%。

（2）设计范围：温室设置智能自动控制系统，对电动顶窗、外遮阳、内遮阴、内保温、湿帘风机、湿帘水泵、环流风机、照明等配套系统和设备进行控制。

2. 电气设计说明

温室内电机、风机、水泵接线采用防潮型 RVV 塑料护套线（穿管及桥架布线），信号线为 RVVP 屏蔽导线。温室内的所有电源线、控制线、传感器信号线等导线及电气安装辅料均应达到国标。为使温室内美观，布线采用穿管敷设。为用电方便，安装防水防溅插座，其选型要根据实际需要，位置按规范布置。埋设接地极，并将接地线接引至设计位置。

3.3.4.5　温室采暖设计

1. 设计依据及要求

1）设计依据

（1）《采暖通风与空气调节设计规范（GB 50019—2015）》；

（2）《温室加热系统设计规范（JB/T 10297—2014）》；

（3）建设方的有关要求；

（4）其他相关专业的资料。

2）设计要求

热负荷设计要求：如冬季室外 $-4\,℃$ 时，室内应达到 $15\,℃$ 。

2. 温室采暖系统

热镀锌钢管散热器在温室中是一种非常有效的室内增温设施。热镀锌钢管散热器、管路、连接件及阀门的材质均为防锈防腐材料。热镀锌钢管均满足《低压流体输送用焊接钢管（GB/T 3091—2015）》和《焊接钢管尺寸及单位长度重量（GB/T 21835—2008）》的要求。采用热镀锌钢管散热器，防腐防锈、强度高、寿命长。

（1）采暖系统配置：该系统具有热阻小、热效率高、安装方便、耐压高、不易滴漏和防腐能力强等优点，同其他形式采暖设施相比，采暖性能优越。热水供暖系统升温较慢，降温也慢，散热均匀，不会对室内作物生长造成影响。

（2）设计参数：热水进出散热管温度为 $t_1=85\,℃$ ，$t_2=60\,℃$ 。

3. 融雪设计

（1）系统说明：为了保证智能温室可全年使用，减小雪载对温室主体结构的压力，尽快清除温室屋面积雪以利于温室内作物采光，提高作物产量和质量，温室需要配置融雪系统。

（2）系统配置：融雪系统采用水暖加热方式，散热设备为热镀锌钢管散热器。钢管散热器沿温室天沟方向紧贴布置，这样有利于天沟及屋面积雪的融化。融雪管要布局合理，散热均匀，效果明显。同时该系统热阻小，不易锈蚀，散热效率高，安装简单方便。

3.3.4.6 温室配套设施设计

1. 自然通风系统

自然通风是利用自然风力和温差来实现室内外空气的流通和交换，达到降温除湿的目的。由于其运行费用低，与其他通风方式相比，其经济性是显而易见的，因此是温室最常用的通风降温方式。因为热空气密度小，会向上聚集，所以可通过温室顶部开窗排出。如果通风量不能满足使用要求，根据空气交换速率取决于室外风速和开窗面积大小，可以采用增加温室顶部通风面积，或者采用顶窗加侧窗的方式进行通风。

2. 外遮阳系统

本系统包括外遮阳骨架、控制箱及电机、传动部分、行程限位开关、幕线、端梁及幕布等部件，其组成和功能见表 3-25。

表 3-25 智能温室外遮阳系统组成及功能

组成	功能
减速电机	采用国产优质温室专用减速电机，功率 0.55 kW。电机配备行程限位装置，自动停止，限位准确，运行平稳可靠
控制箱	箱内装配遮阴幕展开与合拢两套接触机构，既可手动开停，又可通过行程开关实现电动控制
齿轮齿条传动机构	由与幕布驱动杆相连接的推拉杆和镀锌钢质传动轴组成。传动轴由齿轮齿条系统传动，减速电机与传动轴间用专用联轴器连接，方便安装与维护，提高了系统的负荷能力和抗恶劣环境的能力。传动轴采用 1 个 1/4 英寸钢管（即外径 6.35 mm），推杆为 ϕ32 mm×1.8 mm 镀锌钢管，每条齿条副连接一根；驱动杆为特制铝合金型材，横向布置，拉动幕布
幕布及幕线	选用国产优质外遮阳幕布，遮阳率 70%，正常使用寿命 5 年以上。幕线采用国产黑色外用托幕线，材质为聚酯 PET，厂家质保期 3 年

3. 内遮阳保温保湿系统

幕布一般作为内遮阳保温材料，白天和夜晚都可使用，在夜间和冬季可有效降低温室的热损失。幕布非常柔软，收拢时，占用体积很小，保证温室内最大的透光量。幕布由两种 4 mm 宽、科技含量高的复合材料和特种聚酯纱线纺织而成。其独特的编织结构和材料可让充足的水汽透过，能较好地调控温室内的湿度。

4. 风机—湿帘降温系统

在炎热的夏季，室外气温较高，此时仅靠自然通风和遮阳系统来降温是不够的，需要配置湿帘风机强制降温系统才能满足温室内的温度要求。

湿帘—风扇降温系统是通过蒸发水来实现降温的，其降温过程在湿帘内完成。水均匀淋湿湿帘墙，在湿帘波纹状的纤维表面形成一层很薄的水膜。当风机抽风时,将温室内的高温空气抽走,形成负压,温室内外的气压差迫使室外干热空气穿过湿帘进入室内,水膜上的水吸收空气中的热量挥发成水汽,带走较多的热量,使经过湿帘的空气温度降低。在风机作用下,这些温度被降低的空气不断进入温室,达到给温室内降温的目的。

环流风机是专为温室内的小气候而设计的,用以提高温室内温度和 CO_2 浓度的均匀性。在冬季需要保温节能,但温室内的设施较多,很难保证温室内各处温度的均匀。因此,合理使用环流风机可以保证室内温度、相对湿度及 CO_2 的均匀分布,从而保证室内作物生长的一致性。

5. 锅炉系统

常压燃油(气)热水锅炉以柴油或天然气为燃料,通过燃烧器对水加热,压力较高的热水经过管路散热,实现供暖,锅炉智能化程度高、加热快、噪声低、灰尘少,是一种适合我国国情的经济型热销产品。

6. 水处理系统

为了使温室作物得到良好的灌溉用水,需配备一套 RO 反渗透的水处理器,主要目的是降低水的硬度,去除水中的 Ca^{2+}、Mg^{2+} 等离子,降低水中的总含盐量。反渗透水处理系统见图 3-26。

图 3-26　反渗透水处理系统实物图

7. 灌溉系统

1)滴灌管灌溉系统(塑料栽培槽)

滴灌管配置在塑料栽培槽系统中。滴灌管入水口滤网面积大,抗阻塞能力强,全紊流水流,均匀度好。相对于滴灌带而言,使用寿命更长,节水性能更好,已广泛应用于果蔬类等成行种植的作物。目前,智能化滴灌系统已在高端温室中应用。其做法是通过土壤湿度来决定滴灌系统的开关,土壤湿度传感器放置于种植农作物的土壤中,通过它实时侦测土壤中的含水量,土壤水分数据实时传至控制系统中。当土壤中的水分低于设定值时,自动打开滴灌系统,为作物滴灌;当土壤中的水分达到了设定值时,自动关闭滴灌系统。

2)滴箭系统(几字栽培槽系统)

为使水平均分配到每株植物,采用从以色列耐特菲姆公司(Netafim Co., Ltd)进口的滴箭组合(滴速为2 L/h)进行灌溉。滴箭由抗化学腐蚀材料制成,滴头出水量均匀,基本不受压力影响,水流的均匀度高。为方便用户,过滤、测量可手动控制。

滴箭系统具有省工、节水、出水均匀、可拆洗及使用年限长等优点,有利于提高作物的品质和产量。滴箭系统具有紊流通道,在压力变化时可保持水流量在一定范围内稳定。如果带压力补偿稳流器,可以适应较宽的压力变化范围。系统安装方便,操作简单,抗堵塞能力强,系统运行安全,使用寿命长/滴箭系统应用见图3-27。

图 3-27　耐特菲姆滴箭系统应用于番茄栽培图

8. 无土栽培系统

1）PP 塑料栽培槽

PP 塑料栽培槽是一种造价低、应用范围广泛的无土栽培方式，多用于果菜类种植。PP 塑料栽培槽由黑色种植槽、边护栏夹子和带扣绳子组成，安装方便、快捷。PP 塑料栽培槽间距 1.6 m，PP 塑料栽培槽的长、宽、深分别为 20 cm、40 cm、20 cm，PP 塑料厚度 0.8 mm。PP 塑料栽培槽的应用情况见图 3-28。

图 3-28　PP 塑料栽培槽的应用图

2）几字栽培槽

采用几字栽培槽，要保持 3‰~5‰ 的倾斜角度以便于排水，栽培槽外观小巧，结构简单。吊挂高度建议为 4.3 m 左右，这一高度为将来增加株间补光留出空间。建议番茄的种植（包括排水沟、基土以及滴灌的设置）采用 1.6 m 的行间距，即在 8 m 的跨度可以种植 5 排作物。

对于番茄，在确保 1.6 m 行间距的同时，须保持钢制吊蔓架间距 1.1 m，采摘走道宽 550 mm。为保证温室内的清洁及良好的反光效果，建议每年更换一次园艺地布。

建议栽培基质用椰糠，长 100 cm，宽 20 cm，高 7.5 cm。以此计算每平方米温室将消耗 7.5 L（75 m³/ ha）椰糠。几字栽培槽的应用情况见图 3-29。

图 3-29　几字栽培槽的应用图

3）园艺地布

园艺地布可防止地面产生杂草,及时排除过多积水,保持适当的土壤湿度,也使地面清洁,有利于植物根部的生长,防止根部腐烂和杂草向两侧蔓延生长,防止盆花根部的额外生长,提高盆花质量,有利于栽培管理等特点。园艺地布覆盖情况见图 3-30。

图 3-30　园艺地布覆盖情况图

9. 施肥系统

JPF 型施肥机是京鹏公司结合我国农业设施的特点,自主开发的一款高科技产品。它设计独特,操作简便,配置模块化,按照用户设置的参数实现浇水、施肥及 EC/pH 值（表示土壤电导率和酸碱度）实时监控,是一种应用广泛的开放式系统。通过一套文丘里泵（原理是受限流体在通过缩小的过流断面时,流速增大）将肥料养分注入灌溉水,提高水肥的耦合效果及利用率。系统配备可编程逻辑控制器（PLC）,具有性能可靠、动态显示窗口大、全中文操作界面等特点,方便用户操作,可精准控制灌溉时间、频率及灌溉量等,使作物能及时准确地得到水分和养料。

10. 紫外光消毒系统

紫外光消毒系统由过程控制计算机和紫外光发生器组成,可以简单而有效地对灌溉水进行过滤和消毒。

一定的剂量的紫外光可以杀灭细菌、真菌、病毒和其他有害微生物,每小时处理水量在 340 L 左右。紫外光消毒系统样机见图 3-31。

图 3-31　紫外光消毒系统样机

11. 高压喷雾系统

根据当地的气候条件,温室可安装高压喷雾系统,进行加湿,同时降低空气温度。其基本过程为柱塞泵将净化处理过的水加压到 7 MPa,通过高压水管传送到喷嘴,经雾化后以 3~10 μm 微雾滴喷洒到周边空间,水雾在空气中吸热,从液态变成气态,使空间湿度增大,并达到降低空气温度的目的。例如,当饱和湿度为 15 g/m³(干燥炎热天气)时,降低温度 4~6℃,不影响作物,加湿器功率一般设在 400 mL/(m²·h),高压喷雾器工作图见图 3-32。

图 3-32　高压喷雾器工作图

12. 全自动采摘车

智能温室内多采用轨道采摘车。采摘车主要由底盘、液压举升装置、控制台、控制箱、升降机构、工作台等构成。利用采摘车可降低温室采收果菜时的作业风险。采摘车便于作业人员进行高空采摘、输送,省时省力,提高劳动生产率。

电动液压升降采摘车依靠电力驱动,在温室轨道上无级调速前进后退和制动,工作台可自动升降,该采摘车在温室狭窄的作业通道内运行,适合温室内番茄、黄瓜、辣椒、豆角等高架作物的果实采收,也可用作高架作物的整枝、人工授粉等多种农事作业,具有体积小、振动小、噪声低、结构简单、操作方便、零排放、无污染等优点,相对人工作业其工作效率可提高 10 倍以上。京鹏公司研制的全自动可升降采摘车见图 3-33。

图 3-33　京鹏公司研制的全自动可升降采摘车作业图

13. 补光系统

智能温室内需配置高压钠灯进行补光。高压钠灯具有发光效率高、耗电少、寿命长、透雾能力强和不易锈蚀等优点,比普通钠灯高 10% 的光输出,可为植物的生长提供所需的红光能量和蓝光能量,从而加快作物生长。高压钠灯的布置情况见图 3-34。

图 3-34　智能温室内高压钠灯布置图

14. 风幕机

风幕机通过高速电机带动贯流或离心风轮产生的强大气流,以形成一面"无形门帘"的空气净化设备。开机后,风幕机产生的高速气流将温室内外分成两个独立温度区域,创造舒适的温室环境,保持温室内空调及净化空气的效果,在节电的同时令空气循环,有效隔离温室外的灰尘、烟气、臭气、昆虫和微生物等。风幕机的安装完成图见图 3-35。

图 3-35　风幕机安装完成图

15. 计算机智能控制系统

JP/WSK 全自动智能温室控制系统,综合运用了计算机和物联网技术,使用上位机通信技术 + 测控站 + 传感器 + 执行器综合控制,实现了分散信号采集、集中操作管理。新颖的设计思想,使系统具有功能强大、性能优越、配置灵活、安全可靠等优点。该系统能自动检测植物工厂内的温湿度、光照度及室外气象等参数,根据实际需要输入每一个电气设备的开启条件值,每一设备均可阶段式开启,提高了植物工厂控制精度,且有逼真的动画显示、完善的数据查询和声音告警等功能。

该控制系统由 JP/WSK-PLC 控制器、传感器群、室外气象站、PC 机及网络等组成。系统总体框图如图 3-36,总体外观及内景图见图 3-37。

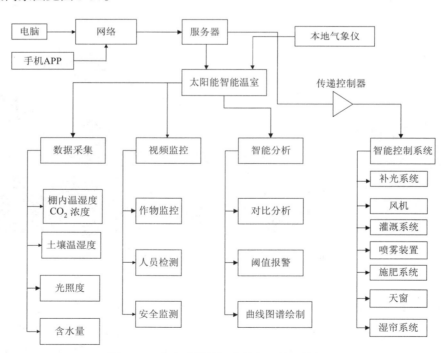

图 3-36　全自动智能温室控制系统总体框图

图 3-37　全自动智能温室整体外观及内景图

第4章 太阳房

4.1 太阳房基础知识

4.1.1 太阳房简述

太阳房是一种太阳能光热利用建筑。阳光透过围护结构传入室内,被集热体吸收,太阳房温度逐渐升高,从而减少房间采暖对常规能源的需求。太阳房利用建筑结构合理布局,巧妙安排,增加少量投资,利用太阳能集热及散热,冬暖夏凉。太阳房把隔热、透光和储能等材料集成在一起,尽量多地吸收、储存太阳能,实现房内采暖。太阳房采暖利用南坡屋顶、阳光间或南向透明玻璃窗吸收太阳能,加热空气,当通过屋顶最高处时,空气温度升高,热空气聚集到热气通道里,通过控制箱送到地板下储存,从靠墙的地板风口流出;太阳下山后,风扇停转,风门自动关闭,避免室外的冷空气流入,储存在地板下的热量慢慢释放出来,室内获得取暖。研究表明,同样面积和结构的太阳房比普通房的室内平均温度高 7.3 ℃,最大温差可达到 18.3 ℃。太阳房比同样面积和结构的住宅多投资 10%~15%,但节能效率可达 33%。如屋顶安装一定容量的太阳能发电板,可满足一个普通家庭的用电需求。

4.1.2 太阳房的分类和应用

按工作方式不同,太阳房分为被动式和主动式两种。

4.1.2.1 被动式太阳房

被动式太阳房通过建筑朝向和周围环境的合理布置,巧妙设计建筑内部空间和围护结构,恰当选择建材和布局,使太阳房在冬季吸收、储存和释放太阳热能,解决采暖问题;夏季时遮蔽太阳辐射,散发室内热量,使建筑物降温。总之,借助传导、对流和辐射利用太阳能采暖或纳凉,建造容易,结构简单,不需要机械动力设备,也不需要集热器、蓄热器、热交换器、水泵(或风机)等设备,有良好的经济和社会效益。

1. 被动式太阳房的构成

被动式太阳房的屋顶由吸热板、太阳能电池板(可选)、集热空气层、集热空气通道和隔热层组成;墙体要专门设计,使之充分利用太阳能。被动式太阳房的围护结构应隔热良好,室内有足够的重质材料,如砖石、混凝土等,以保证太阳房较好的蓄热性能。被动式太阳房的建造无须大型设备,完全依靠建筑结构本身来利用太阳能。

根据当地气候条件,被动式太阳房依靠建筑物本身的吸热、隔热、蓄热和通风等,实现冬暖夏凉。如用户要求不高,特别是在一些采暖条件不好的农村,就地取材建造被动式太阳房,简易可行,造价低,很受欢迎。据粗略测算,我国被动式太阳房平均每平方米建筑面积每年可节约 20~40 kg 标准煤。

2. 被动式太阳房的运行原理

太阳光透过洁净的空气、普通玻璃等介质,被房内里的材料吸收,房间随之升温,同时又向外辐射热量。这种辐射是长波红外辐射,较难透过围护介质,介质包围的空间形成了温室。太阳光穿过建筑物的南向透明窗(面积较大)射入室内,被厚实材料吸收升高室内温度。一般房间的布置紧靠南向集热面和储热体,使这些房间的空气加热可不需要管路和强制分布热空气的设备。纳凉时,遮蔽太阳光,通过通风、水蒸发等方式散发室内热量,即可实现降温。

3. 被动式太阳房的工作过程

被动式太阳房的基本工作过程是:冬天房间需要供热时,将北窗关闭,白天阳光透过南面玻璃窗,加热玻璃和墙体间的空气。空气受热后上升,打开墙体上方和下方的孔隙,热空气就从墙体上方的孔隙进入房间。房间内原有的冷空气从墙体下方的孔隙进入夹层,再次由阳光加热,不断循环,如图 4-1(a)所示。夜晚,关闭墙体上、下方的孔隙,玻璃盖板和重质墙体间的空气间层密闭,空气夹层形成一堵"保温墙",防止热量散失,如图 4-1(b)所示。

　　夏天,为了不使房间内的温度过高,要开启北窗,关闭墙体上方孔隙,打开墙体下方孔隙,在玻璃盖板上方开一个孔隙。这样室外的冷空气从北窗进入房间,通过墙体下方的孔隙进入空气间层,被阳光加热后,从玻璃盖板上方的孔隙排出室外,如图 4-1(c)、(d)所示。

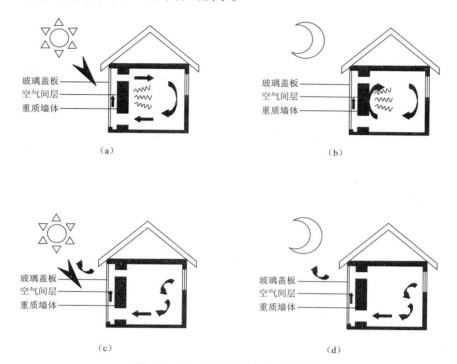

图 4-1　被动式太阳房工作过程简图
(a)冬季白天;(b)冬季夜间;(c)夏季白天;(d)夏季夜间

4. 被动式太阳房的设计要点

(1)被动式太阳房的朝向一般是正南。条件不允许时,应将朝向限制在南偏东或偏西 15° 以内,偏角再大将会影响集热效果。太阳房和前栋房应该留出足够的间距(一般以 $h\cot a$ 计算, h 为南遮挡物高度, a 为冬至日正午太阳高度角),保证冬季不遮挡阳光,也不应该有其他遮挡阳光的物体。

　　被动式太阳房一般采用东西延长的长方形,墙面上不可出现过多的凸凹点位。太阳房的墙体除具有普通房屋墙体的功能外,还应有集热、储热和保温功能,外墙体用重质材料砌筑,保温层尽量用外贴,外墙最大传热系数 0.55 W/(m²·℃)。屋顶最大传热系数 0.45 W/(m²·℃)。

　　设计太阳房集热窗时,在满足抗震要求的情况下,应尽量加大南窗面积,减小北窗面积;多用双层窗,有条件的用户最好用塑钢窗,镶嵌双层窗玻璃。

　　为防止夏季过热,可利用挑檐遮阳。挑檐伸出长度应能满足冬、夏季的需要,原则是:寒冷地区首先满足冬季南向集热面不被遮挡;夏季,较炎热地区应重视遮阳。

　　被动式太阳房应具有一个有效的隔热保温围护结构。被动式太阳房室内应布置尽可能多的储热体,地面做保温、蓄热和防潮处理,基础外缘保温热阻应大于 0.86 m²·℃/W,深度不低于 0.45 m。被动式太阳房主要采暖房间应紧靠集热面和储热体,将次要的、非采暖房间布置在北面或东西两侧。被动式太阳房的平屋顶通常在预制板上铺 100 mm 厚苯板或 180 mm 厚的袋装珍珠岩;坡屋顶在室内吊顶上放 80 mm 厚苯板或 100 mm 厚的岩棉板。

5.被动式太阳房的类型

1)直接受益式

冬天,太阳光通过较大面积的南向玻璃窗,照射到室内的地面、墙壁和家具等上面;室内吸收一部分热量,温度升高,少部分阳光被反射到室内的其他面(包括窗),再次进行阳光的吸收、反射(或通过窗户透出室外)。围护结构内吸收的太阳能,一部分以辐射和对流的方式在室内空间传递,一部分进入蓄热体内,逐渐放热,使房间在晚上和阴天保持一定的温度。为了在冬季使太阳房有较高的室内温度和较小的温度波动,采用这种方法时,太阳房南面应安装较大面积透光性好的玻璃窗,要求窗扇的密封性好并配有保温窗帘。

外围护结构应有良好的保温和蓄热性能。室内应有蓄热性能好的重质材料,以便蓄热,减少热损失。目前,用得较多的重质材料有砖、石、混凝土和土坯等。这些材料既可单独使用,又可组合使用。一般来说,围护结构的室内至少要有 1/2 或 2/3 采用较厚的砖石等重质材料建造,确保有足够的重质材料充分吸收和储存热量。白天,重质材料吸收热量;夜间,当温度开始下降时,重质材料中蓄存的热量释放出来,从而维持室内温度的恒定。

在夏季白天,有良好保温性能的围护结构阻滞热量传到室内;夜间,通过合理的通风,室外的较冷空气流进室内,冷却围护结构内表面,延缓室内温度的上升,起到纳凉的作用,见图4-2(a)。直接受益式太阳房的热效率高,但室内温度波动较大,适用于白天要求升温快或主要白天使用的房间,如教室、办公室、住宅的起居室等。如果窗户保温效果较好,也可以用于卧室等房间。

2)集热/蓄热墙式

集热/蓄热墙式被动太阳房在南向墙体外覆盖玻璃罩盖,玻璃罩盖和外墙面之间是空气间层,可以在墙体上贴保温材料(如聚苯板或岩棉),玻璃罩盖后加吸热材料(如铁皮等),也可以不贴、不加。为区别两者,称贴有保温材料的为集热墙,未贴的为蓄热墙。蓄热墙的材料可用混凝土、水墙或相变材料。集热/蓄热墙又称特朗勃墙,其结构见图4-2(b)。

特朗勃墙的外表面一般涂成黑色或其他深色,以更多地吸收阳光,墙的上、下侧可开通风孔,风口处设可开关的风门,以使热风自然对流循环,把热传到室内。南墙表面的温度在阳光照射时可达 60~70℃。一部分热量通过热传导传送到墙的内表面,以辐射和对流向室内供热;另一部分热量把玻璃罩与墙体间夹层内的空气加热,热空气密度变小而上升,由墙体上部的风口向室内供热。室内冷空气由墙体下风口进入墙外的夹层,再由太阳能加热进入室内,如此反复循环,起到供热和换气的双重作用。这种形式的太阳房见图4-2(c)。

3)附加阳光间式

附加阳光间式被动太阳房是在太阳房南侧建造一个阳光间,其围护结构全部或部分由玻璃等透光材料做成,屋顶、南墙和两面侧墙都用透光材料,也可以屋顶不透光或屋顶、侧墙都不透光,阳光间的透光面宜加设保温窗帘;阳光间与房间之间的公共墙上开有门、窗等。阳光间经太阳光照射加热,热空气通过门、窗进入室内;夜间阳光间温度高于外部环境温度,减少房间向外的热损失。图4-2(d)是附加阳光间式被动太阳房横截面图。

4)屋顶集热/蓄热式

屋顶集热/蓄热式被动太阳房又称作屋顶池式太阳房,兼有冬季采暖和夏季降温功能,适合冬季不太寒冷而夏季较热的地区。用装满水的水池作为储热体,置于屋顶之上,其上设置可水平推拉开闭的保温盖板。冬季晴天时,保温板敞开,让水吸收太阳能,水储存热量,通过辐射和对流传至下面房间。夜间关闭保温板,阻止向外散热。夏季保温盖板启闭与冬季相反:白天关闭保温盖板,隔绝阳光及室外热空气,同时用较凉的水袋吸收下面房间的热量,使室温下降;夜晚则打开保温盖板,让水袋冷却。保温盖板还可根据房间温度、水袋内水温和太阳辐照度自动调节启闭。屋顶池式被动太阳房见图4-2(e)。

针对不同地区和需要,可采用不同形式的被动式太阳房。在实用中,以上几种类型往往结合起来使用,称为组合式或复合式。如直接受益式和集热墙结合成的组合式太阳房,具有白天自然照明和全天太阳能供热的优点。各地实践和测试资料表明,与同类普通房屋相比,被动式太阳房的节能率达到 60% 以上。图4-3示出了我国一些农村地区自建的一种被动式太阳房。

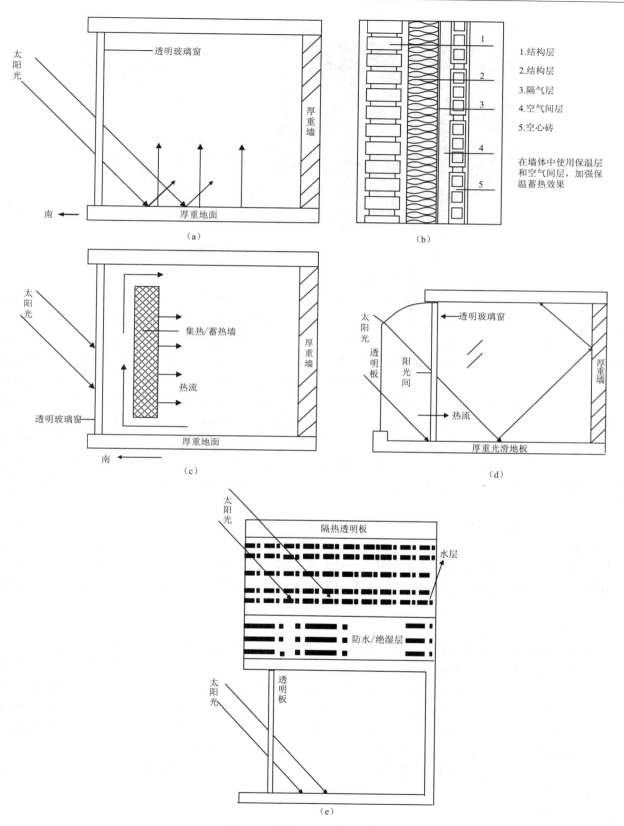

图 4-2　被动式太阳房的类型

（a）直接受益式被动太阳房示意图；（b）特朗勃墙的结构图；（c）集热/蓄热墙式被动太阳房示意图；
（d）附加阳光间式被动太阳房横截面图；（e）屋顶池式被动太阳房示意图

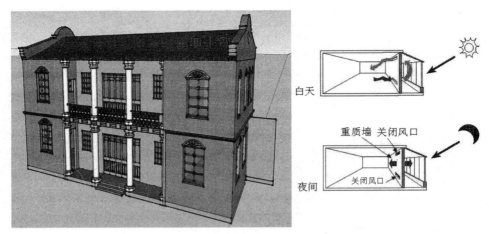

图 4-3　我国一些农村地区自建的一种被动式太阳房

6. 被动式太阳房的保温节能和采光集热

被动式太阳房的保温节能一般从墙体、屋顶、地面、门窗等方面着手。墙体多用传热系数较小的建材筑墙。具体做法如下。外墙由内向外依次为 240 mm 厚烧结空心砖、40 mm 厚聚苯乙烯泡沫板、120 mm 厚烧结空心砖,两层空心砖间用构造钢筋连接,起拉结作用。用烧结空心砖可节约用土,且保温节能效果较好。传统的平屋顶用焦渣作保温材料,被动式太阳房的屋顶参考多层楼屋顶的做法,即用 100 mm 厚聚苯乙烯泡沫板加 1∶8 水泥焦渣找坡进行保温处理。地面节能选材由底层到面层依次为基层素土夯实、80 mm 厚3∶7 灰土垫层、160 mm 厚 1∶8 水泥焦渣保温层、混凝土面层。在门窗节能方面,采用双层玻璃塑钢门窗。阴面的窗户,在满足采光的前提下,尽量减少窗口尺寸,用双层双扇塑钢窗,以利于保温,减少散热。

被动式太阳房的采光集热措施有两种。采光措施是在阳面墙体外扩 1 500 mm,加装塑钢或铝合金等框架的采光玻璃幕墙。集热则依靠阳面墙体涂刷深色外墙涂料,它的一项重要指标是抗阳光紫外线照射,要保证长时间照射不变色。外墙涂料还要有抗水性能,有自洁性。深色外墙在日光照射下有较高的吸热率,快速升温。

4.1.2.2　主动式太阳房

1. 基本概念

主动式太阳房是安装了太阳能集热器、蓄热器、换热器、配管、风机、泵、阀门、控制系统等设备,实现太阳能收集、储存和释放的热利用建筑。太阳能集热器的集热效果受天气和时间的制约,大多还需要配置辅助热源。

2. 主要构成

主动式太阳房一般由太阳能集热器、传热介质、储热水箱、散热器、控制系统及辅助能源构成。它需要电源、热交换器、循环管路、泵和风机等设备。因此,造价较高,但可以人为控制室温,调节方便,采暖和降温效果好。与被动式太阳房一样,围护结构要有良好的保温隔热性能。在发达国家(如德国、日本、美国等)已建造了许多不同类型的主动式太阳房。日本兴建较多的太阳房为八崎式。上世纪以来,八崎试验太阳房配有 $H_2O+LiBr$ 吸收式制冷器,建筑面积 143 m²,采用不锈钢管板平式集热器,集热面积 104 m²,蓄热器容量6 000 L,辅助热源为液化石油气。我国与德国合作在北京大兴区建造了一些主动式太阳房,建筑面积856 m²,采用平板集热器,以天窗直接受益和特朗勃墙相结合,是主动—被动混合型太阳房,辅助能源采用特制小型燃煤炉。

3. 运行原理

主动式太阳房依靠机械动力,把太阳能加热的介质(水或空气)送入蓄热器,通过管路与散热设备输送到室内供暖。介质流动的动力由泵或风机提供。它是一种依靠外部能源输入,人为加以控制,通过集热器、蓄热器、风机或泵以及散热器等设备来收集、储存及输配的太阳能热利用建筑。

4. 主要功能

1）集热

通过集热器收集太阳能,地面上每平方米每小时最多只能接收 1 000 kcal(相当于 4 186.8 kJ)左右的太阳热能。接收太阳能的集热器面积应做得大一些,当供暖保证率(即太阳能供热占太阳房总热负荷的百分比)在 60% 时,平板集热器面积应占地板面积的 50% 以上。同时平板集热器的效率随集热温度而变,一般控制在 30~60 ℃之间。

2）蓄热

到达地面的太阳能受气象条件和时间的制约,因季节、昼夜、阴晴而不同,一天之内早、午、晚也不相同,因此要解决连续蓄热问题,在太阳房中心处须有储热设施,建筑上的储热多用河卵石和水作蓄热材料。水是中低温太阳能系统常用的储能介质,价廉而丰富,有沸点以下不需要加压等优良的储热性能。

3）供热与采暖

太阳能的不稳定性决定了太阳能供暖保证率仅可达到 60%~80%。主动式太阳能采暖系统中,除太阳能供暖设备外,还须有辅助能源。在采暖标准要求较高时,可将太阳房与集中供暖系统结合,既能确保采暖期室内的舒适性,又可在采暖期减少烧锅炉时间,节约能源,减少污染。

主动式太阳房应尽可能用热媒温度低的采暖方式,地板辐射采暖最适宜于太阳能供暖。太阳能供热系统用空气和水作为热媒,两者各有利弊。热风式集热器较便宜,热交换次数少,但热循环动力大,是热水式的 10 倍,风道和蓄热装置所占空间也大;太阳热水集热器技术较复杂,价格较高,但优点较多,特别是真空管集热器的性能、质量提高很大,价格不断下降,因此今后太阳能供热系统将以热水集热式为主。

（1）热风集热式供热系统。在屋顶上朝南布置太阳能空气集热器,热空气经过碎石储热层后由风机送入室内,辅助热源为煤气热风炉,设置控制调节装置,根据送风温度确定辅助热源的投入比例。

（2）热水集热式地板辐射采暖兼生活热水供应系统。设置在屋顶的太阳能集热系统,由主循环水泵、辅助储热水箱、供热水箱、采暖循环水泵及辅助热源系统(锅炉、热水循环泵、保温管路和换热器)组成,地板采暖盘管作为散热器。地板采暖盘管的做法是,先在地面上铺设保温层,其上铺设聚乙烯塑料盘管,再做地面面层。热水通过盘管向房间散热后温度降低,返回储热水箱,由集热泵送到太阳集热器重新加热。太阳能不足时,启动辅助热源系统保证供暖。

（3）太阳能空调系统。太阳能空调系统可供暖、制冷,也可以只制冷。夏季制冷的太阳能空调系统,制冷机为小型 KBr 吸收式制冷机,空调机末端为风机盘管。进口增加供暖功能有两种方法:一种使用风机盘管作末端设备,由储热水箱提供热水给风机盘管,但水温要求较高,一般要 60 ℃左右;另一种是风机盘管只在夏季工作,冬季开启地板辐射采暖系统,对水温的要求降低,30 ~40 ℃即可。两种方法各有利弊,前者初期投资少,但太阳能供暖率较低,运行费用高;后者初投资高,但太阳能供暖率高,运行费低。

5. 性能提升要点

（1）尽可能增大太阳能集热量,通常有两条途径:①选用透光性好的材料,提高太阳光透过率;②扩大采光面积,多获得热量。

（2）尽量减少太阳房的热损失。目前我国主动式太阳房设计须在加强围护结构的保温上下功夫。

（3）主动式太阳房设计必须统筹兼顾集热、蓄热和供热,与太阳能热水系统有机结合,合理配置辅助热源,将采暖、纳凉和热水供应协同起来。

4.1.2.3 太阳房的应用

按效能,太阳房分为"太阳冷房"和"太阳暖房"。太阳暖房在我国已大面积推广应用,从东北、华北到西北都有大量的太阳房在使用,正在向黄河以南、长江沿岸发展。从目前已建的太阳房来看,用于农村自建住房、中小学校舍和办公楼的居多,用作会展楼、敬老院、幼儿园、农技推广站、健身房等的太阳房也越来越常见。近年来,在北方寒冷地区,修建了太阳能猪舍、牛舍、鸡舍等畜禽舍,用于提高冬季猪的生长率、鸡的产蛋率和牛羊的繁殖率等。概括起来,太阳房的应用有如下几个方面:

（1）用于乡镇和农村中、小学校校舍(教学楼、教工、学员宿舍等);

（2）新农村自建住宅；

（3）公共建筑，如办公楼、村镇企业厂房、农技推广站、敬老院、铁路及公路道口的班房等；

（4）农业设施，如太阳能温室等；

（5）太阳能畜禽舍，如太阳能猪圈、鸡舍、接羔房和太阳能鱼塘等。

在太阳房技术上，需攻克室内热循环效率较低，玻璃涂层、窗技术、透明隔热材料开发等难关。近年来，我国各地都积极研发，推出节能环保住宅，相信在不久的将来，太阳房将造福越来越多的人。

4.2　太阳房施工建造和验收

4.2.1　选址和施工准备

太阳房选址要考虑以下因素：当地气象条件适宜，冬季日照时间长，太阳辐照度大；有足够的空旷场地，在南向房前没有遮挡物；建太阳房的场地东西向足够长，为使太阳房多得阳光，需要大开间、小进深。建造前，还要完成施工组织设计，合理制定施工方案，选好配齐施工队伍，重视新材料、新工艺和新技术的应用，保证施工机具、防护设施及用具、各类材料均落实到位。

1. 施工方案的编写

（1）编制说明主要包括：工程名称，施工地点、规模，工程范围，对质量、安全、成本的考虑，工程特点及施工的特殊要求等。编制说明应概括，力求简明扼要，可分若干条目予以说明。

（2）编制依据主要包括：施工图（名称、编号及设计单位），有关设计文件（名称、编号及设计单位），所采用的规程规范、标准及设计文件（名称、编号），工程合同和政府有关部门对工程特殊要求的文件（名称、编号），项目管理实施规划或施工组织设计（名称及编制单位）。

（3）工程概况包括工程情况和现场情况。工程情况主要包括：工程名称，施工项目，开、竣工时间；主要实物工程量（如建筑面积、设备台数、管线延长数、钢结构的总吨数等）；主要技术参数（如主要设备的高度、重量、材质，主要构件的几何尺寸、重量、起吊高度等）；工程特殊要求、施工技术难点等。现场情况主要包括：水文、地质、气象状况；施工条件（如水、电、气及汽）的供应，施工现场障碍物处理；建筑设备到位、建材的供货情况；主要工种劳动力和施工机具的供应。

（4）施工准备包括施工技术准备和现场准备。施工技术准备包括：明确建材及器具复检项目数量、标准及验收条件；根据工程需要，编制必要的工艺评定项目、特殊的检验试验和施工内容；施工设备（如滑升模架、各种机具、支架等）的准备、识读图纸等。施工现场准备包括：场区平整、道路修筑和障碍物处理；现场水、电、气（汽）供应；建材（如砖、石子、砂浆、水泥、钢筋等）在现场的堆放；建筑设备的组装；重要工序的交接验收和标准；现场环保措施；安全防火措施。

（5）施工方法、程序和技术要求，包括施工建造工艺选择，主要施工程序；主要施工步骤，包括施工要领、测绘方法及部位、偏差的控制等（必要时应附简图）。技术要求是指规范、设计已规定了的内容，如土建基础的验收标准、设备安装的水平及垂直度要求、管路的偏差要求等。另外，还应有必要的计算资料，如大件吊装时的受力分析和计算等。

（6）保证施工进度、质量、安全、冬雨期和工程防护的措施，应包含进度、质量、安全、环境和工程防护等方面的内容；全面考虑"人、机、料、法、环"的有效控制，以达到各项指标的要求；还包括需要采取的其他技术措施和要求（如新技术推广、冬雨期施工等）。

（7）施工机具、工艺技术、用料、用工、计量器具需用量计划表。

（8）在满足工期要求的前提下，对选择的施工方法、设备、材料加工件的供应情况、能够投入施工的劳动力、机具的数量及施工现场协调配合等情况进行综合研究，编写出施工进度计划表。

（9）填写技术资料：将各工序要填写的技术资料目录在方案中列出，以便于施工过程控制。施工中请有关部门组织检查，在技术资料上签字认可。技术资料整理与工程同步进行。工程结束后，完成工程资料整理、归档和留存。

2. 工程预算

太阳房的工程预算是施工单位与用户确定工程造价、进行工料分析、签订合同和工程决算的依据。

1）计算依据

（1）经过会审的太阳房平面图、施工图、结构施工图和有关的标准图集。

（2）国家或省（市）建设主管部门颁发的现行预算定额、地区建材预算价格、人工工资标准、施工管理费以及地区的单位估价表等。

（3）工程施工方案或施工组织设计。

2）计算步骤

（1）熟悉图纸，勘查现场，了解施工条件。例如，某单层砖混结构的太阳房，长为 9.94 m，宽为 7.56 m，建筑面积为 75.15 m²，采用毛石条形基础；外墙中南墙为 370 mm 厚，其余三面均为复合保温墙，复合墙体内铺 80 mm 厚的聚苯乙烯泡沫板，分两层错缝布置，每层 40 mm 厚；内隔墙为 240 mm 厚的砖墙；南墙窗间墙上设有空气集热器；现浇钢筋混凝土屋顶板厚度为 100 mm，屋顶保温层采用聚苯乙烯泡沫板，厚度为 100 mm，分两层错缝布置，每层 50 mm 厚；木屋架上铺商曲瓦，外门窗均为单框双层玻璃的塑钢门窗，内门为木制，内墙面、天棚为中级粉刷，外墙面喷外墙漆，漆的品牌、型号和性能必须写明。

（2）计算工程计价。工程计价计算是编制预算的主要内容，关系到预算造价的准确性和工料分析的合理性。在计算工程计价时，应注意：不要遗漏，也不能重复，要按顺序计算；在图纸上，按"先横后竖、先左后右，先外后内"的原则计算；计算结果一般保留到小数点后两位。

以西山墙为例，复合墙体工程计价如下。

西山墙的长度为 7.56-0.22-0.185=7.155 m，厚度为 0.44 m，砖砌体的高度为 2.80 m。西山墙砖砌体的体积 $V_1=7.155 \times 0.44 \times 2.80=8.815$ m³。

由于复合墙体增加了施工操作难度，所以没有扣除保温材料的体积，但也不增加工时费。材料分析时应扣除保温材料的体积，计算如下：

保温材料的体积 $V_2=7.16 \times 0.08 \times 2.80=1.603$ m³

砖砌体的实际体积 $V_3=V_1-V_2=8.815-1.603=7.248$ m³

套用某省建筑工程预算定额，基价为 169.92 元/m³，人工费为 26.11 元/m³。

西山墙砖砌体的直接费为：169.92 × 8.815=1 497.84 元

西山墙砖砌体人工费为：26.11 × 8.815=230.16 元

根据施工队伍的资质以及工程承包方式不同，取费标准也不同。施工队伍有甲类、乙类、丙类、丁类、达不到丁类企业等。承包方式有包工包料和包工不包料之分。被动式太阳房施工队伍一般属于丁类企业，因此，按综合取费率执行，综合取费率为直接费的 2%（或人工费的 20%），但材料价差和税金应另算，故综合费为：1 497.84 × 2%=29.96 元（或 230.16 × 20%=46.03 元）。西山墙砖砌体造价为 1 497.84+29.96=1 527.80 元（或 1 497.84+46.03=1 543.87 元）。本造价内未含材料价差和税金。

西山墙砖砌体用红砖为 7.02 × 521=3 657 块，砌筑砂浆为 7.02 × 0.248=1.74 m³（M2.5 混合沙浆），砌筑用水泥为 1.74 × 144.00=250.56 kg（325# 水泥），中砂为 1.74 × 1.02=1.78 m³，白灰膏为 1.74 × 0.25=0.44 m³。

4.2.2　总体设计和技术文件

4.2.2.1　总体设计

总体设计是指按计划任务书规定的内容进行概略计算，附以必要的文字说明和图纸设计，又称为初步设计。主要包括：太阳房（群）规划、太阳能可利用的设施、建筑选址及太阳能利用的便利性，建筑朝向选择、热工设计和系统配备，技术经济指标等。

4.2.2.2　技术文件

1. 基本符号及说明

1）定位轴线及其编号

定位轴线是太阳房砌墙、浇筑柱梁、安装构件等施工定位的重要依据。对于规定的主要承重构件,应绘制其定位轴线,编注轴线号;对非承重墙或次要承重构件,应编写附加定位轴线。

定位轴线用细点划线绘制,在其端部绘制直径为8mm的细实线圆,在圆圈中书写轴线编号。规定竖向轴线编号用阿拉伯数字,自左向右顺序编写;横向轴线编号用拉丁字母(除I、O、Z外),自下而上顺序编写。如字母数量不够使用,可增用双字母或单字母加数字注脚,如Aa、Bb、Yy或E1,见图4-4。

2）标高尺寸

标高是标注建筑物高度的一种方式,分为绝对标高和相对标高,均以米为单位。绝对标高是以青岛附近黄海平均海平面为零点测出的高度,仅在建筑总平面图中使用。相对标高是以建筑物室内主要地面为零点测出的高度尺寸,见图4-5。

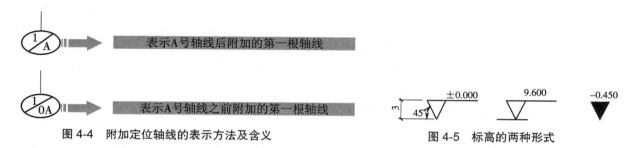

图4-4　附加定位轴线的表示方法及含义　　　　图4-5　标高的两种形式

绝对标高以黑等腰直角三角形表示,高度为3mm,标注单位为"m";相对标高的等腰直角三角形不涂黑,高度3mm,单位为"m",小数点后保留3位数字。太阳房常用定位轴线编号及标高符号见表4-1。

表4-1　定位轴线编号及标高符号表

符号		说明	符号	说明
附加轴线	(2/2)	在2号轴线之后附加的第2根轴线	(数字)	楼地面平面图上的标高符号
	(1/A)	在A轴线之后附加的第1根轴线	45° (数字) 45°	立面图、剖面图上的标高符号(用于其他处的形状大小与此相同)
	(1/0A)	在A轴线之前附加的第1根轴线		
	(1) (3)	详图中用于两根轴线	(数字) (数字)	用于左边标注
	(1) 3、5、9...	详图中用于两根以上多轴线	(数字) (数字)	用于右边标注
	(1)〜(18)	详图中用于两根以上多根连续轴线	(数字)	用于特殊情况标注

续表

符号	说明	符号	说明
	通用详图的轴线,只画圆圈不注编号	(数字) (数字)	用于多层标注

3）索引符号和详图符号

图样中的某一局部或构件以索引符号索引。索引符号由直径为 10 mm 的圆和水平直径组成,圆及水平直径均应以细实线绘制。索引符号应按下列规定编写:①索引出的详图,如和被索引的详图在一张图纸内,在索引符号的上半圆中用数字注明该图的编号,并在下半圆中间画一段水平实线,见图 4-6(a);②索引出的详图,如和被索引的详图不在一张图纸内,在索引符号的上半圆中用数字注明该图的编号,在索引符号的下半圆中用数字注明该图所在图纸的编号,如图 4-6(b)所示,数字较多时,可加文字标注;③索引出的详图,如采用标准图,在索引符号水平直径的延长线上加注该标准图册的编号,见图 4-6(c)。

详图的位置和编号以详图符号表示。详图符号的圆以直径为 14 mm 粗实线绘制。如果详图与被索引的图同在一张图纸内,应在详图符号内用数字注明详图的编号,见图 4-7(a);如果详图与被索引的图样不在同一张图纸内,应用细实线在详图符号内画一水平直径,在上半圆中注明详图编号,在下半圆中注明被索引的图纸编号,如图 4-7(b)所示。

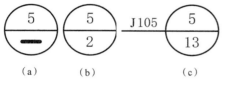

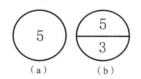

图 4-6　索引符号的标注　　　　　　　　　图 4-7　详图符号的标注

2. 太阳房总平面图

太阳房总平面图是用俯视投影法,绘制新建太阳房地基范围内的地形、地貌、道路、建筑物、构筑物等的水平投影图。它反映新建、拟建太阳房的总体布局以及原有建筑物和构筑物的情况,也是进行太阳房定位、放线、填挖土方等的主要依据。图 4-8 给出了某太阳房的总平面图。

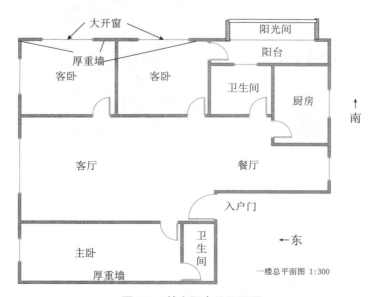

图 4-8　某太阳房总平面图

在总平面图中,要注明拟建太阳房底层室内地面和室外已经平整地面的绝对标高和层数,示出地形高度以及风玫瑰图、风向特征、朝向等。总平面图通常以一定的坐标表示其位置。建筑物、构筑物等用图例表示,注明建筑物、构筑物的名称,见表4-2。总平面图的绘制比例一般用1:300、1:500、1:1 000、1:2 000。

表4-2 太阳房总平面图图例

图例	名称及说明	图例	名称及说明
	新设计的建筑物 右上角以点数或数字(高层以数字为宜)表示层数 用粗实线表示		原有的建筑物 用细实线表示
	计划扩建建筑物或预留地 用中虚线表示		要拆除的建筑物 用细实线表示
	新建的地下建筑物 用粗虚线表示	154.20	室内标高
143.00	室外标高		围墙:表示砖、混凝土及金属材料的围墙
	围墙:表示镀锌铁丝网、篱笆等围墙		

3. 太阳房施工图和效果图

图4-9、图4-10分别是阳光洗手间施工图和普通太阳房的效果图,供参考。

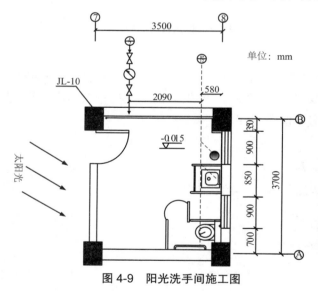

图4-9 阳光洗手间施工图   图4-10 普通太阳房效果图

4.2.3 太阳房施工建造

4.2.3.1 太阳房图纸会审与现场测绘

1. 图纸审核与测绘

设计图纸的会审涉及如下内容:①总平面图的会审;②建设用地红线桩点(界址点)坐标与角度、距离是否对应;③太阳房定位依据及条件是否明确、合理;④太阳房建筑群之间的距离测量;⑤首层室内地坪设计高程及有关坡度是否合理、对应;⑥太阳房施工图的校核;⑦太阳房各轴线的间距、夹角等几何关系校核;⑧太阳房平、立、剖面及节点大样图的轴线尺寸是否清楚;⑨各层标高(相对高程)与总平面图中的有关部分是否对应;⑩结构施工图的校核;⑪核对轴线尺寸、层高、结构尺寸(如墙厚、柱断面、梁断面及跨度、楼板厚度等);⑫以轴线图为准,对比基础、非标准层及标准层之间的轴线关系;⑬对照建筑图,核对两者相关部位的轴线、尺寸、标高是否对应;⑭设备施工图的校核(对照建筑、结构施工图,核对有关设备的轴线、尺寸及标高是否对应;核对设备基础、预留孔洞、预埋件位置、尺寸、标高是否与土建图一致)。

使用前,应查看测量改器检定标识是否在有效期内,检查调试确认无误后方可使用。经纬仪、水准仪每3个月校准一次。测量中,严格调整钢尺的三差改正数(即量距大于 16 m,温度超出标准温度 ±5 ℃时进行三差修正),使测量精度合格。

太阳房施工中应配备的测量仪器见表 4-3。

表 4-3　测量仪器配备表

序号	设备名称	精度指标
1	全站仪	520 N
2	经纬仪	2″
3	DS₃ 水准仪	± 2 mm
4	50 m 钢卷尺(带自卡钮)	± 1 mm

4.2.3.2　控制网布设

1. 平面控制网布设

如图 4-11,结合工程及现场特点,在场区布设矩形控制网,根据测绘部门提供的测量控制点和建筑物的坐标点确定出建筑物的 4 个角点,经角度和直线度校正后,作为工程的 I 级平面控制网点,之后依据 I 级控制点定出以建筑物各轴线为控制线的矩形控制网。

土方开挖之前,将各控制点引至基坑范围之外并设立稳固控制桩,在邻近建筑物上用红三角标示出来。采取直角坐标计算法放线,然后采用极坐标法校核。

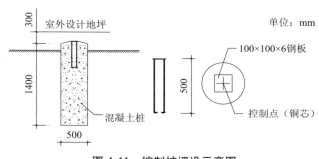

图 4-11　控制桩埋设示意图

2. 高程控制网布设

(1)高程控制网布设原则包括:①为保证建筑物竖向施工精度,应在场区内建立高程控制网;②高程控制网采用水准测法;③测量等级为国家三等水准测量;④高程控制测量用三角高程测量方法;⑤高程控制点应选在土质硬实,便于施测,并易于长期保留的地方。施工现场高程点不得少于 3 个,点间的距离50~100 m,以便施工期间定期复测。高程点距离建筑物不小于 25 m,距回填土边线不小于 15 m。施工期间应定期复测。

(2)高程控制网布设过程:采用 DS₃ 水准仪,对测绘院给定的水准基点,用复合水准测量法测量。进行校验,合格后,按照国家三等水准测量的技术要求,测设场区高程控制点 BM_1~BM_3,填写水准测量观测记录,并进行平均差计算。

(3)标高控制测量:采用中丝读数方法,每站观测顺序为"后→前→前→后",与已知点联测,往返各一次。向基坑内引测标高时,首先联测标高控制网点,以判断场区内水准点是否被碰动,确认无误后,方可向基坑内引测所需的标高。每次引测标高作自身闭合,对于同一层分几次引测的标高,应联测校核,测量偏差不应超过 ±3 mm。

(4)水准测量技术与精度要求:水准测量等级为 3 级,仪器型号 DS₃,水准标尺为铟钢尺,每千米高差中数的中误差:偶然中误差不超过 ±3 mm,全中误差不超过 ±6 mm;在 $L/2$(其中 L 为水准路线长度,单位

km）上,闭合差为 ± 12 mm。

4.2.3.3　太阳房施工建造工艺

太阳房围护结构的能耗占总能耗的绝大部分,屋顶、墙体、门窗的能耗几乎占到全部能耗的 50%~80%,因而施工质量的好坏直接影响太阳房的保温性能。

1. 复合保温墙的砌筑

1）复合保温墙的施工方法

单面砌筑法先砌筑内侧墙,砌至一定高度（一般为 8~10 皮砖）时,安放板状保温建材,再砌筑外侧墙,按规定放置拉结钢筋（设计无要求时,拉结钢筋为 $\phi6$ mm,纵横向间距 500 mm）。

双面砌筑法同时砌筑内外侧墙体,砌至 8~10 皮砖时,将保温建材和拉结钢筋依次放好,继续砌筑。

2）复合保温墙的施工工艺

建材准备:黏土砖的品种、强度等级必须符合要求,有产品合格证,砌筑前一天浇水润湿,以水浸入砖内部 15 mm 为宜,含水率不超过 15%。常温下施工不得用干砖上墙。

砌筑用砂浆配比用质量比,水泥可用 325# 普通硅酸盐水泥或矿渣硅酸盐水泥;砂子为中砂,配制 M5 以下砂浆时砂子含泥量不得超过 10%。配制 M5 以上砂浆时,砂子含量不得超过 5%;白灰膏熟化时间不少于 5 天。水泥计算精度要求为 ± 2%,砂子、灰膏为 ± 5%。用搅拌机混合,搅拌时间不少于 25 min。

（1）排砖摆底:内承重墙第一层砖摆底时,两山墙排丁砖,前后纵墙排条砖,根据已弹好的门窗位置线复核窗间墙、垛的长度尺寸是否符合排砖的模数。不合模数时,将门窗口的位置适当移动。

（2）盘角:砌墙时先盘角,每次盘角不超过 5 层砖。仔细对照皮数杆的砖层和标高,控制好灰缝大小,使水平灰缝均匀一致。

（3）挂丝:砌筑复合保温墙必须双面挂线。如果长墙处几个人共使一根通线,中间应设几个支线点,小线要拉紧。每层砖都要穿线看平,使水平缝均匀一致。

（4）砌砖:采用满铺、满面挤操作法。砌砖时一定要跟线,"上跟线、下跟棱、左右相邻要对平"。水平灰缝厚度和竖向灰缝宽度一般为 10 mm 左右,在 8~12 mm 之间为宜。砌筑砂浆应随搅拌随使用,水泥砂浆必须在 3 h 内用完,混合砂浆必须在 4 h 内用完,不得用过夜砂浆。墙体砌筑时,严禁用水冲浆灌缝。

（5）留槎及预埋钢筋:外墙转角处要同时砌筑。内外墙交接处必须留斜槎,槎口平直、通顺。隔墙与墙或柱不同时砌筑时,可留阳槎 + 预埋拉结钢筋,即沿墙高度每 50 mm 预留 $\phi6$ mm 钢筋 2 根,植入长度从墙的留槎处算起每边均不小于 1 000 mm,末端应弯 90° 钩。

（6）安放保温建材及拉结钢筋:常用的保温材料有聚苯乙烯泡沫夹心板、散岩棉及岩棉板、膨胀珍珠岩及干燥处理的秸秆、稻壳等。安放保温建材前,先检查保温建材的各项指标是否符合设计要求,必要时在工地做二次化验。聚苯乙烯泡沫塑料等板材用总厚度不变的分层（2~3 层）错缝安装。保温建材为岩棉、膨胀珍珠岩时,需设隔潮层做防潮处理。雨季施工时,应及时遮盖,以免保温材料因受潮而降低性能。安放时,应采取有效措施,防止保温材料损坏。拉结钢筋的规格、数量及其在墙体中的位置、间距均应符合设计要求,不得错用、错放、漏放,并对拉结钢筋做防腐处理。

3）质量标准与控制

（1）保证项目:①砖的品种、强度等级必须符合要求;②砂浆强度应符合设计要求,试块的平均强度不小于 $1.0f_{m,k}$（试块标准养护抗压强度）,任意一组试块的强度不小于 $0.75f_{m,k}$;③砌体砂浆必须密实饱满,水平灰缝的砂浆饱满度应大于 80%;④外墙转角处严禁留直槎。

（2）基本项目:①砌体上下错缝,砖柱、垛采用无包心砌法,窗间墙或清水墙无通缝,混水墙每间（处）无 4 皮砖的通缝;②砌体接槎处灰缝密实,缝、砖平直,每处接槎部位水平灰缝厚度小于 5 mm 或透亮的缺陷不超过 5 个;③柱拉结筋的数量、长度均应符合设计要求和施工规范规定;④构造柱留槎位置正确,大马牙槎先退后进,上下顺直,残留砂浆清理干净。

4）允许偏差项目

允许偏差项目见表 4-4。

表 4-4　复合保温墙允差及检验方法

项目			允许偏差/mm	检验方法
轴线位置偏移			± 5	用经纬仪或拉线和尺量
墙体顶面标高			± 10	用水准仪和尺量
垂直度	每层		± 5	用 2 m 托线板检查
	全高	≤ 10 m	± 10	用经纬仪、吊线或尺量
		> 10 m	± 15	
表面平整度	清水墙		± 5	用 2 m 靠尺和楔形塞尺检查
	混水墙		± 8	
水平灰缝平直度	清水墙		± 7	拉 10 m 线，用尺量
	混水墙		± 10	
水平灰缝厚度（10 皮砖累计数）			± 8	与皮数杆比较，用尺量

2. 屋顶施工

太阳房的屋顶有平屋顶和坡屋顶。屋顶的构造包括：结构层、隔气层、保温层、找坡层、找平层、防水层、保护层，见图 4-12。

（1）保温建材在运输和存储过程中要避免受潮、淋雨和损坏。

（2）建材进场后，应按规定取样、抽检，出具报告。抽检应按使用数量确定，同一批建材至少抽检一次。

（3）验收屋顶结构层，应干燥、平整、干净，然后做隔气层。

（4）隔气层用气密性好的单层卷材或防水建材。先满涂两遍乳化沥青或先涂一遍冷底子油后，再涂一遍热沥青。在屋顶与墙面连接处，隔气层沿墙面向上涂布，其高出保温层上表面不得小于 150 mm。

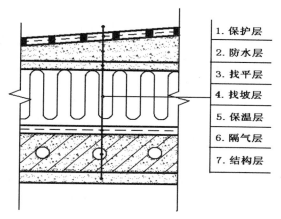

图 4-12　太阳房保温屋顶结构图

1. 保护层
2. 防水层
3. 找平层
4. 找坡层
5. 保温层
6. 隔气层
7. 结构层

（5）同一流水作业段内做完保温层、找坡层和找平层后，再进入下一流水段的施工。保温层完工后，及时进入下一道工序，对保温层采取保护措施，以防浸水或损坏。

（6）保温层的厚度按设计确定。保温层一般用板状保温建材（聚苯乙烯泡沫板、岩棉板等）和散状保温建材（珍珠岩）。散状保温材料铺设时，应设加砌混凝土支撑垫块，在支撑垫块之间均匀码放，用塑料袋包装封口的散状保温材料，厚度为 180 mm 左右，支撑垫块上铺薄混凝土板。保温板材施工时，铺平垫稳，紧靠在需保温的表面上，保温板接缝要相互错开，板缝之间应严密，异形部位用保温板碎块嵌填密实，铺好的保温层须有平整的表面。

（7）保温层铺完后，不得在其上行车或堆放重物，施工人员宜穿软底鞋。

（8）找坡层采用 1∶6 水泥炉渣。炉渣经筛选，粒径一般控制在 5~40 mm，不应含有有机杂物、石块、土块和未燃尽的煤块。水泥炉渣拌合料应配比准确、拌合均匀。严格控制拌合物加水量，刮平压实表面，防止出现渗水。最薄处要不小于 30 mm，厚度大于 120 mm 时应分层铺设。

（9）找坡施工完后应注意养护，24 h 后再进行上部找平层的施工。不得直接在找坡层上行车或堆放重物，必要时应铺设跳板。

（10）找平层选用 30 mm 厚 1∶3 水泥砂浆或 35 mm 厚且强度等级不低于 C20 的细石混凝土。施工时，水泥、砂浆、细石混凝土的配比应准确，气温宜为 5~35 ℃，避免在烈日下暴晒。抹平压光后要及时覆盖，浇水养护，保持湿润，养护时间不少于 7 天。

（11）找平层留设分格缝,留在预制板支撑边的拼缝处,其纵横向间距不大于 6 m。分格缝可兼作屋顶的排气道,缝宽一般为 25 mm。排气道应纵横连通,间距宜为 6 m,并与大气连通的排气孔相通,排气孔可设在檐口下或屋顶排气道交叉处。排气孔以在不大于 36 m² 的屋顶上设置一个为宜,排气孔细部构造可参照有关标准设计。排气道不得堵塞,且应做好防水处理。

（12）根据《屋面工程技术规范(GB 50345—2012)》的有关规定选择防水层的做法。防水材料可用沥青防水卷材、高聚物改性沥青防水卷材、合成高分子防水卷材及高聚物改性沥青防水涂料等。屋顶防水施工顺序为:验收找平层→清理基层→配制水泥黏合剂→做附加层→基层施工→保护层→养护。

（13）卷材和涂膜防水均应设保护层。不上人屋顶,依据防水材料的种类选用绿豆砂、云母、蛭石等作保护层;上人屋顶可铺设水泥花砖、地缸砖等块材作保护层,块材保护层与防水层之间应做水泥砂浆垫层。

（14）若用保温层置于找坡层上的构造,找平层采用 35 mm 厚、强度等级不低于 C20 的细石混凝土,面层留设分格缝,其要求同第(11)条。

（15）天沟、檐沟与屋顶交接处保温层的铺设应伸到墙厚的 1/2 处。

（16）排气口应设排气管,排气管应伸到结构层上,埋设深度内的管壁应打孔,便于排气。排气管宜高出屋顶保护层 200 mm 左右。

3. 门窗施工

被动式太阳房的集热部件主要有直接受益窗、空气集热区屋内墙体和地面、阳光间等。这些部位应减少遮挡,最大限度吸收利用太阳能,起到保温隔热的作用。

（1）直接受益窗、空气集热区等,用不锈钢预埋件、连接件构造,非不锈钢件须镀锌处理。连接件每边不少于 2 个,且间距不大于 400 mm。

（2）为防止窗缝隙及施工缝透风,边框与墙体间缝隙用密封胶填嵌饱满密实,表面平整光滑,无裂缝,填塞材料和施工方法符合设计要求。窗扇应嵌贴经济耐用、密封效果好的弹性密封条。密封条的质量指标如硬度、弹性热胀系数、抗老化等应满足要求。

（3）如设计未指明密封条时,按以下质量要求:黑色天然(或氯丁)橡胶制品,肖氏硬度为 40 ± 3(可用肖氏硬度仪测试),老化系数在 70 ± 2℃温度下经 12 h 不小于 0.85。老化系数的计算由老化后材料的性能指标与老化前材料性能指标的比值得到。

（4）门、窗玻璃须按设计要求选购,要求透光好,消光系数不大于 0.4 cm⁻¹,其余指标不低于行业标准《建筑玻璃应用技术规程(JGJ 113—2015)》。

（5）双层玻璃应擦拭干净后安装。固定集热窗玻璃与窗框留 1.5 mm 温度伸缩空隙。

（6）保温门材料可选聚苯板、岩棉板、玻璃棉板、矿渣板等,导热系数不大于 0.146 W/(m²·K),密度不小于 95 kg/m³,也可用其他松散保温材料,填充密实。木质保温门的传热系数为 0.85~1.10 W/(m²·K),见表 4-5。

表 4-5　门窗施工允差及质量检验方法

项目		允许偏差/mm	检验方法
框的正侧面垂直度		±3	1 m 托线板检查
框的对角线长度		±2	尺量检查
框与扇、扇与扇接角处高低差		±2	钢直尺和塞尺检查
门窗扇对口和扇与框间留缝宽度		±2.5	塞尺检查
框与扇上缝留缝宽度		±1.5	塞尺检查
门扇与上坎间留缝宽度		±3	塞尺检查
门扇与下坎间留缝宽度(内、外门)		±5	塞尺检查
门扇与地面间留缝宽度	外门	±6	塞尺检查
	内门	±8	

续表

项目	允许偏差/mm	检验方法
卫生间与地面留缝宽度	± 12	塞尺检查

（7）塑钢门窗安装的允差和检验方法见表 4-6。

表 4-6　塑钢门窗安装的允差和检验方法

项目			允许偏差/mm	检验方法
门窗框两对角线长度		≤ 2 000 mm	± 3.0	用 3 m 钢卷尺检查,量内角
		>2 000 mm	± 5.0	
门窗框(含拼樘料)		≤ 2 000 mm	± 2.0	用线坠、水平靠尺检查
		>2 000 mm	± 3.0	
门窗框(含拼樘料)的水平度		≤ 2 000 mm	± 3.0	用水平靠尺检查
	>2 000 mm	平开门(窗)及推拉窗	± 5.0	
		推拉门	± 2.5	
门窗下横框的标高			± 5.0	用钢直尺检查与基准线比较
双层门窗内外框(含拦樘料)中心距			± 4.0	用钢直尺检查
门窗竖向偏离中心			± 5.0	线坠或钢直尺检查
平开门窗	门扇与框搭接宽度		± 2.5	用深度尺或钢直尺检查
	同樘门窗相邻,扇的横角高度差		± 2.0	用拉线或钢直尺检查
	门窗框铰链部位的配合间隔		± 2.0	用楔形塞尺检查
推拉门窗	门扇与框搭接宽度		± 1.5	用深度尺或钢直尺检查
	门窗扇与框或相邻扇立边平行度		± 2.0	用 1 m 钢直尺检查

4. 地面施工

太阳房室内地面须有储热和保温功能。地面散失热量仅占太阳房总散热量的 5% 左右。因此,太阳房的地面与普通建筑物的地面稍有不同。施工时应注意:①地面应按国家颁布的有关标准、规范及有关质量评定标准检查、验收;②常采用砖、石、混凝土等厚重建材铺设地面;③地面以下基础周围内表面,应设有保温层,保温深度直到最大冻土深度以下 100 mm,并应有防水、防潮和蓄热等措施。

4.2.4　太阳房的验收

1. 档案验收

（1）各种保温、蓄热建材及构配件必须有产品合格证、质量检验报告及进场抽样复检报告单。

（2）复合墙体、地面与屋顶保温建材铺设方式和拉接筋等隐蔽工程应按图纸施工,认真做好记录。

（3）检查是否有设计变更。如果有,应检查设计变更手续是否齐全,材料代用通知单是否齐全。

（4）检查施工日记及工程质量问题处理记录是否规范、齐全。

2. 分部分项工程验收

（1）分部分项工程应在上一道工序结束后进行质量验收,参加验收人员有工程监理、设计、施工及建设单位代表。上一道工序验收合格后才可进行下一道工序,否则不准进行下一道工序。

（2）基础工程验收时应检查保温隔热工程、保温建材含水率等是否符合设计要求,检查隐蔽工程记录。

（3）地面工程按地面构造分层验收,应有施工检查记录。

3. 复合墙体施工中间验收

（1）使用保温建材应有出厂证明及复试证明,确认其各项指标是否符合设计要求。

（2）保温材料放置应严密无缝,如出现空隙应以保温材料填充,做好施工记录。

（3）砌筑砂浆底灰饱满度 >80%,碰头灰达 60% 以上,所有灰缝均达到密实状态。

（4）施工单位应严格按设计要求,认真做好施工记录及质量检查记录,完整归档。

（5）冷桥部位处理必须经设计与施工单位双方共检,合格后方可认定符合设计要求。

（6）集热部件验收:选用木制材料时,含水率一般不超过 12%,选用金属材料时应有防腐措施。

4. 门窗允差、气密性和室内热性能测试

（1）门窗允差及检查方法见表 4-7。

表 4-7　门窗允差及检查方法

序号	项目	允差 mm	检查方法
1	框的正侧面垂直度	±3	用 1 米长线板检查
2	框对角线长度差	±2	尺量检查
3	框与扇、扇与扇的结合处高低差	±2	用直尺和楔形塞尺检查
4	窗扇对口和框与框留缝宽度	±2	用楔形塞尺检查
5	框与扇留缝宽度	±1	用楔形塞尺检查

（2）气密性方面应检查门窗缝隙是否采取密封措施,集热部件与墙体连接部位是否符合设计要求,是否采取相应的保护措施。

（3）被动式太阳房热工情况、室内热环境及整个系统测试应按《被动式太阳房热工技术条件和测试方法（GB/T 15405—2006）》进行,由第三方机构主持测试,并出具书面测试报告,报告须有评审人员签字和加盖测试机构公章。

4.3　太阳房的维护及维修

4.3.1　被动式太阳房的维护及维修

被动式太阳房一般不需要专门的维护和维修,住户要经常做好以下管理:

（1）防止南向玻璃窗户的机械损伤和意外破损;

（2）经常擦洗玻璃窗,始终保持玻璃清洁光亮,保证有最佳的透明度;

（3）经常检查门窗气密性是否良好,损坏之处,应及时修补;

（4）定期检查并及时消除各部位隔热层可能出现的热桥;

（5）注意各通风孔道的开闭位置,保持太阳房处于最佳工作状态。

4.3.2　主动式太阳房的维护及维修

除了被动式太阳房的维护项目外,主动式太阳房的维护及维修还应增加如下项目:

（1）定期检查太阳能集热器阵列的运行状况,如有异常应及时查明原因（排除方法和太阳能热水系统基本相同）;

（2）经常查看电气控制部件响应是否灵敏,动作是否正确;

（3）定期检查辅助能源系统的工况是否正常;

（4）定期检查循环泵、管路、管件和阀门是否处于正常工作状态。

第5章 太阳能光伏发电

5.1 太阳能光伏发电简述和系统分类

5.1.1 光伏发电简述

太阳能发电分为光热发电和光伏发电。通常说的太阳能发电是指光伏发电,简称"光电"。光伏发电依据半导体光生伏特效应,利用光伏电池把太阳能转化为电能,整个系统被称为太阳能光伏发电系统。

光伏发电系统建设之前,应进行输出电压、电流和功率计算以及蓄电池容量计算,做好最大功率点追踪和逆变控制。在光伏方阵里要防范热斑效应,它有可能导致系统瘫痪。太阳能光伏发电系统由太阳能电池方阵、充放电控制器、逆变器、蓄电池、太阳跟踪控制器和交流配电柜等组成。充放电控制器防止蓄电池过充电和过放电。通过监测蓄电池的状态,控制充放电电压和电流,根据需要对负载输出电能。市面上以单片机为核心的光伏充放电控制器,成本低,可靠性高,通过对太阳能电池板电压、蓄电池电压、充电电流、环境温度等参数的侦测判断,控制开关管的通断,实现充放电控制和保护。目前与太阳能发电系统配套使用的蓄电池主要有铅酸蓄电池和镉镍蓄电池。蓄电池全年运行结果表明,分组管理可改善蓄电池的欠充电状态,有效延长蓄电池的使用寿命。

太阳能电池方阵是直流电源,逆变器可将直流电转换成交流电。逆变器分为独立逆变器和并网逆变器。并网逆变器是太阳能电池与电网间的关键连接设备,可将光伏电池方阵电压较低、变化范围较广的电流转换成符合要求的交流电并入电网。光伏电池电压较低时,应用两级高频逆变,前级用 DC-DC 变换器升压,后级用 DC-AC 三相全桥逆变,从而得到需要的三相交流电。目前,市场上受欢迎的是适于各种负载的正弦波逆变器。逆变器还有过载保护、短路保护、接反保护、过欠压保护和温度补偿等功能。接入电网,一定要满足保证电网电能质量、防孤岛效应和安全隔离接地 3 个要求。

5.1.2 太阳能光伏发电系统的分类

根据与电网的关系,通常将太阳能光伏系统分为 4 种:离网系统、分布式系统、并网系统和混合系统。

5.1.2.1 离网太阳能光伏发电系统

离网太阳能光伏发电系统框图和接线图见图 5-1,主要由太阳能电池组件、控制器、蓄电池组成。若为交流负载供电,还要配置交流逆变器。

光伏储能是离网系统的关键。光伏储能系统可分为光伏离网系统和光伏并/离网混合系统。前者是通过蓄电池组来实现。铅酸蓄电池主要优势是价格便宜,操作方便,稳定性高,安全性好,是目前储能电池应用最多的电池,也是光伏离网系统首推的储能电池,但也有占地面积大、笨重、移动性差以及有毒液体易外渗等缺点。在铅酸蓄电池负极中加入活性炭,可显著延长铅酸电池的寿命,但铅酸蓄电池的技术更新,成本略高。三元磷酸铁锂蓄电池在近几年已用于太阳能光伏发电系统,以逐步替代铅酸蓄电池。磷酸铁锂蓄电池具有体积小、重量轻、能量密度高、使用寿命长以及高温性能好等优点,目前已在电动汽车上应用,但相较于铅酸/铅碳电池,其热稳定性稍显不足。离网光伏发电目前主要用于太阳能路灯、太阳能手机充电器、太阳能玩具以及不通电的偏远地区的供电。

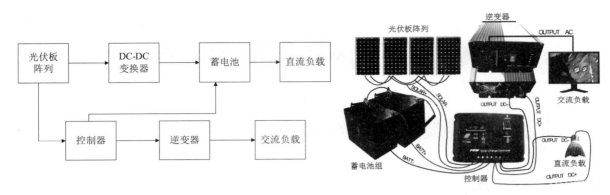

图 5-1　离网太阳能光伏发电系统框图（左）和接线图（右）

5.1.2.2　分布式太阳能光伏发电系统

　　分布式太阳能光伏发电系统是指在用户住所或者工作场地附近建设,以用户侧自发自用和多余电量上网的运行方式,且以配电系统平衡调节为特征的光伏发电系统。分布式太阳能光伏发电遵循因地制宜、清洁高效、分散布局、就近利用的原则,充分利用当地太阳能资源。分布式太阳能光伏发电可有效提高同等规模光伏电站的发电量,解决了升压及长途输电的损耗问题。当前,应用最广泛的分布式光伏发电系统,是建在建筑屋顶的光伏发电系统。分布式太阳能光伏发电系统必须并网,与公共电网一起为用户供电。但负载要优先使用光伏系统输出的电能,这是一项原则。

　　分布式太阳能光伏发电系统主要包括光伏方阵、支架、汇流箱、直流配电柜、并网逆变器、交流配电柜等设备,另外还有供电系统监控和环境监测装置。光伏阵列把太阳能转换为电能,经汇流箱集中送入直流配电柜,由并网逆变器转换成交流电给建筑内的负载供电,多余或不足的电力通过电网来调节。屋顶分布式太阳能光伏发电系统组成见图 5-2。

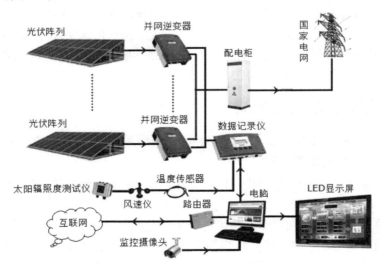

图 5-2　屋顶分布式太阳能光伏发电系统组成图

　　分布式太阳能光伏发电的优点是:

　　(1)系统相对独立,自行调控,可避免发生大规模停电事故,安全性高;

　　(2)弥补大电网稳定性的不足,可在意外断电时持续供电,成为集中供电的补充;

　　(3)实时监控区域电力的质量和性能,适合向农村、牧区、山区以及发展中的大、中、小城市或商业区的居民供电,减小环保压力;

　　(4)输配电损耗低,无须建配电站,降低附加的输配电成本,土建施工和系统安装成本也较低;

　　(5)削峰填谷,操作方便、简单;

（6）参与运行的设备少,启停快速,便于实现全自动管控。

5.1.2.3　并网太阳能光伏发电系统

并网太阳能光伏发电系统由光伏电池方阵、汇流箱、控制器、并网逆变器等组成。图 5-3 示出了系统框图和大型并网光伏发电系统连接图。

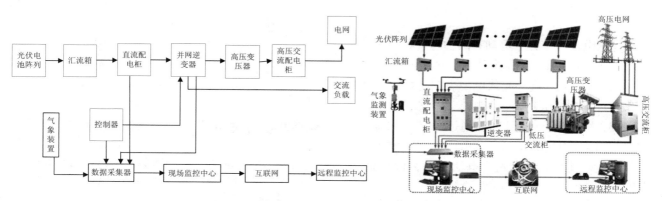

图 5-3　并网太阳能光伏发电系统框图(左)和大型并网系统连接图(右)

并网太阳能光伏发电系统把太阳能转化为电能,通过并网逆变器和变压器,在保证电能质量的前提下接入电网。为了确保系统在雷雨等恶劣天气下安全运行,要对系统采取防雷措施。

（1）接地是防雷的关键。在光伏基础建设时,选附近土层较厚、潮湿的地点挖一个 2 m 左右深的地线坑,把打磨出金属光泽的 40# 扁钢埋入,添加降阻剂(如粗盐水等),引出线用 35 mm² 铜芯电缆,接地电阻不大于 1 Ω。

（2）在配电室附近建一避雷针,高 15 m,避雷针地线与配电室地线相连。

（3）太阳电池方阵电缆采用 PVC 管理地,加装防雷保护器。电池板方阵的支架应保证良好接地,与配电室地线做等电位连接。

（4）并网逆变器交流输出线采用防雷箱一级保护(并网逆变器内有交流防雷器)。

并网太阳能光伏发电系统将太阳能光伏阵列产生的直流电,经并网逆变器转换成符合电网要求的交流电,再通过配电柜和变压器接入电网。分为带蓄电池和不带蓄电池的并网发电系统。带蓄电池的并网发电系统有可调度性,可以根据需要并入或退出电网,还可作为备用电源,当因故停电时可紧急供电。带蓄电池的光伏并网发电系统常常安装在居民建筑上。不带蓄电池的并网发电系统没有可调度性,一般安装在较大型的系统上。大型并网光伏电站一般是国家级电站,将所发电能直接输送到电网,由电网统一调配向用户供电。这种电站投资大、建设周期长、占地面积大、资金回收时间长。

5.2　光伏电池

5.2.1　光伏电池发电原理和输出特性

5.2.1.1　光伏电池发电原理

光伏电池是接受太阳光照产生电动势的半导体器件,将光能变换为电能,其核心结构是 PN 结。太阳光照射到 PN 结表面,P 区和 N 区中的价电子受太阳光子激发,获得能量摆脱共价键的束缚产生电子和空穴,这些电子和空穴的一部分复合,对电动势无贡献。复合使电子和空穴相遇而消失,以其他形式的能量散失。在 PN 结附近,P 区的光生电子在漂移作用下到达 N 区,同样,N 区附近光生空穴受漂移作用到达 P 区,这些少数载流子漂移形成与 PN 结内建电场方向相反的光生电场,接通电路有电能输出。图 5-4 说明了光伏电池的电动势在 PN 结附近由太阳光子激发的电子和空穴通过漂移而形成的过程,PN 结附近的电子和空穴通过漂移,电子流向 N 区,空穴流向 P 区。从外电路来看,P 区为正、N 区为负,接入负载,N 区的电子通过负载流向 P 区形成电子流,进入 P 区后与空穴复合。电子流动方向与电流流动方向相反,光伏电池接入负载后,电流从电池的 P 区流出,经过负载流入 N 区。

光伏电池产生光生电动势的物理过程为:

（1）太阳光线在光伏电池表面被反射;

（2）太阳光子进入光伏电池表层,激发产生的电子和空穴,在没有到达 PN 结时一部分复合;

（3）太阳光子到达 PN 结附近,光生电子和空穴在 PN 结内建电场力作用下分离,产生光生电动势;

（4）太阳光子到达光伏电池深处,远离 PN 结,光生电子和空穴复合,与过程（2）类似;

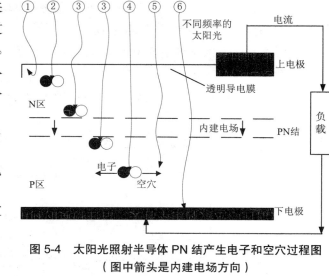

图 5-4　太阳光照射半导体 PN 结产生电子和空穴过程图
（图中箭头是内建电场方向）

（5）光伏电池吸收不能激发电子和空穴的太阳光子,转化为热;

（6）一部分光子被光伏电池吸收且透射。

5.2.1.2　光伏电池的输出特性和等效电路

在标准条件下,对光伏电池的开路电压（V_{OC}）、短路电流密度（J_{SC}）、填充因子（FF）和光电转化效率（h）进行测试和计算。所谓标准条件是指光源辐照度为 1 000 W/m²,测试温度为 25 ± 2 ℃,AM1.5 地面太阳光照度（1000 W/m²）。图 5-5（a）是光伏电池的输出特性曲线,在光照强度不变的情况下,功率输出具有极大值。在极大值点的两侧,光伏电池输出都在零与极大值之间变化。图 5-5（b）是实际光伏电池的等效电路。

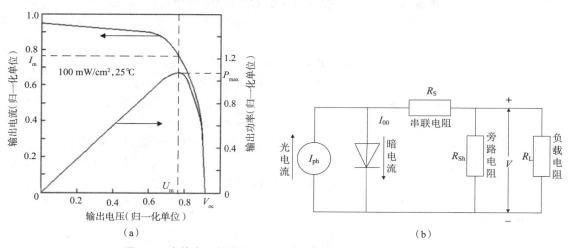

图 5-5　光伏电池的输出特性曲线与实际光伏电池的等效电路
（a）光伏电池的输出特性曲线;（b）实际光伏电池的等效电路

5.2.2　光伏电池的分类及参数

5.2.2.1　单晶硅太阳能电池

单晶硅太阳能电池制造工艺成熟,已广泛用于宇宙空间和地面设施。这种太阳能电池以高纯单晶硅为原料,纯度为 99.9999999%。为降低成本,地面太阳能电池用太阳能级的单晶硅制作,材料性能指标有所放宽,也可用半导体器件加工的头尾料和废次单晶硅,经过复拉制成太阳能电池用的单晶硅棒,切片,片厚约 0.3 mm。硅片经过成形、抛磨、清洗等工序,制成待加工的原料硅片。图 5-6 是单晶硅太阳能电池结构图。

1. 单晶硅太阳能电池板的主要参数

单个太阳能电池片输出电功率很小,把多片电池串并联并封装可形成太阳能光伏组件(光伏板)。如市场上一款单晶硅太阳能电池板,尺寸为 1 559 mm×798 mm×35 mm,重为 15 kg,平均输出功率 200 W,工作电压 40 V,工作电流 5.25 A,开路电压 47.7 V,短路电流 5.75 A,匹配蓄电池 24 V。

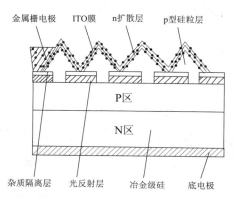

图 5-6　单晶硅太阳能电池结构剖面图

2. 产品特点

制造太阳能电池时,先做化学处理,将其表面腐蚀成微小金字塔状的绒面,以减少光反射,增加光吸收。采用双栅线,使组件的可靠性更高。譬如,用光电转换效率超过 15% 的单晶硅光伏电池片,注意要符合国际电工委员会 IEC 61215—2016 系列标准和电气保护 II 级标准并留意标准的更新。太阳能电池板阵列抗冲击性能佳,符合 IEC 标准。太阳能电池片之间用双层 EVA 材料及 TPT 复合材料封装,气密性好,防潮,抗紫外线,不易老化。

太阳能电池板受光面用高透光绒面钢化玻璃封装,耐候性好,抗腐蚀。阳极氧化铝边框的机械强度高,有极强的抗风性和防雹性,可在各种复杂恶劣的气候条件下使用。

直流接线盒采用密封防水、高可靠性的多功能 ABS 塑料接线盒,耐老化,防潮性能好;连接端采用易操作的专用公母插头,使用安全、方便、可靠。旁路二极管能减少局部阴影引起的损害。工作温度为 -40～90 ℃,使用寿命 20 年以上,长期发电效率衰减率小于 20%。

5.2.2.2　薄膜太阳能电池

1. 多晶硅薄膜太阳能电池

多晶硅太阳能电池的制作工艺与单晶硅电池差不多,但光电转换效率较低,制作成本也低一些,材料制备简便,能耗减少,发展快速。此外,多晶硅太阳能电池的使用寿命比单晶硅太阳能电池略短一些。制作太阳能电池的多晶硅薄膜中,封装的太阳能光伏组件利用率低。因此,近年来,欧美一些国家加大了多晶硅太阳能电池的研发力度。图 5-7 是多晶硅太阳能电池结构图。

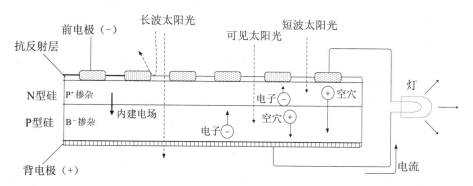

图 5-7　多晶硅太阳能电池剖面结构图

2. 非晶硅(a-Si)薄膜太阳能电池

在玻璃衬底上,沉积透明导电膜(TCO),用等离子增强化学气相反应依次沉积 p 型、i 型、n 型三层非晶硅(a-Si),接着蒸镀金属电极铝(Al),形成非晶硅电池。太阳光从玻璃面入射,电池电流从透明导电膜和铝引出,其结构为玻璃基底 TCO/非晶硅 p-i-n 结构 Al,还可用不锈钢片、塑料等作衬底。薄膜太阳能电池可以在价格低廉的陶瓷、石墨、金属等不同基片上制作,薄膜厚度仅数微米,目前转换效率最高可达 13%。薄膜电池太阳能电池也可以制作成非平面的,可与建筑物结合或是成为建筑体的一部分,应用非常广泛。如图 5-8 示出的 a-Si 及 a-Si/a-SiGe 薄膜太阳能电池结构图。

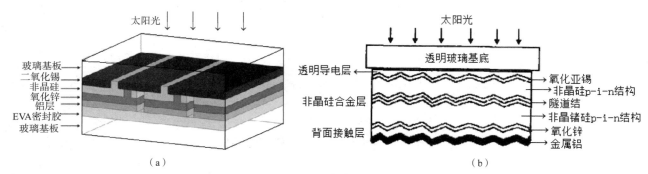

图 5-8 非晶硅薄膜太阳能电池
(a)a-Si 薄膜太阳能电池结构图;(b)a-Si/a-SiGe 薄膜太阳能电池结构图

非晶硅(a-Si)太阳能电池的性能参数主要有开路电压、短路电流、工作电压、工作电流、填充因子和光电转化效率等。它具有以下优点:重量轻,占用空间小,携带方便,是外出旅游、探险的好搭档;柔韧性好,可适度弯曲;防水,耐高温和低温(-40~80 ℃);在使用过程中,比晶硅太阳能电池耐摔打、耐撞击,使用范围广;弱光性好,高温发电多,比起同功率的晶硅电池有更多的发电量。

3. 化合物半导体薄膜太阳能电池

化合物薄膜光伏电池主要包括砷化镓等。Ⅲ~Ⅴ族、硫化镉、碲化镉及铜铟镓硒薄膜电池等。硫化镉、碲化镉电池的效率比非晶硅薄膜电池效率高,成本较单晶硅电池低,易于大规模生产,但镉有剧毒,会对环境造成污染。因此,砷化镓等Ⅲ~Ⅴ化合物及铜铟镓硒薄膜电池由于具有较高的转换效率受到人们的重视。如图 5-9 所示的硅及化合物半导体太阳能电池材料分类。

图 5-9 硅及化合物半导体太阳能电池分类

GaAs 属于Ⅲ~Ⅴ族化合物半导体材料,能隙为 1.4 eV,光吸收系数大,是理想的太阳能电池材料。除 GaAs 外,其他Ⅲ~Ⅴ族化合物(如 GaSb、GaInP 等)电池也得到了开发。铜铟硒($CuInSe_2$)电池简称 CIS 电池。CIS 材料的能隙为 1.1 eV,适合制作工作于较长波段的太阳能电池。另外,CIS 薄膜光伏电池基本不存在光致衰退问题,因此,作为高转换效率薄膜太阳能电池引起了广泛关注。CIS 电池薄膜的制备主要有真空蒸镀法和硒化法。真空蒸镀法是用各个独立的蒸发源蒸镀铜、铟和硒;硒化法是用 H_2Se 叠层膜硒化,但难以得到组分均匀的 CIS。CIS 薄膜电池从 20 世纪 80 年代的 8% 的转换效率提升到目前的 15% 左右。

CIGS 是指 $CuIn_xGa_{1-x}Se_2$ 薄膜太阳能电池。由 Cu(铜)、In(铟)、Ga(镓)、Se(硒)构成的最佳比例的黄铜矿结晶薄膜,是构成 CIGS 电池的吸光层材料,光吸收能力强,发电稳定性好,光电转化效率高,白天发电时间长,发电量多,生产成本低,能源回收周期短。2019 年 1 月,CIGS 薄膜太阳能电池的实验室最高转化效率为 23.35%,由日本 Solar Frontier 公司用"溅射制膜 + 硒硫化"工艺制备。大面积电池组件转化效率因各公司制备工艺不同而异,一般在 15%~20%。虽然 CIGS 电池有高效率和低材料成本的优势,但也面临诸如制程复杂且投资成本高、关键原料的丰度不足、缓冲层 CdS 具有毒性等问题。CIGS 太阳能电池制造成本低、污染小、不衰退、弱光性好,光电转换效率居化合物薄膜太阳能电池前列,接近晶体硅太阳电池,而成本是晶体硅电池的三分之一。此外,该电池具有柔和、均匀的黑色外观,是对外观有较高要求场所的理想选择,如大型建筑物的玻璃幕墙等,在现代化高层建筑等领域有广阔的市场。

5.2.3　光伏电池的制程简述

单晶硅和非晶硅薄膜光伏电池制程略有不同。

(1)单晶硅光伏电池制程:硅片的分选→清洗→制绒→制作 PN 结→去周边→去 PSG →镀膜→印刷电极→烧结→封装→成品检测→包装。

(2)非晶硅光伏电池制程:SnO$_2$ 导电玻璃→ SnO$_2$ 膜切割→清洗→预热→ a-Si 沉积(做成 p-i-n 结构)→冷却 a-Si →切割→掩膜镀铝→测试 1 →老化→测试 2 → UV 保护层沉积→封装→成品测试→包装。

5.3　光伏组件与光伏阵列

5.3.1　光伏组件

光伏电池单体(电池片)是光电转换的最小单元,一般尺寸为 4~100 cm^2。电池片的输出电压为 0.5~0.8 V,输出电流密度为 20~25 mA/cm^2。电池片不能单独作光伏电源使用。将光伏电池片串、并联封装后可构成光伏组件,功率一般为几瓦至几十瓦,是作为光伏电源的最小单元。光伏电池组件的电池片的标准数量是 36 片(10 cm×10 cm),输出电压 17 V 左右,可为标称电压为 12 V 的蓄电池充电。图 5-10 是标准的光伏电池组件外观。光伏电池组件经串、并联安装在支架上,构成光伏电池阵列,可输出满足负载要求的电功率或者并入电网。

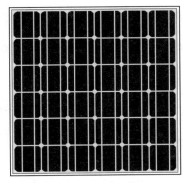

图 5-10　光伏电池组件平面图

目前,市场上主要有 3 种商品化的硅光伏组件,分别是单晶硅光伏组件、多晶硅光伏组件和非晶硅光伏组件。各种光伏组件的光电转化效率都是在标准条件下(太阳辐照度 1 kW/m^2,测试温度 25 ±2 ℃)测得的。工信部下发的《光伏制造行业规范条件(2021 年本)》规定,商用单晶硅和多晶硅光伏组件的平均光电转换效率分别不低于 17% 和 19.6%。非晶硅光伏组件售价低,光电转换率一般为 5%~8%。

光伏组件封装的好坏直接决定电能输出的可靠性。光伏组件是光伏阵列的一个单元,负责将太阳能转化为电能,给蓄电池充电或推动负载工作。太阳能电池板的质量和成本决定着光伏发电系统的质量和成本。光伏电池组件正面用高透光率的钢化玻璃,背面是聚乙烯氟化物膜,光伏电池两边用 EVA 或 PVB 胶热压封装,四周用轻质铝型材边框固定,从背面接线盒引出电极。由于玻璃、密封胶的透光率衰减以及光伏电池之间性能失配等因素,组件的光电转换效率一般比光伏电池单体的低 5%~10%。背板的作用是支撑、密封、绝缘、防水,一般用 TPT、TPE 等材质,其耐老化性能取决于背板和硅胶质量是否达标。铝合金边框的作用是保护层压部件,起密封、支撑和抗冲击作用。光伏板的背面有接线盒,串接二极管,保护发电系统,防止反充电,也起到电流旁路的作用。如果组件短路,接线盒将自动断开短路电池串,防止烧坏整个系统。接线盒中最关键的是二极管的选用。组件内电池片的类型不同,光伏组件的构成见图 5-11。

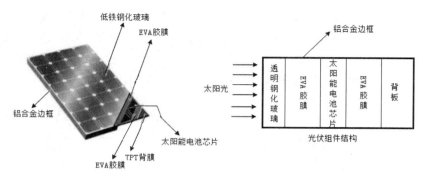

图 5-11　太阳能电池板的构成和剖面结构示意图

5.3.2　光伏阵列

若干块相同的光伏组件串并联,用边框固定牢靠,可构成光伏阵列(Photovoltaic Array)。光伏阵列输出的后级是光伏逆变器,因此光伏阵列的设计要考虑与逆变器的适配。匹配主要指三个方面:电压匹配、电流匹配和功率匹配。光伏阵列的最大串联组件数应保证在最大工作电压处阵列输出电压不超过光伏逆变器的最大允许输入电压,保证阵列输出电流不大于逆变器的最大输入电流。在符合电压范围和电流范围的前提下,调整光伏阵列的组件数可使阵列输出接近逆变器的额定功率,以求获得最高的逆变效率。

5.3.3　二极管在光伏阵列的应用

1. 阻塞二极管

将阻塞二极管接在光伏组件和蓄电池之间的正极性线路上,利用二极管的单向导电性,阻止夜间和无日照时蓄电池向太阳能光伏阵列放电。阻塞二极管的工作电流必须大于阵列的最大输出电流,反向耐压要高于蓄电池组的电压。光伏阵列工作时,阻塞二极管两端有一定的电压降(硅二极管通常为 0.6~0.8 V,肖特基二极管或锗管为 0.3 V 左右)。有些太阳能控制器已包含一个二极管或具有可实现这一功能的防反充电路。工程实践证实,阻塞二极管对光伏发电系统的影响极小,可以忽略。

2. 隔离二极管

当光伏阵列电压高于 48 V 时,应该安装隔离二极管。当阵列中的一串组件或支路发生故障时,隔离二极管可将正常支路与故障支路隔离,防止正常支路的电流下降。选择的二极管额定电流,至少应是预期通过的最大电流的 2 倍。二极管的耐压至少能承受 2 倍的反向工作电压。

3. 旁路二极管

旁路二极管与光伏组件并联,当组件上出现阴影时,用来转移流经该组件的电流。多数组件中旁路二极管已经预联,当阵列电压不高于 48 V 时,一般能满足要求。在大型光伏方阵中,当一串组件发生故障时,其他正常组件的电流流过旁路二极管形成的通路,从而保证整个光伏阵列仍可正常工作。

5.4　蓄电池的特性和充放电模式

5.4.1　蓄电池的主要性能指标

蓄电池是将化学能转化成电能的一种装置,通过可逆的化学反应实现放电和再充电。常用的铅酸蓄电池和锂离子电池属于二次电池,其工作原理是:充电时,使内部化学活性物质再生,把电能转换为化学能;放电时,把化学能转换为电能。蓄电池由电极板、隔离板、外壳、电解液和液口栓组成。蓄电池的主要技术指标包括:蓄电池的电动势、开路电压与工作电压、容量、内阻、蓄电池的能量、蓄电池功率和比功率。

1. 蓄电池的电动势

蓄电池的电动势是输出能量多少的量度。在相同条件下,电动势高的蓄电池,输出的能量大。如果不考虑内阻,蓄电池的电动势等于两个电极的平衡电动势之差。

2. 蓄电池的开路电压与工作电压

蓄电池在开路下的端电压称为开路电压。开路电压等于正极与负极电势之差,数值上等于蓄电池的电动势。蓄电池的工作电压是接负载后在放电过程中的电压,也称为工作电压或放电电压。蓄电池有内阻,接负载后的工作电压低于开路电压。蓄电池接负载时放电,电压在放电中的平稳性表征蓄电池工作电压的精度,与蓄电池内部活性物质化学反应的平稳性有关。蓄电池工作电压随放电时间变化的曲线称为放电曲线,其数值及平稳度依赖于放电条件,在高速率、低温条件下放电时,蓄电池的工作电压将减小,平稳度随之下降。

3. 蓄电池的容量

蓄电池在一定放电条件下输出的电量称为蓄电池的容量,单位是安培小时($A \cdot h$)。根据不同的计量方式,蓄电池的容量分为理论容量、额定容量、实际容量和标称容量。

(1)理论容量是蓄电池中活性物质质量按法拉第定律计算得到的最高理论值。常用比容量表示,即单位体积或单位质量蓄电池所能给出的理论电量,单位是 $A \cdot h/kg$ 或 $A \cdot h/L$。

(2)额定容量又称为保证容量,是按国家或有关部门颁布的蓄电池在规定放电条件下应放出的最低限度的电量。

(3)实际容量是蓄电池实际输出的电量,等于放电电流与放电时间的乘积,小于理论容量。蓄电池在放电中,活性物质不可能完全被有效利用,不参加反应的导电部件等也消耗电能。蓄电池的实际容量与蓄电池的正、负极活性摩尔数利用率有关。活性物质的利用率主要受放电参量和电极结构等影响。放电参量是指放电速率、放电形式、终止电压和温度,电极结构是指电极高宽比、厚度、孔隙率和导电栅网的形式。放电速率简称放电率,用时率和倍率表示。时率是以放电时间表示的放电速率,即以某电流值放电至规定的终止电压所经历的时间;倍率是指蓄电池放电电流数值为额定数值的倍数。终止电压是指放电时电压下降到不宜再继续放电时的最低工作电压。

(4)标称容量(公称容量),用来鉴别蓄电池容量大小的近似安时值,只标明蓄电池的容量范围而不是确切数值。没有指定放电条件时,蓄电池的容量是无法确定的。

4. 蓄电池的内阻

放电时,通过蓄电池的电流受活性物质、电解质、隔膜、电极接头等阻抗,使蓄电池的输出电压降低,这些阻抗总和为蓄电池的内阻。蓄电池内阻不是常数,而在放电中随时间变化。一般情况,大容量蓄电池内阻小,低倍率放电时,蓄电池内阻变小;高倍率放电时,蓄电池内阻增大。蓄电池的内阻包括欧姆电阻和极化内阻。前者遵守欧姆定律;后者不遵守欧姆定律,它随电流密度增加而增大,呈非线性关系。

(1)欧姆电阻主要是蓄电池内部导电部件的电阻,如电极、电解液及各零件的接触电阻等。

(2)极化内阻是蓄电池正、负极进行电化学反应时引起的内阻,它与活性物质的量、特性、电极结构及其制造工艺有关,尤其与蓄电池的工作条件(如放电电流和温度)有关。大电流时,电化学极化和浓度极化增加,可能引起负极钝化。低温对极化和离子扩散会产生不利影响,低温下蓄电池的内阻增加。

(3)隔膜电阻不是材料本身的电阻,而是来自隔膜的孔隙率、孔径和孔的曲折程度对离子迁移产生的阻力,即电流通过隔膜微孔中的电解液的电阻。隔膜微孔结构中,电解液中的离子通过孔隙而导电,因此隔膜电阻越小越好。

5. 蓄电池的能量

蓄电池的能量是指在一定的放电条件下蓄电池所能给出的电能,通常用瓦时($W \cdot h$)表示。蓄电池的能量分为理论能量和实际能量。

蓄电池的理论能量(W_T)可用理论容量(C_T)与电动势(E)的乘积表示,即:

$$W_T = C_T \cdot E \tag{5-1}$$

蓄电池的实际能量(W_R)是在一定的放电条件下的实际容量(C_R)与平均工作电压(U_R)的乘积,即:

$$W_R = C_R \cdot U_R \qquad\qquad (5\text{-}2)$$

6. 蓄电池的功率和输出效率

蓄电池的功率是指在一定放电条件下单位时间内输出能量的大小,单位是瓦(W)或千瓦(kW)。蓄电池的比功率是单位质量蓄电池输出的电功率,单位是 W/kg 或 kW/kg。比功率越大,表示放电电流越大。蓄电池充电时,把太阳能电池发出的电能转化为化学能储存;放电时,把化学能转化为电能,给负载供电。蓄电池在工作中有一定的能量消耗,通常用容量输出效率和能量输出效率表示。

容量输出效率 η_C 是指蓄电池放电时输出的电量与充电时输入的电量之比,即:

$$\eta_C = \frac{C_{dis}}{C_{ch}} \times 100\% \qquad\qquad (5\text{-}3)$$

式中,C_{dis} 为放电时输出的电量,C_{ch} 为充电时输入的电量。

能量输出效率 η_Q 也称电能效率,是指蓄电池放电时输出能量与充电时输入电能之比,即:

$$\eta_Q = \frac{Q_{dis}}{Q_{ch}} \times 100\% \qquad\qquad (5\text{-}4)$$

式中,Q_{dis} 为放电时输出的电能,Q_{ch} 为充电时输入的电能。

影响蓄电池输出效率的主要因素是内阻,它使充电电压增大,放电电压减少,其能耗以热的形式释放。

5.4.2　蓄电池的基本特性

1. 使用寿命

蓄电池的有效寿命称为使用寿命,包括使用期限和使用周期。使用期限指蓄电池可供使用的时间,使用周期指可以重复充电的次数。蓄电池每经一次全充电和全放电称为一个周期或一个循环。

2. 蓄电池的充放电原理

铅酸蓄电池工作原理是基于以下充、放电的化学反应:

$$PbO_2 + 2H_2SO_4 + Pb \underset{\longleftarrow}{\overset{\longrightarrow}{\rule{0pt}{0pt}}} 2PbSO_4 + 2H_2O \qquad\qquad (5\text{-}5)$$

以上充、放电过程是理想状态。充电时,正极(阴极)由硫酸铅(PbSO$_4$)转化为二氧化铅(PbO$_2$),将电能转化为化学能储存在正极板;负极(阳极)由硫酸铅(PbSO$_4$)转化为海绵状铅(spongy lead),将电能转化为化学能储存在负极板中。放电时,正极由 PbO$_2$ 变成 PbSO$_4$,化学能转化为电能,负极由海绵状铅变成 PbSO$_4$。

正极和负极在同当量同状态下(如充电态或放电态)进行电化学反应,才能实现上述充电或放电,任何情况下都不可能单独由正极或负极来完成上述反应。如果铅酸蓄电池中正极板是好的而负极板坏了,蓄电池报废,反之亦然。此外,正极板中参加能量转换的活性物质的量与负极板的必须匹配。如果不匹配,多出来的部分是浪费。每一种活性物质的电化学当量是由其参与的反应决定的。电化学反应式(5-5)从左向右是铅酸蓄电池的放电反应,由右向左进行是充电反应。

铅酸蓄电池充电时有气体析出。因为在充、放电时,会伴随许多副反应,在电解液中含有 Pb$^+$、H$^+$、OH$^-$、SO$_4^{2-}$ 等带电离子,特别在充电末期,铅酸蓄电池正负极分别还原为 PbO$_2$ 和 Pb,有一部分 H$^+$ 与 OH$^-$ 在充电时产生 H$_2$ 与 O$_2$ 气体,其方程式如下。

$$正极:2H^+ + 2OH^- \rightarrow 2H_2\uparrow + O_2\uparrow \qquad\qquad (5\text{-}6)$$

$$PbSO_4 + 2H_2O \rightarrow PbO_2 + H_2SO_4 + 2H^+ + 2e^- \qquad\qquad (5\text{-}7)$$

$$副反应:2H_2O \rightarrow O_2\uparrow + 4H^+ + 4e^- \qquad\qquad (5\text{-}8)$$

$$负极:PbSO_4 + 2H^+ + 2e^- \rightarrow Pb + H_2SO_4 \qquad\qquad (5\text{-}9)$$

$$副反应:2H^+ + 2e^- \rightarrow H_2\uparrow \qquad\qquad (5\text{-}10)$$

在充电中,水分解,当正极充电到 70% 时析出氧气,负极充电到 90% 时析出氢气,气体析出不断消耗蓄电池里的水,时间一长,会失水干涸。早期的铅酸蓄电池,氢气和氧气析出及从电池内部逸出,不能进行气体的再复合,要加酸加水;而阀控式铅酸蓄电池在内部对氧气再利用,同时抑制氢气的析出,克服了传统铅酸蓄电池的缺点。

3.蓄电池的自放电及对策

自放电是指蓄电池不使用期间容量逐渐减少。自放电有 2 种:充足电后,在 1 个月内每隔 24 h 容量降低超过 3%,为故障性自放电;正、负极板活性物质铅在硫酸溶液中置换氢气的反应,叫铅自溶。自放电较轻的蓄电池,将其完全放电或过放电,使极板上的杂质析出到电解质液中,倒出电解液,用蒸馏水反复清洗干净,再加入新电解液,充足电后仍可使用。自放电较重时,取出隔板,倒出电解质液,用纯净的蒸馏水冲洗干净,注入新的品牌电解液,保持蓄电池外表清洁,消除极柱处的氧化物及酸垢,封装后,充满电使用。

5.4.3　蓄电池的充放电模式和控制

5.4.3.1　蓄电池的充放电模式

同型号的蓄电池可串联、并联或混联。蓄电池有循环充放电、连续浮充和定期浮充 3 种充放电方式。

（1）循环充放电:属于全放全充型,但这种方式会缩短蓄电池的寿命。

（2）连续浮充:正常情况下,光伏直流电压加在蓄电池电极两端,当蓄电池电压低于光伏输出电压时,对蓄电池充电;当光伏直流电压低或没电时,断开连线,蓄电池对负载供电。

（3）定期浮充:是指部分时间由光伏组件经控制器向负载供电,部分时间由蓄电池供电,同时补充蓄电池损失的电量。

连续浮充和定期浮充的蓄电池比循环充放电的使用寿命长,连续浮充比定期浮充更合理。

蓄电池的充电模式分为恒流充电、恒压充电、恒压限流和快速充电 4 种。

（1）恒流充电是以恒定不变的电流充电。充电开始时,恒流值比可充值小,充电后期恒流值比可充值大。恒流充电适合串联的蓄电池组。分段恒流充电要求在充电后期把充电电流减小。恒流充电多用于蓄电池的初充电、运行中的蓄电池的容量检查、运行中的牵引蓄电池的充电以及蓄电池极板的化成充电。这种充电法的优点是可以根据蓄电池的容量确定充电电流值,算出充电量,并确定充电完成的时间。蓄电池常用恒流充电电路见图 5-12。

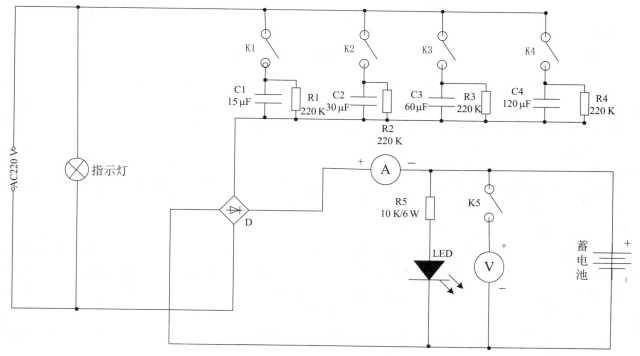

图 5-12　蓄电池常用恒流充电电路图

（2）恒压充电是对蓄电池以恒定电压充电。充电初期电流很大,随着充电进行,电流减小,充电终止阶段只有很小的电流。其优点是随蓄电池荷电状态的变化,自动调整充电电流,如果规定的电压恒定值适宜,既可保证蓄电池完全充电,又能尽量减少析气和失水。缺点是在充电初期,如蓄电池放电深度过大,充电电流很大,可能危及其安全,蓄电池可能因过流而损坏。铅酸蓄电池的恒压充电电路见图 5-13。接通电源,A1的反相输入端电位总是低于同相输入端,则 A1 输出高电平,通过 R1 和 VD2 使 VT1 饱和导通,LM33BK 的ADJ 接地,输出电压较低,R13 和 VD3 及 VD4 是轻负载。这样设计是为了防止接电池时发生火花与放电。A1 的输出还接到 A2 和 A3。因 A1 输出高电平,A3 输出高电平,LED1 发光以提示充电未开始;充电结束时,LED1 再次发光,提示充电完成,立即断开电源。

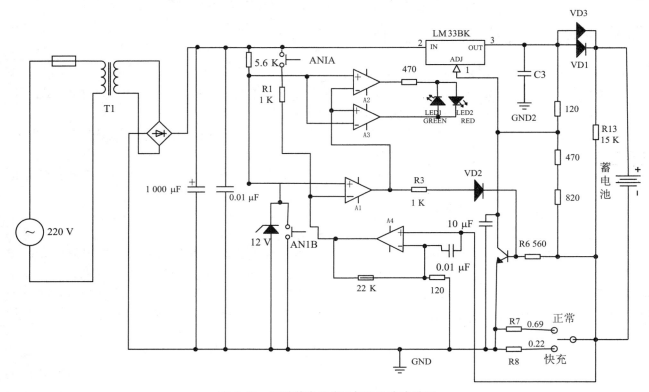

图 5-13　铅酸蓄电池常见恒压充电电路图

（3）恒压限流充电是在充电器与蓄电池间串联一个电阻,电流大时,电阻上的压降也大,减小了充电电压;电流小时,电阻上的压降也小,自动调整充电电流。尤其是起始充电电流较大,若不加限制会损坏蓄电池,缩短电池的使用寿命,电流会越充越小,最后等于恒压的值。恒压限流充电电路见图 5-14。

（4）快速充电是在 1~5 h 内使蓄电池达到或接近完全充电状态的一种充电方法。常用于牵引用蓄电池需要在较短时间内实现完全充电状态时的充电。蓄电池的正常充电耗时通常在 10 h 以上。快速充电以脉冲电流输入蓄电池,存在一个瞬间的大电流放电,使电极去极化,在短时间内接近充满电,然后以涓流方式充电。图 5-15 是一种常用的快速充电电路。

5.4.3.2　蓄电池的充放电控制策略

为了实现设定的充电模式,必须对充电过程进行控制。充放电控制主要包括充电程度判断、从放电状态到充电状态的自动切换、充电各阶段模式的自动转换、停充控制及放电控制等方面。合理的控制方法有利于提高蓄电池充电效率和使用寿命。蓄电池的充电分为主充、均充和浮充。主充是快速充电,脉冲充电是常见的主充模式,以慢充为主充的是恒流充电。蓄电池深度放电或长期浮充后,串联的单体蓄电池的电压和容量会出现不平衡,消除不平衡的充电称为均衡充电（均充）。为使蓄电池不过充,充电至容量的 80%~90% 后应转为浮充（恒压充电）模式。

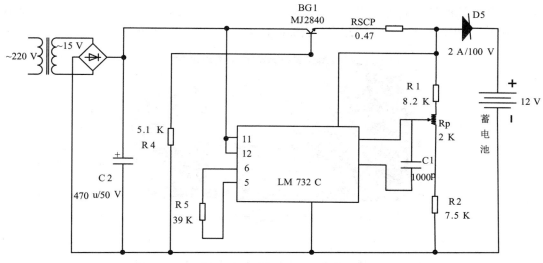

图 5-14　一种用于铅酸蓄电池的恒压限流充电电路图

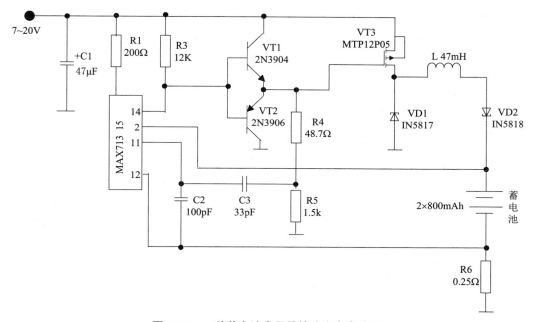

图 5-15　一种蓄电池常用的快速充电电路图

5.5　太阳能光伏控制器

　　光伏控制器的基本功能,在离网光伏系统中是必需的。充电时,控制器防止对蓄电池过充电。通过控制蓄电池的充放电电压和电流,合理分配负载的电能。以单片机为核心的光伏充放电控制器,成本低,可靠性高,可对太阳能电池板电压、蓄电池电压、充电电流、环境温度等参数自动检测,控制开关的通断,实现充放电控制和保护功能。

　　太阳能光伏控制器内置高速 CPU 和高精度 A/D 模数转换器(ADC),有数据采集和监控功能,可快速实时采集光伏系统的状态参数,获得 PV 站(光伏电站)的信息,积累历史数据,为评估 PV 系统设计的合理性及检验系统工作的可靠性提供依据。此外,太阳能控制器还有串行数据通信功能,可集中管理和远程控制多个光伏系统子站。太阳能光伏控制器的主要功能有:①功率控制;②通讯功能,如以 RS485、以太网和无线等形式与外界通讯;③电气保护,如防反接、防短路、防过流等。

太阳能光伏控制器通常有 6 个标称电压等级,即 12 V、24 V、48 V、110 V、220 V、600 V。图 5-16 是通用太阳能光伏控制器实物图,表 5-1 是常用光伏控制器的技术参数表,供选型时参考。

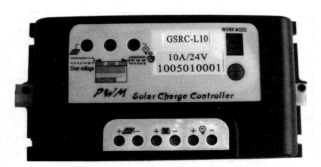

图 5-16　通用太阳能光伏控制器实物图

表 5-1　常用光伏控制器性能参数表

型号		48 V/60 A	24 V/60 A	12 V/60 A
系统额定电压		48 V	24 V	12 V
最大输入功率		2 400 W	1 200 W	600 W
电流	放电	60 A	60 A	60 A
	充电	60 A	60 A	60 A
充电	均充	57.6 V ± 1%	28.8 V ± 1%	14.4 V ± 1%
	恢复	53.2 V ± 1%	26.6 V ± 1%	13.3 V ± 1%
	浮充	(54.0~55.2 V) ± 1%	(27.0~27.6 V) ± 1%	(13.5~13.8 V) ± 1%
	温度补偿	−72 mV/℃	−36 mV/℃	−18 mV/℃
启动电压		49.2V ± 1%	24.6 V ± 1%	12.3V ± 1%
过放	断开	44.4 V ± 1%	22.2 V ± 1%	11.1 V ± 1%
	恢复	52.8 V ± 1%	26.4 V ± 1%	13.2 V ± 1%
过压	切断	66 V ± 1%	33 V ± 1%	16.5 V ± 1%
	恢复	60 V ± 1%	30 V ± 1%	15 V ± 1%
空载电流		≤10 mA	≤10 mA	≤10 mA
最大开路电压		100 V	50 V	25 V
电压降落		输入 ≤0.7 V	输入 ≤0.6 V	
		输出 ≤0.3 V	输出 ≤0.3 V	
显示		液晶或 LED 显示屏		
工作温度		−25 ~ 55℃		
使用海拔高度		≤5 500 m(海拔 2 000 m 以上高原,需要降低功率使用)		
产品尺寸和重量		180 mm×107 mm×55 mm,0.95 kg		

现在,比较先进的控制器可实时检测太阳能板电压和电流,有最大功率点跟踪(MPPT)功能,从而控制光伏阵列始终接受太阳光直射,使输出电功率最大。

5.6　逆变器及其选型

逆变器由逆变桥、控制逻辑和滤波电路组成。如果有交流负载,逆变器是不可缺少的。图 5-17 是一种

DC 12 V 转为 AC 220 V 的并网逆变器电路图。

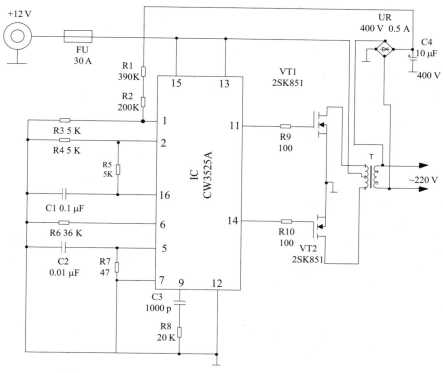

图 5-17　一种 DC 12 V 转为 AC 220 V 的并网逆变器电路图

逆变器的选型要确认额定功率大于光伏阵列的最大输出功率,逆变器输入电压要在控制器最大输出电压范围内,逆变器输入额定电流大于控制器输出电流,输出电压基本等于负载的工作电压,选型要综合考虑逆变效率、价格和安装难度等。具体要考虑以下因素。

(1)选用效率高的逆变器。较大功率的逆变器,满载工作效率可达到 90% 以上,中小功率逆变器满负荷工作效率在 85% 以上。逆变器效率的高低直接影响光伏发电系统的成本与效率。

(2)逆变器要有较宽的电压输入范围。在光伏发电系统中,光伏阵列的输出电压随日照强度变化,虽然蓄电池对光伏阵列的端电压钳位,但是,蓄电池在使用中电压随容量和内阻的变化而变化,当蓄电池老化时其端电压变化更大。例如,标称电压为 12 V 的蓄电池,在使用过程中端电压会在 11~17 V 范围内变化。为保证逆变器输出电压稳定,必须在较大直流电压输入范围内正常工作,保证光伏发电系统的稳定性。

(3)有足够的额定输出容量和过载能力。光伏发电系统中,逆变器要有足够的输出容量。如容量不够,无法驱动负载工作。当逆变器负载为单个设备时,其额定容量的选取比较简单;但多个负载同时工作或大型并网光伏电站工作中,逆变器的选型要考虑负载类型以及用电量,并由此确定逆变器的额定输出容量。对于电感性负载,应该选用过载量较强的逆变器。

(4)对大中型光伏发电系统,要求逆变器输出失真度较小、谐波成分不超过 5% 的正弦波。几乎所有的交流负载都能在正弦波下工作。如输出方波,较多的谐波分量会造成较多的电能损耗,降低系统效率。

(5)对并网光伏发电系统,光伏阵列通过并网逆变器接入电网,光伏阵列的功率和日照条件决定输送给电网的电量。所以除 D/A 转换外,选用逆变器还须有光伏阵列最大功率点跟踪功能,即在日照和温度等条件变化时,逆变器自动调节,实现光伏发电系统的最优化运行。

(6)选择逆变器时,应考虑可维护性、保护功能等。如果逆变器是模块化的,发生故障时就更换损坏的模块,保证系统正常运行。

光伏发电系统设计中,逆变器选型必须符合要求。在大中型光伏发电系统中,还涉及多个逆变器接口采集数据,以实现自动监控等。表 5-2 给出了 BNSG-5KTL 系列并网逆变器参数表,供选型时参考。

表 5-2　BNSG-5KTL 系列并网逆变器性能参数表

项目	型号
	BNSG-5KTL
隔离变压器	高频无隔离变压器
额定容量	5 kW
最大直流输入功率	6 kW
最大直流输入电压	780 VDC
最大输入路数	3 路
最大功率点跟踪（MPPT）范围	330~740 VDC
最大输入电流	17 A
输出额定交流功率	5 kW
最大交流输出功率	6 kW
额定输入输出时电流谐波含量（THD）	<3%（额定功率时）
额定输入时输出功率因数	>0.99
最大效率	97%
欧盟效率	96%
允许电网电压范围	190~250 VAC
额定电网电压	单相，220 V，50 Hz
电网频率波动范围	47~51.5 Hz
工作损耗	<30 W
夜间自耗电	10 W
断电后自动重启时间	5 min（时间可调）
自动投运条件	直流输入及电网满足要求，逆变器自动运行
保护功能	直流、交流过压及欠压保护，交流过、欠频保护，过载保护，短路保护，漏电保护，过热保护，防孤岛效应等
通信接口	RS485/RS232/GPRS/ 以太网
电气绝缘性能	直流输入对地	1 250 VAC，1 min
	直流与交流之间	1 250 VAC，1 min
使用环境温度	−20~40 ℃
使用环境湿度	0~95%，不结露
允许最高海拔高度	6 000 m（超过 2 000 m 需降额使用）
冷却方式	强制风冷
噪声	≤ 60 dB
防护等级	IP20
显示方式	液晶显示屏
尺寸（宽 × 深 × 高）	466 mm × 195 mm × 393 mm
重量	20 kg

5.7 离网光伏发电系统安装施工和验收

5.7.1 施工准备

离网太阳能光伏发电系统在安装调试前要做好准备,保证安装正常有序进行。准备工作包括技术、人员组织、机具材料等。由项目部负责人组织有关人员会审图纸,召开设计交底会议,办理一次性商谈;指定专人负责安排、协调和监督施工,把好技术、质量、进度、安全关;做好接地装置技术和安全交底;明确施工重点、难点,设置质量管理和监控点,制定相关质量保证措施和异常情况预案。

1. 材料和技术文件准备

（1）主材料:圆钢、扁钢、钢管、角钢、钢板、支撑卡子、电线、电缆、绝缘胶带及各种螺栓螺母等。

（2）其他材料:保护套管、红丹防锈漆、调和漆、清油、沥青漆、电焊条、水泥、石子、砂子等。

（3）技术文件和设计交底:施工前,看懂图纸,吃透技术文件,领会设计意图,完成技术交底和图纸会审。不同的光伏发电系统所用的技术文件不可能完全一样,常用的技术文件有土建基础施工图、系统运行原理图、设备组成图、支架安装图、电气安装图、设备验收单、材料验收单、施工守则和安全教育手册等。

2. 安全防护用具

如安全帽、护目镜、绝缘手套、安全带、绝缘鞋等,见图 5-18。

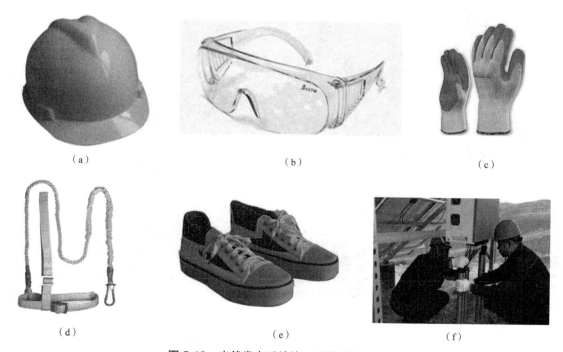

（a）　　　　　　　　　　（b）　　　　　　　　　　（c）

（d）　　　　　　　　　　（e）　　　　　　　　　　（f）

图 5-18　光伏发电系统施工防护装备实物图
（a）安全帽;（b）护目镜;（c）绝缘手套;（d）安全带;（e）绝缘鞋;（f）现场工作实景

3. 装备和施工机具

（1）光伏支架加工常用工具、材料包括切割机、台钻、电焊机、焊条等,见图 5-19。

（2）光伏系统安装常用工具包括模具、模夹、点火枪、兆欧表、钢卷尺、锯弓、铁锹、锤子、手电钻、电锤、扳手、螺丝刀、偏口钳、老虎钳、尖嘴钳、剥线钳、压线钳等,图 5-20 示出一部分常用工具。

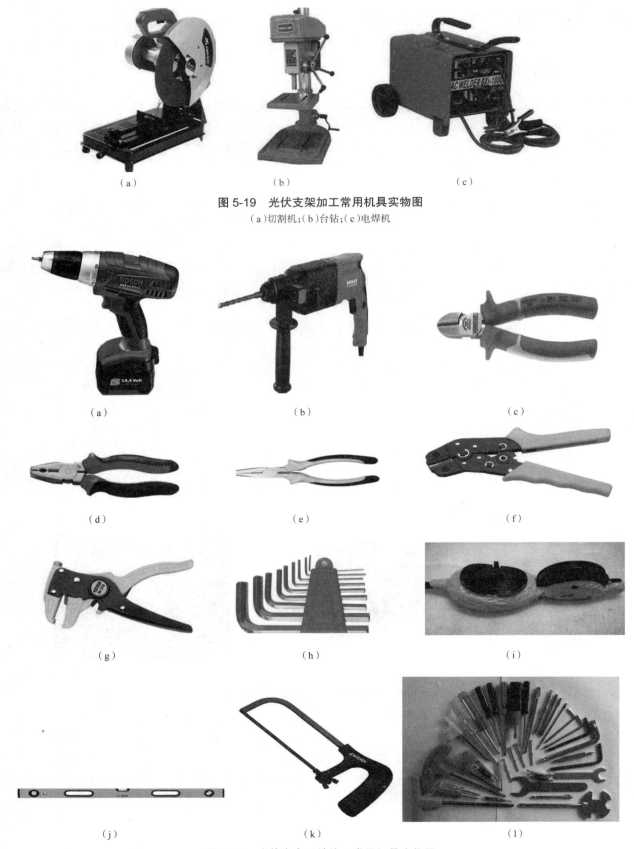

图 5-19　光伏支架加工常用机具实物图

（a）切割机；（b）台钻；（c）电焊机

图 5-20　光伏发电系统施工常见机具实物图

（a）手电钻；（b）电锤；（c）偏口钳；（d）老虎钳；（e）尖嘴钳；（f）压线钳；（g）剥线钳；（h）内六角板手；（i）墨斗；（j）水平尺；（k）手工锯；（l）五金工具

（3）光伏系统检测仪表包括万用表、激光测距仪、测电笔等,见图 5-21。

（a）　　　　　　　　（b）　　　　　　　　（c）

图 5-21　光伏发电系统常用检测仪表实物图

(a)数字万用表;(b)激光测距仪;(c)测电笔

5.7.2　光伏发电相关规范和标准

　　在勘测现场和掌握第一手资料的基础上,进行光伏发电系统的设计,设计应参照和遵循《光伏发电站设计规范(GB 50797—2012)》《光伏发电接入配电网设计规范(GB/T 50865—2013)》及《光伏发电站接入电力系统设计规范(GB/T 50866—2013)》。为保证光伏发电站的施工质量,促进施工技术水平的提高,确保光伏发电站建设的安全可靠,还须遵守《光伏发电站施工规范(GB 50794—2012)》和《光伏发电工程施工组织设计规范(GB/T 50795—2012)》。地面光伏发电站建(构)筑物包括综合楼、配电室、升压站、逆变器室、蓄电池组储存室、大门及围墙等。建(构)筑物混凝土的施工,应符合《混凝土结构工程施工质量验收规范(GB 50204—2015)》的相关规定,混凝土强度检验应遵循《混凝土强度检验评定标准(GB/T 50107—2010)》的相关规定。钢结构工程的施工应符合《钢结构工程施工质量验收标准(GB 50205—2020)》的相关规定。砌体工程的施工和验收应符合《砌体结构工程施工质量验收规范(GB 50203—2011)》的相关规定。屋面工程的施工应符合《屋面工程质量验收规范(GB 50207—2012)》的相关规定。地面工程的施工应符合《建筑地面工程施工质量验收规范(GB 50209—2010)》的相关规定。建筑装修工程施工应符合《建筑装饰装修工程质量验收标准(GB 50210—2018)》的相关规定。光伏跟踪技术规范应遵循《光伏电站太阳跟踪系统技术要求(GB/T 29320—2012)》。离网光伏系统要求、子系统规格和要求、现场检测及系统评价应符合《独立光伏(PV)系统的特性参数 GB/T 28866—2012)》和《独立光伏系统　技术规范(GB/T 29196—2012)》。并网逆变器的规格应符合行业标准《光伏并网逆变器技术规范(NB/T 32004—2018)》的相关规定。光伏电站输出电能质量的检测条件、设备和方法应符合行业标准《光伏发电站电能质量检测技术规程(NB/T 32006—2013)》。光伏电站接入电网的条件应遵守《光伏发电站接入电力系统技术规定(GB/T 19964—2012)》。光伏系统的并网方式、安全与保护和安装要求应符合《光伏系统并网技术要求(GB/T 19939—2005)》。并网光伏电站监控系统的结构及配置、系统功能、性能指标、工作环境条件等应符合《光伏发电站监控系统技术要求(GB/T 31366—2015)》。光伏防雷应遵循行业标准《光伏发电站防雷技术规程(DL/T 1364—2014)》。光伏电站工程的验收参照《光伏发电工程验收规范(GB/T 50796—2012)》,但光伏与建筑一体化(BIPV)和户用光伏发电系统例外。其余标准和规范可参见本章的工程案例。

5.7.3　光伏发电系统土建和基础施工

5.7.3.1　地面土建施工

1. 场地平整

结合总平面图确定现场平整场地的范围。场地平整是将施工范围内的地面,通过人工或机械挖填改造成为平面,以利现场布置和施工。光伏施工前,"三通一平"必须完成。

场地平整前,先勘查现场,熟悉场地地形、地貌和周边环境。清理干净施工现场的杂物,根据图纸要求的标高,从水准基点引进基准标高作为土方量计算的基点。土方量的计算有方格网法和横截面法,可根据具体情况采用。根据抄平测量,算出平整场地需挖土和回填的土方量,再考虑基础开挖(减去回填)的土方量,进行挖填土方的平衡计算,做好土方平衡调配,减少重复挖运,节约运费。大面积平整场地用机械进行,如用推土机、铲运机等,大量挖土用挖土机。在平整过程中要交错用压路机压实。

场地平整要满足项目规划、施工工艺、交通运输和现场排水等要求。场地平整的顺序是:勘查现场→清除地面障碍物→标定整平范围→设置水准基点→设置方格网,测量标高→计算土方挖填工程量→平整土方→场地碾压→验收。

平整场地的要求如下。

(1)平整场地应做地面排水。场地的坡度应符合设计要求,无要求时,一般应向排水沟方向有不小于0.2%的坡度。光伏发电系统土建施工应考虑雨季积水,发电场四周要挖排水沟并保证畅通,以免在雨季由于排水不畅造成积水。如光伏阵列面积不大,要考虑周围的来水。在坡上建造时,要考虑高处来水对发电厂的冲刷,一般建排水沟或引水沟。

(2)平整后的地表要设点检查,每100~400 m²取1点,不少于10点;长度、宽度和边坡均为每20 m取1点,每边不少于1点,其检验结果应符合要求。

(3)施工场地要校核平整度、水平标高和边坡度是否符合设计要求。平面控制桩和水准控制点采取可靠措施加以保护,并定期复测和检查;多余土方不可堆在场地边缘,要及时运走。

(4)光伏发电厂建在坡地上时,应在合适的地段建挡土墙,以防塌方损毁发电厂。挡土墙的高度根据挖土深度以及当地土质综合考虑,以节约和安全为原则。挡土墙的设计可以参考相关土建规范。

2. 雷区接地体

根据图纸,对防雷接地体的线路进行测量,在此线路上挖掘深为0.8~1 m,宽为0.5 m的沟槽,沟槽顶部稍宽,底部渐窄,清除沟槽底部的杂物。沟槽挖好后,立即安装接地体和敷设接地扁钢,防止土方倾覆。

将接地体放在沟槽的中心线上,打入地下。可用大锤敲入,一人戴手套扶着接地体,另一人用大锤敲打接地体顶部。用大锤敲打时要平稳,锤击接地体正中,不得打偏,接地体与地面保持垂直。当接地体顶端距离地面600 mm时,停止打入。接地线应密实埋于地下,考虑土质条件,掩埋深度一般不小于30 cm。

为接地可靠,在室外的接地网应多点连接,接地网可用镀锌钢制作,接地点可用1.5 m的角钢或钢管打入地下。光伏发电厂要安装避雷针,与接地网可靠连接。最后接地网、避雷针、光伏阵列支架、室内控制设备、配电柜由母线连为一体,形成避雷网,接地电阻要小于10 Ω。

3. 地下防护管埋设

在施工中应考虑地下管线,以免因为考虑不周造成返工。所有与光伏阵列连接的输电线都要从地下引入控制机房,因此在场地及机房施工时要预埋PVC管,使电缆穿过PVC管进入机房。串入电缆的PVC管要埋入地下并密闭,有过沟及上下台阶时要做相应处理,保证不产生损伤。从光伏阵列引入地下的地线也要穿过PVC管。

4. 输电线路敷设

输出的交流电通过电缆从地下管路引到低压电网,架空输出也可以。架空输出要避免对光伏阵列的遮挡。所有的线路都应符合相应的低压电网规范。

5.7.3.2　光伏发电系统地面基础施工

光伏发电系统地面基础主要有 3 种：混凝土基础、打桩基础、连续基础。

混凝土基础按照施工方式分为预制基础和直接浇筑基础。预制基础强度好，精度高，对地面适应性强。

打桩基础可分锤入式地桩基础和螺旋地桩基础，按支撑方式又分为双立柱基础和单立柱基础。锤入式地桩基础施工速度快，适应性强，性价比高，受季节气温等影响小，地桩拔除方便，不影响再利用。螺旋地桩是一种螺旋钻地桩，包括钻头和钻杆，钻头或钻杆连接到动力源；此地桩打入地下后，不再取出，作为桩体使用。当安装场地土质太硬或者碎石太多，把立柱锤入地下困难时，可用螺旋式地桩。

连续基础与一般水泥浇筑基础相同，先预埋螺栓或钢板后浇筑水泥制作连续的水泥基础，然后支架放在水泥基础上，用螺栓固定或焊接。其基础稳固，适用于松软的地质，抗风、抗冲击能力强，但成本较高。

以下着重介绍混凝土独立基础和螺旋桩打桩基础的施工工法。

1. 混凝土独立基础

混凝土浇筑前，查看基槽、轴线、基坑尺寸、基底标高是否符合设计要求，清除基坑内的浮土、杂物等。基础拆模后，对外观质量和尺寸偏差进行检查，及时处理缺陷。外露的金属预埋件做防腐处理。同一支架基础混凝土要一次浇筑完成，混凝土浇筑间歇时间不应超过混凝土初凝时间，超过初凝时间应做施工缝处理。

混凝土浇筑完后，要及时养护。支架基础在安装支架前，混凝土养护至少达到 70% 的强度。支架基础的混凝土施工，应遵循施工一致性且便于控制施工质量的原则，按工作班次及施工段划分为若干检验批。预制混凝土基础不得有影响结构性能、使用功能的尺寸偏差，对超过尺寸允差且影响结构性能、使用功能的部位，应按技术处理预案进行处理，并重新检查验收。

2. 螺旋桩基础施工

螺旋桩基础的施工应执行《建筑地基基础工程施工质量验收标准（GB 50202—2018）》及《建筑桩基技术规范（JGJ 94—2008）》的相关规定，并应符合下列要求：压（打、旋）桩在进场后和施工前，应进行外观及桩体质量检查；成桩设备的就位应稳固，设备在成桩过程中不应出现倾斜和偏移；压桩过程中应检查压力、桩垂直度及压入深度。

压（打、旋）入桩施工中，桩身应竖直，不可偏心加载。灌注桩成孔钻具上应设置控制深度的标尺，并在施工中观测记录。灌注桩施工中要对成孔、清渣、放置钢筋笼、灌注混凝土（水泥浆）等全程检查。灌注桩成孔质量检查合格后，应尽快灌注混凝土（水泥浆）。检测桩式支架基础的强度和承载力要按照施工质量的控制原则，分区域抽检。

5.7.3.3　地面光伏组件基础施工

地面光伏组件基础施工施工机具包括木抹子、刮杆、磅秤、手推车、振捣棒、搅拌机、胶皮手套、木质井字架、铁锹、串桶、溜槽等。施工步骤为：定位→基坑开挖→模板安装→支撑加固→模板垂直度和线条调整→混凝土浇筑→埋件安装→拆模。光伏组件基础施工要求具体如下。

（1）按图纸确定支柱位置，不得改变支柱的间距。选择合适的支撑体，注意防止混凝土浇筑产生形变和倒塌。模板安装后，清除模板内的木屑、泥土等杂物，木模浇水湿润，堵严板缝及孔洞。拆模顺序一般是先支后拆，后支先拆，先拆除侧模板，后拆除底模板。复杂模板的拆除，事先应制定拆模方案。

（2）模板安装接缝不漏浆。浇筑混凝土前，木模先浇水湿润，单模板内不应有积水。模板安装完后，清除表面浮土及扰动土，不留积水，立即进行垫层混凝土施工，振捣密实，表面平整，严禁晾晒基土。

（3）基坑开挖前，根据光伏阵列的安装形式、地质条件、气候条件、周围环境等有关资料确定基坑尺寸。

（4）混凝土配合比、原材料计量、搅拌、养护和施工缝处理，必须符合施工质量验收规范和现行国家有关规定。对于光伏阵列基础而言，混凝土中水泥与沙子的比例一般为 2∶1。

（5）混凝土基座离地面高度、基座强度和水平度偏差应符合设计规定，基座的水平度偏差不大于 3 mm/m；地脚螺栓的规格埋设尺寸应符合设计规定，外露长度不应小于 6 cm。

光伏阵列基础施工如图 5-22 所示。

（a）　　　　　　　　　　　　（b）

（c）　　　　　　　　　　　　（d）

（e）　　　　　　　　　　　　（f）

（g）　　　　　　　　　　　　（h）

图 5-22　光伏阵列基础及支架施工图

（a）基槽开挖；（b）在地坑里支设基础模板；（c）模板、线缆管置于地坑；（d）混凝土浇筑；
（e）混凝土表面处理；（f）支架基础固定；（g）支架焊接；（h）光伏阵列安装结束

5.7.4　离网光伏发电系统各设备的安装

离网光伏系统的设备多。为保证工程顺利完成，应严格依照施工方案，遵循施工标准和工序进行安装施工，安装施工包括阵列支架安装、光伏组件安装、控制器安装、蓄电池安装、逆变器安装及防雷施工等。

5.7.4.1　施工工序

光伏发电系统施工工序为：安装施工准备→支架安装→光伏组件安装→蓄电池安装→控制器安装→逆变器安装→光伏发电系统布线、接线→系统检查、调试。

5.7.4.2　光伏支架安装

（1）测量：为满足安装精度，又保证施工进度，测量仪器的选择和检测方案的简便可靠至关重要。

（2）检查、放线、标高设置：①复校定位应使用轴线控制点和测量轴线的基准点；②清理基础表面杂物，在表面弹出阵列纵横轴线。测量放线，将其引出，保证通视。安装前，检测钢构件外形尺寸。纵、横向轴线测量用全站仪确定定位点，控制点用经纬仪放轴线。根据提供的标高控制点，用水准仪测量水平标高。核对好钢尺、经纬仪、水平仪及其他测量工具后，根据设计图纸的位置定好底梁和光伏支架的位置，放出钢结构安装位置线及辅助线，用色泽鲜艳、不易褪色的颜色标出。

（3）底梁、横梁、固定架安装：分别完成底梁、固定架的安装，先校直及固定底梁。安装固定架时，底梁先安装就位。就位后，通过横梁、横担调节螺栓，调整其垂直度。完成 1 个单排的光伏板支架安装后，进行固定架的精确校正，固定架的校正方法为，先精确校正单元的 4 个角柱，作为基准架，然后再以基准架为准校正其他支架。

（4）基准架用经纬仪成 90° 双向校正，其他架用拉钢线和吊线坠校正，校正时应同时满足定位和垂直的要求。

（5）固定架的校正标准为：垂直度 ≤H/1 000（H 为支架垂直高度），轴线位移 ≤5 mm，标高偏差 ≤3 mm。

（6）初步校正合格后，把就位底梁、横梁、支撑构件、横担形成框架。再次校正合格后，拧紧螺栓。

（7）严格按《钢结构工程施工质量验收标准（ GB 50205—2020 ）》的要求施工和验收。

各种不同基础的支架安装形式见图 5-23。

（a）　　　　　　　　　　　　　　　　　（b）

（c）

图 5-23　光伏支架安装方式示意图

（a）承重基础应用及相应的支架连接方式；（b）水泥预置基础应用及相应的支架连接方式；（c）螺旋桩应用及相应的支架连接方式

5.7.4.3　光伏组件的安装

1. 光伏组件进场检验

（1）组件应无变形，钢化玻璃无损坏、划痕及裂纹。

（2）安装前，在阳光下测量单块组件的开路电压，应不低于标称开路电压，组件输出与标识正负应吻合。组件正面玻璃无裂纹和损伤，背面无划伤、毛刺等。

2.光伏组件的安装方式

光伏组件安装有平铺式、壁挂式、光伏建筑一体化(嵌入式)。光伏组件与龙骨之间用可拆卸式连接,不用粘结、焊接等方式;可拆卸式连接件用铝合金材质制成,不易生锈,有足够的强度,保证光伏组件在任何气象条件下不坠落。铝型材间的连接处要留出一定的缝隙以调节光伏组件与龙骨之间的热胀冷缩。龙骨可以直接与下部支架或屋面的预留孔洞用螺栓连接、拧紧。

3.光伏组件的安装要求

(1)朝向:固定式组件应朝向正南,争取更大限度地吸收利用太阳光。

(2)倾角:光伏组件固定安装时,与地面的倾角 β 可查询当地地理纬度得出。根据工程实践,我国大部分地区采用所在地纬度加 4°~7° 的倾角。

(3)光伏方阵间距:如果方阵前后排间距不合理,会影响光伏系统的发电量,在冬季更是如此。光伏方阵前后间距设计与方阵所在地理纬度、前排方阵高度有关。设 D 为后排不被遮挡的最小间距,φ 为光伏系统所处纬度(北半球为正,南半球为负),H 为后排光伏组件底边至前排组件上沿的垂直高度,见图 5-24,则:

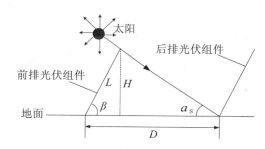

图 5-24　光伏方阵间距示意图

$$D = L\cos\beta + L\sin\beta\left(\frac{0.707\tan\varphi + 0.4338}{0.707 - 0.4338\tan\varphi}\right) \qquad (5\text{-}11)$$

用式(5-11)计算 D 值,须在冬至日(高度角 a_s 准确)上午 9:00至下午 3:00 日照充足时得出,并与实测值比较、微调。固定阵列光伏发电系统,阵列的方位角、倾角、间距之间不是孤立的。方位角决定接收的太阳光辐射量,白天应多晒太阳;倾角决定阵列接收太阳光的质量,垂直的阳光更有帮助;间距保证阵列不被阴影笼罩(阴影下的电池片不发电反而成为其他电池片的负载,引发热斑效应,缩短电池板的寿命)。阵列中每个组件都工作正常,方可长寿高效。倾角的大小决定发电量,在土地面积有限时,适当减小倾角可减少占地面积。所以,固定光伏方阵的倾角是权衡电站地理、气象、投资、收益等多项条件后做出的选择,非常重要。

(4)组串的连接:组件安装后,连线时要严格按组件布线图及接线图的要求操作,并联与串联不能混淆。连接完成后,用万用表测量组串的电压、电流是否与方案设计的数值相符。

(5)组件的防雷:光伏组件安装时,增加防雷模块,组件之间用金属线连接,所有组串连成一个整体。如遇雷击,电流将沿金属支架接地线导入地下。

(6)线缆标记:在光伏线缆施工过程中要对线缆进行标记,提高接线效率,减少后期的维护与检修成本。

4.组件的固定方式

组件的固定方式有压块式和螺栓螺母式。

5.光伏组件安装

主要工序见图 5-25。

①组件在运输、存放和吊装过程中要轻搬轻放,不得强烈冲击和振动,不得横置重压。

②须按图纸逐块安装组件,螺杆的安装自内向外,并紧固组件螺栓。安装中应避免破坏组件表面的保护玻璃;组件的连接螺栓应有垫圈,紧固后将螺栓露出部及螺母涂刷防腐油漆,并在各项安装结束后补漆。组件安装必须横平竖直,同方阵内的组件在同一平面内,间距保持一致。注意组件接线盒的方向。

图 5-25　太阳能光伏组件安装示意图

（a）人工搬运光伏组件；（b）光伏组件的初步固定；（c）检查支架与组件相对位置；
（d）组件间距调整、调平；（e）光伏组件连接和测试；（f）组件连接后的检查

6. 组件安装面的粗调

（1）调整首末两根组件固定杆的位置，将其紧固。

（2）将放线绳系于首末两根组件固定杆的上下两端，并将其绷紧。

（3）以放线绳为基准分别调整其余组件固定杆，使其在一个平面内。

（4）预紧固所有螺栓。

7. 组件调平

（1）将两根放线绳分别系于组件方阵的上下两端，并将其绷紧。

（2）以放线绳为基准分别调整其余组件，使其在一个平面内。

（3）紧固所有螺栓。

5.7.4.4　太阳能光伏控制器安装和调试

打开包装，检查光伏阵列的开路电压和总功率，要求小于太阳能控制器允许的范围，并将其固定于合适位置（避免阳光直射与潮湿地）。先连蓄电池引线，为使自动识别不发生错误，等控制器完成识别（电平指示器指示出电池的电量）后，再连太阳能阵列引线，在负载关断的情况下连接负载线。为了安全，不使用过大的负载或将太阳能电池板加得过大；用直流稳压电源代替太阳能电池对电池充电。充电时，拆下太阳能电池板，充电电流不能太大。控制器安装在光伏组件附近，可节省线材和减少 DC 损失。和蓄电池正确接线后，控制器自动识别 DC 蓄电池的电压，可以为 DC12 V、24 V、48 V 等规格的蓄电池充电。

5.7.4.5　蓄电池组安装

铅酸蓄电池安装前，应检查有无破裂、漏液，接线端子有无弯曲和损坏。弯曲和损坏的接线柱会造成安装困难或无法安装，有可能使接线端密封失效，产生爬酸、渗酸现象。严重时，会产生较高的接触电阻，甚至有熔断的危险。

蓄电池搬运时，带好防护手套，轻挪轻放，避免电池破损，不得触动接线端（柱）和排气阀，严禁投掷和翻滚，避免机械冲击和重压。

将蓄电池搬运到指定位置，检查电解液密度、液面高度和端电压，放置时要保持电池柜之间、电池与墙壁及其他设备之间的间隙，留有 50~70 cm 的通道，电池间有 10~15 mm 的散热距离。用铜刷轻轻刷电池端子，

使端子的接线部位露出金属光泽,用软布擦拭电池表面的碎屑和灰尘。用专用金属连接件将蓄电池连接成蓄电池组,检查蓄电池组总输出电压,将所有蓄电池端子和接线端用接线端盖盖好或涂抹凡士林。图 5-26 是蓄电池在室内摆放图。

图 5-26　蓄电池组在室内摆放图

5.7.4.6　线缆敷设

　　光伏发电系统线缆敷设指的是光伏阵列到控制器,控制器到逆变器,组件间,逆变器到负载的布线和连接。光伏阵列在室外,控制器在室内,因此光伏阵列与控制器之间有一定的距离,连接线缆横截面的选择是布线时考虑的因素之一。敷设前,先安装固定好相应大小的电缆桥架,每根线缆都必须拽直,不得扭曲打结。线缆应由远至近顺势敷设,线缆要短距离搬运,一般滚动线缆盘松开,线缆引出端应在轴的上方。牵引时,应尽量减少与地面的摩擦力。

　　1. 施工准备

　　组件接插头安装工具、万用表及剥线钳、绝缘胶带、MC4 接插头、截面积 4 mm^2 太阳能专用电缆等。

　　2. 组件的串联

　　按图纸上组件串联的要求,依次把组件的正(负)插头插入相邻组件负(正)插孔里,直至达到数量的要求,组成一串组件串。正负插头一定要旋转到位,避免虚接。

　　3. 外引线的制作

　　组件串联好后,把正、负端用电缆引至汇流箱,引出需要制作的外引线。用断线钳截取合适长度的电缆,用剥线钳剥开一端适当的长度,用冷压钳把 MC4 插头固定在剥开的电缆上,把绝缘外套套好(注意:如果组件线缆是正极头,那么外引线需要制作负极头,以便正负头接插到一起)。外引线的接插头一定要牢靠,内芯导电部分应稍低于外套边缘。

　　4. 线缆敷设

　　把外引线和组件串联后,电缆沿组件支架穿管敷设,通过最短的路由把其引至电缆桥架中,每根外引线均要做好标记,以便查找。

　　5. 系统测量

　　仔细查看每组接插头是否旋转到位;用万用表测量组件串的电压,看看数据在当前条件下与手册的差别。在正常情况下,相同块数的组件串的开路电压应该是基本一致的。(注意:由于组件串的开路电压很高,通常可达几百伏,测量时一定要采取保护措施,避免正负极短路产生拉弧灼伤测量人员)

5.8　离网光伏发电系统的维护和保养

　　1. 光伏阵列

　　一般离网光伏发电系统设计寿命均为 20 年以上,故障率较低,环境因素或雷击可能会造成损坏。其维护保养工作有:

　　(1)保持光伏阵列受光面的清洁。在少雨且风沙较大的地区,应每月清洗一次。清洗时,先用清水冲洗,然后用干净的柔软布将水迹擦干,不要用有腐蚀性的溶剂冲洗,忌用硬物(如钢丝球)擦拭。清洗时,应选在没有阳光的时段进行,避免在白天光伏组件被阳光晒热的情况下用冷水清洗,这可能会使光伏组件的玻璃盖板破裂。

　　(2)定期检查光伏组件间连线是否牢固,方阵汇线盒内的连线是否牢固,按需要紧固。

　　(3)检查光伏组件是否有损坏或异常,如破损、栅线断开、有热斑和污染物等。

　　(4)检查光伏组件接线盒内的旁路二极管工作是否正常。当光伏组件出现问题时应及时更换,并详细记录组件在光伏阵列的具体位置。

（5）检查方阵支架间的连接是否牢固,支架与接地系统的连接是否可靠,电缆金属外皮与接地系统的连接是否可靠。

（6）检查方阵汇线盒/汇流箱内的防雷保护器是否失效,按需要进行更换。

2. 蓄电池组

太阳能是一种不连续、不稳定的能源,容易使得蓄电池组出现过充过放和欠充电的状态。

（1）定期检查和维护蓄电池组。查看蓄电池表面是否清洁,有无漏液腐蚀。若外壳污物较多,应用湿布沾少许洗衣液擦拭干净。

（2）观察蓄电池外观是否有凹瘪或鼓胀,每半年进行 1 次电池单体间连接螺丝的拧紧,以防松动造成接触不良,引发其他故障。

（3）在维护或更换蓄电池时应戴绝缘手套,操作工具(如扳手等)必须带绝缘套,以防短路。

（4）蓄电池放电后应及时充电。若连遇阴天造成电量不足,应停止或缩短供电时间,以免蓄电池过放电。

（5）要定期对蓄电池进行均衡充电,一般每季度 2~3 次。对停用多时(3 个月以上)的蓄电池,应充满电后再投入运行。

（6）冬季做好蓄电池室的保温,夏季要做好通风,蓄电池所处温度应控制在 5~25 ℃。

（7）每年对蓄电池进行 1~2 次维护工作,测量记录单体蓄电池的电压和内阻等参数,将实测数据与原始数据进行比较,一旦发现个别单电池的差异加大,应及时更换。

3. 太阳能控制器及逆变器

太阳能控制器、逆变器通常十分可靠,可以使用多年。但有时因电子元器件长期运行可能会出现损坏,雷击也可能导致元器件损坏。

（1）定期检查控制器、逆变器与其他设备的连线是否牢固。

（2）检查控制器、逆变器的接地线是否牢固,按需要紧固。

（3）检查控制器、逆变器内电路板上的元器件有无虚焊现象、有无损坏元器件,按需要进行焊接或更换。

（4）检查控制器的运行工作参数点与设计值是否一致。如不一致应按要求进行调整。

（5）检查控制器显示值与实际测量值是否一致,以判断控制器是否正常。

4. 防雷装置

（1）定期测量接地装置的接地电阻值是否满足设计要求。

（2）定期检查各设备与接地系统是否连接可靠。若不牢靠,必须用电烙铁焊接牢固。

（3）雷雨过后,检查方阵汇流盒以及各设备内装的防雷保护器是否失效,并根据需要及时更换。

5. 低压配电线路

（1）架空线路日常巡检主要是检查危及线路安全运行的内容,及时发现缺陷,进行必要的维护。巡视维护工作内容主要包括:①架空线路下面有无盖房和堆放易燃物;②架空线路附近有无打井、挖坑取土和雨水冲刷等威胁安全运行的情况;③导线与建筑物等的距离是否符合要求;④导线是否有损伤、断股,导线上有无抛挂物;⑤绝缘子是否破损,绝缘子铁脚有无歪曲和松动,绑线有无松脱;⑥有无电杆倾斜、基础下沉、水泥杆混凝土剥落露筋现象;⑦拉线有无松弛、断股、露皮、锈蚀、底把上拨、受力不均、拉线绝缘子损伤等。

（2）照明配线,包括接户线、进户线和室内照明线路。因照明配线、室内负荷与人接触的机会多,更要加强管理维护,以确保安全运行。主要维护工作有:①瓷瓶有无严重破损及脱落;②墙板是否歪斜、脱落;③导线绝缘外皮是否破损、露芯,弛度松紧应适宜;④各种绝缘物的支撑情况,导线的支撑是否牢固;⑤有无私拉乱接现象;⑥进户线上的熔丝盒是否完整,熔丝是否合格;⑦导线以及各种穿墙管的外皮是否完好;⑧进户线的固定铅皮卡是否松动等;⑨检查接户线与建筑物的距离是否满足相关规程和规范要求。

5.9　分布式太阳能光伏发电系统

5.9.1　系统简述与设备组成

分布式太阳能光伏发电系统由太阳能电池组件、接线箱、组件支架、并网逆变器、配电系统、线缆配件、数据采集及数显、防雷接地系统组成,家用分布式并网光伏系统构成见图5-27。光伏阵列将太阳能转换成电能,经并网逆变器将直流电变成交流电后,遵照光伏发电系统接入电网的技术标准,确定光伏发电入网的电压等级,变压器升压后,接入公共电网。

1. 光伏阵列

光伏阵列分为固定式和跟踪式两种。固定式光伏阵列指的是阵列固定在地面或者屋顶的支架上,其朝向不随太阳位置的变化而变化,如图5-28所示。跟踪式光伏阵列随太阳的位置变动自动调整朝向,使阵列的输出功率始终达到最大。跟踪式光伏阵列按照旋转轴的个数可分为单轴跟踪式(见图5-29)和双轴跟踪式(见图5-30)。单轴跟踪式光伏阵列只能绕一个轴旋转,光伏阵列只能跟踪太阳的方位角或高度角的变化。双轴跟踪式光伏阵列沿两个旋转轴运动,同时跟踪太阳的方位角与高度角的变化。双轴跟踪式光伏阵列在本章"并网光伏电站工程案例"一节中有应用。

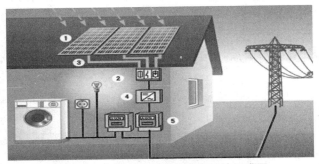

图 5-27　家用分布式并网光伏发电系统组成图

图 5-28　屋顶固定式光伏电池板实物图

2. 太阳能汇流箱

对大型光伏发电系统,为减少光伏组件与逆变器之间的连接线,方便维护,提高可靠性,一般在光伏组件与逆变器之间加装防雷汇流箱。汇流箱及其参数见图5-31。可以将一定数量、规格相同的光伏电池串联起来,组成一个光伏串,再将若干个光伏串并联接入汇流箱;汇流后,通过与控制器、直流配电柜、光伏逆变器、交流配电柜配套使用,构成完整的光伏发电系统,实现并网。

图 5-29　单轴跟踪式光伏电池板实物图

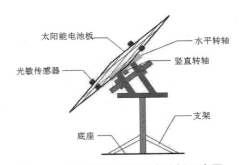

图 5-30　双轴跟踪式光伏电池板示意图

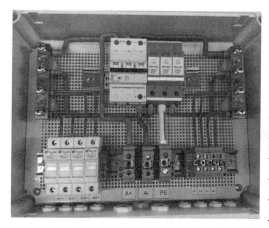

产品型号	SDDL-6-1
最大光伏阵列电压	1 000 VDC
光伏输入路数	6
光伏输出路数	1
每路熔丝额定电流	根据项目选配
保护等级	IP65
防雷器选择	40~100 KA
智能检测	可选配
通信接口	RS485（可选配）
工作环境	温度 −25~85 ℃，湿度 0~99%

图 5-31　光伏阵列防雷汇流箱（左）与对应参数表（右）

3. 并网逆变器

光伏并网逆变器将直流电转换为与电网同频率、同相位且谐波成分低于 5% 的正弦交流电，并馈入公共电网。逆变器的工作原理框图见图 5-32。

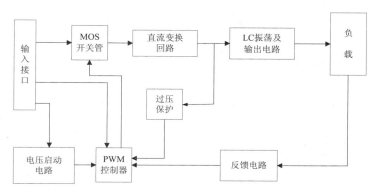

图 5-32　逆变器工作原理框图

按是否带变压器可分为无变压器型和有变压器型。无变压器型逆变器最大效率为 98.5%，欧盟效率为 98.3%；有变压器型逆变器，最大效率为 97.1%，欧盟效率为 96.0%。按组件接入情况，可分为单组串式、多组串式、集中式。逆变器在光伏发电系统中起关键作用，有连接电网的功能。

（1）高性能滤波电路使逆变器输出的交流电能质量很高，且不会对电网造成影响，满足对电能质量的要求。

（2）在输出功率大于额定功率的 50%、电网波动小于 5% 的情况下，逆变器输出电流的总谐波分量小于 5%，各次谐波分量小于 3%。

（3）在运行中，实时采集交流电网的电压信号，通过闭环控制使逆变器的输出电流与电网电压的相位保持一致，功率因数接近 1.0，具备反孤岛保护措施。

4. 交流配电柜

交流配电柜的输入端与逆变器连接，输出端通过变压器与电网相连。交流配电柜的配电单元，主要为逆变器提供并网接口，配置输出交流断路器，供交流负载使用。还含有并网侧断路器、防雷器、逆变器、输出计量电能表，交流电网侧电压表、电流表等测量仪表，方便系统管理。

5. 光伏发电监控系统

计算机监控系统全面监视并控制光伏发电系统各设备的运行状况，包括光伏组件的运行状态和汇流箱、逆变器、配电柜的工作状态及输出的电压、电流和功率等数据。根据需要，将数据发送至主机，主机装有监控软件包，通过各种样式的图表及数据快速掌握光伏电站的运行情况。通过安装在并网光伏逆变器上的 LCD

液晶显示屏,观察并网逆变器的运行参数(包括光伏阵列的直流输入电压和电流、并网光伏逆变器交流输出的电压和电流、输出功率、电网电压、频率等)以及故障时的相应代码和提示信息。并网光伏发电系统远程监控图如图5-33所示。

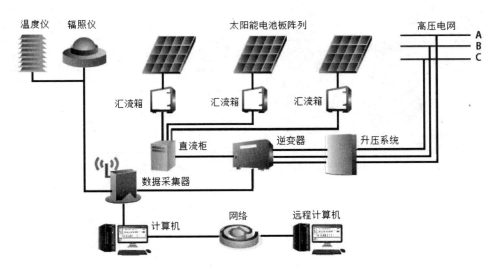

图 5-33　并网光伏发电系统远程监控组网图

5.9.2　分布式太阳能光伏系统安装

首先要掌握安装地的太阳能资源以及相关气象资料,如当地的年均太阳能辐射量、降水量、风速等气象数据,这些是系统设计的依据。安装之前,勘察建筑物的朝向和周边情况,仔细测量屋顶尺寸,沿海地区要考虑抗风加固措施,进行合理设计。分布式光伏发电系统通常安装在建筑物/构筑物的顶部,一般采用带蓄电池的并网系统。家用光伏发电系统装机容量的大小取决于用电设备负载、屋顶的样式和屋面积,可结合电网公司的批复意见,确定最佳安装方案。根据闲置屋顶的面积,一般5 kW光伏发电系统占地50 m²。

基本安装施工流程(以户用并网光伏发电系统为例)为:基座/基础施工→支架安装→光伏阵列安装→并网逆变器安装→配电柜安装→智能双向电能表安装。系统各设备的安装工艺参见"大型并网光伏电站"的"安装施工"一节,在此不再赘述。

5.10　大型并网光伏电站

5.10.1　安装施工准备

1. 现场实地勘测与风险评估

在光伏电站施工前,必须进行现场勘测,包括承载主体的类型、面积、运输条件、水源条件、临时施工用电等,并对施工潜在的风险进行评估,包括施工地点的地理、地质条件,气象资料,承载主体的安全系数等。

2. 项目方案设计

并网光伏发电项目必须由具备资质的设计单位设计。设计内容包括选址、光伏组件选型、光伏支架设计、逆变器选型、升压设备选型、给排水设计、电气图设计、土建图纸设计、电网接入方案等。

为保证项目顺利实施,需配备相应的施工管理人员对整个项目进行管理指导。人员的数量及职能可根据项目的大小适当调整。一般项目实施分工见图5-34。

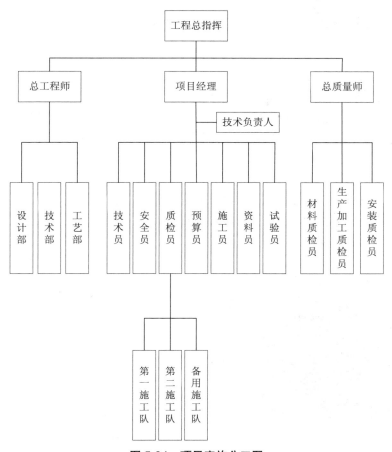

图 5-34　项目实施分工图

施工前应对施工人员进行岗前培训,内容包括文明作业、操作规范、安全教育、注意事项等。制定好整个项目的工期进度表,根据设备到位时间组织流水施工。项目施工中,除特殊情况外,应严格按照设计图纸及相关操作规程施工。某些设备的调试需要专业人员操作。调试合格后,提交竣工验收报告,并向当地电网管理部门申请接入电网。

相关设备的运输与保管应符合下列规定:在吊、运中做好防倾覆、防震和防护面不受损等工作。必要时,将设备和易损元件拆下单独包装、运输。当产品有特殊要求时,应符合产品技术文件的规定。

设备进场后,要作下列检查:包装及密封应良好;开箱检查型号、规格是否符合要求,附件、配件是否齐全;产品的技术文件应完整;外观应完好无损。设备要存放在室内或能避雨、雪、风、沙的干燥场所,做好防护措施。保管期间应由专人负责看管,防止损坏。

光伏电站的中间交接验收应符合下列规定:高低压盘柜基础、逆变器基础、电气配电间、支架基础、电缆沟道、设备基础二次灌浆等;土建项目交付时,应由土建专业人员填写"中间交接验收签证单",提供相关技术资料,交安装专业人员查验;中间交接项目应通过质量验收,对不符合移交条件的项目,移交单位负责整改合格。

光伏电站隐蔽工程一般包括接地、直埋电缆、高低压盘柜母线、变压器检查等。隐蔽工程隐蔽之前,施工方应根据工程质量评定验收标准进行自检,自检合格后向监理部提出验收申请;监理工程师应在约定的日期组织相关人员与承包人共同检查验收。如检测结果表明质量验收合格,监理工程师必须在验收记录单签字后,施工方才可以进行工程隐蔽和继续施工;验收不合格,应在监理方限定的期限内整改,整改合格后继续施工。

5.10.2　大型并网光伏电站安装施工与验收维护

5.10.2.1　安装施工

1.光伏阵列基础施工

基础施工是指一切与水、土有关的基础建设的规划、建造和维修。光伏电站的土建施工是指场地土建和光伏发电厂的地基设施施工。场地的土建施工涉及平整、排水、挡墙以及地下管线、防雷接地网、输出线路的布局和修建等。光伏发电系统场地的基础设施施工涉及光伏阵列基础、控制房修建。光伏系统基础施工主要分为3种,即混凝土基础、打桩基础、连续基础。

1)混凝土基础

混凝土基础按结构分为独立底座基础和复合底座基础,按施工方式还可分为预制基础和直接浇筑基础。混凝土基础图如 5-35 及 5-36 所示。对于滩涂、鱼塘等地质条件,比较适合做有预埋螺栓或钢板的水泥基础,支架放在水泥基础上,用螺栓固定或焊接。

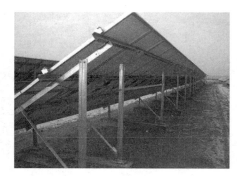

图 5-35　混凝土基础实景图

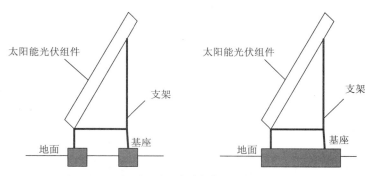

图 5-36　独立(左)及复合(右)底座混凝土基础示意图

直接浇筑基础强度好,精度高,对地面适应性强。水泥直接浇筑直接将支架和水泥浇筑在一起,省去了预埋,浇筑对支撑的定位精度要求高,需要定位精确。

2)打桩基础

打桩基础可分锤入式地桩基础和螺旋地桩基础,按支撑方式又可分为双立柱基础和单立柱基础。单立柱锤入式地桩、双立柱锤入式地桩实景见图 5-37 及 5-38。锤入式地桩施工时应先在安装现场测量好距离,直接用打桩机将立柱打入地下,方便快捷,在安装前需要做地质土壤检测,确定合适的锤入深度。几种常用的锤入地桩的钢管型材如图 5-39 所示,可根据实际情况选择。

螺旋地桩是一种带螺丝的旋转钻地桩,包括钻头和钻杆,钻头或钻杆与动力源输入接头连接。一般此地桩打入地下后不再取出,直接作为桩体使用。螺旋桩类型及实物见图 5-40 及 5-41。

锤入式地桩基础适应性强、组合灵活多样、受季节气温限制小、地桩拔除方便,不影响安装场地的再利用。当安装场地土质太硬,或者碎石太多,将立柱直接锤入地下困难时,可采用螺旋式地桩。

图 5-37　单立柱锤入式地桩

图 5-38　双立柱锤入式地桩

圆管　　矩形管　　西格玛型钢　　H型钢

图 5-39　打桩钢管的类型

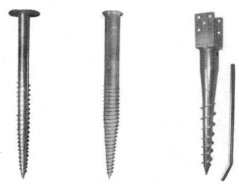

图 5-40　螺旋桩类型图

图 5-41　螺旋桩光伏组件实物图

桩式基础的施工应执行《建筑地基基础工程施工质量验收标准(GB 50202—2018)》以及《建筑桩基技术规范(JGJ 94—2008)》的相关规定,并应符合下列要求:

(1)压(打、旋)式桩进场后,施工前,应检查外观及桩体质量;

(2)成桩设备的就位应稳固,设备在成桩过程中不应出现倾斜和偏移;

(3)压桩过程中应随时注意压力、桩垂直度及压入深度;

(4)压(打、旋)桩施工过程中,桩身应始终保持竖直,绝对不可偏心加载;

(5)灌注桩成孔钻具上,应设置控制深度的标尺,并应在施工中进行观测,做好记录;

(6)灌注桩施工中,对成孔、清渣、放置钢筋笼、灌注混凝土(水泥浆)等进行过程监控;

(7)灌注桩成孔质量检查合格后,应尽快灌注混凝土,混凝土的型号和规格应符合设计要求。

3)连续基础

连续基础多用于地面光伏系统,是指柱下条形基础、交叉条形基础、筏形基础和箱形基础。连续基础不同于独立基础,独立基础也称点式基础。连续基础工程实例见图 5-42。

图 5-42　连续基础工程实例图

连续基础具有如下特点:

(1)具有较大的基础底面积,能承担较大的荷载,易于满足地基承载力的要求;

(2)基础的连续可以大大加强整体刚度,减小不均匀沉降,提高载体的抗震性能;

（3）箱形基础和设置了地下室的筏形基础，可以有效地提高地基承载力，并能以挖去的土重补偿载体的部分（或全部）重量；

（4）与一般水泥浇筑基础相同，先预埋螺栓或钢板，水泥浇筑制作出连续基础，然后支架放在水泥基础上，用螺栓固定或焊接，特点是基础稳固，适用于松软的土质，抗风、抗冲击能力强，但成本较高。

2. 设备安装施工

设备安装施工应依照施工标准和既定工序进行。设备安装施工包括光伏支架安装、光伏组件安装、蓄电池组安装、控制器安装、逆变器安装及防雷施工等。由项目负责人组织全体人员熟悉技术文件，会审图纸，完成设计交底，安排、调配和监督施工人员，把好工程技术、质量、进度、安全关；做好接地装置技术和安全交底，工序完工要求有关人员签字；明确施工重点和难点，设置质量控制点，制定相关质量保证措施和事故预防措施。

并网光伏发电系统施工顺序为：安装准备→基础施工→支架安装→光伏组件安装→汇流箱安装→控制器安装→蓄电池安装→逆变器安装→配电柜安装→变压器安装→光伏发电系统布线。

1）光伏支架安装

支架到场后，先检查外观及保护层有无破损；型号、规格及材质是否符合要求，附件、配件是否齐全；产品的技术文件、安装说明书及图纸是否齐全。支架安装前，应按照方阵土建基础"中间交接验收签证单"的技术要求查验水平偏差和定位轴线偏差，不合格项目应按照规范整改后，再进行安装。

固定式支架及手动可调支架的钢构件拼装前，应清除飞边、毛刺、焊接飞溅物等，保持摩擦面干燥、整洁，不可在雨雪中作业；支架的紧固度应符合设计要求。组装式支架宜先组合框架、后组合支撑及连接件。螺栓的连接和紧固应按照厂家说明和设计要求的数目和顺序安放。不强行敲打，不气割扩孔。

支架垂直度偏差每米应不大于 1 mm，支架角度偏差度应不大于 1°。对不能满足安装要求的支架，应责成厂家现场整改或者调换。固定及手动可调支架安装的允许偏差应符合表 5-3 的规定。

表 5-3　固定及手动可调支架安装的允许偏差　　　　　　　　　单位:mm

项目		允许偏差
中心线偏差		≤ 2
垂直度（每米）		≤ 1
水平偏差	相邻横梁间	≤ 1
	东西向全长（相同标高）	≤ 10
立柱面偏差	相邻立柱间	≤ 1
	东西向全长（相同轴线）	≤ 5

支架的焊接质量应满足设计要求，焊接部位应做好防腐处理。支架的接地应符合设计要求，且与地网连接可靠，导通良好。

2）光伏组件安装

组件安装分为平铺式、壁挂式、光伏建筑一体化（嵌入式）3 种，如图 5-42 至图 5-44 所示。

图 5-42　平铺式

图 5-43　壁挂式

图 5-44　光伏建筑一体化

光伏组件安装应按设计图纸进行,组件固定螺栓的力矩值应符合制造厂或设计文件的规定,组件安装允许偏差应符合表 5-4 的规定。

表 5-4　光伏组件安装允许偏差

项目		允差
倾斜角度偏差		≤ 1°
组件边缘高差	相邻组件间	≤ 1 mm
	东西向全长（相同标高）	≤ 10 mm
组件平整度	相邻组件间	≤ 1 mm
	东西向全长（相同轴线及标高）	≤ 5 mm

光伏组件连接数量和走线应符合设计要求;组件间接插件连接应牢靠;外接电缆同插接件连接处应搪锡;组串连接后,测量的开路电压和短路电流应符合设计要求;组件间连接线应绑扎,整齐、美观。

光伏组件在安装前,应进行抽检测试;组件安装和移动的过程中,不拉扯导线。组件安装时,不可造成玻璃和背板的划伤或破损;组件之间连接线不可承受外力,同一组串的正负极不可短接。单元间组串的跨接线缆如架空敷设,应穿 PVC 管进行保护;施工人员安装组件过程中不可在组件上踩踏。

光伏组件连线施工时,施工人员应配备安全防护用品;不得触摸金属带电部位;对于组串完成但暂时不需要接引条件的部位,用电工绝缘胶布（带）包扎好;严禁在雨雪天进行光伏组件的接线。

光伏组件安装过程中要保证带边框的组件边框接地,组件接地电阻应符合要求。安装后要指定专人检查、专人负责,确保所有螺钉拧紧。安装结束后,在指定气象条件下,测量光伏组件的工作电压、电流和光伏组件的总电压,并填写检测统计表。组件电气接线及间距检查见图 5-45 及图 5-46。

图 5-45　电气连接检查

图 5-46　组件间距检查

3 ）蓄电池组的安装

①施工队接到安装指令后,应立即准备好相关的资料（如产品说明书、安装作业指导书、施工记录表等）及安装机具（包括万用表等）,落实工程开工日期,商定工程进度等。

②安装前,对安装人员培训,进行安全施工教育,介绍安装中的注意事项及蓄电池的安装方法,安装过程中一定要注意安全。

③施工队长带领队员携安装机具抵达现场,讨论和落实施工方案（如安装方式、承重情况等）,提出合理化建议和施工优化、改进措施。

④安装人员进行蓄电池的开箱检查及配件的清点,装箱单由工长签字并收回,蓄电池组、安装图、使用说明书等技术文件应收好,待安装工程结束后交专人保管。

⑤按施工图检查蓄电池组在机房的摆放位置是否合理,是否预留了维护空间,是否和热源及可能产生火花的地方（如保险盒等）保持 0.5 m 以上的距离,是否摆放在空调机下面。如果不符合要求,请示工程部进行整改,整改要有记录,记录须有全体参会人员签字。

⑥熟悉蓄电池组的安装图,严格按图施工安装,不允许缺漏任何的部件(包括电池单体编号的粘贴单),所有系统件(部件)应和安装图中规定的型号规格一致。安装中,蓄电池已带电,防止短路和电击,所有安装工具把手都要缠上绝缘胶布。

⑦装连接条前,用干净的布擦去蓄电池极柱、外壳和钢架上的灰尘,蓄电池单体编号要贴牢。

⑧安装完成后,逐个检查所有螺钉是否拧紧。要专人检查,专人负责,确保所有螺钉拧紧。检查结束后,测量并记录所有电池单体的开路电压和电池组的总电压、电流,并填写安装记录表。

⑨蓄电池与开关电源连接前,检查电源的设置是否正确(参照开关电源设置参数表),确保设置准确无误。

⑩安装、调试结束后,按要求填写相关的表格,查看蓄电池外观,同时检查各个连接螺钉有无拧紧,确保防震、防滑及电池间连接可靠。测量每个单体电池的浮充电压并记录,请有关人员签字认可。蓄电池组安装摆放如图 5-47 所示。

图 5-47 蓄电池组摆放图

4)逆变器、交流配电柜和升压等设备安装

(1)施工要求:①逆变器与槽钢基座焊接,槽钢基座与预埋件焊接,相对误差不大于 1‰;②金属构件之间的连接均用电焊,焊缝质量应满足《钢结构焊接规范(GB 50661—2011)》的要求,所有焊接部位均应做防锈防腐处理;③柜、盘、箱的金属柜架必须接地(PE)或接零(PEN)可靠。

(2)逆变器安装:①用基础型钢固定的逆变器,基础型钢安装的允许偏差应符合规定。②基础型钢安装后,顶部要高出抹平地面 10 mm,基础型钢应有可靠接地。③逆变器的安装方向应符合设计规定。④如逆变器安装在振动场所,应按有关规范采取防振、减振措施。⑤逆变器与基础型钢之间应固定牢靠。⑥逆变器内专用接地排必须接地可靠,100 kW 及以上的逆变器保证两点接地,金属盘门用裸铜软导线与金属构架或接地排可靠接地。⑦逆变器直流侧电缆接线前,须确认汇流箱侧有明显断开点,用万用表确认电缆极性正确、绝缘良好。⑧逆变器交流侧电缆接线前,用万用表检测电缆的绝缘性能(用兆欧表检测电缆相序时,保证被测电缆线路不带电。工作人员分为两组,一组在电缆乙端,二组在电缆甲端,两组之间用对讲机等方式联系以配合进行。一组在乙端将 A 相电缆导体接地,通知二组,二组在甲端用测试线将兆欧表与被测电缆导体连接,测得的阻值极小,说明是同一根线缆。测试完该相后,再换接其他两相电缆,逐相测试)。⑨电缆接引完毕后,逆变器本体的预留孔洞及电缆管口应封堵。

(3)汇流箱安装:①汇流箱的防护等级等技术标准应符合设计文件的要求。②汇流箱内元器件应完好,零部件和连接线无松动。③安装前,断开汇流箱的所有开关和熔断器。④汇流箱安装位置应符合设计要求,支架和固定螺栓应为镀锌件,地面悬挂式汇流箱安装的垂直度允差应小于 1.5 mm,汇流箱的接地应牢固、可靠。接地线的截面应符合设计要求,汇流箱进线端及出线端与汇流箱接地端绝缘电阻不小于 2 MΩ(DC1 000 V),汇流箱组串电缆接引前,必须确认组串处于断路状态。

(4)线缆敷设:①施工机具和材料包括 MC4 接插头、安装工具、万用表、剥线钳、压线钳、绝缘胶带、4 mm² 太阳能专用电缆等;②把外引线和组件串联接好后,外引线沿组件支架穿管敷设,通过最短的路由将其引至电缆桥架中,每根外引线均要做好标记,以便查找。

（5）智能双向电能表安装与测试：①智能电表在安装前需经检验合格,加封铅印,才可安装使用,对无铅封或存放时间过久的电能表应请有关部门重新检验后方可安装使用;②不同于多功能电能表,智能双向电能表内置微控制器（MCU）,有双向多种费率计量、用户端控制、多种数据传输模式的双向数据通信以及防窃电功能等,如借助智能电表的远程通信可以实现异地监控和报警;③智能电表应按照接线图或说明进行接线,直接接入式电能表接线时应注意接线方向,使用多股软铜线引入,将螺钉拧入并穿透,电路接线完全正确接通时,电源指示灯亮起;④连接和绝缘缠包完成后,应自检和互检线路的连接、焊接、绝缘缠包是否符合设计和有关施工规范及质量检评要求,不符合应及时纠正。⑤智能电表安装完毕后,用 500 V 兆欧表对线路做绝缘摇测（摇测项目包括相线之间、相线与零线之间、相线与地线之间、零线与地线之间、相间和相与地间的绝缘电阻不小于 0.5 MΩ）。

5.10.2.2　验收

按照《并网光伏电站启动验收技术规范（GB/T 37658—2019）》的要求进行验收。与低压配电网和中高压输电网并网的地面光伏发电系统（包括固定支架和自动跟踪支架的地面光伏发电系统、光伏与建筑一体化（BIPV）发电系统和光伏与建筑结合（BAPV）发电系统等）的验收可以参照《并网光伏发电系统工程验收基本要求（CNCA/CTS 0004—2010）》。

5.10.2.3　检查与维护

（1）检查大型光伏电站的整体运行状况,观察设备仪表、检测计量仪及监控检测系统的显示数据,定时巡查,做好记录。仔细查看每组接插头是否旋转到底,有无松脱;用万用表直流挡测量每个组件串的开路电压,查看数据的一致性。在正常情况下,相同块数的组件串的开路电压应该相差无几。（注意:由于组件串的开路电压可能达到 600~900 V,测量时一定采取保护措施,避免正负极短路产生拉弧灼伤测量人员。）

（2）观察电池方阵表面是否清洁。应及时清除灰尘和污垢,用清水清洗或用干净抹布擦拭,但不得使用化学试剂清洗。在大雨、冰雹、大雪等不良天气后,尽管太阳能方阵一般不会损坏,但应及时对电池组件表面进行清扫、擦拭。有积雪时,及时清理干净。定期检查太阳能光伏方阵的支架有无腐蚀,对表面损坏支架涂装补漆。方阵支架要保持良好接地。使用中,应不定期（如 2~3 个月）对光伏方阵的电压、电流及输出功率等进行检测,以保证正常运行。

（3）检查太阳能光伏组件的封装及连接线头,如发现开胶进水、电池片变色及接头松动、脱线、腐蚀等,应及时维修或更换。对带有自动跟踪系统的光伏方阵支架,应定期检查跟踪系统的机械和电气性能是否正常。

（4）定期（如 2 个月）检查直流汇流箱内的各个电气元件有无接头松动、脱线、腐蚀等现象。在雷雨季节,还要特别注意汇流箱内的避雷器模块是否失效,如已失效,必须及时更换。

（5）光伏控制器和逆变器的操作要按说明书的要求和规定进行。开机前,要检查输入电压是否正常。操作时,注意开关机的顺序是否正确,各个表头和指示灯的指示是否正常。控制器和逆变器在出现断路、过电流、过电压、过热等故障时,一般都会进入自动保护状态而停止工作。这些设备一旦停机,不要马上开机,要查明原因,检查修复后,至少等待 10 min 再开机。逆变器机箱或机柜内有高压,操作人员一般不得打开机箱或机柜,柜门平时要锁死,钥匙由 2 名人员保存,其中 1 名为电站负责人。当环境温度超过 30 ℃时,应采取降温散热措施,防止发生故障,也可延长使用寿命。经常检查机内温度、声音和气味等是否异常。

（6）控制器和逆变器的维护和检修。严格定期查看控制器和逆变器各部分（如熔断器、风扇、功率模块、输入和输出端子以及接地等）的接线有无松动,发现接线有松动时要立即修复。若光伏控制器和逆变器出现故障,必须由专业人员检修。

5.11　力控组态软件及其在光伏监控中的应用

5.11.1　力控组态软件简介

力控监控组态软件 Force Control 6.1 sp3（下称"力控软件"）是光伏发电系统数据采集与过程控制的专用软件,以灵活多样的组态方式而不是编程进行管理,提供好用的用户界面和简洁的实现方法,将预设的各种模块简单组合,即可完成监控层的各项任务。比如在分布式光伏发电系统中,应用程序对远程数据的调用与本地数据完全相同。力控软件能和国内外各工控厂家的设备进行通信,既可以与工控计算机及网络系统结合,实现集中管理和监控,又能方便地向管理层提供软、硬件的接口,实现与第三方的软、硬件系统无缝集成。图 5-48 示出了力控软件监控的系统结构图。

力控软件有开发版和运行版,价格因点数而异。点数是指实际监控的外部 I/O 设备参数的个数,即软件内部的实时数据库 DB 中 I/O 连接项的个数,而软件内部的中间变量、间接变量等不计点数。

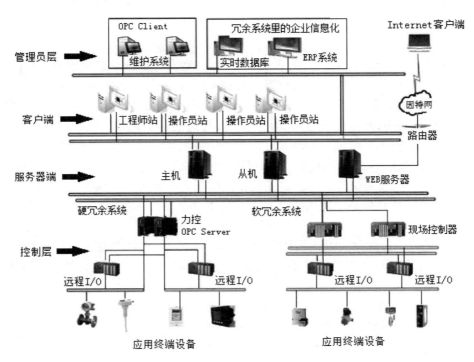

图 5-48　力控软件监控系统结构图

力控软件的运行版本有 3 类。通用监控版运行在单台 PC 上,不包括扩展组件。标准网络版由 2 套通用监控版软件通过以太网构成服务器/客户端模式,服务器端只授权 5 个客户使用,在 5 个客户端的基础上可增加 10、20、50 甚至无限个客户端。WWW 网络版用标准的 IE 浏览器作为"瘦"客户端,在 Internet/Intranet 上访问 WWW 服务器上的数据,"瘦"客户端在 5 个客户端的基础上可增加 10、20、50 甚至无限个客户端。

扩展组件包括 PC 控制策略程序、GPRS 组件、数据库 ODBC 通信组件、CommServer 通信组件、DataServer 数据转发组件、远程数据库历史备份程序等。扩展组件支持移动 GPRS、CDMA 网络与控制设备或其他远程力控节点通讯。力控移动数据服务器与设备的通讯为并行处理,完全透明。

5.11.2　力控组态软件的基本结构

力控组态软件主要面向国内自动化市场及应用。力控软件基本的程序及组件包括:工程管理器、人机界面、实时数据库、I/O 驱动程序、控制策略生成器以及各种数据服务及扩展组件,其中实时数据库是系统的核心。图 5-49 为力控组态软件的组成框图。

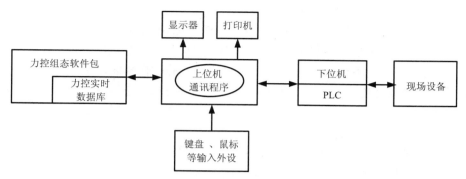

图 5-49　力控组态软件的组成框图

（1）工程管理器可创建工程、管理工程等,用于创建、删除、备份、恢复、选择当前工程等。由力控开发的每个应用模块称为一个应用工程,每个工程都在一个独立的目录中保存、运行,不同的工程不能使用同一目录。这个目录称为工程路径。在每个工程路径中都保存着生成的组态文件,这些文件不能被手动修改或删除。

（2）开发系统是一个集成环境,可以完成创建工程画面,配置各种系统参数、脚本、动画以及启动力控其他程序组件等功能。

（3）通过用户界面运行由开发系统 Draw 创建的画面、脚本、动画连接等,操作人员实现对光伏发电情况的实时监控。

（4）实时数据库是力控软件的数据处理中心,是构建分布式应用系统的基础。它负责实时数据处理、历史数据存储、统计数据处理、报警处理、数据服务请求处理等。

（5）I/O 驱动程序负责力控与 I/O 设备的通信。它可将 I/O 设备寄存器中的数据读出,传送到力控的实时数据库,在界面运行系统的画面上动态显示。

（6）网络通信程序采用 TCP/IP 通信协议,可利用 Intranet/Internet 实现不同网络节点上力控之间的数据通信。

（7）通信程序支持串口、拨号、移动网络等通信方式,通过力控在两台计算机间实现通信。若用 RS232C 接口,可实现一对一的通信;若用 RS485 总线,可实现一对多的通信。此外还可以通过电台、光纤网、移动网络的方式进行通信。

（8）Web 服务器程序允许远程用户在计算机上用浏览器实时监控光伏现场的运行状况。

（9）控制策略生成器是面向控制的软逻辑自动化控制软件,用符合 IEC61131-3 标准的图形化编程,提供包括变量、数学运算、逻辑功能、程序控制等在内的基本运算块,内置 PID(比例、积分和微分控制方式)、开关控制、斜坡控制等算法;同时提供开放的算法接口,嵌入用户的控制程序,控制策略生成器与力控的其他程序组件可以无缝连接。

5.11.3　力控组态软件的主要特点与监控平台

5.11.3.1　主要特点

（1）方便、灵活的开发环境,提供各种工程、画面模板,降低了组态开发的工作量。

（2）高性能实时数据库,快速访问接口在数据库 4 万点数据负荷时,访问吞吐量达 2 万次/s。

（3）强大的分布式报警、事件处理,支持告警信息、事件网络数据断线存储、恢复功能。

（4）支持操作图元对象的多个图层,通过编写脚本,灵活控制各图层的显示与隐藏。

（5）强大的 ACTIVEX 控件对象容器,定义了全新的容器接口集,增加了脚本对容器对象的操作,通过脚本可调用对象的方法、属性。

（6）全新的、灵活的报表设计工具,提供丰富的报表操作函数集、支持复杂脚本控制,包括脚本调用和事件脚本,可以提供报表设计器,设计多套报表模板。

5.11.3.2 光伏发电场信息化的监控平台

（1）互联网时代的创举:①提供在 Internet/Intranet 上通过 IE 浏览器以"瘦"客户端监控光伏发电现场的状况;②支持通过手机、PDA 等掌上终端在 Internet 实时监控光伏发电现场的数据;③ WWW 服务器端与客户端画面的数据同步,浏览器上看到的画面与用组态软件生成的过程画面效果完全相同;④"瘦"客户端与 WWW 网络服务器的实时数据传输采用事件驱动机制、变化传输方式,通过 Internet 远程访问力控 Web 服务器,IE"瘦"客户端显示的监控数据有更好的实时性;⑤ WWW 网络服务器面向.NET 技术,易于使用 ASP.NET 等快速开发工具来构建企业信息门户。

（2）强大的移动网络支持:支持通过移动 GPRS、CDMA 网络与控制设备或其他远程力控节点通讯,解决了一般软件采用虚拟串口方式通信造成数据传输不稳定的问题,有效的流量控制在远程应用中节省了通信费用。

（3）企业信息化的助力工具:力控软件内嵌分布式实时数据库,具备良好的开放性和互连功能,可以与MES、SIS、PIMS 等信息化系统进行基于 XML OPC、ODBC、OLE DB 等数据库接口的互联,保证现场数据实时传送到系统内。

5.11.4 力控组态软件的操作

5.11.4.1 新建工程

在力控中建立新工程时,首先通过力控的"工程管理器"指定工程的名称和工作的路径,不同的工程一定要放在不同的路径下。

（1）指定工程的名称和路径。启动力控的"工程管理器"弹出工程管理器,见图 5-50。

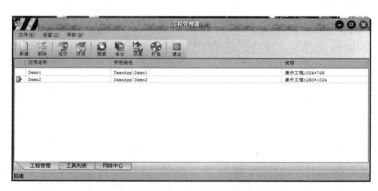

图 5-50 工程管理器启动图

（2）点击左上角【新建】图标,新建一个工程,如图 5-51 所示。

图 5-51 新建一个工程图

（3）选择新建的工程点击【开发】（见图 5-52）即可进入新建工程开发环境。（如果没有加密锁，会弹出"找不到加密锁，只能以演示版运行"的对话框，点击忽略进入。）

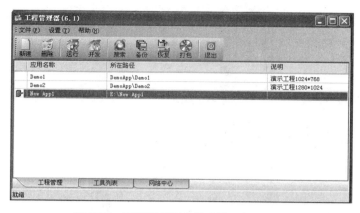

图 5-52　工程管理器中新建的工程界面图

5.11.4.2　新建 I/O 设备

力控中，把需要与力控软件交换数据的设备或者程序都作为 I/O。I/O 设备包括 DDE、OPC、PLC、UPS、变频器、智能仪表、智能模块、板卡等，这些设备一般通过串口或以太网等方式与上位机交换数据。只有在定义了 I/O 设备后，力控才能通过数据库变量和这些 I/O 设备进行数据通信。在这里，I/O 设备使用仿真 PLC 与力控进行通讯。

在数据库中定义多个功能点，功能点的过程值（即 PV 参数值）从 I/O Server（即 I/O 服务器）获取过程数据，数据库同时可以与多个 I/O Server 通讯，一个 I/O Server 可以连接一个或多个设备。所以明确这些点从哪一个设备获取过程数据时，就需要定义 I/O 设备。

（1）定义上位机软件将要连接的设备，比如西门子 200 的 PLC，或者智能数显仪表等，在此以 S7-200PLC 为例。双击【工程项目】中的【I/O 设备组态】，见图 5-53。

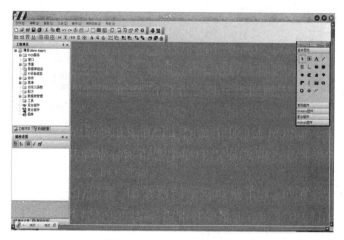

图 5-53　工程项目界面图

（2）当弹出【I/OManager】窗口时，依次选择左侧【I/O 设备】→【PLC】→【I/OManager】→【SIEMENS 西门子】→【S7-200（PPI）】，如图 5-54。

图 5-54　I/O 管理器界面

（3）双击【S7-200（PPI）】即可新建 I/O 设备,按要求输入设备名称（不能出现中文）、设备描述、更新周期、超时时间、设备地址（此处地址为 PLC 出厂默认值 2）、通信方式、故障后恢复查询周期,如图 5-55。

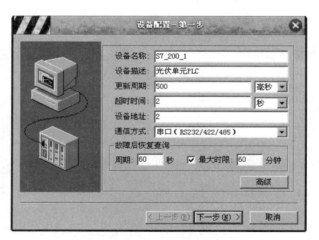

图 5-55　I/O 设备配置（第 1 步）

注意:一个 I/O 驱动程序可以连接多个同类型的 I/O 设备。每个 I/O 设备中有很多数据项与监控系统建立连接。如果对于同一个 I/O 设备中的数据要求不同的采集周期,也可以为同一个地址的 I/O 设备定义多个不同的设备名称,使它们具有不同的采集周期。

（4）点击【下一步】,进入设备配置第 2 步,设置串口号并进行串口设置,此处为"9600 波特率,偶校验,8位数据,1 位停止位",如图 5-56。

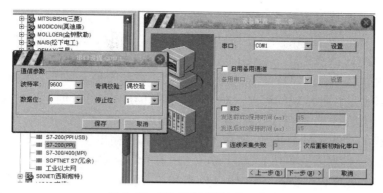

图 5-56　I/O 设备配置(第 2 步)

（5）点击【 保存 】→【 下一步 】→【 完成 】,完成 I/O 设备配置。

（6）按该方法,完成风光互补发电系统中所有 I/O 设备组态,如图 5-57 所示。完成后关闭【 I/OManager 】。

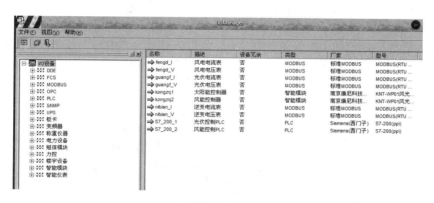

图 5-57　风光互补发电系统 I/O 设备组态

配置智能仪表的 I/O 设备,在设置时,要选择数据的读取类型,如果在此处选错的话,在实际监控时,数据显示会出现乱码。在系统中所有智能仪表的数据读取方式见图 5-58。

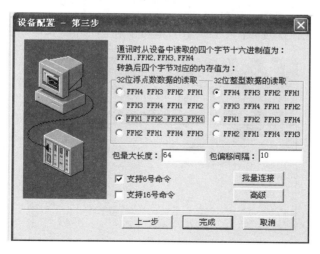

图 5-58　设备配置(第 3 步)

5.11.4.3　新建数据库组态

数据库(DB)是构建光伏发电监控系统的基础。它负责系统实时数据处理、历史数据存储、统计数据处理、报警信息处理、数据服务请求处理等。在数据库中,操作的对象是点(TAG),实时数据库根据点名字典决定数据库的结构,分配数据库的存储空间。在点名字典中,每个点都包含若干参数。一个点可以包含一些系统预定义的标准点参数,还可包含若干个用户自定义参数。引用点与参数的形式为"点名.参数名"。如"TAG1.DESC"表示点 TAG1 的点描述,"TAG1.PV"表示点 TAG1 的过程值。

　　点类型是实时数据库对具有相同特征的一类点的抽象。数据库预定义了一些标准点类型,利用这些标准点类型创建的点能够满足各种常规的需要。对于较为特殊的应用,可以创建用户自定义点类型。数据库提供的标准点类型有:模拟 I/O 点、数字 I/O 点、累计点、控制点、运算点等。

　　不同的点类型完成的功能不同。比如,模拟 I/O 点的输入和输出量为模拟量,可完成输入信号量程变换、小信号切除、报警检查、输出限值等功能;数字 I/O 点输入值为离散量,可对输入信号进行状态检查。

　　有些类型包含一些相同的基本参数。如模拟 I/O 点和数字 I/O 点均包含下面参数:

　　NAME　　　　点名称
　　DESC　　　　点说明信息
　　PV　　　　　以工程单位表示的现场测量值

　　根据工业装置的工艺特点,力控实时数据库可划分为若干区域,每个区域又划分为若干单元,可以对应实际的生产车间和工段,极大地方便了数据的管理。在总貌画面中可以按区域和单元浏览数据,在报警画面中可以按区域显示报警。

　　(1)将定义的测量点与之前的 I/O 设备关联上(此处以光伏电压为例)。双击【工程项目】中的【数据库组态】,见图 5-59。

图 5-59　工程项目界面中的 I/O 设备关联

　　(2)在弹出的新窗口左侧栏中选中【数据库】,右键点击新建,如图 5-60 所示。

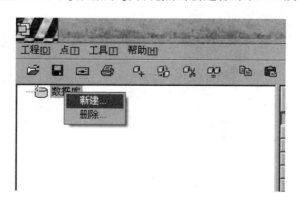

图 5-60　新建数据库窗口

　　(3)选择点类型以及区域,这里用到的只有模拟 I/O 点、数字 I/O 点和运算点。其中模拟 I/O 点指的是一连串变化的实型数值,比如温度和压力等。数字 I/O 点是指只有 0 和 1 两个状态的开关量。运算点指的是两个数据库点经过算术运算得到的点。区域的划分只是方便归类,并无实际意义。此处光伏电压的点选择【区域 00 】、【模拟 I/O 点 】,点击继续。

（4）在【基本参数】窗口,按要求填写点名(不可以用中文)、点说明、小数位,见图 5-61。

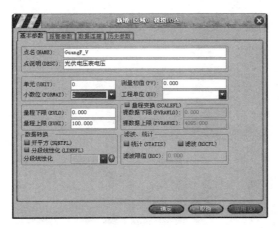

图 5-61　数据库基本参数

（5）在【数据连接】窗口,选择【 I/O 设备 】→【 GuangF_V 】→【 PV 】,点击【增加】按钮,在弹出的【组态界面】窗口选择 03 号功能码、偏置 6、32 位 IEEE 浮点数、只可读,点击确定,见图 5-62。

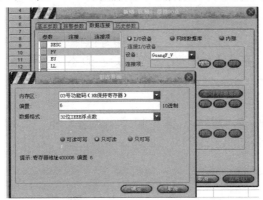

图 5-62　数据库数据连接

（6）在【历史参数】窗口,选择【 PV 】→【 数据定时保存 】以及保存间隔,点击【增加】完成历史参数设置,见图 5-63。此步骤是为了在报表中读出保存的历史数据。点击【 确定 】完成数据库组态。

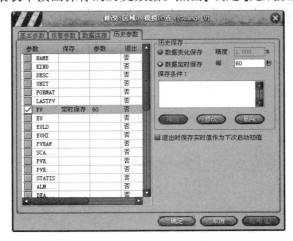

图 5-63　数据库的历史参数

（7）按该步骤，完成风光互补发电系统中所有数据库组态，见图 5-64。完成后关闭窗口。

	NAME [点名]	DESC [说明]	%IOLINK [I/O连接]	%HIS [历史参数]
18	V_taiyn	太阳能电压	PV=guangf_V:HRF6	PV=3s
19	I_taiyn	太阳能电流	PV=guangf_I:HRF6	PV=3s
20	V_feng	风能电压	PV=fengd_V:HRF6	PV=3s
21	I_feng	风能电流	PV=fengd_I:HRF6	PV=3s
22	V_nibian	逆变电压	PV=nibian_V:HRF6	PV=3s
23	I_nibian	逆变电流	PV=nibian_I:HRF6	PV=3s
24	gl1	太阳能功率		PV=3s
25	gl2	风能功率		PV=3s
26	I_xudc1	蓄电池电流	PV=kongzq1:电流:蓄电池电流	PV=3s
27	I_xudc2	蓄电池电流	PV=kongzq2:电流:蓄电池电流	PV=3s
28	V_xudc1	蓄电池电压	PV=kongzq1:电压:蓄电池电压	PV=3s
29	V_xudc2	蓄电池电压	PV=kongzq2:电压:蓄电池电压	PV=3s
30	I_neng1	太阳能/风能电流	PV=kongzq1:电流:太阳能电板/风能电流	PV=3s
31	I_neng2	太阳能/风能电流	PV=kongzq2:电流:太阳能电板/风能电流	PV=3s
32	V_neng1	太阳能/风能电压	PV=kongzq1:电压:太阳能电板/风能电压	PV=3s
33	V_neng2	太阳能/风能电压	PV=kongzq2:电压:太阳能电板/风能电压	PV=3s
34	start1	板卡1启动命令	PV=kongzq1:启动:启动设备	
35	start2	板卡2启动命令	PV=kongzq2:启动:启动设备	
36	stop1	板卡1停止命令	PV=kongzq1:停止:停止设备	
37	stop2	板卡2停止命令	PV=kongzq2:停止:停止设备	
38	statu1	太阳能控制器开关		
39	statu2	风能能控制器开关		
40	M1_0_0	旋转开关自动档	PV=S7_200_1:M 内部内存位:0:BIT:0	
41	M1_0_1	启动按钮	PV=S7_200_1:M 内部内存位:0:BIT:1	
42	M1_0_2	停止按钮	PV=S7_200_1:M 内部内存位:0:BIT:2	
43	M1_0_3	向东按钮	PV=S7_200_1:M 内部内存位:0:BIT:3	
44	M1_0_4	向西按钮	PV=S7_200_1:M 内部内存位:0:BIT:4	
45	M1_0_5	向北按钮	PV=S7_200_1:M 内部内存位:0:BIT:5	
46	M1_0_6	向南按钮	PV=S7_200_1:M 内部内存位:0:BIT:6	
47	M1_0_7	灯1按钮	PV=S7_200_1:M 内部内存位:0:BIT:7	
48	M1_1_0	灯2按钮	PV=S7_200_1:M 内部内存位:1:BIT:0	
49	M1_1_1	东西按钮	PV=S7_200_1:M 内部内存位:1:BIT:1	
50	M1_1_2	西东按钮	PV=S7_200_1:M 内部内存位:1:BIT:2	
51	M1_1_3	停止按钮	PV=S7_200_1:M 内部内存位:1:BIT:3	
52	Q1_0_0	启动按钮指示灯	PV=S7_200_1:Q 离散输出:0:BIT:0	
53	Q1_0_1	向东按钮指示灯	PV=S7_200_1:Q 离散输出:0:BIT:1	
54	Q1_0_2	向西按钮指示灯	PV=S7_200_1:Q 离散输出:0:BIT:2	

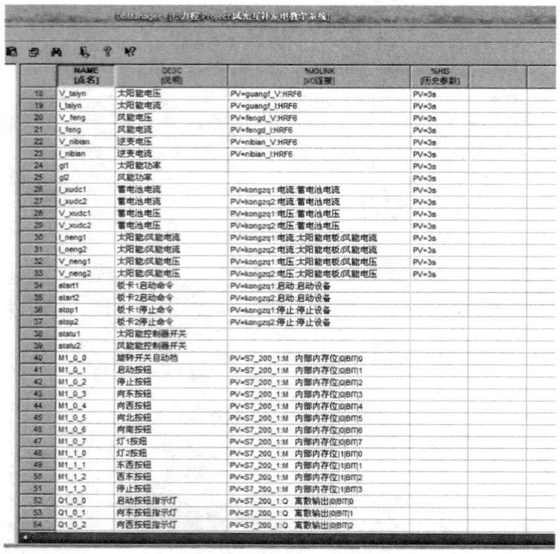

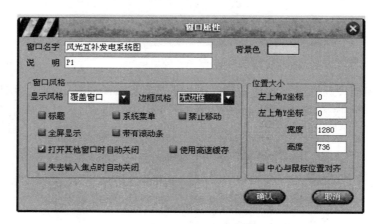

图 5-64 风光互补发电系统组态数据库

5.11.4.4 新建窗口

力控系统中为工程建立的界面非常多，有静态和动态图形界面。这些界面是系统提供的图形对象，涵盖文本、直线、矩形、圆角矩形、圆形、多边形等，还有增强型按钮、实时/历史趋势曲线、实时/历史报警、实时/历史报表等。允许在工程窗口中进行复制、删除、对齐、打印等操作，提供了对图形对象的颜色、线型、填充属性等操作工具。力控系统提供的上述工具和图形，方便用户在组态工程中调用丰富的图形界面。图形画面建立步骤如下。

1. 新建窗口

组态软件运行时，能直接监视、控制的相关变量和控件见图 5-65。双击【工程项目】中的【窗口】，即可新建窗口，按要求定义窗口名字和说明，点击【确认】新建一个界面，再点击【保存】按钮，即可编辑界面。

图 5-65 新建窗口属性设置

2. 编辑新建窗口中的画面

点击工具箱中的【增强型按钮】，在新建窗口中选择一个按钮，输入按钮文本，如图 5-66 所示。“画面跳转”按钮如图 5-67 所示。

图 5-66　工具箱　　　　　　　　　　　　　　　图 5-67　增强型按钮

在开发环境 Draw 中，制作动画链接，使图形在画面上随 PLC 上的数据变化而活动起来。

（1）首先用到"Draw 变量"。它是在开发环境（Draw）中定义和引用的变量。开发环境（Draw）、运行环境（View）和数据库是力控软件包的基本组成部分。但 Draw 和 View 主要完成人机界面的开发、组态和运行、显示，称之为界面系统。实时数据库完成过程实时数据的采集（通过 I/O Server 程序）、处理（包括报警处理、统计处理等）、历史数据处理等。界面系统与数据库系统可以配合使用，也可以单独使用。

（2）建立动画链接。有了变量之后，就可以制作动画链接了。动画链接为画面中的图形对象与变量建立关联，当变量的值变化时，画面上图形对象的动画随之以动态变化方式呈现。一旦创建了一个图形对象，给它加上动画链接就相当于赋予它"生命"，使它动起来。

双击新建的【增强型按钮】，弹出【动画连接 - 对象类型】窗口，单击【触敏动作】中的【窗口显示】，见图 5-68。

图 5-68　动画连接窗口

选中想要跳转的画面，点击确定，如图 5-69，即完成了画面跳转按钮的建立，运行后点击按钮即可实现画面跳转功能。

图 5-69 选择需要跳转的窗口

3. 数据关联

点击工具箱中的【文本】,在窗口空白画面处点击,输入"光伏电压表电压",如此做法再建立一个名为"##.##"和电压单位"V"的文本,见图 5-70。

光伏电压表电压 ##.## V

图 5-70 新建文本画面

双击文本"##.##",弹出动画链接窗口。点击【数值输出】→【模拟】按钮,弹出【模拟值输出】窗口,点击【变量选择】,在弹出窗口中选择【V_taiyn】→【PV】,见图 5-71,点击【选择】→【确认】→【返回】,完成数据关联。

图 5-71 变量选择

4. 新增按钮

点击【工具】→【图库】,选择【按钮】,见图 5-72。双击所需的按钮图标,在窗口中新建一个按钮。

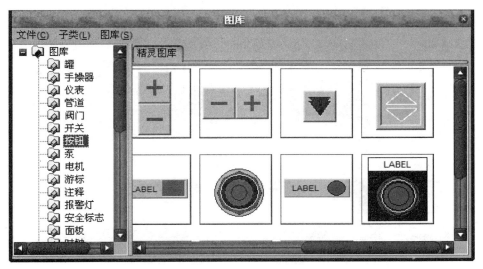

图 5-72　新增按钮

关闭【图库】窗口,双击新建的按钮图标出现【开关向导】,按要求选择变量名、显示文本、颜色自定义,【有效动作】选择【按下开,松开关】,见图 5-73,点击【确定】,完成新增按钮。

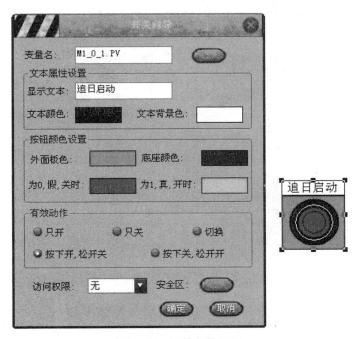

图 5-73　开关向导页面

5. 新增指示灯

点击【工具】→【图库】,选择【报警灯】,如图 5-74 所示,双击所需的指示灯图标,会在窗口中新建一个指示灯。

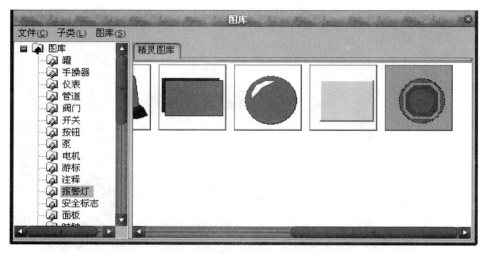

图 5-74　新增指示灯

关闭【图库】窗口,双击新建的指示灯图标出现【属性设置】,按要求选择变量名、颜色自定义,见图 5-75。点击【确定】,完成新增指示灯。

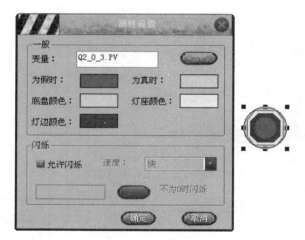

图 5-75　指示灯属性设置

6. 新建曲线图

点击【工具】→【复合组件】,选择【曲线模板】,见图 5-76。双击【趋势曲线模板 1】,在窗口中新建一个趋势曲线。

图 5-76　新增趋势曲线

关闭【复合组件】窗口,双击新建的趋势曲线控件,弹出曲线属性窗口,在窗口中的【曲线类型】选择【实时趋势】。【画笔】中填写曲线名称,【类型】选择【直连线】,样式、颜色、高低限自定义,变量选择需要绘制曲线的数据库中的点,与曲线名称相对应,如图 5-77 所示。点击【确定】,完成实时曲线设置。

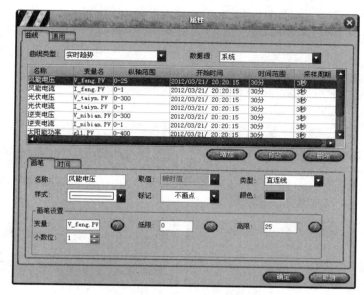

图 5-77　实时曲线属性设置

7. 新建历史报表

和实时曲线新建方法一样,在【工具】→【复合组件】中选择报表,双击【专家报表】,会在窗口中新建一个报表控件,见图 5-78。

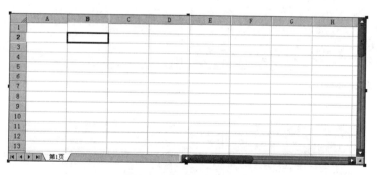

图 5-78　新建历史报表

关闭复合组件窗口,双击新建的历史报表控件,弹出【报表向导】。第 1 步选择【力控数据库报表向导】。这是以力控自带的实时历史数据库作为历史数据来源生成的报表,如图 5-79,点击【下一步】。

报表向导第 2 步无须更改默认值,如图 5-80,点击【下一步】进入第 3 步。

报表向导第 3 步见图 5-81,设置好报表类型、时间长度、时间间隔、时间单位后点击【下一步】。

报表向导第 4 步设置显示时间格式,如图 5-82 所示。

报表向导第 5 步,将【所有点列表】里需要查询的历史数据添加至【已选点列表】里,按顺序排好(从上至下对应报表从左至右),见图 5-83。完成后,点击【完成】结束报表向导。

保存后退出,在报表控件上方新建 3 个按钮,如图 5-84 所示。

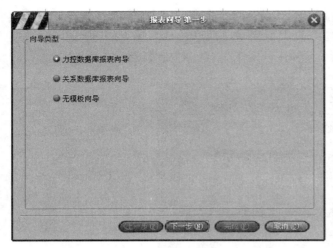

图 5-79 报表向导(第 1 步)

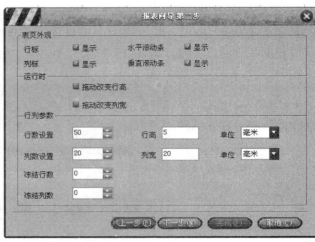

图 5-80 报表向导(第 2 步)

图 5-81 报表向导(第 3 步)

图 5-82 报表向导(第 4 步)

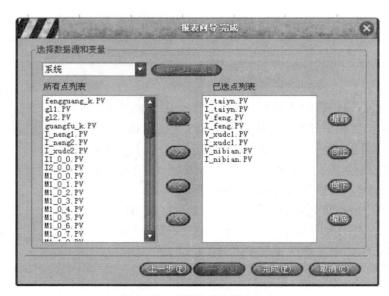

图 5-83 报表向导(第 5 步)

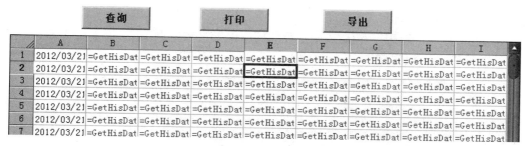

图 5-84　新建报表

分别双击【查询】、【打印】、【导出】按钮,在【左键动作】中编辑【按下鼠标】和【释放鼠标】脚本,如图 5-85 所示。

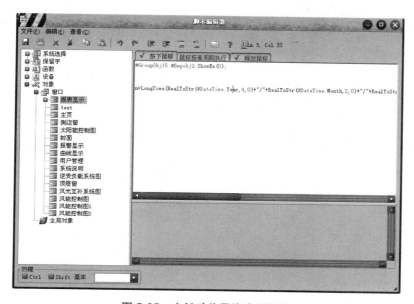

图 5-85　左键动作及脚本编辑器

脚本编辑完成后,关闭脚本编辑器,点击返回,完成历史报表画面。

8. 设置工程初始启动窗口

在【系统配置】中,双击【初始启动窗口】,如图 5-86,在弹窗中设置。

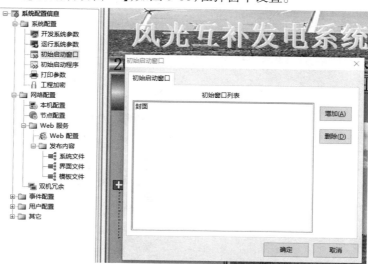

图 5-86　设置初始启动窗口

5.11.4.5 力控组态软件运行

以上是力控组态开发环境用于光伏/风光互补的简明设置过程。点击【文件】→【全部保存】后,进入运行环境,可实现组态基本功能,见图5-87。

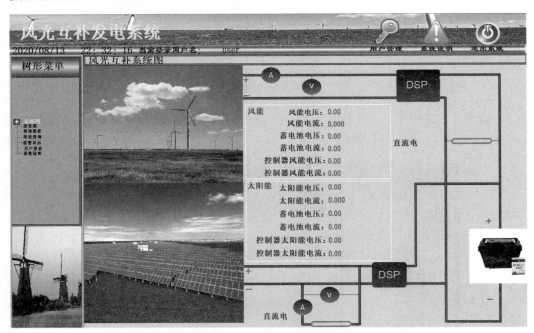

图 5-87 基于力控组态软件的运行环境界面图

5.12 风能光伏互补发电

5.12.1 风光互补发电简介

风能、太阳能均存在诸如不稳定、发电成本高等劣势。但二者有较强的互补性,将二者恰当结合,达到资源最优配置,是当下新能源领域的热门课题。风光互补发电系统将太阳能和风能转化为电能,是集风能、太阳能及并网等多种技术和智能控制为一体的可再生能源发电系统。该系统无污染、无噪声、不排污。目前,利用太阳能和风能在不同季节和时间方面的互补性发展起来的风光互补发电技术日臻完善,在我国一些地方(如海滨、草原、戈壁滩等)已建成一批风光互补发电系统,并且正以前所未有的速度迅速推广。

风光互补发电系统主要由风力发电机组、太阳能光伏阵列、控制器、蓄电池、逆变器、负载等部分组成。图 5-88 是离网风光互补式发光系统结构图和组成图。

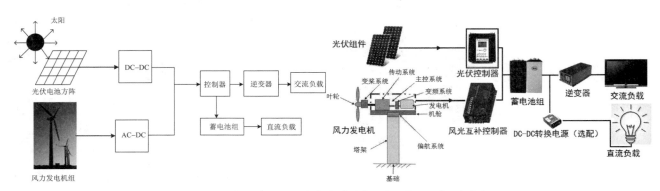

图 5-88 离网风光互补发电系统结构图(左)和组成图(右)

风力发电机适合内陆及滨海地区的高风速情景,实时发电特性优,发电量大;有机械或电子刹车装置,可以确保在高风速时风机转速稳定在安全可靠的范围内,最高输出电压安全可控。风力发电机输出电功率与风速及叶片长度有关。风力发电有并网运行和独立运行(离网运行)2 种运行方式。独立运行时,由于风能不稳定,风力发电系统难以输出可靠而稳定的电能。解决方法有 2 个,一是利用蓄电池组将风电机输出的电能储存,另一个是风力发电与光伏、柴油发电、传统火电等互补运行。

最初的风光互补发电系统,将风力发电和光伏发电简单组合,因缺乏数学模型,系统主要用于保证率低的用户,导致使用寿命不长,也不经济。

近几年,随着风光互补发电技术的发展,国外开发出一些模拟风力、光伏及其互补发电系统性能的大型工具软件包,通过比较不同系统配置的性能和供电成本可得出最佳的系统配置。HYBRID2 是一个出色的软件包,能对风光互补系统进行精确模拟,根据输入的互补发电系统的技术参数、系统结构、负载特性以及安装地点的风速、太阳辐射数据,可获得一年 8 760 小时的模拟运行结果。尽管 HYBRID2 是一款功能强大的仿真软件,其本身却不具备系统优化设计的功能,且价格昂贵,专业性较强。

风光互补发电系统的设计主要有 2 种方法:一是功率匹配法,即在不同太阳辐照度和风速下,光伏阵列的功率与风机的功率之和大于负载功率,用于系统的优化控制;二是能量匹配法,要求在不同太阳辐照度和风速下,光伏阵列和风机发电量之和不小于负载的耗电量,主要用于系统功率优化设计。

目前国内运行的较大容量的风光互补发电系统有西藏那曲镇离格村风光互补发电站、用于气象站的风能太阳能混合发电站、太阳能风能无线电话离转台电源系统、内蒙古微型风光互补发电系统等。

5.12.2　系统综合分析

5.12.2.1　系统资源性分析

我国偏远地区人口稀少,用电负荷相对较小,长距离电网送电不经济,最好就地直接发电,最常用的是柴油发电机。但柴油的储运对偏远地区来说成本太高,难以长期保障。柴油发电机只能作为一种短时的应急电源。要实现长期稳定供电,可考虑太阳能和风能的结合利用。

风能是太阳能在地表的一种表现形式。不同形态的地表(如沙土地面、植被地面和水面)对太阳光照的吸热系数不同,在地表形成温差,地表空气的温度不同导致空气流动从而具有动能,即风能。太阳能与风能在时间上和地域上有互补性。白天太阳光最强时,风小,太阳落山后,光照弱,但由于地表温差变化大而使风力加强;在夏季太阳光强度大而风小,冬季太阳光强度弱而风大。太阳能和风能在时间上的互补性使风光互补发电系统在资源上具有最佳的匹配性,风光互补发电系统是资源条件最好的电源系统。图 5-89 是某地 10 月份某一天典型的太阳能光伏发电电压和风力发电随时间的变化情况。

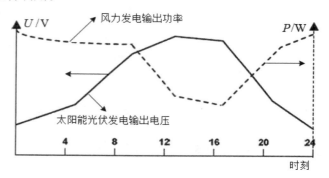

图 5-89　某地 10 月份某一天典型的太阳能和风资源分布

5.12.2.2　系统技术经济性分析

光伏发电系统将太阳能转换成电能,通过控制器对蓄电池充电,经过逆变器对交流负载供电。优点是供电可靠性高,运行维护成本低,使用年限长,缺点是系统初始投资高。风电系统利用风力发电机,将风能转换成电能,通过控制器对蓄电池充电,通过逆变器对负载供电。优点是系统发电率较高,造价较低,运行维护成本低,缺点是可靠性低、稳定性差。另外,风电和光电系统共有的缺点是资源的不确定性导致发电与用电负荷不匹配,风电和光电系统都通过蓄电池储能方可稳定供电,但每天的发电量受天气影响很大,可能导致蓄电池组亏电,致使使用寿命缩短。太阳能与风能的互补性强,风光互补发电系统在资源上弥补了风电和光电系统的缺陷。同时,风电和光电系统在蓄电池储能和逆变环节是通用的,降低了风光互补发电的成本。可以根据用户的用电负荷和资源条件进行系统容量的合理设计,保证系统供电的可靠性,又可降低发电系统的造价。风光互补发电系统是比较合理的电源系统。

目前,推广风光互补发电系统的主要技术障碍是风力发电机组的长期可靠性问题。

出于各种考虑,液压制动技术没有在风力发电机限速保护上被广泛采用,目前主要根据空气动力学原理,通过机械控制风叶在大风下限速。机械限速结构的特点是风机的机头或某个部件处于动态支撑,在风洞试验中表现出良好的限速特性,但在自然条件下,由于风速和风向的变化过于复杂(以紊流为主),不可避免地引起风机的动态支撑部件振动和活动部件的磨损,时间长了导致机组损坏。目前风机只保留了3个运动部件:一是风叶驱动发电机主旋转轴,二是尾翼驱动风机的机头偏航,三是为大风限速保护而设的机械部件。前两个运动部件是不可缺少的,实践中这两个运动部件故障率并不高,主要是限速机构损坏的情况居多。鉴于机械限速的缺点,有人提出了磁电限速。当风力发电机处于过功率状态时,产生一个反向磁阻力矩,大幅度增加风电机的功耗,使之大于风轮的输出功率,风轮转速下降,减小风能的利用率,从而降低风叶转速。这种连锁效应产生的实效是减速而不是限速,减速保护动作安全可靠。这一新的限速保护方式的优点是舍弃了机械限速结构,仅保留了风电机两个必需的运动部件,排除了限速机构的机械故障隐患,保证了风力发电机长期安全可靠运行。

5.12.3　风光互补发电运行原理

典型的风光互补独立供电系统包括风力发电机、太阳能板、蓄电池、直流负载、智能控制器,有些还包括交流负载和逆变器,其系统结构图见图5-90。

风力发电机将风能转换为电能,太阳能电池阵列将太阳能转换为电能,智能控制器将两者输出的电能转换为稳定的电能供给负载,多余电能为蓄电池充电。风力发电机和太阳能电池板输出不足时,智能控制器控制蓄电池为负载供电,按蓄电池的容量和负载的情况控制通断。蓄电池组在风光互补发电系统中起到能量调节和平衡负载作用。

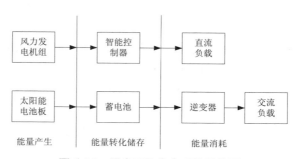

图 5-90　风光互补发电系统结构图

5.12.4　风光互补发电系统分类

风光互补发电系统可分为直流母线结构及交流母线结构。风光互补发电系统由风力发电系统、太阳能电池发电系统、储能系统、能源变换系统、直流母线(或交流母线)及能量管理系统等若干子系统组成。

1. 直流母线结构系统

图5-91为分布式直流母线控制系统。它控制的算法简单,成本低,易扩展,但对于独立供电系统和远离电网的供电系统,要能够进行简单且经济的扩容。

这种方案的主要优点是:①只需对母线电压进行控制,即可满足性能要求,控制算法相对容易;②省去了子系统中的整流部分,系统成本低,易于推广;③易扩展,容易满足用电、发电设备增加的要求。采用直流母线,储能单元分为长期和短期储能单元。蓄电池组可长期储能,短期储能可用开关磁阻电机飞轮储能系统。开关磁阻电机结构简单、成本低,适合高速运行。利用飞轮储能可有效补偿由于风速、光照及负荷变化引起的母线电压波动,提高稳定性,减少蓄电池组充放电次数。对于交流负载,用逆变控制集中供电。实用中,为提高系统的可用性,可将直流母线进行扩展。例如为了提高系统的可靠性,保证重要用电设备的正常运行,在直流母线上加装柴油发电机组,通过智能控制器统一调配电能。利用 DC-DC 变换器向直流设备供电,如对无整流模块的变频器供电,降低了成本,避免谐波污染。

2. 交流母线结构系统

交流母线系统将各类发电设备或负载连接到同一母线上,可增加负载或发电设备,系统都能随意扩容。交流母线风光互补供电系统结构见图 5-92。

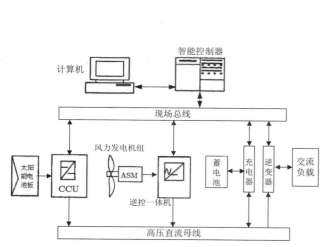

图 5-91　分布式直流母线风光互补供电系统结构图

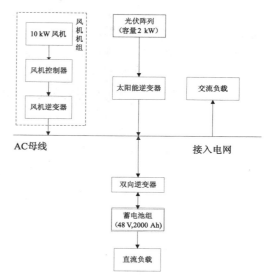

图 5-92　交流母线风光互补供电系统结构图

在图 5-92 中,10 kW 风机、风机控制器、风机逆变器组成的整体为风机机组。2 kW 光伏阵列输出直流电经逆变器转换成交流电,接入 AC 母线。交流母线经开关控制接交流负载,或接入电网。双向逆变器可将 AC 母线上的交流电变成直流电向蓄电池充电,存储电能。

5.12.5　风光互补发电系统的配置

5.12.5.1　系统配置应考虑的因素

1. 太阳能和风能的资源状况

太阳能和风能的资源状况决定光伏发电板和风机的容量选择,一般根据资源状况来确定光伏板和风机的容量系数。在确认日用电量的前提下,再考虑容量系数,确定光伏板和风机的容量。《风光互补发电系统　第 1 部分:技术条件(GB/T 19115.1—2018)》中对系统容量的选择做了规定。总之,风光互补发电系统资源配置合理,技术方案可行,性价比较高,提供了系统推广应用的可能性。

2. 用电负荷

发电系统是为满足用户的用电要求而设计的。要为用户提供可靠的电力,必须分析用户的用电负荷量,比如了解用户的最大用电负荷和平均日用电量。最大用电负荷是选择系统逆变器容量的依据,平均日发电量是选择风机、光伏板及蓄电池组容量的依据。

3. 辅助动力源

各设备的合理配置对保证发电系统可靠工作非常重要。为提高可靠性,有时把柴油发电机作为备用 /辅助动力源,如图 5-93 所示。

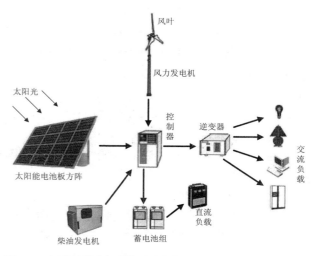

图 5-93　以柴油发电机为辅助动力的风光互补发电系统构成图

5.12.5.2 风光互补发电系统设备

风光互补发电系统由太阳能光伏阵列、风力发电机组、控制器、蓄电池组和逆变器等几部分组成。风能和太阳能的不确定,决定了系统发电的波动性,不能直接给负载供电。要提供稳定的电能,需用蓄电池组储能或者并网。风光互补发电系统把风能和太阳能在时间上和地域上的互补性结合起来。

1. 智能风光互补控制器

1)智能风光互补控制器的组成和功能

智能风光互补控制器采用模块化设计,按客户要求组装模块,易扩展,应用范围拓宽,便于维护,某一模块出现问题时只需更换相关组件即可。智能控制器作为风光互补发电系统的控制核心,由单片机(MCU)、大功率 MOSFET、接触器、断路器、RS485 及无线通信模块、电源转换模块等组成。系统框图见图 5-94。

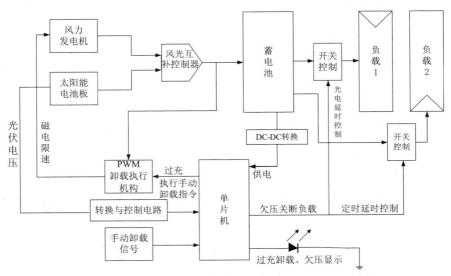

图 5-94　一种以单片机为控制核心的智能风光互补发电系统框图

风光互补控制器实现的功能是将风力发电机输出的交流电进行转换,供给负载,多余电能存入蓄电池组;将太阳能光伏板输出的不稳定电能进行转换,给负载供电,多余电能存入蓄电池组(即用 PWM 无级卸载方式控制风机和太阳能光伏阵列对蓄电池组进行智能充电;风能和太阳能都不足时,控制蓄电池组给负载供电,防止对光伏板反充电和蓄电池反接及开路);利用电脑和网络远程监控风电机(如大风或过电压自动刹车)、太阳能光伏板运行状态以及蓄电池组的荷电状态。先进的智能风光互补控制器还具有 MPPT 功率跟踪等功能。图 5-95 是一种智能风光互补发电系统图,可供在排除故障时参考。

按功能可将风光互补控制器分为 3 个模块:风电转换模块(包括整流滤波和 DC-DC 转换器模块)、智能控制中心模块、辅助和状态显示模块。

(1)风电转换模块,将风力发电机输出的三相交流电转换为稳定的直流电。首先对风电机输出的交流电进行整流滤波,经过 DC-DC 转换为稳定的直流输出。同时,DC-DC 转换器跟踪太阳能电池板的最大功率点,将光伏板不稳定的电输出转换为稳定的直流电。

(2)智能控制中心模块,监测风电机和太阳能光伏板的状态参数,检测蓄电池组状态,控制充放电,监测控制器与电脑通信。

(3)辅助和状态显示模块,主要为智能控制模块和制冷风扇供电,显示蓄电池组的状态,判断风力发电机和太阳能电池板是否正常工作。目前,显示面板有 LCD 和 LED 两种。

2)智能风光互补控制器的安装

(1)打开包装,仔细检查并确认设备有无损坏。

(2)确认设备完好,将控制器安装在指定位置。安装地附近应留出适当的空间,以保证控制器的正常散热,并且安装、使用环境温度不得超过设备的工作温度范围。

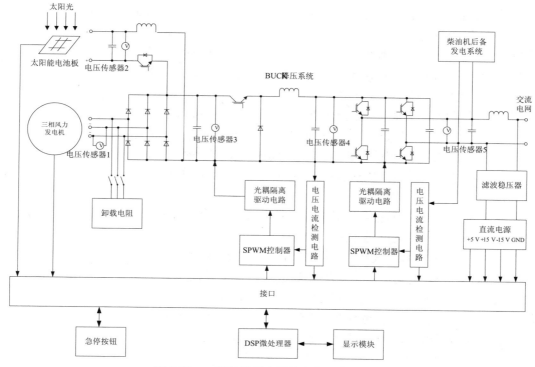

图 5-95　一种智能风光互补发电系统组成图

（3）安装时,应使用多股铜芯绝缘导线。先确定导线长度,在确保安装正确的前提下尽可能减少电损耗,并按照要求选择导线规格。

（4）用长度不超过 1 m、横截面积 4 mm² 以上的铜芯电缆,将蓄电池与设备后面板的"蓄电池（BATTERY）"端子相连接,注意区分正负极。连线时先连接控制器上的蓄电池接线端子,再将另一端的端头连接到蓄电池上。虽然控制器有防反接保护,但绝对禁止蓄电池反接!

（5）在风力发电机静止或低速运转状态下（选择无风时）,将风力发电机组输出线与控制器后面板的"风力发电机（WIND INPUT）"端子相连接。

（6）把太阳能光伏板用深色材料遮挡后,将其正负极与控制器后面板的"太阳能（SOLAR INPUT）"端子相连接。连线时,先连接控制器上的太阳能输入端子,再将另一端的端头连接到太阳能电池板上。

（7）检查各连接线是否牢固无松动,确认无误后,去除太阳能电池上的遮蔽物,放开风力发电机组刹车。

（8）控制器上的"刹车（BRAKE）"用来提供人工手动风机刹车功能。当"刹车开关（BRAKE SWITCH）"处于"刹车（BRAKE）"位置时,风机处于制动状态。在正常运行时,必须使"刹车开关（BRAKE）"处于"运行（RUN）"位置。

2. 逆变系统

逆变系统由多台逆变器组成。逆变系统把蓄电池组的直流电变成 220 V/50 Hz 交流电,给负载供电;同时可实现自动稳压,改善风光互补发电系统的供电质量。DC-DC 变换模块将蓄电池输出的 48 V 电压,经 Boost 电路升压至 360 V。DC-AC 逆变器主电路由 H 桥式 IGBT（绝缘栅双极晶体管）构成,还有熔断器、抗干扰的滤波器、保护二极管等组成,这些有控制和保护功能的部件,对主电路的输入电压、输出电压、输出频率和输出波形进行校正;实现软、硬件保护,包括短路、过载、失压、过压、缺相等的保护。逆变后的单相交流电通过电压、电流传感器,把状态返回智能管理中心,以校正波形,获得符合并网要求的电能。

3. 智能管理系统

智能管理系统由显示模块、键盘、单片机（MCU）及通讯模块等组成,是控制与管理必不可少的。它驱动 MOSFET 充电模块,实现对蓄电池的双标三阶段充电、驱动 IGBT 实现 DC-AC 逆变以及系统的实时保护、数据再现与传输等;同时提供风机的磁电限速保护,在风速过大时,产生反向磁阻力矩,降低风叶转速,避免损坏。

4. 储能系统

风光互补电源储能系统(如蓄电池组)可处于充电、负载(放电状态)和保护状态。系统监测光伏发电单元、风力发电单元、负载和蓄电池组的状况,在相应条件下进入对应的状态。在每一个状态中,系统除了完成自身工作,还根据用户需要,实现相应的技术参数显示、多系统间的通讯及系统与上位机之间的通讯。

系统初始化,完成参数的设定,如光伏阵列电压、电流、负载、过压、过流保护参数,风力发电机的磁电保护参数、额定功率、最大功率、输出电压、额定转速、启动风速、工作风速、安全风速、风轮直径、叶片长度、扫风面积等,蓄电池组的各个参数;同时也完成系统人机通讯(键盘、液晶模块、LED 显示等)的初始化和系统通用串行通信模块的设定。

通过实时采样模块、上位机触发信号和用户控制信号联合判断系统的状态。首先,采样模块采集实时电压、电流,判断光伏阵列、风力发电单元、储能蓄电池和负载的状况,判定系统所处的状态。其次,上位机触发信号和用户控制信号共同控制系统状态,通过人工方式把系统从一种状态切换到其他状态。

在充电中,以双标二阶段充电法对蓄电池组充电,在线采集光伏阵列、风力发电单元、蓄电池组和负载的状态参数,完成灌充和过压恒充,并以浮充状态维持蓄电池的电压。

根据负载情况进行供电,同时监测蓄电池组的状态达到设定阈值时,启用备用蓄电池组,提高对能源的利用效率。另外,为负载供电时,蓄电池组的状态也需实时监测,以免过放造成损害。

风光互补系统的光伏发电单元、风力发电单元、蓄电池组、负载以及系统内部的状态参数达到设定的保护值时,进入保护状态,如对风电机的磁电限速保护、蓄电池组的过放保护以及对负载的过压保护等,避免短路、过压、过流等危害,保证系统正常运行。借助人机接口,在线获取蓄电池组充、放电的电流、电压及系统的状态参数。通信模块提供系统与上位机之间的通信,方便的输入控制、多种显示输出以及灵活的通信,保障了系统的安全运行,也便于系统的远程监控、维护、检修和管理。

5.12.6 风光互补发电系统安装与维护

5.12.6.1 设备选型及其规格

风力发电机选择:RO 系列电机,额定功率 2 000 W 采用永磁发电机(采用了第 3 代稀土掺杂钕铁硼强力永磁体)。图 5-96 给出了用于风光互补发电系统中的一种小型风力发电机。

风叶选用三叶型上风式风轮,长度 32 m,见图 5-97。

风光互补控制器用 PWM 方式控制风力发电机和太阳能光伏方阵对蓄电池组限流限压充电,即在蓄电池组电量较低时,限流充电。当风机充电电流小于限流点时,风机全给蓄电池充电。当风机电流大于限流点时,以限流点的电流给蓄电池充电,多余的能量通过 PWM 方式卸载。在蓄电池电量较多时,采用限压充电。

图 5-96　用于风光互补发电系统中的小型风力发电机

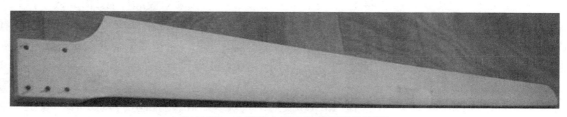

图 5-97　小型风力发电机的风叶外观图

　　风光互补控制器的液晶模块显示蓄电池组电压、风机电压、光伏板电压、风机功率、光伏板功率、风机电流、光伏板电流、白天或夜晚指示、蓄电池组电量状态等。

　　风光互补控制器采用"智能化 + 模块化"设计,结构简单、功能强大,适应低温、大风恶劣的工作环境,有可靠的性能和较长的使用寿命。RO-2000W-S-W 型风光互补控制器以单片机为控制核心,可自动判断白天和黑夜,有光伏板防反充、防反接、防浪涌、防短路、蓄电池组防过充或过放电以及防过载、风电机限流等多重功能,可自动和手动控制风机刹车,具备温度补偿功能,额定功率为 2 kW,见图 5-98。通用风光互补发电控制器性能参数见表 5-5。

图 5-98　RO-2000W-S-W 型 2 kW 风光互补控制器外观图

表 5-5　通用风光互补控制器技术参数

风光互补发电系统参量	参数值或规范
风力发电机额定功率	2 000 W
太阳能电池板功率	2.4 kW
蓄电池组标称电压	48 V
工作方式	连续
功能	过载、充放电及防雷保护、开关控制和通信
工作环境	温度 −10~40 ℃;湿度 ≤80%
PWM 卸荷电压	>58 V
风力发电机刹车动作电压	60 ± 1 V
风力发电机恢复充电动作电压	55 ± 1 V
太阳能停止充电电压	60 ± 1 V
太阳能恢复充电电压	<58 V
电瓶亏电	40 ± 1 V
自备电瓶连接线	>12 mm²
自备 PWM 卸荷连接线	>10 mm²
PWM 保险	50 A

5.12.6.2　离网风光互补发电系统安装调试

1. 选址与土建基础施工

风光互补发电系统选址要在开阔、无阳光遮挡和风力资源丰富的沿海滩涂、草原等地带。塔架、支杆要避免导电条件差的位置，一定把避雷条引入导电良好的土壤下的接地网，入地长度不浅于 1 m。

土建基础施工主要是光伏方阵基础和风力发电机塔架、支杆基座的制作。光伏方阵土建基础施工在之前已有详述，在此不再重复。

户外的强风和雷电可能会对风力发电机产生不利影响，合适的基础设计和严密的防雷措施是必不可少的。基础过小，在大风中塔架易倾覆；基础过大，造价很高。基础用 C25 或 C30 混凝土、螺纹钢和模板浇筑，凝固时间一般为 28 天。浇筑时一定要预留防雷条，防雷条宽度不小于 5 cm，作镀锌防腐处理。

2. 安装调试

安装前，检查塔架、叶片、轮毂、发电机、机舱、尾舵、侧风偏航机械传动机构、直流电动机和光伏发电设备（如太阳能光伏电池板、风光互补控制器、蓄电池组、逆变器、线缆、接地等）的出厂合格证、产品说明书是否齐全，设备外观有无损坏等。操作前，务必切断所有电源。严格按照操作规程进行安装、调试。

1）塔架安装

使用液压系统完成塔架的升起，无须使用吊车，见图 5-99。

图 5-99　液压塔架第二节与液压起重机实物图

施工人员爬上升降架，在塔架顶部安装风力发电机组，其机舱内部结构、外观及接线见图 5-100。

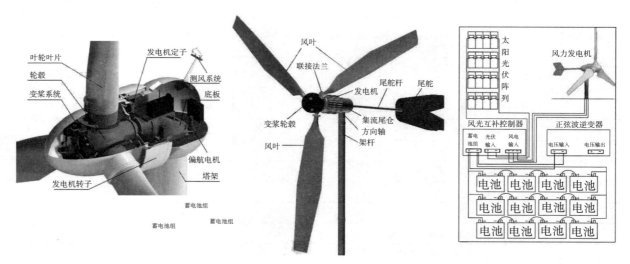

图 5-100　风力发电机机舱内部结构（左）、外观（中）和系统接线（右）图

2）外接线

（1）蓄电池的正（+）、负（-）极分别接在控制器的"Battery +"和"Battery-"端子上，严防接错或短路。

（2）太阳能电池板的正（+）、负（-）极分别接在控制器的"Solar +"和"Solar –"端子上。

（3）风力发电机三相输出线分别与控制器后面板接线端相连接（三相无先后顺序之分）。

（4）风力发电机卸荷器"PWM dump load"端与控制器"PWM dump load"端连接（严格按照接线图连

接）。风机卸荷器又叫安全阀,连接在风机出口管路逆止阀后面。

（5）防止管路内风压过大,风压过大时自动开启排气。

（6）断开蓄电池开关,连接蓄电池组和风光互补控制器,严禁将蓄电池正、负极性接反;按接线图（图 5-101）将卸荷器与控制器连接。

（7）将风力发电机输出线与风光互补控制器输入端连接。

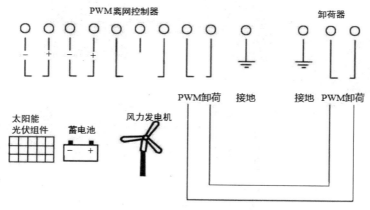

图 5-101　风光互补放电系统接线图

3）风光互补控制器安装

（1）安装前,检查风光互补控制器是否与风力发电机、太阳能电池板及蓄电池组的电压、功率相匹配。

（2）根据使用情况设置工作模式。

（3）用万用表检测蓄电池组电压是否正确,并确认蓄电池组的正负极。

（4）连接蓄电池组到风光互补控制器。

（5）连接适用的直流负载或灯具到风光互补控制器。

（6）连接风力发电机到风光互补控制器（在风力发电机高速旋转时不宜安装,建议风力发电机不转时再接线）。

（7）用万用表检测太阳能电池板电压是否正确。

（8）连接太阳能电池板到风光互补控制器。

4）风力发电机手动启停开关调试

（1）接入蓄电池组后,开关置于“ON”位置。把风力发电机开关置于“RUN”位置,风力发电机处于工作状态。

（2）在不使用风力或者风速过大时,先将风机转舵,再将风力发电机开关置于“STOP”位置,使风力发电机刹车。

5）整体调试

按照系统连接图接线,反复检查无误后,进行调试。操作前,手动将风力发电机组开关置于“STOP”,使之处于刹车状态。先调试光伏发电系统,观测电力输出各参量是否正常;如无问题,再调试风力发电系统。离网风光互补系统整体结构图如图 5-102。

5.12.6.3　离网风光互补发电系统的验收

光伏发电部分的验收同前,风光互补发电系统的验收参照《离网型风光互补发电系统　运行验收规范（GB/T 25382—2010）》的规定,也可依照在国标基础上制定的企业标准进行验收,但企业标准不得低于国标。

5.12.6.4　风光互补发电系统使用注意事项

系统应在干燥清洁通风的环境下使用,禁止在大风、雨淋、潮湿、酸雾等天气下运行,避免在有尘土、扬尘的环境下使用;系统要放在通风散热良好的地方;设备周围 15 m 内,严禁存放易燃、易爆物品,谨防火花放电引发火灾和爆燃。

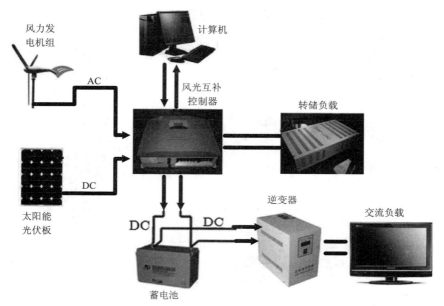

图 5-102　离网风光互补系统整体结构图

（1）当蓄电池组电压低于放电下限时，亏电指示灯亮，提醒用户停止使用蓄电池组，充电后方可使用。

（2）保险熔断，指示灯亮告警，应及时更换保险。

（3）在风力发电机运行中，严禁打开或更换保险，以免人员被击伤或损坏机器。更换保险时，先将风力发电机处于刹车状态，关闭本机所有开关，断开蓄电池组连接开关，再检查或更换保险管。

（4）当蓄电池充电到额定电压 125% 时，风力发电机自动刹车，停止对蓄电池充电，同时过充指示灯亮。当蓄电池电压回落至额定电压 108% 时，过充指示灯熄灭，风力发电机恢复对蓄电池充电。

5.12.6.5　风光互补发电系统性能参数

风力发电系统和光伏发电系统性能参数分别见表 5-6 和表 5-7。

表 5-6　风力发电系统性能参数表

参数	参数值
发电额定功率	2 000 W/ 天
功率误差	± 5%
温度循环测试	−50~85 ℃
湿热测试	85% 相对湿度
正、负背面静态负重测试（例如风）	2 400 Pa
正面负重测试（例如雪）	5 400 Pa
抗冰雹冲击测试	25mm ¢（1inch）at 23m/s（52mph）

表 5-7　光伏发电系统性能参数表

参数	参数值
峰值功率	400 W
最佳工作电压	DC 36~42 V
最佳工作电流	9 A
开路电压	40.2 V

参数	参数值
短路电流	12 A
短路电流温度系数	(0.065±0.015)%/℃
开路电压温度系数	−(80±10)mv/℃
最大功率温度系数	−(0.5±0.05)%/℃
最大系统电压	1 000 V

5.12.6.6　风光互补发电系统的维护

（1）日常使用与维护：①观察风力发电机风轮运转是否正常；②检查立柱拉锁式风机每条钢丝绳拉索是否牢固可靠；③经常检查风力发电机的各部件，通过看、听、查发现问题；④如果发生故障，立即停止用电；⑤经常检查蓄电池接线柱与电缆线的连接是否牢固；⑥检查塔架的拉索是否松动并及时予以张紧；⑦定期检查引出电缆有无绞线或破损；⑧每次大风过后，检查地基螺栓有无松动，塔架有无倾斜变形。

（2）定期维护：①定期检查拉索和立杆；②定期检查立杆和拉索的锈蚀情况；③定期检查风力发电机的工作情况；④定期检查电气接线情况；⑤定期检查蓄电池组的状态；⑥离网光伏发电部分的维护。

（3）太阳能电池方阵的维护：①在恶劣天气情况下，应采取措施保护太阳能电池方阵，以免损坏；②太阳能电池方阵的采光面应经常保持清洁，冬天及时扫雪；③定期检查太阳能电池组件电气接线，以免松动；④定期检查太阳能电池组件的接地装置和防雷器是否正常。

（4）铅酸蓄电池组的维护，除了免维护型的蓄电池组以外，应注意下列各点：①蓄电池组必须经常保持清洁；②不要使外来杂质落入蓄电池内；③使用的一切机具、材料必须保存在干净、有遮盖的地方；④定期擦净蓄电池组整个外部的硫酸痕迹和灰尘；⑤各单体电池间的接触装置以及与导线的连接都必须安全可靠；⑥蓄电池组的密封盖和通气栓塞，检查和清拭其通气孔；⑦注意电解液面高度，不要让极板和隔板露出液面；⑧放电过程中，检查各单体电池端电压，密切注意蓄电池组的放电程度，不允许端电压低于该型蓄电池放电规则中所允许的值；⑨电解液温度不得超过说明书的规定值，一般是 45 ℃；⑩如蓄电池组长期搁置，为了避免自放电，每月补充电一次。

5.12.7　风光互补发电并网接入方式

风能和太阳能的互补使风光互补发电系统在资源上有最佳的匹配。风力发电和光伏发电系统在蓄电池和逆变器环节上是通用的。并网提高了供电的可靠性。并网控制系统有 3 种形式：工频变压器隔离方式、高频变压器隔离方式和无变压器方式。

工频变压器隔离方式是目前大功率下采用最多的并网控制系统，实现了电压变换和电气隔离，安全性好、可靠性高。但由于采用工频变压器，系统整体比较笨重，效率相对较低，系统框图见图 5-103。

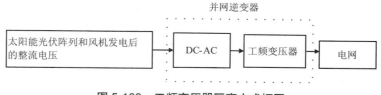

图 5-103　工频变压器隔离方式框图

高频变压器隔离方式采用了带高频变压器的 DC-DC 变换器，将太阳能电池和风机发出的电压变换为满足并网要求的直流电压，再经过逆变后直接与电网相连。这种系统体积小、重量轻，适合小功率场合，其结构如图 5-104 所示。

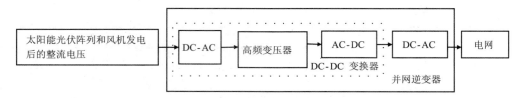

图 5-104　高频变压器隔离方式框图

无变压器方式用无隔离的 DC-DC 变换器将太阳能电池阵列的输出电压提升到逆变器并网需要的电压，再经并网逆变器与电网相连。这种方式在尺寸、重量和效率方面具有更大的优势，因而成为目前并网系统研究的热点和发展趋势，其结构见图 5-105。

图 5-105　无变压器方式框图

为了降低并网的成本和提高效率，现在很多发达国家都在研究高效逆变器，期望逆变器在数字锁相技术、数字化控制技术、最大功率点跟踪控制和孤岛效应检测等方面有新的突破。

5.12.8　风光互补发电系统运行模式

1. 无风运行模式

当风速小于风力发电机的启动风速且光照充足时，光伏阵列产生的电能经过光伏充电控制器（SCC），一方面给蓄电池充电，另一方面给逆变器供电，逆变器将直流电转换成交流电，给交流负载供电，见图 5-106（箭头表示当前系统主电流方向，下同）。

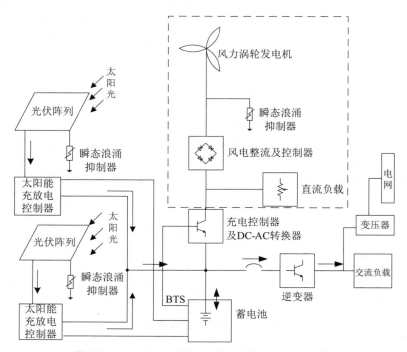

图 5-106　风力不足时风光互补发电系统运行框图

2. 光照不足时的运行模式

在阴雨天或者太阳光照度不够，且风力发电机启动的情况下，风电机产生的电能经充电控制器给蓄电池充电,同时给逆变器供电,见图 5-107。

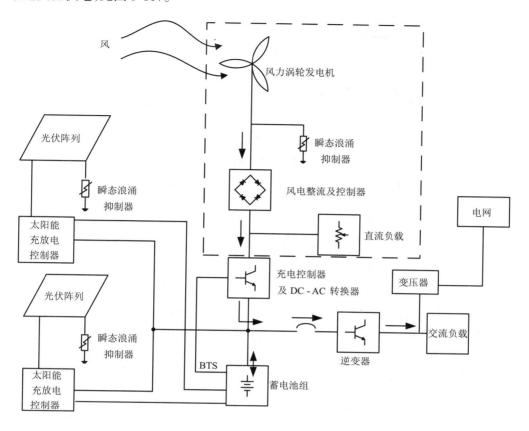

图 5-107　太阳光照不足时风光互补发电系统运行框图

3. 混合条件下的运行模式

当光照充足、风速足以启动风力发电机时,光伏阵列输出电能经充电控制器(SCC)变换成稳定的直流电,提供蓄电池充电电流和逆变器所需电流;风力发电机输出的不稳定的直流电经风力充电控制器变换成稳定的直流电,与光伏回路同时给后续负荷提供电能,见图 5-108。

5.12.9　风力发电系统故障诊断

（1）风叶转动但控制器有"砰啪"声响或风力发电机不运行时,应立即检查保险丝是否熔断、蓄电池连接是否良好或已损坏。

（2）接入蓄电池后,风叶转动,蓄电池指示灯不亮时,应检查充电保险是否烧断、蓄电池连接是否良好、极性是否接错或蓄电池是否已损坏。

（3）风叶自然开裂。运转多年后,叶片外起固合作用的树脂胶衣结合力将降至最低。由于叶片内的粘合面积不均匀,受力点不均匀,风叶的弯曲、扭曲、自振有可能造成叶片粘合缝处开裂,此时必须更换风叶。

（4）叶片折断。风机自振造成叶片横向裂纹。起初都是由叶刃处的细短裂纹开始的,风机的每次弯曲、扭曲、自振都会使得裂纹加深延长,若遇突发大风将导致叶片折断报废,此时必须更换叶片。

（5）叶片遇雷击。除避雷不好外,下雨天遇雷击较大的可能性是叶片进水。

（6）叶片出现砂眼。由于沿海风电场湿度较大、蚊虫较多或有盐雾遮挡,叶片背面会出现变黑的现象,这是破损后的砂眼。由于叶片迎风面粘合缝是易磨损的部位,所以叶片易形成通腔砂眼。

（7）风叶尖进水。在叶尖设计上,叶片与叶尖是允许有缝隙的,叶尖与叶片的连接处有一定的凹陷,槽内有排水孔。设计一般会考虑叶尖可能存水,但在运行中叶尖内雨水无法彻底排净。

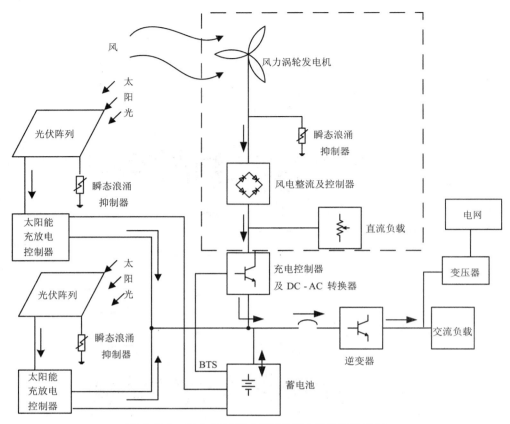

图 5-108　混合条件下风光互补发电系统运行框图

（8）叶片软胎。由于柔性叶片使用的耐冲击材料较薄,叶片胶衣脱落后,纤维布暴露于外界。风砂抽磨起毛后,遇雨水和阳光曝晒会很快风化。雷雨天气下叶片吸水,湿度增加,将使接闪器失效,形成叶片雷击点。

（9）叶片接闪器与叶片脱离。

（10）风力发电系统故障,如机体剧烈抖动、调向不灵、变流器故障、发电机故障、风叶不转或转速明显降低、系统输出电压偏低或不稳、变桨轴承故障、偏航系统故障、齿轮箱故障以及不能自动跟踪风向等,须请专业人员诊断和排除。

5.12.10　风光互补发电存在的问题

风光互补发电有许多优势,如不消耗常规燃料、占地少、无污染,运行成本低,适合在我国风力资源丰富的地区推广。但由于发电效率不够高、造价昂贵、技术有待改进、管理不够完善等因素,目前尚不具备与常规能源竞争的能力。但随着经济的发展和技术的进步,风光互补发电系统以其独特的优势必将在新能源领域占有重要的席位。风光互补发电目前存在的问题如下。

1. 技术方面

风电和光电系统都存在由于资源的不确定导致发电与用电负荷不匹配的情况,离网风光互补发电系统通过蓄电池组储能才能稳定供电。但发电量受天气和季节的影响很大,导致蓄电池组常处于亏电状态,令其使用寿命降低。

风光互补发电站一般无人值守,出于对系统运行状态了解的需求,要求智能控制器有数据检测、显示和通讯功能(根据具体情况来决定是否使用此项功能)。

离网式风光互补发电系统需要大风限速保护。当风机输入的能量大于当时能耗与所储存的能量总和的时候,应有效减小风机所发出的电能,使风机不致超速运行。

目前,各类风力发电机的限速大多使用机械限速。机械限速比磁电限速可靠性高,除了设计缺陷外,有其固有弊端。自然界的风况是十分复杂的,紊流、湍流居多,风速风向的变化频繁而迅速。任何机械都不可能瞬时响应风况的变化,加上长期运行导致的机械磨损使零部件间隙增大,将会导致保护滞后、失效以及剧烈振动,引发风机飞车、过载和剧烈振动等破坏性后果。因此,目前有些风力发电机使用磁电限速,通过降低风轮的风能利用率进行减速,使保护发电更加安全可靠。

有一些工作探索一种相对简单的光伏及其互补发电系统的设计方法,然而大部分工作忽略了系统性能的精确确定。有些工作把重点放在气象数据的统计学特征对性能的影响;还有一些工作以时间为步长进行系统性能的模拟,并以此为基础找出联系有限个气象特征参数和系统配置关系的公式,但模拟使用的表征组件特性的数学模型往往过于简单,譬如用线性模型表征组件特性;另外,负载通常也被假定是不变的。这些问题使所导出的公式的适用范围非常有限。确定系统工作状态所用的表征组件特性及评估实际获得的风光资源的数学模型也需要进一步完善或改进。

并网型风光互补逆变器的研发还较为落后。功能强大的逆变器具有数据采集、效率追踪、系统保护和通讯功能,这些都是必不可少的,是系统运行的保证。如果有条件,提升逆变器的性能是风光互补发电监控系统必要的环节。

2. 能量方面

风能与太阳能都属于能量密度很低的能源,随着天气和气候的变化而变化。这种能量的不稳定性给能源利用带来了困难。现在全世界比较公认的看法是,间歇式能源在常规电网中的比重不能超过 20%(除非电网中有大量的水电或者抽水蓄能电站),否则,有可能造成电网的运行困难甚至瘫痪。

中国气象局风能太阳能资源评估中心提供的全国每月平均风速资料显示,全国大部分地区的平均风速都在 1~3 m/s,这样低的风速对于风力发电机来说,是无法满足其效能的。

在不同地区,太阳能、风能资源以及用电负荷有很大不同。如何评价系统及主要部件的实际运行性能,进而对已安装的系统进行评估,给出不同地区的最优系统设计方案,是今后提升风光互补发电系统工程应解决的主要问题。

3. 设备通信

为了使整个并网系统既成为一个整体,又能够分解为独立运行的拥有标准化接口的单元,便于系统的重组和将独立单元用于其他系统,要求系统具有良好的通信设计。控制系统的通信协议需要进一步丰富,发展成为未来能适用于多种通信方式的通信协议,兼容其他的通信协议,便于将来控制系统功能的丰富和系统扩展,使新开发的数据采集或者数据控制设备很方便地接入现有系统。

4. 提高经济效益分析

风光互补发电技术运行成本较低,资源丰富,但系统造价昂贵,如果没有政府补贴,风力发电还不能与其他常规能源发电竞争。为加快风电事业的发展,积极论证和出台风力发电的优惠政策十分必要。目前,对于风力发电产业政策的研究,国内大都采用定性分析方法,缺乏有效的计算机模型对各种风力发电方案进行技术经济分析,即使有少量利用计算机建模的尝试,由于方案本身的特点和模型所使用的数学方法的局限性,也难以满足研究的需要。

近年来,国外已相继开发出一些模拟风力、光伏及其互补发电系统性能的大型工具软件包。通过模拟不同系统配置的性能表现和供电成本,可以优化出最佳的系统配置。但是,由于这些软件工具包价格不菲,大部分光伏系统设计人员无法用到这样的软件工具;另一方面,作为商业秘密,模拟所使用的表征风力发电机、光伏组件和蓄电池组特性的数学模型也未见公开发表。

另外,离网式风光互补发电技术目前可用于微波通信基站、移动电台、野外活动、高速公路、无人山区、村庄和海岛等地区。但由于离网式系统需用到蓄电池,而蓄电池的使用可能会对环境造成一定的污染,因此在将并网技术应用于以上地区时,环境保护是当前需要考虑的问题。

5.12.11　风光互补发电的应用

1. 室外照明

世界上室外照明工程的耗电量占全球发电量的 12% 左右,在全球能源日趋紧张和环保成为国际潮流的今天,节能工程日益引起关注。

太阳能和风能以互补形式通过控制器向蓄电池智能化充电,到晚间可根据光线强弱程度自动开启和关闭各类 LED 室外灯具。智能控制器有无线传感网络通信功能,可与后台计算机实现"三遥"(遥测、遥信、遥控)管理。智能控制器可以对整个照明工程实施照明灯具的运行状况监控、故障排查和防盗报警。

2. 航标应用

我国部分地区的航标已经应用了太阳能发电,特别是灯塔桩。但也存在一些问题,突出的是在连续不良天气下太阳能发电不足,造成蓄电池组过放电,灯光亮度不够,影响了电池的使用性能、寿命,甚至造成损坏。冬、春季太阳能发电不足的问题也尤为严重。天气不良时,往往伴随大风,即太阳能发电不理想的天气往往是风能较为丰富的时候,针对这种情况,以风力发电为主、光伏发电为辅的风光互补发电代替传统的太阳能发电是一个较好的方案。风光互补发电具有环保、无污染、免维护、安装与使用方便等优点,符合航标能源应用的要求。在太阳能配置满足春夏季能源供应的情况下,不启动风光互补发电系统;在冬、春季或连续天气不良状况、太阳能发电不足时,启动风光互补发电系统。由此可见,风光互补发电系统在航标上的应用具备了季节性和气候性的特点。事实证明,其应用可行、效果明显。

3. 监控电源

风光互补发电系统为道路监控摄像机供电,节能环保,不需要铺设线缆,减小了损坏和被盗的可能性。但是我国一些地区经常出现较为恶劣的天气,如连续雾霾天气、日照不足、风力达不到起动风力等,不能连续供电,可以利用原有的市电线路,在太阳能和风能不足时自动对蓄电池组充电,确保道路监控正常工作。

4. 通信

目前许多海岛、边远山区远离电网,但当地旅游、渔业、航海等行业需要建立通信基站。这些基站用电负荷不很大,若用市电长距离输电,架杆、拉线及变压等代价很高;若用柴油发电机供电,存在柴油储运成本高、系统维护困难、可靠性不高的问题。要实现长期稳定供电,可考虑太阳能和风能作为绿色可再生能源,太阳能和风能在时间上和地域上有互补性,海岛风光互补发电系统是可靠性、经济性较好的独立电源系统,适合给通信基站供电。基站如有维护人员,可配置柴油发电机,以备太阳能与风能发电不足时使用,可以减少系统中太阳能电池方阵与风机的容量,降低系统成本,增加可靠性。

5. 综合发电站

风光互补抽水蓄能电站利用风能和太阳能发电,直接带动抽水机抽水蓄能,利用储存的水能实现稳定发电。这种能源开发方式将水能、风能、太阳能等开发相结合,利用三种能源在时空分布上的差异,实现互补开发,适用于电网难以覆盖的边远山区,有利于生态环境保护。虽然与水电站相比成本电价略高,但可以解决一些地区小水电站冬季不能发电的问题,所以采用风光互补抽水蓄能电站的多能互补开发方案,具有独特的技术经济优势,可作为满足某些地区电能需求的能源利用方案。风光互补发电展示了风能、太阳能互补利用的价值,对于推动我国节能环保事业的发展,促进资源节约型和环境友好型社会的建设,具有巨大的经济和社会效益。

5.13　并网光伏电站工程案例

5.13.1　项目概况

现代华超 5 MW 农业大棚并网光伏电站项目位于天津市西青区精武镇。本项目为农光互补综合光伏电站。太阳能光伏方阵计划使用光伏双轴跟踪系统进行发电,以提高发电效率,项目总体规划约 5 MWp,总占地面积约为 248 亩。项目所在地交通便利,地理位置优越,水平面年平均总辐射量达到 4 780.8 MJ/m²。本工程设计和建设了一个 5 MW 农业光伏电站,光伏发电系统采用分块发电、集中并网模式,产生的电能,除了给温室供电外,其余全部馈入电网。5 MWp 工程拟建 5 个 1 MWp 发电单元,每个发电单元设置一个逆变室和一个升压站。需要 SG1000 箱式逆变一体机 5 台和 1 000 kVA 升压变压器 5 台。

5.13.2　设计依据和规范

本项目设计依据主要有:《中华人民共和国可再生能源法》《光伏电站太阳跟踪系统技术要求(GB/T 29320—2012)》《光伏发电站设计规范（ GB 50797—2012)》《光伏发电站接入电力系统设计规范(GB/T 50866—2013)》《光伏发电站施工规范(GB 50794—2012)》《光伏发电站接入电网技术规定(Q/GDW 1617—2015)》《分布式电源接入电网技术规定(Q/GDW 480—2015)》《光伏系统并网技术要求(GB/T 19939—2005)》《光伏发电站接入电力系统技术规定(GB/T 19964—2012)》《光伏(PV)系统电网接口特性(IEC 61727—2004)(GB/T 20046—2006)》《电能质量　供电电压偏差(GB 12325—2008)》《电能质量　公用电网谐波(GB/T 14549—1993)》《建筑物防雷设计规范(GB 50057—2010)》《电能计量装置技术管理规程(DL/T 448—2016)》《电力工程电缆设计标准(GB 50217—2018)》《光伏发电工程验收规范(GB/T 50796—2012)》《光伏发电站施工规范(GB 50794—2012)》《光伏发电工程施工组织设计规范(GB/T 50795—2012)》《电力工程直流电流系统设计技术规程(DL/T 5044—2014)》《电力工程电缆设计标准(GB 50217—2018)》《输电线路保护装置通用技术条件(GB/T 15145—2017)》《高压交流开关设备和控制设备标准的共用技术要求(GB 11022—2020)》《通用用电设备配电设计规范(GB 50055—2011)》《低压配电设计规范(GB 50054—2011)》。

5.13.3　项目地太阳能资源简况

本工程所在地区日照充足,地貌以平原为主,地质构造优良,结构较均匀,土壤肥沃,灌溉便利,比较适合建设大型光伏电站,是理想的光伏发电建设基地。该地区四季分明,太阳辐射强度较高。太阳能资源丰富,具有较高的太阳能开发利用价值,适合建设光伏发电工程。

5.13.4　生态意义

现今,世界化石能源短缺和全球气候变暖威胁着经济社会发展和民众身体健康,提高绿色可再生能源的使用比例和利用率,尤其是发展太阳能发电,是改善生态、保护环境的有效途径。太阳能光伏发电以其清洁、环保和安全、可持续等显著优势,在太阳能产业中占有重要地位。为促进我国可再生能源产业的发展,国家发展和改革委员会于 2005 年 11 月印发了《可再生能源产业发展指导目录》,涵盖风能、太阳能、生物质能、地热能、海洋能和水能等 6 个领域,对太阳能光伏发电技术的研发、引进和商业化作了较为详细的规定。

我国已将太阳能光伏发电纳入重点开发的新能源利用工程,列入了国家能源发展的基本政策框架。2010 年 4 月实施的《中华人民共和国可再生能源法(修正案)》明确规定了政府和社会在光伏发电开发利用方面的责任和义务,确立了一系列制度和措施,鼓励光伏产业发展,支持光伏发电并网,确定标杆电价,并在贷款、税收等方面给光伏产业种种优惠。所以安装光伏发电项目可以为节能减排做贡献,促进国家可持续发展。

5.13.5 本项目各设备的选型

5.13.5.1 光伏组件

太阳能光伏发电系统需用大量同规格、同特性的光伏电池组件。若干电池组件串联成一串以达到逆变器的额定输入电压,再将这样的组串并联以达到系统预定的额定功率。其中由同规格、同特性的若干太阳能电池组件串联构成的回路是一个阵列单元。每个光伏发电方阵由预定功率的电池组件、逆变器和升压配电室等组成。若干个光伏发电方阵通过电气连接组成一座光伏电站。

本工程 5 MW 光伏电站项目,采用分块发电、集中并网方案。根据实际情况,通过技术经济综合比较,电池组件选用天威英利新能源(中国)有限公司的电池组件 YLM 60 CELL 系列(批次:YL280D-30b),本工程共计采用 280 Wp 单晶硅电池组件 17 860 块。光伏发电电池组件选型满足了《橡胶和塑料管静态紫外线性能测定(GB/T 18950—2003)》,其性能参数见表 5-8。

表 5-8 英利太阳能 280 Wp 单晶硅电池组件性能参数

生产厂家	天威英利新能源(中国)有限公司			
光伏组件型号	YLM 60 CELL 系列			
组件类型	单晶			
技术参数	单位	数据		备注
峰值功率	Wp	280		
开路电压(V_{oc})	V	39.3		
短路电流(I_{sc})	A	9.38		
峰值电压(V_{mppt})	V	31.4		
峰值电流(I_{mppt})	A	8.91		
峰值功率温度系数	%/K	-0.42		
开路电压温度系数	%/K	-0.32		
短路电流温度系数	%/K	0.05		在 AM1.5、1 000 W/m² 的辐照度、25 ℃下的技术参数
功率公差	W	0/+5		
表面最大承压	Pa	5400		
接线盒(防护等级)	≥ IP67			
线缆(长度/导体横截面积)	1 000 mm		4 mm²	
接插件(型号/防护等级)	MC4/IP68			
电池组件效率	%	17.1		
单晶硅电池片转换效率	%	19.9		
铝边框(材料)	阳极氧化铝			
尺寸	mm	1 650×992×35		非电参数
重量	kg	18.5		
1 年功率衰降	%	≤ 2.5		
5 年功率衰降	%	≤ 5.3		在 AM1.5、1 000 W/m² 的辐照度、25 ℃下的技术参数
10 年功率衰降	%	≤ 8.8		
25 年功率衰降	%	≤ 20		

选用的组件已通过工信部化学物理电源产品质量监督检测中心检测、CE 认证、UL 认证、VDE 认证、

CQC 认证及 Intertek 认证。光伏组件见图 5-109。

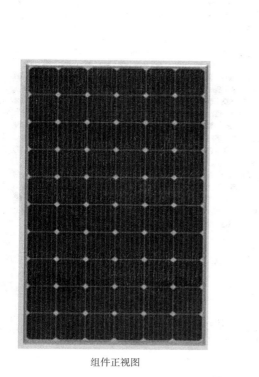

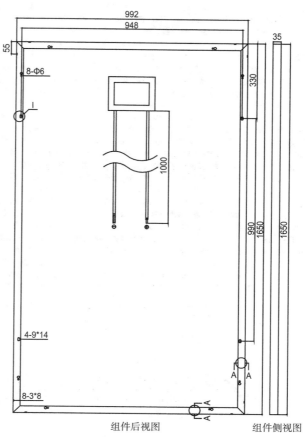

组件正视图   组件后视图   组件侧视图

图 5-109　本工程所用光伏组件实物图

5.13.5.2　双轴跟踪光伏阵列

根据《光伏电站太阳跟踪系统技术要求标准（GB/T 29320—2012）》，光伏双轴跟踪系统的阵列间距应满足冬至日上午 9：00 至下午 3：00 前排方阵（朝向太阳）不对后排方阵造成遮挡的要求。本工程采用光伏跟踪系统交错排列，前后间隔 11 m，左右间隔 14 m，阵列数为 28×64。在满足无遮挡的下，有效利用土地资源。如图 5-110 所示。

要达到经济性的目标，不考虑冬至前后的光照阴影，系统间隔可以减小，通过交错排列，前后间隔 9 m、左右间隔 11 m，阵列 28×64，使占地面积减少到 173 亩从而节省约 75 亩土地，同时可增加约 1.5~2 MW 的装机容量。

5.13.5.3　光伏支架与最大功率点

1. 固定支架

光伏阵列不随太阳运动而转动，以固定的方式接收太阳能，根据倾角设定可分为最佳倾角固定式、斜屋面固定式、倾角可调固定式三种，如图 5-111 所示。

（1）最佳倾角固定式：先计算出当地最佳安装倾角，全部阵列采用该倾角固定安装，目前在平顶屋面电站和地面电站广泛使用。

（2）斜屋面固定式：斜面屋顶一般有瓦片屋顶和彩钢瓦屋顶两种。由于斜屋面承载能力一般较差，所以在斜屋面上组件大多直接平铺安装，组件方位角及倾角一般与屋面一致。

（3）倾角可调固定式：是指根据太阳入射角变化，定期调整固定支架倾角，以增加太阳光直射吸收。

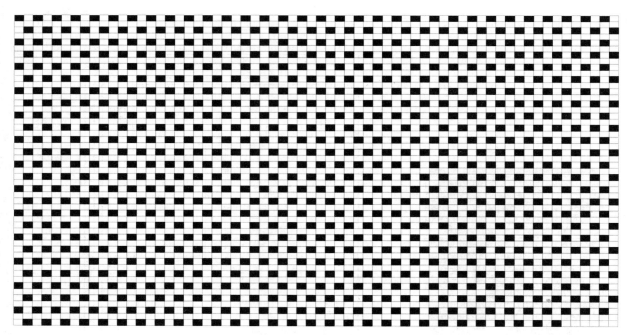

图 5-110　双轴跟踪系统排列俯视图

注：5MW 农业大棚光伏电站，电站由 893 套光伏跟踪系统组成，为满足冬至时间 9 点到 15 点无阴影遮挡和提高土地的使用率等因素，跟踪系统采用前后间隔 11m，左右间隔 14m 的交错排布，阵列数为 28×64。

最佳倾角固定式　　斜屋面固定式　　倾角可调固定式

以辐射量最大倾角固定不变，全年累计辐射量最大　　以斜屋面倾角固定不变，辐射量存在一定的损失　　定期调节倾斜角度提高各季节辐射量

图 5-111　固定式支架及其特点

2. 最大功率点跟踪系统

最大功率点跟踪系统是用来辅助光伏组件精确跟踪太阳，提高太阳能利用率的一系列控制设备。太阳能跟踪用光电传感器监视太阳的方位，从而控制支架追踪太阳的运行。跟踪支架有单轴跟踪和双轴跟踪两种，如图 5-112 所示。

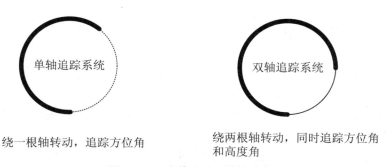

单轴追踪系统　　双轴追踪系统

绕一根轴转动，追踪方位角　　绕两根轴转动，同时追踪方位角和高度角

图 5-112　光伏跟踪系统的分类

双轴跟踪式光伏支架通过机电或液压装置使光伏阵列随着太阳入射角的变化而移动，使组件面板始终接收太阳光直射，提高光伏阵列发电量。双轴跟踪可以同时进行俯仰角和方位角跟踪。固定支架系统与双

轴跟踪系统的特征对比,见表 5-9。

表 5-9　固定式与双轴跟踪系统的对比

项目	类型	
	固定支架	双轴跟踪支架
成本/(元/W)	0.5~2	5~6
有效光照/(h/天)	4	6~8
发电量增益/%	100	140~150
占用面积/%	100	200~300
运维	简单	困难
可靠性	好	较差
应用	较多	少
装机容量/MW	5	5
标准排列占地面积/亩	107	248
占地面积/亩	107	173
标准排列装机容量/MW	11	5

　　本 5 MW 光伏电站项目采用光伏双轴跟踪发电系统,通过对太阳光强实时跟踪,提高系统的发电量。经测试,在相同的装机容量下,双轴跟踪系统比固定系统的发电量增多 40%~50%。该系统由智能控制器、光电传感器、风速传感器、双轴跟踪支架组成,其中控制器采用 PLC 或单片机。双轴跟踪系统的整体设计完全满足欧标。结合工程实际情况,双轴跟踪支架基础采用耐腐蚀、预应力高的强钢筋混凝土地基,使整体结构稳定可靠,并提高了系统的抗风、承载等防自然灾害能力。单、双轴跟踪支架分别如图 5-113 和图 5-114 所示。

　　WSK-TD 系列跟踪系统采用独特的机械结构设计,配备有专用的承载系统,保证支架的可靠性、稳定性、低故障率和低维护率;采用自主研发的实时跟踪技术,能够实时捕捉太阳照射角度,控制组件精确追踪太阳,与传统固定支架相比年发电量可提高 45%~50%,其技术指标见表 5-10。

图 5-113　单轴跟踪支架

图 5-114　双轴跟踪支架

表 5-10　双轴跟踪光伏支架的运行指标

产品技术参数	型号
	WSK-TD5T
系统峰值功率	5 600 W
跟踪控制方式	光控(实时跟踪)

产品技术参数	型号
	WSK-TD5T
跟踪精度	±1°
电机工作电压	24 V
电机驱动功率	39 W
跟踪方位角	±130°
跟踪仰角	0°～90°
最大安全抗风速	42 m/s
安全工作风速	18 m/s
最大承载面积	33 m²
结构材质	电弧喷锌高强度钢
工作环境温度	-40~80 ℃
保护功能	大风保护、大雪保护、组件温度过高保护(选配)
设计寿命	>25 年

5.13.5.4　并网逆变器

并网逆变器由逆变桥、控制逻辑和滤波电路组成,核心是一个脉冲宽度调制(PWM)集成控制器,其功能块有内部参考电压电路、误差放大器、振荡器和 PWM 发生器、过压保护电路、欠压保护电路、短路保护电路和输出晶体管。光伏输入电压经过放大器放大后,驱动 MOS 管的通断,对电感充放电,电感的另一端就能得到交流电压。

配置逆变器和合理的电气接线对于提高太阳能光伏系统发电效率,避免故障,减少运行损耗,降低光伏电厂运营费用以及加快成本的回收具有实际的意义。合理的电气接线可以简化配置,减少线路损耗,提高运行的可靠性和稳定性。因地制宜,选择新技术、新产品对我国光伏并网发电有一定的示范意义。根据实际情况,本工程用 500 kW 的集中式正弦波逆变器组成 1 MW 规格的箱式逆变一体化单元,图 5-115 为其实物图,表 5-11 列出了主要技术参数。

产品图片
SG500/630MX

产品特点

高效发电 —— 三电平技术,最大效率 99%,中国效率 98.49%;50℃,1.1 倍满载运行

安全可靠 —— 具备绝缘监测功能,系统更安全;专利 PID 防护及修复,双重保护;适应高温、高湿、高海拔等各种恶劣环境

节省投资 —— 体积小,节省运输及安装成本;模组式设计,降低运维成本;集成 SVG 功能,100 MV 电站节省 600 万元以上

智慧友好 —— 更大无功容量,有满载时功率因数可达 0.9;全面的静态及动态电网支持(故障穿越,无功/有功控制等)

图 5-115　SG500/630MX 系列逆变器的特点

表 5-11　SG500MX 和 630MX 系列逆变器的性能参数

产品型号		SG500MX	SG630MX
输入（直流）			
最大输入电压		1 100 V	
启动电压		500 V	540 V
最低工作电压		460 V	520 V
MPPT 电压范围		460~1 000 V	520~1 000 V
满载 MPPT 电压范围		460~850 V	520~850 V
MPPT 数量		1 路	1 路
最大输入电流		1 220 A	1356A
输出（交流）			
额定输出功率		500 kW	630 kW
最大输出功率		550 kW	693 kW
最大输出视在功率		550 kVA	693 kVA
最大输出电流		1 008 A	1111 A
额定电网电压		315 V	360 V
电网电压范围		252~362 V（可设置）	288~414 V（可设置）
额定电网功率		50 Hz	60 Hz
电网频率范围		45~55 Hz（可设置）	55~65 Hz（可设置）
总电流波形畸变率		<3%（额定功率时）	
直流分量		<0.5%（额定输出电流）	
功率因数（在额定功率下）		>0.99	
功率因数可调范围		0.9（超前）~0.95（滞后）	
馈电相数/输出端相数		3/3	
效率			
最大效率		99.00%	
中国效率		98.49%	
保护	直流过压保护	具备	
	直流防反接保护	具备	
	直流短路保护	具备	
电网监测		具备	
接地故障监测		具备	
绝缘监测		具备	
过热保护		具备	
其他功能			
PID 防护与修复		选配	
SVG 功能		选配	
夜间休眠模式		具备	
交流侧直接并联		具备	
软开、关机		具备	
内、外供电自动切换		选配	
通用参数			

产品型号	SG500MX	SG630MX
尺寸（宽 × 高 × 长）	1 005 mm×1 915 mm×835 mm	
重量	800 kg	
防护等级	IP21	
夜间自耗电	＜20 W	
辅助电源	3~380 V/2.5 A	
冷却方式	温控强制风冷	
工作温度范围	−30~65 ℃	
工作湿度范围	0~95%,无凝露	
最高工作海拔	6 000 m（超过 3 000 m 降额）	
通信接口	RS485、以太网	
通信协议	ModbusRTU\ModbusTCP\IEC104	
符合标准	IEC62109-1,IEC62109-2,IEC61727,IEC62116,GB/T19964,NB/T32004-2013	

5.13.6　本工程并网光伏发电

5.13.6.1　光伏并网模式

　　光伏并网分为分块发电、集中并网模式和带功率流向检测并网模式。本工程所建设的光伏发电系统采用分块发电、集中并网模式中,光伏系统产生的部分电能被本地负荷消耗,其余部分直接馈入电网。本项目光伏并网发电原理图见图 5-116。

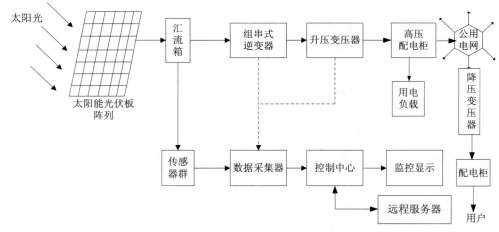

图 5-116　本项目并网光伏发电原理示意图

5.13.6.2　发电量计算

　　1. 固定式光伏系统发电量

　　考虑光伏组件效率、汇流箱及逆变器转换效率、交流并网效率（从逆变器输出至高压电网的传输效率）及不可预见的故障性损失等,取光伏系统总效率为 79.5%。计算得第 1 年发电量为 588.30 万 kWh,光伏组件在寿命期内年平均发电量为 530.91 万 kWh, 25 年发电量总和 13 272.66 万 kWh。晶体硅光伏组件的效率在光照及大气环境中使用会有衰减,按系统第一年衰减 2.5%,第二年开始每年衰减按 0.7% 计算, 25 年发电量测算见表 5-12。

表 5-12　固定式光伏发电系统年发电量统计表　　　　　　　　单位：万 kWh

年份	第 1 年	第 2 年	第 3 年	第 4 年	第 5 年
发电量	588.30	580.94	571.54	567.42	563.30
年份	第 6 年	第 7 年	第 8 年	第 9 年	第 10 年
发电量	559.18	555.06	550.94	546.83	542.71
年份	第 11 年	第 12 年	第 13 年	第 14 年	第 15 年
发电量	538.59	534.47	530.35	526.23	522.12
年份	第 16 年	第 17 年	第 18 年	第 19 年	第 20 年
发电量	518.00	513.88	509.76	505.65	501.52
年份	第 21 年	第 22 年	第 23 年	第 24 年	第 25 年
发电量	497.41	493.30	489.17	485.05	480.94
25 年总发电量	13 272.66				
25 年年均发电量	530.91				

2. 双轴跟踪光伏发电系统发电量

考虑光伏组件效率、汇流箱及逆变器转换效率、交流并网效率（从逆变器输出至高压电网的传输效率）及不可预见的故障性损失等，取光伏系统总效率为 79.5%。计算得第 1 年发电量为 853.04 万 kWh（比固定式光伏发电系统的发电量提升 45%），光伏组件在寿命期内年均发电量为 769.82 万 kWh，25 年总发电量 19 245.38 万 kWh。晶体硅光伏组件在光照及大气环境中会有衰减，按系统第 1 年衰减 2.5%，从第 2 年开始每年衰减按 0.7% 计算，25 年发电量测算见表 5-13。

表 5-13　双轴式光伏发电系统年发电量统计表　　　　　　　　单位：万 kWh

年份	发电量	年份	发电量	年份	发电量
第 1 年	853.04	第 10 年	786.93	第 19 年	733.19
第 2 年	842.37	第 11 年	780.96	第 20 年	727.21
第 3 年	828.73	第 12 年	774.98	第 21 年	721.24
第 4 年	822.76	第 13 年	769.01	第 22 年	715.27
第 5 年	816.78	第 14 年	763.04	第 23 年	709.30
第 6 年	810.81	第 15 年	757.07	第 24 年	703.33
第 7 年	804.84	第 16 年	751.10	第 25 年	697.36
第 8 年	798.87	第 17 年	745.13	—	—
第 9 年	792.90	第 18 年	739.16	—	—
25 年总发电量	19 245.38				
25 年年均发电量	769.82				

固定式光伏发电系统与双轴式光伏发电系统的发电量情况比较见图 5-117。

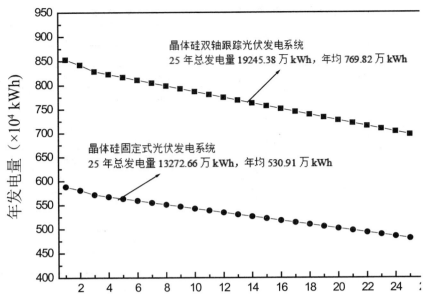

图 5-117　固定式光伏发电系统与双轴跟踪式光伏发电系统的发电量比较

5.14　太阳能光伏发电项目施工组织与管理

5.14.1　施工准备

　　根据施工需要,尽量利用施工区内的空地,以节约用地,方便施工,利于消防。合理布置施工现场,将施工临时设施布置在合适的位置。机械布置时,最大限度满足施工,减少同其他工种的交叉影响,遵循"多固定、少活动、用方便、退及时"的布置原则,尽量消除现场通道的压堵,确保其最大限度、最长时间的畅通。坚持文明作业,施工机具有序摆放,合理安排施工现场外围标识、施工用电及用水、临时办公室、食堂、宿舍等。

5.14.2　项目部组成人员及其职责

　　项目经理、各工长、施工员、资料员、安全员、材料员应常驻施工现场,各就各位,各司其职。

　　1. 项目经理职责

　　(1)熟知工程合同条款,对承包的工程全面负责,遵守国家法律和地方法规,维护本单位的利益和信誉;

　　(2)履行合同约定的工程范围和工期要求,遵循施工规范,负责施工现场管理,按时完成施工任务,受理甲方的质量投诉;

　　(3)领导和主持项目部的日常工作;

　　(4)按合同中约定的工期,组织施工进度计划,协调设备和材料采购进度和交付,合理配置施工人员;

　　(5)将材料和设备采购进度、施工进度、调试进度的执行情况向公司和甲方汇报;

　　(6)对施工设计、设备采购、工程施工、工程调试的进度和质量提出要求,协调解决存在的问题;

　　(7)分别向业主和所在公司报告工程中存在的重大问题;

　　(8)协调处理甲方、施工承包方在合同执行中的变更、纠纷、索赔等事宜;

　　(9)建立和完善项目管理系统,包括会议和报告制度,保证信息畅通;

　　(10)竣工后,组织交工、竣工结算等工作,取得工程项目的书面验收文件;

　　(11)项目完工后,编写项目施工总结报告。

2. 工长职责

（1）在项目经理领导下具体负责辖区场地、施工质量以及安全、成本、资料、治安等；

（2）业务上接受公司工程部、质量部的工作指导，熟悉施工图，参与图纸会审；

（3）参与编制施工组织设计、施工措施、作业指导书、施工进度计划、工程质量验评范围表；

（4）填写和报送施工监理报验审验表；

（5）联系监理人员进行四级施工质量检验及评定，负责三级施工质量检验及评定，负责二级施工质量检验及评定的抽查；

（6）按施工质量控制计划和检验计划，进行施工方质量记录和现场状况的检查；

（7）负责日常施工过程中的施工质量、工艺的检查；

（8）处理和解决具体的的施工技术问题；

（9）按照施工进度计划检查施工进度情况；

（10）检查和反馈设计变更的执行情况；

（11）编写项目施工各专业的相关报告；

（12）协助资料员进行工程技术文件资料的整理、移交和归档；

（13）编写工程专业技术小结；

（14）接待甲方的质量咨询及投诉；

（15）落实劳动纪律，抓好文明施工。

3. 安全员职责

（1）负责项目的安全监察和安全管理（人身安全、财产安全、设备及材料安全、消防安全）；

（2）检查施工人员的安全防护和施工设备、机具的保管；

（3）对照实际，检查安全文明作业的有关规章制度是否完善和落地；

（4）做好安全教育和宣传，制止违反安全操作规程的言行；

（5）做好施工安全资料的收集、整理和归档；

（6）审核施工组织设计、施工措施以及作业指导书中的安全措施；

（7）检查施工现场的消防设施情况，能熟练演示灭火器的使用；

（8）现场检查安全文明作业，制止违章作业，提出现场事故隐患排查和预防的办法；

（9）负责与地方劳动、卫生部门的工作联系；

（10）负责编写项目安全工作报告。

4. 资料员职责

（1）接受项目经理的领导和施工组长的工作安排；

（2）参与编制考勤和请假制度，负责会议签到、会议记录，起草会议纪要，起草请示或报告；

（3）负责施工文件资料的收集、立卷、归档和保管；

（4）按照质量管理体系的要求，管理文件资料、工程技术资料及其他文件的发放及回收；

（5）负责文件资料的扫描、打印、复印、传真、转发、上传和下载等；

（6）及时传达项目部往来工作电话、邮件传真以及信函等与施工有关的信息；

（7）完工后，协助项目组移交竣工图和竣工资料等，负责施工资料的归档、留存和保密；

（8）完成领导交办的其他工作；

（9）竣工时，按照项目施工提纲，协助编写施工总结报告。

5.14.3　安全施工与劳动保护

5.14.3.1　安全施工管理制度

1. 安全施工责任制

建立、健全各级安全施工责任制，责任落实到人。太阳能光伏发电承包合同必须明确约定安全指标和包括奖惩办法在内的各项措施。新进人员须经过公司、项目部和班组的三级教育和培训,考核合格后方可上岗。在岗工人变换工种,须接受新工种的安全教育和技能培训,考核合格可上岗。一线施工人员要熟练掌握本工种的操作技能,善于总结经验和教训,熟悉本工种安全操作规范和文明作业要领。

2. 安全检查

必须建立定期安全检查制度。安全检查应有时间、有要求,明确重点部位、危险岗位;安全检查有记录、有签字、可追溯;对查出的隐患和问题及时整改,做到定人、定时间、定措施。

3. 班组"三上岗、一讲评"活动

班组在换岗时,做好上岗交底、上岗检查、上岗记录的"三上岗"和每周一次的"一讲评"安全活动。班组的安全活动要有考核措施和记录。

4. 工伤事故处理

若发生工伤事故,应在第一时间救人,并向主管领导汇报情况。立即成立事故调查组,查明原因,总结教训,建立事故档案,按照事故调查分析规则、规定进行处理,认真做好"三不放过"工作。

5.14.3.2 劳动保护

1. 安全带/绳

安全带须经检验合格方能使用。安全带使用2年后应按规定抽检,不合格的,必须更换新的安全带/绳。安全带/绳应存放在干燥、通风的仓库内,不准接触高温、明火、强碱、强酸或尖锐的坚硬物体。安全带高挂低用,不准将绳打结。安全带上的各部件不得任意拆除。更换新带/绳时要注意加带/套。

2. 施工用电及施工机具

(1)电线架设:配电箱的电缆应有套管,保证电线进出不乱,容易识别。大容量配电箱上进线应加滴水弯。保证电线绝缘性能,无老化、破损和漏电。电线应沿墙或电杆架空敷设,并用绝缘子固定好。

(2)接地接零:接地体可用角钢、圆钢或钢管,但不得用螺纹钢,截面积不小于48 mm²,一组2根接地体之间的间距不小于5 m,入土深度不小于2 m,接地电阻应符合规定。橡皮电缆中黑色或绿/黄双色线作为接地线。与电气设备相连接或接零线的多股芯线截面积不小于2.5 mm²;手持式用电设备应采用截面积不小于1.5 mm²的橡皮软电缆。电杆转角杆、终端杆及总配电箱、分配电箱必须有重复接地。

(3)手持式电动机具:必须单独安装漏电保护器,保证防护罩壳完好,外壳必须有效接地或接零,电线外包皮不得破损。

5.14.4 保证施工进度的措施

(1)开工前,要做好充分准备,对施工人员进行职业道德和业务培训,以适应工程的需要。

(2)在项目管理程序指引下,选好配齐管理及施工人员,保证人力和施工机具准时到位,用先进的施工工艺和科学方法管理施工。

(3)按合同要求,明确设备、材料到货和图纸交付时间节点,编制项目施工计划,及时调配资源。开工后,分阶段编制施工作业计划以及各阶段突击计划,强调计划的严肃性,以周保月,保证施工节点的可靠性和连续性。将单位工程控制点分解到班组,通过"控制点"评价、设奖,提高控制点实现的创新性。

(4)加强现场组织和协调,建立强有力的现场指挥机构,指挥部前移,协调施工。加大协调力度,及时解决施工中出现的问题。每周开一次施工见面会,不定期组织专题会,检查会议的执行情况。

(5)对重要的施工部分(部位),编制详细的日作业计划,落实到人,精心实施,做到当天任务当天完成。

(6)根据施工规程和标准,编写科学、合理、可行的施工方案,推广和采用新工艺、新技术,优化施工方法,强化健康、安全与环境管理体系(HSE)、质量管理和控制,使安全、高质量工作成为施工进度的保障。

(7)加强施工检查与监督。在执行中,设专人每月、每周、每日进行现场统计,及时反馈施工动态信息,以供指挥人员及时掌握,便于施工现场的调度或进行必要的调整。

(8)若由于某种原因影响了工程节点计划的完成,要在总工期不变的情况下,重新调整计划,平行流水与立体交叉施工,结合保证下一节点的实现。在场地工作面允许的情况下,增加人力投入,使工作面基本达到饱和。

（9）必要时,组织高技能员工突击作业以保证质量和进度。在工作面狭窄的条件下,采取延长工时、轮班作业、连续作战等措施,确保工期按期实现。

（10）充分利用精良装备,提前调配,扩大机械化和电气化作业面,增加预制量,克服作业面狭小的限制。

（11）搞好员工生活,调动一切积极因素,发挥广大员工的主观能动性。落实奖罚制度,提高施工效率。

（12）定期对施工管理、进度控制、现场文明作业等评检,促使项目部通过抓管理促进工程建设。

（13）加强与甲方、监理和当地政府部门的协调,运用好资源,对于隐蔽工程,提前通知监理做好检查准备。

（14）对于施工进度计划的执行,项目部配备专人进行检查和督促。

5.14.5　文明作业及环境保护

（1）加强对施工人员的文明作业教育,组织学习文明作业条例和有关常识,完成岗前培训与考核,讲求职业道德,发扬行业新风。

（2）挂牌施工,公开工程项目名称、概况、范围、开工及竣工日期、施工现场负责人,标明联系电话,接受社会公众的监督。

（3）施工现场布局合理,设备材料、物品、机具摆放和土方堆放符合要求。

（4）组建文明作业专业小分队,对施工现场、环保、疏导交通、护栏的整理及大门临近通道进行监察,及时排除施工通道积水,确保平整、畅通、清洁。车辆进出洒落的泥土、材料等由当事人清扫干净,保持施工现场清洁。

（5）施工现场按平面图统一布局,设备、机具、材料、生活区安排井然有序。

（6）办公室、宿舍设立卫生值日制度,每天清理环境,有专人清扫食堂、厕所,确保有干净的工作和生活环境。

（7）施工期间,注意对地面道路的修复,保持人行道畅通无阻。

（8）施工现场实行封闭围护施工,四周围墙及路口大门、旗杆按统一标准设置。

（9）现场按有关要求,设置"八牌二图"以及安全宣传标语警示牌。

（10）场地排水系统、主要道路、施工便道、堆场一侧须设排水沟,排水沟上设盖板。

（11）加强文明作业教育,未经教育者不得上岗。

（12）大型施工现场,应建立临时医务室并配备医务人员及一定数量的药品。施工现场内严禁乱扔医疗杂物。

（13）食堂炊事人员必须有健康证,遵守相关规定,按规范工作,保证饭菜质量和口味。

（14）施工现场生活卫生应纳入总体规划,并有专(兼)职管理人员和保洁人员,实行卫生包干制,及时清理垃圾,不因施工而影响市容环境卫生。

5.14.6　光伏施工安全目标和制度

（1）避免或尽量减少一般安全事故、财产损失,特别防范重特大伤亡事故。

（2）项目经理对所管工程项目的安全施工负全面领导责任,出现事故,必须问责。组织对新上岗人员进行三级安全教育,检查新入职人员的证件是否合规。

（3）落实安全施工方针、政策、法规和各项规章制度,结合项目特点及现场具体情况,制定本工程项目各项安全施工管理办法,提出明确要求,并监督执行。

（4）签订合同时,明确约定安全协议和治安消防协议的各项条款,签字后付诸实施。

（5）落实施工组织设计中的安全措施,组织并监督施工中的安全技术交底和设备、设施验收制度的落地。

（6）施工现场经常组织施工安全检查,及时发现施工中的安全隐患,提出具体可行的处置办法。对第三方提出的安全施工与管理方面的问题,要定时、定人、定措施予以解决,不得拖延和推诿。

(7)正确处理安全施工与其他工作的关系,任何人都有权制止违章指挥和违章作业,切实消除事故隐患于萌芽之中。

(8)考核项目部人员的安全职责的落实情况,积极支持专职安全员的工作。

(9)工伤事故、未遂事故要立即上报,保护现场和组织抢救。建立领导小组对事故进行调查,分析事故原因,提出处理意见,形成书面报告,总结事故教训,避免类似事故再次发生。

(10)贯彻、落实安全施工方针、政策,严格执行安全技术规程、规范、标准。结合项目工程特点,完成项目工程的安全交底和技术交底。

(11)参加编制施工组织设计时,要制定安全技术措施,保证其可行性与针对性,经常检查、监督、落实。

(12)项目施工应用新材料、新技术、新工艺前应先上报,经审核批准后方可实施。认真执行相应的安全技术措施与安全操作规程,防止施工中引起火灾、中毒或新工艺实施中可能造成的事故。

(13)发现设备、设施的不正常情况要及时采取对策。严禁不符合要求的防护设备、设施投入使用。

(14)对光伏发电项目施工中存在的不安全因素,从多方面提出整改意见和办法,予以消除。

(15)认真执行有关安全施工和文明作业的规定,工长对所辖班组的安全施工负领导责任。

(16)严守施工操作规程,针对施工任务特点,履行签认手续,经常检查规程、措施和交底要求执行情况,随时纠正违章作业。

(17)工长要经常检查所辖班组作业环境及各种设备、设施的工况,遇到问题及时解决,发现偏差及时纠正。对重点、特殊部位施工,必须检查作业人员及各种设备设施状况,安全技术交底必须落地,安全技术措施必须落细,监督其执行,做到不违章指挥。

(18)工长组织所辖班组学习安全操作规程,开展安全教育,接受安全员的监督检查,及时消除各种安全隐患。

(19)对施工现场的危险源进行识别、排查和上报。

(20)如发生事故,坚持"四不放过"原则。

(21)安全员履行项目安全、标准和规范的全方位监督、检查职责。

(22)项目经理指导下级人员落实好施工安全保证措施。

(23)项目经理巡回检查施工安全措施落实情况,发现不当之处,责令施工人员立即整改。如坚持不整改,应及时向公司领导汇报。遇到危险情况,项目经理有权在第一时间发出停工指令。

(24)资料员负责施工记录,记录要齐全、清楚,内容完整、准确。

(25)在施工中,应避免因构件不合格造成断裂、坍塌等引发安全事故。

(26)桩机在坡度较陡地区作业时,应考虑卷扬机牵引,防止桩机倾覆。

(27)遇雷雨天气,桩机操作手必须停止作业,防止雷击。

(28)施工队伍在进场后作业前,由项目负责人和安全员共同组织入场安全教育。

(29)坚持"预防为主,防消结合"的消防工作方针,广泛开展防火宣传,提高全体施工人员的防火意识、灭火技能和责任感。

(30)易燃、易爆品分类专库储存,专人保管,保管和使用人员经专业培训合格后方可上岗。

(31)库房与周围建筑物之间按规定留出足够的距离,设置醒目的防火标志,配齐消防设施和器材。

(32)消防设施、器材配置布局合理、齐全有效,专人管理。经常检查消防器材的状况,及时更换已损坏和过期的消防设施。

(33)储存易燃、易爆、有毒、有害物品的仓库是防火重点,严禁吸烟,严禁明火。

(34)对易燃、易爆、有毒、有害物品,须设专库专账,专人管理,严格出入库手续,领用须有 2 人同时签字。

5.14.7　太阳能光伏发电安装施工进程控制

1. 施工前期

项目部进场,认真阅读技术文件资料,勾画重点,熟悉施工图纸及规范,密切配合土建施工,做到太阳能光伏工程各项施工紧密跟进土建主体施工,不影响土建施工进度。期间,搭建有关现场临时设施时,应做好材料、设备的报审、采购的计划和准备工作。

2. 施工安装阶段

桩基工程分区结束后,各区施工逐步铺开,进入太阳能光伏安装期。在这阶段,技工、机具、材料陆续进场,各方面的措施都要满足施工需要,如图纸、规范、技术资料、现场环境和交叉作业等。安排流水作业,以充分使用人力资源。

3. 系统调试阶段

随着工程的进展,太阳能光伏组件、汇流箱、充放电控制器、蓄电池组、电线、电缆、逆变器、电能表、变压器等安装完毕,开始空载试运转。这一阶段要做好预案,指导调试工作。要重视调试出现的细节问题,及时解决,为一次验收达标创造条件。

4. 系统竣工验收阶段

经过自检合格后,报甲方申请验收,同时把工程资料分类整理好,做好工程结算方面的工作。

5.14.8　太阳能光伏发电工程安装质量控制

5.14.8.1　施工质量管理目标

严格控制现场施工质量,抓好每一个环节和工序的质量控制,全力做成全优工程。

5.14.8.2　施工质量保证措施

（1）技术交底:针对每道工序,结合工程实际,有目的、有针对性地做好技术交底。技术交底要真正贯彻到每一位操作人员。对作业班组,召开技术交底会,绝对禁止在交底的内容与执行上走形式主义。

（2）样板制度:做样板的目的,一是为了检验设计是否合理,二是为了发现安装中易出现的质量问题,三是对于设计图纸中标注不明确的部位,通过做样板来选择最优施工方案,做到统一施工。要求项目部必须有样板验收记录。

（3）对每道工序,施工队要有自检记录,必须 100% 检查,填自检表(至少有 3 人签字)。自检必须填写检查数据,上报项目部。项目部负责抽查,并核实自检数据是否真实、可靠。

（4）项目部会同监理进行日常质量巡查,需报验的环节严格把关,一次报验不通过,对项目部罚款或者延期交付工程款。

（5）对于施工出现质量问题需返工的,必须查明原因及责任人,如因施工队原因造成返工,所形成的材料浪费、人工费以及成本损耗由施工队全额承担。

5.14.8.3　安装施工前的管理工作

施工前,组织施工人员认真学习、领会工程设计方案,针对各分项分部工程,结合方案,明确施工质量控制目标,做好技术交底。资料一到场,立即熟悉施工方案和图纸,勘查现场情况,核对图纸和现场的符合度。对图纸理解模糊的地方,归纳、汇总并立即同设计人员沟通交流。之后,根据图纸,结合现场实际,计算工程量,列出人员分工配置和材料计划表。准备机具和材料,根据工程情况,划分班组,合理分派施工人员,制定安装施工进度计划。

5.14.8.4　太阳能光伏系统设施设备安装质量控制

1. 支架底梁安装质量控制

（1）钢支柱应竖直安装,并与基础结合牢固。连接槽钢底框时,底框的对角线误差应不大于 10 mm,检验底梁(分前后横梁)和固定块。如发现前后横梁变形,应先校直。具体方法是:根据图纸,分清前后钢支柱,把钢支柱底脚上的螺孔对准预埋件,拧上螺母,但不要拧紧(拧螺母前将预埋件螺丝涂上黄油)。再根据图纸安装支柱间的连接杆,安装时注意将表面放在光伏电站的外侧,并把螺丝拧至六分紧。

(2)确认区分前后横梁,以免混装。

(3)将前、后固定块分别安装在前后横梁上,注意勿将螺栓紧固。

(4)支架前后底梁安装。将前、后横梁放置于钢支柱上,连接底横梁,用水平仪将底横梁调平调直,并将底梁与钢支柱固定。

(5)调平好前后梁后,开始螺丝紧固。紧固时应先把所有螺丝拧至八分紧,再次对前后梁进行校正。合格后再逐个紧固到不动。

(6)整个钢支柱安装完毕后,用水泥浆填灌钢支柱底脚与砼接触面,使其紧密结合。

2.电池板杆件安装质量控制

(1)检查电池板杆件的完好性。

(2)根据图纸安装电池板杆件。为了保证支架的可调余量,不得将连接螺栓拧死。

3.太阳能电池板安装质量控制

(1)调整首末两根光伏电池板固定杆的位置并将其紧固。

(2)将放线绳系于首末两块光伏电池板固定杆的上下两端,并将其绷紧。

(3)以放线绳为基准分别调整其余电池板固定杆,使其在一个平面内。

(4)预紧固所有螺栓。

(5)光伏板的安放应自下而上逐块安装,螺杆的安装自内向外,紧固电池板螺栓。安装中要注意轻拿轻放以免破坏表面的保护玻璃;电池板的连接螺栓应有弹簧垫圈和平垫圈,作防松处理。电池板安装必须做到横平竖直,同方阵内的电池板间距保持一致;注意电池板的接线盒的方向。

(6)根据电气连接图,确定光伏板与其他设备的详细接线方式。

(7)连接线用多股铜芯线,接线前先将每股线头作搪锡处理,保证电气连接可靠,接触电阻小。

(8)接线时,绝对不要将正负极接反。每串电池板连接完毕后,测量电池板串开路电压是否正确,连接无误后,断开一块电池板的接线,保证后续工序的安全操作。

(9)用电缆将光伏电池板串与控制器连接,电缆的金属铠装作接地处理。

4.电气线管安装和线缆敷设质量控制

(1)施工前,应具备甲方和监理公司认可的安装施工图、设备布置平面图、接线图、系统原理图以及其他必要的技术文件。将施工的材料和合格证送交甲方审核通过后,方可进行施工。

(2)检查电气线管安装和导线的敷设是否符合图纸及规范。需要修改图纸时,须经甲方和设计人员同意,并留有文字记录和签字,才能继续施工。

(3)金属管路较多或有弯时,适当加装接线盒,两个接线盒之间的距离应符合要求。

(4)系统的布线必须符合国家现行有关的施工和验收规范。

(5)系统布线时,应先根据现行国标、行业标准的规定对导线的种类、电压等级进行检测。

(6)管内或线槽穿线应在建筑抹灰及地面工程完工后进行。穿线前,应将管内或线槽内的积水及杂物清除干净。

(7)不同电压等级、强弱电线路不可穿在同一管或线槽内;导线在管内或线槽内不许有接头和扭结,导线连接应在线盒内。导线连接应符合下列要求:①导线在箱、盒内的连接宜用压按法,可用接线端子及铜(铝)套管、线夹等连接,铜芯导线也可用缭绕后搪锡的方法连接;②导线与电气器具端子间的连接,截面2.5 mm² 及以下可直接连接,但多股铜芯导线的线芯应先拧紧,搪锡后再连接;③使用压接法连接导线,接线端子铜套管压模的规格应与线芯截面积相称。

(8)动力、照明各电力回路的导线要严格按照规范做颜色标记,各相线的颜色一定要统一:A/R 相用红色,B/Y 相用黄色,C/G 相用绿色,零线用黑色或其他颜色,地线(PE 线)用黄、绿双色。其余导线应该根据不同用途采用其他颜色区分,整个系统中相同用途的导线颜色应一致。用规定的颜色或用绝缘体的绝缘颜标记在线缆的全部长度上,也可标记在所选择的易识别的位置上(如端部或可接触到的部位)。

（9）各线缆敷设后,对每一回路的导线用 500 V 兆欧表测量其绝缘电阻,一般线路的对地绝缘电阻值应不小于 0.5 MΩ。

（10）线管敷设要连接紧密,管口光滑;护口应齐全;明配管及其支架应平直牢靠,排列整齐,管子弯曲处无明显折皱,油漆防腐完整;暗配管保护层应大于 30 mm,线管敷设通过伸缩缝处时应采用金属软管加线盒过渡。

（11）盒(箱)设置应正确,固定可靠,管子进入盒(箱)处要顺直,用铜梳固定的管口线路进入电气设备和器具的管口位置必须正确。

（12）按照规范要求,在天花板和其他地方明设的线管不准焊接接地跨接线,必须用专用的接地管卡和 2.5 mm² 的多股铜芯软线(线头用开口镀锌铜线耳压接)进行跨接。金属软管用多股铜芯软线同接线盒跨接必须进行接地保护。

（13）在盒(箱)内的导线长度要有适当的余量(15~30 mm);导线要连接牢固,包扎严密,保证绝缘良好,不伤线芯;盒(箱)内清洁无杂物,导线整齐,护线套、标志齐全,不脱落。

（14）线管敷设前应清洁线管,完工后验收前,应再次清洁线管。

5.14.9　现场施工管理措施

1. 基本要求

进入光伏施工现场必须换上工装,戴安全帽,穿绝缘鞋,戴绝缘手套。高处作业必须系好安全带,设好防滑梯。有 6 级以上大风和较重雾霾等恶劣天气时必须停工,禁止高空/悬空作业。

2. 现场用电

（1）按施工用电规划平面图,向施工人员交底,安装好后进行验收。

（2）建立安全检测制度并做好记录,接地电阻和绝缘电阻每月检测一次,漏电保护器半月检测一次。

（3）设备维护定人定时,每天至少有一人值班,常到现场检查,及时发现和消除事故隐患。

（4）所有设备金属外壳必须设有良好的接零保护。

（5）定期对电工进行用电安全教育和培训,持证上岗,杜绝无证上岗或随意串岗。

（6）各种设备实行一机一闸一保护,必须实行"三相五线制",遵循安全用电技术规范。施工现场的手持电动工具,必须选用 II 类工具,配有额定漏电电流不大于 30 mA,动作时间不大于 0.1 s 的漏电保护器。

（7）施工现场的配电箱和开关箱应配置一级漏电保护,一般额定漏电保护动作电流不大于 30 mA,配电箱、开关箱应上锁,并有专人负责,设备装置必须完好无损,应装设端正、牢固,导线绝缘良好。

（8）检修人员应穿绝缘鞋,戴绝缘手套,用电工工具操作。

3. 机械设备操作要点

（1）所有机械设备必须有接零和漏电保护装置,停机时切断电源,拉闸加锁。

（2）露天操作要搭设操作棚,外露转动部分须有防护罩和防护栏。

（3）物料提升机禁用倒顺开关,操作视线良好,凡用按钮开关,在操作人员身边,需设有手动断电开关。

（4）电焊机必须一机一闸,装有随机开关,一、二次电源接头处设置防护装置,二次线使用线鼻子。

（5）机械设备发现不正常情况应停机检查,绝对禁止在运行过程中修理。

（6）持证上岗,严格按单机安全操作规程操作,做好"三保养"工作。

4. 现场防火要求

（1）建立防火领导小组,邀请业主方派代表参加,落实防火检查制度。

（2）配电房、住人板房、油漆、易燃库房必须配有消防器材,相关人员应能熟练使用灭火器。

（3）电焊、气焊、电渣压力焊等操作人员要严格执行"十不烧"规定。

（4）焊、割作业点与氧气瓶、电石桶和乙炔发生器等危险物品的距离不得小于 10 m,与易燃易爆物的距离不得小于 30 m。达不到上述要求时,应采取有效安全隔离措施。

（5）乙炔发生器和氧气瓶的放置间距不得小于 2 m，使用时两者间距不得小于 5 m，与明火距离大于 10 m。

（6）加强防火教育，宣传消防知识，建立防火检查制度；现场负责人至少每周巡检 1 次，发现问题/隐患及时处理；在防火重点处应设置禁火标志。

5.14.10　落实施工配合措施

1. 与设计单位的协调

（1）项目中标后，及时与设计单位联系，熟悉设计意图、工程特点、技术要求和施工设计重点、难点。

（2）勘查现场，对图纸不明处及图纸与现场不符处，及时与设计单位洽商，共同协商解决存在的问题。

2. 与甲方的协调

（1）需要由甲方提供设备、材料的，由项目部提出到货计划表（明细），以便甲方按施工进度计划进行采购和提供。

（2）图纸、技术资料等有变更的，由设计方、施工方和甲方开会协商做出决定。

（3）办理有关签证手续。

3. 与监理方的工作协调

（1）在施工中，严格按照施工大纲做好施工组织设计并进行检查，对监理方所提的意见和建议应认真整改，该返工的一定返工。

（2）落实"上道工序不合格，下道工序不实施"的原则，一定要维护监理的权威性，必须遵循"先执行监理指导，后协商统一"的原则。

（3）如监理方提出整改意见，项目部务必限期整改到位。

4. 与其他部门的配合

（1）要主动沟通公安交通部门，解决车辆通行时间、路线及施工现场附近车辆的停放等问题。

（2）事先与当地派出所协调，做好施工现场治安管理、外来人员户籍登记等工作。

（3）及时与市容管理部门协调，解决施工现场门前及道路的保洁、清障等问题。

（4）积极与执法部门协调夜间进行的施工，落实人身安全，防止噪声和灰尘污染。

5.14.11　职业安全健康与节能环保

要保护光伏发电项目施工现场作业人员的人身安全与身心健康，保证各方财产不受损失，使施工现场达到"施工环境整洁，人身、设备和物料安全"的目标，符合《中华人民共和国职业病防治法》和国家职业卫生标准等法律和规范的要求。

1. 施工安全管理目标

（1）不发生因工死亡、重伤和可避免的轻伤事故。

（2）不发生火灾、有毒物质泄漏和爆炸事故。

（3）不发生重大机械设备、压力容器损坏事故。

（4）不发生重大交通事故。

（5）不发生群伤事故。

（6）不发生触电伤亡事故。

（7）杜绝在同一现场发生性质相同的重大事故。

（8）每年因工负伤率 <3‰。

（9）不发生人为误操作或因主观疏忽引发的事故。

2. 环境保护管理目标

（1）不发生重大环境污染事故。

（2）减少粉尘的排放，做到达标排放。

（3）加强对施工噪声控制，将其影响降至最低。

（4）污水（或其他污染物）100% 达标排放。

（5）最大限度地减少废油、废液排放，要经过处理达标后，才允许排放。

（6）固体废弃物的回收率和收集处理率达到为 100%。

（7）要大力推广运用先进工艺技术，采取有效措施，降低资源开销。

（8）保护生态环境，不乱砍滥伐，不破坏文化遗产，不伤害动植物。

3. 职业健康管理目标

（1）不发生群体职业病和中暑、冻伤事故。

（2）杜绝各类有害健康的辐射事故。

（3）不发生群体性食物和饮用水中毒事故。

（4）不发生流行性传染病（无传染病以及不造成多人同时患病）。

4. 危险源辨识、风险评价和应急预案

为贯彻"安全第一、预防为主"的施工方针，根据国务院颁布的《建设工程安全施工管理条例》规定，施工单位应当根据建设工程施工的特点、范围对施工现场易发生重大事故的部位、环节进行监控，制定施工现场安全施工事故应急救援预案。即施工单位应结合本单位的实际，依据承包工程的类型、特点、规模及自身管理水平等情况，辨识出危险源，进行监控，采取必要的措施，预防事故的发生。

危险源一般指一个施工项目中具有潜在能量和物质释放危险，在一定的触发因素下可转化为事故的部位、区域、场所、空间、设备及其位置，也是可能导致死亡、伤害、职业病、财产损失、工作环境破坏或上述情况的组合所形成的根源或状态。要及时了解施工现场，分析施工过程，判定施工区域、施工环境、设备、物料和人员等哪些是危险源，其危险性质、危险程度、存在状况、危险源物质和能量转化为事故的过程和规律、转化条件、触发因素等。通过有效控制能量和物质的转化，可使危险源不转化为事故。通过分析因果关系，可揭示其内在联系和相互关系，得出正确的结论，并采取恰当的对策措施。

根据工程对象的特点和条件，要充分识别各个施工阶段、部位和场所需控制的危险源。识别方法可采用直观经验法、专家调查法、安全检查法等。危险源确定程序如下。

（1）找出可能引发事故的生产材料、物品、某个系统、施工过程、设施或设备、各种能源（如电磁、射线等）及进入施工现场的所有人员的活动。

（2）辨识危险源，对找出的危险因素进行分析，推断可能引发事故的原因和后果。

（3）将危险源分出层次，找出最危险的关键单元。

（4）确定是否属于重大危险源。通过对危险源伤害范围、性质和时效性的分析，将其中导致事故发生的可能性较大且事故发生后会造成严重后果的危险源定义为重大危险源，如可能引起高处坠落、物体打击、坍塌、触电、中毒以及其他群体伤害事故状态的深基坑开挖与支护、脚手架搭拆、模板支架搭拆、大型机械装拆及作业、结构施工中临边与洞口防护、地下工程作业、火灾隐患、职业健康和交通运输等过程。

（5）对重大危险源进行危险性评价和事故严重度评价。评价应考虑三种时态（过去、现在、将来）、三种状态（正常、异常、紧急）情况下的危险，通过量化的评价方法分析事故发生的可能性和后果，确定危险度大小。

（6）确定危险源的等级和对应的化解举措。按危险性大小划分危险源的等级。分析可能导致事故的因素，采取有针对性、可操作且经济合理的对策，预防事故发生。安全对策包括安全技术对策和安全管理对策。安全技术对策包括施工现场采用的自动化生产装置、自动化监测及安全保护装置、安全防护设施等，这些少需人工的操作能有效保护作业人员在施工中的人身安全和身体健康。安全管理对策是通过一系列管理手段将安全施工措施整合、完善、优化，将人、机、物、环境等涉及安全施工的各个环节有机结合起来，保证施工在安全的前提下有序开展，使安全技术对策发挥最大作用。安全管理对策包括建立健全安全施工责任制度、完善机构和人员配置、加强安全培训教育和考核、保证安全施工资金的兑现、坚持安全设施"三同时"原则、对实施安全监督和日常检查、专项施工方案或专项安全技术措施及各种操作规程、应急救援预案等有重要

意义。

"预防为主"是安全施工的原则,然而无论预防工作如何严密,伤亡事故总是难以避免。为减少伤亡事故,应对紧急情况,必须创建周全的应急计划,完善应急组织,配齐精干的应急队伍,设置灵活的报警系统和置办完备的应急救援设施。事故应急救援预案涵盖了事故预防、应急处理、抢险救援三部分,是施工中发生安全事故后,减少人员伤亡、降低财产损失的一项对策。光伏发电与建筑结合的施工现场是事故高发的场所。要实现安全施工,达到"人—机—环境"协调,保持最佳"秩序",要求施工管理人员不能有麻痹思想,不能只重视抓大问题而忽视细节。要树立"施工现场无小事"的意识,切实抓好每一个施工环节和部位的安全。项目经理要经常巡检施工现场,通过安全检查,掌握危险源现状,分析产生危险的各种因素,及时采取措施予以消除。不断积累对施工现场危险源识别和预控的经验,摸索施工危险的发生规律,总结控制事故发生的措施和对策,稳步提高施工现场安全管理水平,最终实现施工项目零事故的目标,确保全过程的安全施工和文明作业。

5. 识别环境污染因素

①噪声:包括施工机械噪声、土方施工车辆噪声和切割机噪声等。

②废水:包括土建施工废水、生活废水。

③废气:机动车、机械设备、化学物品产生的有毒有害气体。

④固体废弃物:生活垃圾、施工垃圾(包括有毒有害、无毒有害、可回收和不可回收)。

⑤扬尘:施工扬尘、场地自然扬尘。

⑥资源能源浪费:包括水、电、油、原材料等。

⑦泄漏:化学品泄漏、油泄漏、有毒有害气体泄漏。

⑧潜在火灾、爆炸物:乙炔、甲烷、炸药、油漆、木材等。

6. 节能环保措施

为落实环境保护目标,各部门对重大环境因素应实行排减法和能源化法,制定方案和运行机制,方案应经部门经理批准。

(1)减排法:是指对不能回收的资源、能源以最低限度使用,减少环境污染物的排放量。如减少废水、废气、噪音、灰尘等污染物的排放,减少木材及电能的消耗等。

(2)能源化法:是指对可回收再利用的资源和能源收集转化利用,达到减少污染物排放量的目的。如纸张、碎屑、废旧金属、废油、施工用水等的回收和再利用。

(3)施工废弃物应按照相关法律法规分类存放和处理。

7. 施工现场应急预案

为及时有效抢救伤病员,防止事态扩大,减少经济损失,应制定施工现场应急预案。一般由项目经理、副经理、技术负责人、安全员等成立应急小组,项目经理任应急小组组长。

发生人员触电时的应对措施包括:

①如有人员触电,首先迅速拉闸断电,即切断总电源,亦可用现场的干燥木棒或绳子等非导电体移开电线或带电设备;

②立即将伤员带离危险地方,第一时间组织现场抢救;

③若发现触电者呼吸或心跳停止,将伤员仰卧在平地或平板上,立即进行人工呼吸,同时按压心脏;

④立即拨打120救护电话,与医院取得联系(医院在附近的直接送医),应详细说明事故地点、严重程度,并派人到路口接应;

⑤及时通知单位负责人,提请采取进一步的措施,把伤员的生命和健康放在首位。

一般应急物品包括主要常备药品、消毒用品、急救物品(绷带、无菌敷料、医用纱布、胶布等)及常用小夹板、担架、止血袋、氧气袋等。

高处坠落、机械、触电等伤害的急救必须分秒必争,立即救护,尽可能使伤者保持头脑清醒,同时第一时间拨打120与当地医疗急救部门联系,敦促医务人员迅速赶往事故发生地,接替救治工作,在医务人员未到前,现场救治人员不得放弃现场抢救,绝对不能只根据没有呼吸或脉搏擅自判断伤员死亡而放弃抢救。

8.其他管理措施

（1）防火安全:施工现场必须建立防火责任制,明确职责。按规定设专职消防员,建立防火档案并正确填写。重点部位(危险仓库、油漆间、木库、木工间等)必须建立专门规定,有专人管理,责任落实到人。按要求设置醒目的警示标志,配齐消防器材。建立动用明火审批制度,划分级别,明确审批手续,并有细化的监管措施。电焊焊接、气焊切割作业必须严格执行"十不烧"原则及压力容器使用规定。

（2）材料运输和人员进出:材料及设备的运输以及施工人员进出现场,必须按事先指定的路径通行,禁止在施工现场内闲逛、闲聊、吸烟、打牌、下棋、嬉戏打闹以及进行其他与施工无关的活动。

（3）安全晨会:在每个作业日施工前,召开施工人员晨会,针对当日施工作业特点,提出施工要点、难点、注意事项和防护措施。每日作业完毕后,管理人员及班组长完成当日安全小结,对有代表性或普遍性的安全事故隐患问题及时通报,在次日的晨会中向全体施工人员传达,以便及时纠正和采取预防措施。

（4）动火作业流程:提交动火作业申请书→经有关部门批准→动火现场可燃物品清理,灭火器具摆放到位,安全负责人现场确认→动火作业(安排专人监护)→动火作业完成后的现场清理,检查有无残留火种→人员撤离现场。

（5）设备搬入吊装:必须拟订方案,经审批后方可实施。吊装过程中,安全员应在现场监督。

（6）加强夜间的安全保卫工作,设夜间巡逻队巡夜,落实防盗及隐患排查。

（7）施工现场治安防范措施有力,重点、要害部位防范有效到位。做到目标严格实现、制度落实、责任到人。

第6章 太阳能其他利用方式

6.1 太阳能光热发电

太阳能光热发电是不同于光伏发电的另一种光电转换技术,它通常利用聚光器(一般是大规模镜面阵列或碟形镜面阵列)把太阳光会聚照射到耐高温集热器上,使之产生上千度的局部高温并加热介质(如导热油或熔盐),然后把热量传给水,进而生成高温高压水蒸气推动汽轮机组运转,带动发电机组发电,并入电网。这种发电技术不需要昂贵的光电转换材料,无须复杂工艺,大大降低了太阳能发电成本。这种发电方式的一个独特优势是,太阳能所加热的水储存于巨大的蓄热容器中,在太阳落山后几个小时内仍可带动汽轮机组发电。蓄热容器和保温材料是保证光热发电系统稳定输出电能的关键。

太阳能光热发电系统由聚光集热器、传热系统、储热系统、汽轮机组、发电机组及管路组成。在太阳能光热发电中,聚光集热器是核心部件。它通常有抛物面槽式、旋转抛物面式和定日镜式三种,对应的太阳能光热发电系统有塔式、槽式、蝶式和菲涅尔式四种,各有优缺点。分析表明,塔式太阳能光热发电具备聚光比大、运行温度高、系统容量大和热转换效率高等优点,适合大规模建造。槽式太阳能光热发电系统结构相对简单、技术较为成熟,成为第一个进入商业化运营的发电方式。塔式太阳能发电前期投入过高,难以降低成本,实现大规模产业化还有难度。聚光比小、系统工作温度低、核心部件真空管技术尚未成熟、吸热管内表面选择性涂层不稳定等问题,阻碍了槽式太阳能发电的推广。图6-1示出了在工程实践中安装较多的塔式和槽式太阳能光热发电系统简图。

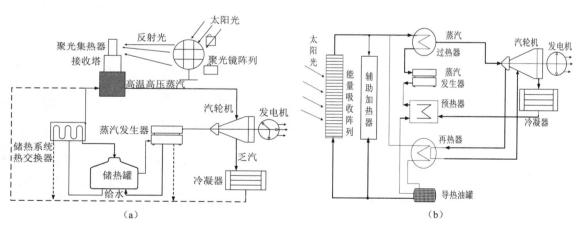

图6-1　塔式(a)和槽式(b)太阳能光热发电系统组成简图

(a)塔式太阳能光热发电系统组成图;(b)槽式太阳能光热发电系统组成图

当前,塔式和槽式太阳能光热发电均已实现商业化运营,蝶式系统处于示范阶段。三种系统可以单独利用太阳能运行,又可建造成燃料混合(如与天然气等)互补系统以及和火力发电厂联合运行,电力输出稳定,可调度性佳,污染物排放极低,这是它们突出的优点。在这几种形式的太阳能光热发电中,槽式热发电系统最成熟,有较高的性价比。塔式热发电系统的成熟度目前不如抛物面槽式热发电系统,而配以斯特林发电机的抛物面盘式热发电系统虽然有比较优良的技术性能指标,但目前主要用于边远地区的小型独立供电(分布式供电),大规模应用的范围则稍逊一筹。应该指出,槽式、塔式和蝶式太阳能光热发电技术同样受到世界各国重视。

当前,世界范围内太阳能光伏发电市场份额远高于光热发电,因为后者前期投资更高。太阳能光热发电是太阳能利用的新领域之一,正逐渐成为新的投资热点。随着太阳能光热发电技术的不断改进和完善,在我国未来能源战略中将起到重要的支撑作用。2014 年 11 月,国家发展和改革委员会正式公布《国家应对气候变化规划(2014—2020 年)》,指出了控制温室气体排放的 9 个主要措施,提出扩大太阳能热利用技术的应用领域,支持并开展太阳能光热发电项目示范。2016 年 9 月,国家能源局印发了《关于组织太阳能光热发电示范项目建设的通知》,决定建设一批太阳能热发电示范项目,全方位、多角度扶持,此举意味着我国光热发电示范项目建设进入新阶段,光热发电市场焕发出新活力。同年,国家发展和改革委员会下发《关于太阳能热发电标杆上网电价政策的通知(发改价格〔 2016 〕1881 号)》明确,2018 年 12 月 31 日前全部建成投产的示范项目执行每千瓦时 1.15 元(含税)标杆上网电价。根据实际情况,首批示范项目建设期限放宽至 2020 年 12 月 31 日,同时实行逾期投运项目电价退出机制。

值得关注的是,住房和城乡建设部发布公告,自 2018 年 12 月 1 日正式实施《塔式太阳能光热发电站设计标准(GB/T 51307—2018)》。该标准由中国电力企业联合会组织、中国能源建设集团有限公司主编,填补了国内外太阳能光热发电站设计标准的空白。这个标准是我国第一部同时也是世界首部关于太阳能光热发电站设计的综合性技术标准。它针对塔式太阳能光热电站的工程特性,结合我国国情编写而成,反映了目前国内外太阳能光热发电领域的最新设计理念、要求和技术水平,达到国际领先水平,为我国塔式太阳能光热发电站设计提供了依据,对今后太阳能热发电领域的相关标准的编制具有指导意义。2018 年,国家电网有限公司通过了《光热发电站接入电网技术规定》企业标准,提出了光热发电站启停机、发电量预测、有功功率控制、无功/电压调节、二次系统、仿真模型和参数、系统试验等入网的规定,为光热发电规范并网提供了保障。

由中科院、皇明公司和华电集团联合投资建设的塔式太阳能光热电站于 2010 年 8 月在北京延庆竣工,这是我国首个具有自主知识产权的光热电站,装机容量为 1 MW,属于示范项目。电站年发电量为 270 万度,相当于 810 余吨标准煤的发电量(按 1 吨标准煤发电 3 333 度计算),减排 CO_2 约 230 吨、SO_2 约 21 吨、氮氧化合物约 35 吨。该光热电站设备简洁,安装方便,运行可靠,设计寿命 20 年。由于太阳能反射镜是固定在地面上的,因此能有效抵御风、雨、雪、雹的侵蚀破坏,也大大减少了反射镜支架的开销。该电站突破了以往一套控制装备只能控制一面反射镜的限制。采用菲涅尔凸透镜技术可以对数百面反射镜进行同时跟踪,将数百或数千平方米的太阳光聚焦到光能转换部件上(聚光度约 50 倍,可以产生 3 000 ℃以上的高温),突破了以往工程造价大部分为跟踪控制系统成本的困局,使其在总造价中只占很小的一部分。镜面反光材料以及太阳能中高温直通管路实现了国产化,在运输、安装上节省了大笔费用。这两项突破克服了制约太阳能光热发电在中高温领域内大规模应用的技术障碍,为实现太阳能中高温设备制造的标准化、产业化和规模化开辟了道路。预计到 2020 年,我国太阳能光热发电装机容量将达到 2 000 MW,步入光热发电强国行列。

太阳能光热发电涉及聚光、高温热转换、机械传动、传质、传热、储能、发电并网和输配电等技术。最大的优点是电力输出平稳,可做基础电力、可做调峰,其成熟可靠的储能(储热)配置可以在夜间继续发电。目前,我国存在核心技术不够成熟、部分关键设备靠进口和电价偏高等问题。光热电站适合建在人口密度小、日照丰富的地区,其产业链长,建设投资巨大,资金回收周期长,长期收益可观,需要政府、高校、科研院所和相关企业的密切与深度合作。近 10 年内,我国应把全面掌握塔式、槽式太阳能光热发电系统的核心技术、关键装备以及在中西部人口稀少地区建造示范电站作为优先发展方向。当然,在太阳能光热发电标准、技术、材料和装备等方面取得越大的进展,节能减排就会做得越好。

6.2　太阳能光化学利用

6.2.1　太阳能光化学过程简述

光化学反应通常是指原子(团簇)、分子、自由基或离子吸收光子的能量引发的化学反应。光化学反应可引起化合、分解、电离、氧化—还原等过程。以分子 A 为例,一般光化学反应大致过程如下:

（1）分子 A 吸收光子能量被激发 : $A+h_\nu \rightarrow A^*$（A^* 为分子 A 的激发态,hν 表示光子）;

（2）A^* 离解产生新物质: $A^* \rightarrow C_1+C_2+\cdots$（$A^*$ 的核间束缚力较弱,易分解）;

（3）A^* 与分子 B 反应生成新产物: $A^*+B \rightarrow D_1+D_2+\cdots$（$A^*$ 有电荷转移,氧化—还原）;

（4）A^* 失去能量回到基态而发光: $A^* \rightarrow A+h\nu$（荧光或磷光效应）;

（5）A^* 与惰性分子（M）碰撞而失活: $A^*+M \rightarrow A+M'$（M′ 状态未知）。

简单地说,太阳能光化学利用是指物质吸收太阳能,借助于特定的光化学反应,把太阳能转化为电能、化学能或者生物质能并储存的技术和装置。按转换机理的不同,可分为光电化学作用、光分解反应、光合作用和光敏化学作用。

6.2.2 光电化学利用

太阳能光电化学利用的基础部件是光化学电池,它由光阳极、对电极、电解质液和导线组成,通过吸收太阳能将其转化为电能。光阳极通常为光敏半导体材料,受光照激发产生电子—空穴对,光阳极和对电极（阴极）组成正负极,光阳极吸光后在半导体导带上产生电子—空穴对,通过电解质液中的一系列化学反应,电荷流向对电极,对外输出电流。

6.2.2.1 染料敏化电池

染料敏化电池（DSSC）主要由光阳极、对电极、电解质液和负载构成。在导电玻璃或透明导电聚酯片上,用表面附着染料的多孔纳米晶 TiO_2、ZnO 和 SnO_2 制作光阳极,染料吸收太阳光,光阳极起载流子分离、转移和传输作用。对电极一般以导电玻璃为基片,表面镀铂、石墨或导电聚合物制成,用来催化电解质液的氧化—还原反应。通用的电解质液是用溶剂溶解的碘盐溶液,它和光阳极的界面接触特性是影响电池性能的决定因素。由于电解质液封装技术难度大,人们开发了无机半导体系列的固态电解质、有机空穴传输材料和高分子电解液体系等。与电解质液相比,固态染料敏化太阳能电池敏化剂的氧化—还原电位和空穴导体的功函数匹配得更好,所以固态染料敏化太阳能电池获得的开路电压值较高,接近 1V。以固态电解质取代电解质液应用于 DSSC,可以提高电池的长期稳定性。DSSC 的工作原理见图 6-2。

在图 6-2 中, DSSC 的基本工作过程如下。在 TiO_2 表面附着一层几微米厚的染料,吸收可见光;纳米 TiO_2 本身吸收紫外光（l<375 nm）。光照下,纳米 TiO_2 价带顶附近的电子激发到导带,产生电子—空穴对;同时染料分子吸收光子能量,其电子跃迁至激发态;处于激发态的电子不稳定,跃迁回能量较低的 TiO_2 导带,染料被氧化;注入 TiO_2 导带的电子富集在导电基底上,通过导线流向对电极,产生电流。染料分子被氧化,从电解质液补充电子,恢复成还原态（基态）得以再生。离子 I_3^- 被来自 TiO_2 导带、经由外电路到达阴极的电子还原成 I^-,完成了一个电化学循环。太阳光激发、载流

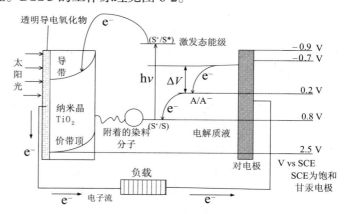

图 6-2 染料敏化电池基本结构及工作原理图

子产生和传输及氧化—还原的过程周而复始,便可持续对外供电。在 DSSC 中对染料的基本要求是:对纳米半导体有较强的吸附力、光激发效率高以及电子向半导体的传输效率较高。染料敏化剂有无机染料与有机染料两类。无机染料一般是一些稀有金属配合物,成本高,因而研发廉价、高效的有机染料是降低 DSSC 成本的有效手段,目前已成为研究的热点,如基于吡咯并吡咯二酮共轭桥链的染料、多三苯胺染料以及二噻吩并吡咯类染料等。染料的稳定性和光吸收特性是研究的重点。

自 1991 年瑞士著名科学家 M. Grätzel 教授领导的研究小组发明 DSSC 以来,中、欧、美、日等国投入巨资开发 DSSC。2013 年,罗华明等学者用二次阳极氧化法制备的基于 TiO_2 纳米管的 DSSC 的光电转化效率达到了 4.15%。裴娟研究了基于三苯胺类染料的 DSSC,热稳定性好,最高光电转化效率为 5.7%。2014 年,

以呋喃或噻吩与咔唑的共轭反应物为染料敏化纳米 TiO_2 作为光阳极制作的 DSSC,光电转换效率达到 6.68%。

6.2.2.2　量子点敏化太阳能电池及研究进展

量子点敏化电池(QDSC)用无机半导体量子点替代 DSSC 中的分子染料作为光敏化剂来捕获光。相对于分子染料,量子点敏化剂具有高吸光效率、较宽的吸光范围、高稳定性等优点,特别是量子点具有一个光子可同时激发产生多个激子的可能性(多激子效应),这使得 QDSC 外量子效率有可能超过 100%。一般把染料或 CdS、CdSe、GaAs 等量子点材料附着于 TiO_2 等半导体上。当一定波长范围的光照射到敏化剂形成的"敏化层"上时,敏化层释放出电子进入 TiO_2 的导带,电子移动到导电层的底电极,接入负载就会有电流形成。图 6-3 示出了量子点敏化太阳能电池构成简图。

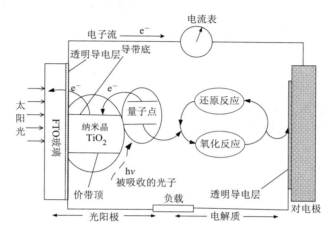

图 6-3　量子点敏化太阳能电池构成简图

虞晓云等人用化学浴沉积法,以巯基乙酸为连接剂,用一步水热合成法,制备了单分散的 CdTe/CdS 或 CdSe/CdS 核壳结构量子点以及量子点敏化的 TiO_2 电极,制得 QDSC,分别获得了 3.80%(CdTe/CdS)和 2.83%(CdSe/CdS)的光电转换效率。2013 年,华东理工大学钟新华课题组制备的 CdTe/CdSe 核壳结构 QDSC 的光电转化效率达到了 6.67%,刷新了世界纪录,该结果发表在著名学术期刊美国化学会会志(Journal of the American Chemical Society, JACS)上。QDSC 成本低,制备工艺比较简单,在大面积规模化工业生产中优势明显。同时,所用原材料无毒、无害和无污染,部分材料可回收再利用,对保护环境非常有利。

QDSC 用量子点作为敏化剂,吸收太阳光的波长范围更宽,消光系数更大,可有效降低暗电流,光化学稳定性更好,有利于激子的分离。QD 作为敏化剂,成本低,制备工艺简单,可采用柔性衬底;对可见光的吸收系数较大,长时间光照稳定性好;调节粒径可使吸光范围展宽;多激子(MEG)效应(即 1 个光子激发多个电子—空穴对)可提高内量子效率。

QDSC 正走出实验室,但产品化仍受几个因素的制约:①量子点之间易团聚,难以均匀包覆在 TiO_2 介孔膜或纳米棒的表面;②电解质的腐蚀降低了 QD 的光利用率;③电子—空穴对的复合,降低了电子注入速率和光电转化效率;④量子点对太阳光的吸收率还有提高的可能。

QDSC 的研究方向是提高光电转换效率,降低成本。要做到这点,应深入研究电池的微观工作机理,弄清制约电池效率提高的因素,主要包括量子点敏化剂的吸光范围、光阳极的构成和表面形貌、电解液的氧化还原电势、光生载流子的注入效率、迁移率和复合等,其中量子点及其在光阳极表面的敏化是影响整个电池性能的关键。

1. 光阳极

光阳极提供量子点敏化剂吸附所需的较大比表面积和电子传输路径,介孔结构有利于电解质的扩散。但介孔结构固有的结构缺陷、局域场效应和几何形态在一定程度上会削弱电子的传输率。光阳极将 QD 激发态电子传输到透明电极上,须满足几个条件:

（1）导电性好，电子可快速传递到导电玻璃上；

（2）对紫外—可见光透明，量子点可吸收足够多的太阳光；

（3）比表面积较大，量子点光敏剂充分吸附在其上；

（4）介孔结构，电解液更容易渗透其中。

常用的光阳极材料有 ZnO、TiO_2、SnO_2 等。其中 TiO_2 应用最广，光电转化效率最高，稳定性好；纳米 TiO_2 多孔膜电极有较高的比表面积，表面粗糙度大，太阳光在粗糙表面多次反射，吸光率大大提高，但只能吸收紫外光。锐钛矿结构的 TiO_2 传递电子，金红石结构的 TiO_2 散射光子，可增大电子的激发概率。综合这两种晶相的优点，适当调整组分比例，可提升 QDSC 的光电转化效率。

研究表明，有序生长的 TiO_2 纳米管阵列可有效地减少缺陷态密度，使注入的电子快速转移，借此 QDSC 的光电转化效率可能进一步提升。因此，基于 TiO_2 纳米线或纳米管阵列的 QDSC 具有广阔的发展前景。TiO_2 纳米管的微观结构直接影响光阳极的比表面积和电解液的输运，对电池的性能有重要影响。

光阳极的适当掺杂可改善光电特性。在纳米 TiO_2 中掺入某些金属离子可减少电子—空穴对的复合；在纳米 TiO_2 中掺杂 Al 能提高开路由压（V_{OC}），但短路电流（I_{SC}）减小；掺杂钨则效果相反。将纳米 TiO_2 与一些半导体材料（如 ZrO_2、ZnO、PbS、CdS 等）混杂形成复合膜，可使膜内的电子分布状态改变，从而抑制载流子的复合，提高电子的传输速率。复合膜的相关研究成为今后的方向之一。

由 TiO_2 多孔膜的表面态导致的导带、激发态量子点及电解质中的电子复合通过在表面包覆纳米 TiO_2 来减弱。一般采用较高导带位置的半导体或绝缘材料形成阻挡层，如 ZnO、SrO、$SrTiO_3$、Nb_2O_5 等。纳米 TiO_2 电极表面包覆 ZnO 或 Nb_2O_5，载流子复合率减小，电短路流密度（I_{SC}）提高；TiO_2 导带状态密度增大，使得开路电压（V_{OC}）显著增大，电池的光电转化效率明显提高。在 TiO_2 表面包覆 $SrTiO_3$，光电流基本持平，V_{OC} 显著增加，电池效率也有提升。Diamant 等学者认为包覆 $SrTiO_3$ 的 TiO_2 表面偶极化，费米能级提升，增大了电池的 V_{OC}。

在 QDSC 中，空穴的捕获率与电子的注入率有差异，使电子和空穴反向复合。如何降低光生载流子的复合概率以延长寿命是一个研究重点。吴春芳等在 TiO_2/QD 外表覆盖一层 ZnS，起到了钝化作用，明显抑制复合，电池的转换效率得以提高，因为 ZnS 层钝化了 QD 的表面缺陷态，与之相关的复合中心减少。宋孝辉等通过溶胶—凝胶法在 FTO 导电玻璃与多孔 TiO_2 纳米晶电极之间制备一层致密的 TiO_2 薄膜作为阻挡层，阻止 FTO 与电解液直接接触，传输到 FTO 中的光生电子与多硫电解液中 S_x^{2-} 离子间的复合得到抑制。

虽然 QD 可吸收更广范围内的太阳光，但现阶段 QDSC 的光电转换效率不如染料敏化电池，假如更充分地利用太阳能，转换效率会有较大的提升。2014 年，朱德华等人研究了 $CuInS_2$ 量子点敏化电池的电子注入率与 QD 粒子尺寸之间的依赖关系，结果证实可以通过改变 QD 的尺寸来优化 QDSC 的性能。

2. 电解质

QDSC 的电解质有液态、固态和准固态三种。一般由还原态（Re）和氧化态（Ox）的物质组成，电解质中的氧化还原过程伴随着电子的传输。电子传输给氧化态的量子点，发生还原反应，产生电流。通过反应将积累在 QD 价带的空穴向外传送，空穴密度变小，减少与电子的复合。电解质对 QD 的还原速率必须高于 QD 本身电子—空穴的复合速率。高性能电解质的缺乏是当下限制 QDSC 性能提升的原因之一。理想的电解质应具备以下特性：

（1）氧化—还原对在溶剂中的溶解度高，保证溶液中有足够浓度的电子；

（2）氧化—还原电势较低，产生较大的开路电压 V_{OC}；

（3）在可见光频段吸光率低，以免与量子点的吸光冲突；

（4）在溶剂中的扩散系数较大，载流子的迁移率较大，传输速率较快；

（5）不会腐蚀 QDSC 中的其他部分；

（6）氧化态和还原态寿命较长；

（7）氧化—还原反应速率较快，保证电子的再生和传输。

常用的氧化 - 还原对有 I^-/I_3^-、S^{2-}/S_n^{2-}、$K_4Fe(CN)_6/K_3Fe(CN)_6$ 等。目前，S^{2-}/S_n^{2-} 体系电解质应用较多。液

态电解质易挥发和渗漏,稳定性不佳。准固态电解质较少挥发和发生液体渗漏,电导率也较高,但稳定性仍不好。固态电解质的稳定性最好,但与 TiO_2 多孔膜的界面接触阻抗很高,降低了电荷传输效率。研发适宜的液态电解质使之凝胶化成准固态电解质是理想的选择。

之前,QDSC 的液态电解质是 I^-/I_3^- 系电解质,但对大多数量子点的腐蚀性较强,导致光电流下降很快。Lee 等人开发了不腐蚀 QD 的多硫电解质(S^{2-}/Sn^{2-}),在水和甲醇的混合溶剂中加入 Na_2S 和 Sn,加入少量的 KCl 增加电解质的电导率。研究表明,当电解质的组成为 $0.5mol\ Na_2S+2mol\ S+0.2mol\ KCl$,甲醇与水的体积比为 7∶3 时,QDSC 的光电转化效率最高。目前,基于电解质的 QDSC 的最高光电转化效率为 5.4%。

多硫电解质的溶剂含水,会导致电池的填充因子(FF)和 V_{oc} 较低。纯有机多硫电解质用于 QDSC,能使 FF 明显提高, V_{oc} 显著增加, QDSC 的光电转化效率比无机电解质的效率高 3 倍。基于有机电解液的 QDSC 的缺点是挥发性。具有高导电率且常温下不易挥发的熔融盐溶剂的电解质具有良好的稳定性。

QDSC 最常用的固态电解质是无机 P 型半导体和有机空穴传输体。前者以空穴为多子。相对于无机 P 型电解质,有机空穴传输材料的制备更简单,工艺温度低,价格便宜,材料选择面宽,但固态电解质与 TiO_2 膜间存在界面接触势垒,电荷的传输效率低于在液态电解质中的情况。所以,提高基于固态电解质的 QDSC 的光电转化效率是值得深入研究的课题。

准固态电解质即凝胶电解质,加入固化剂将液态电解质凝胶化,兼有固体的稳定性和液体的流动性,在减少液态电解质渗漏的同时,可获得较高的离子电导率。较好解决液体电解质易挥发的问题,也提高了电解质的电导率。

基于准固态电解质的 QDSC 的使用寿命明显高于液态电解质的太阳能电池。为防止液态电解质渗漏,减缓有机溶剂的挥发并降低蒸气压,使用凝胶电解质是一个好选择。但是,这种电解质的长期稳定性无法获得保证,开发适宜的基于固态电解质的 QDSC 仍是长远的研究目标。目前,在全固态电解质的开发相对滞后的情况下,基于凝胶态电解质的 QDSC 是现实的选择。

3. 透明导电基底

透明导电氧化物(TCO)让太阳光透过,收集注入工作电极上的电子,将其传到外电路。要求 TCO 透光率和电导率高。常用的透明导电膜有氧化铟锡(ITO)和氟化氧化铟锡(FTO)两种。FTO 高温稳定性更好,可适应 450℃ 的退火去除有机物等杂质,电导率基本不变。透光性良好的金属或金属氧化物可作为透明导电膜材料。膜的厚度在纳米量级时,透光性优良。但材料透光性与导电性负相关,即薄膜越通透,导电性越差。半导体导电膜的透光性良好,导电性不如金属膜。考虑到透明度、物性及电导率等因素,透明导电膜须具备的条件是:

①材料禁带宽度(E_g)应大于 3 eV,满足透光率要求;

②为了保证导电性,应对材料进行掺杂、退火等工艺处理,在透明导电膜的制备中,如无高温工艺环节可用玻璃或塑料作衬底,有高温工艺环节可考虑用不锈钢或烧结陶瓷作为基底。

4. 量子点敏化剂

QDSC 的量子点光敏化剂在吸收光子能量后产生激子,其特点是能级随量子点尺寸而变化,有较大的偶极矩、较高的消光系数和多激子效应。量子点的种类、尺寸、结构和形貌直接决定光电转换效率。常用的半导体量子点敏化剂有二元硫族化物(Sb_2S_3、Cu_2S、Ag_2S、FeS_2、RuS_2、SnS、CdS、CdSe、CdTe、PbS、PbSe、Bi_2S_3)、Ⅲ~Ⅴ族化合物(InP、InAs)以及三元硫族化物($CuInS_2$)等。对量子点敏化剂的要求是:

(1)QD 的导带底必须比宽禁带半导体的导带底位置高,价带低于电解液的氧化还原电势,带隙范围在 1.1~1.4 eV,可见光谱内的吸收系数大;

(2)能有效吸附在纳米晶多孔半导体薄膜上;

(3)激发态寿命长,保证电子在注入半导体多孔膜前不跃迁回基态;

(4)与半导体多孔膜的能级匹配,激发态电子可有效注入半导体的导带中。

量子点的制备有原位沉积法和非原位沉积法。原位沉积是在宽带隙半导体上直接生长量子点,包括化学浴沉积法和连续离子层吸附与反应法。非原位沉积是预先制备尺寸和形貌可调、表面钝化的胶体量子点,之后经过直接吸附或连接剂辅助吸附等,将量子点沉积到宽带隙半导体材料上。

量子点的改性可以提升 QDSC 的光电转换效率。常用的改性工艺有表面钝化、金属及非金属离子掺杂、共敏化等。QD 表面沉积另外一种半导体材料是常用的钝化方式。在 QD 表面沉积一层 ZnS 或致密的 TiO_2 层,能有效减少 QD 的表面缺陷密度,减小载流子复合率。常见的 QD(如 CdS、CdSe 等)只能吸收波长小于 650 nm 的可见光。可考虑改变尺寸和适当掺杂来拓宽 QDSC 的吸光范围。掺杂过渡金属离子的 QD 的电学和光学性能都有所提升。杂质在 QD 的禁带中形成新的能级,使电荷分离和复合的动力学特性改变。控制杂质的种类和浓度可调控 QD 的光学和电学性能。例如在 Mn-CdS 中, Mn 在 CdS 量子点的禁带里产生新能级,捕获量子点激子,抑制电子—空穴或与氧化态多硫电解液电荷之间的复合,提高 QDSC 的开路电压(V_{oc})。

5. 对电极

对电极在基底上沉积一层十几到几十纳米厚的金属膜作为阴极,用以催化氧化态电解质的还原反应,使得被还原速率加快并与光阳极构成回路。对电极必须有足够大的面积来支持在光阳极上产生的电流传导。QDSC 中常用铂(Pt)作为对电极材料,它不影响阳极电极上的反应,但与电解质间的界面电荷迁移阻力较大;多硫电解质中的硫还容易吸附到对电极上造成污染。在多硫电解液中, Pt 表现出较强的过电势(电极电势与可逆电极电势偏差的绝对值),使 Pt 的催化能力有所下降。理想对电极的特征是:

(1)材料的电阻率小;

(2)对于电解质活性好,催化氧化还原反应速率较快;

(3)不易被电解质腐蚀。

另外,为节约成本,有必要研究寻找其他更便宜的材料替换 Pt。综合文献,金属硫化物和碳材料制成的对电极可作为一项改进措施。

6. QDSC 存在的问题及性能优化

目前,QDSC 光电转化效率比染料敏化电池低,光照的长期稳定性不理想,存在的主要问题有:

(1)量子点在宽禁带半导氧化物膜表面的附着量低,吸光范围窄,太阳能利用效率低;

(2)量子点的表面缺陷态降低了电子注入、收集效率;

(3)量子点易被一些电解液腐蚀,化学稳定性差;

(4)宽带隙半导体/电解液以及电解液/对电极界面的能级分布未达到最优,致使电池的开路电压(V_{oc})和填充因子(FF)较低;

(5)光阳极的结构需要最优化设计;

(6)QDSC 中空穴被捕获的速率比电子的注入速率慢,导致空穴在 QD 中积累,增加了电子空穴对的复合;

(7)电解质被对电极还原的速率还不够快;

(8)一部分量子点敏化剂有毒性,对环境有一定的污染。

QDSC 性能优化措施主要有以下五类。

(1)形成小带或混晶。半导体在量子化后产生能带分裂,在各 QD 的能带间产生许多细小且连续的能带,即小带。碰撞离化使 QDSC 的光电流增加,借助小带效应, QDSC 的开路电压(V_{oc})得到提升。这种结构使热电子的冷却速度变缓,为热电子提供更好的传导和收集路径,热电子从较高的能级向外导出,因此提高了电池的 V_{oc}。QDSC 通常使用 II~IV 族化合物量子点作为吸光剂(主要有 CdS、CdSe 和 CdTe 等),但是单一种类的量子点的光吸收范围有限。如巧妙混合使用几种 QD,则可以吸收利用更宽波长范围的阳光。

(2)改进光阳极膜的纳米结构和适当掺杂是提升光电转换效率的方法。尽量增大比表面积,利用 TiO_2 纳米颗粒形成多孔层,也可用一维纳米材料(如纳米线、纳米管等)形成具有较大的比表面积的膜层,或者使用二维纳米片(如石墨烯等)。为充分利用太阳光,将光阳极做成双层或多层结构,将一层较大粒度的散射层加在纳米多孔层之上。与单层光阳极的 QDSC 相比,双层或多层结构的 QDSC 的光电转化效率更高。王丹用快速退火的方法制备了 S 掺杂的 TiO_2 纳米线阵列,发现 S 表面掺杂明显提高了光阳极对可见光的响应,在 0.23 V(vs.Ag/AgCl)电位下,阳极输出的光电流提高了 8.5 倍。这表明 S 掺杂是增强 TiO_2 光阳极可见光响应的有效方式。

（3）改进电解质。QDSC 中的电解质通常用水作为溶剂,水不容易渗透到 TiO_2 膜的孔隙中,导致光阳极和电解质间接触不紧密,电池的性能提升受到限制。为了解决此问题,可换成水的醇类溶液,但问题是在醇溶剂中电解质的电离度差。综合考虑到电解液的渗透性和在溶剂中的离子解离能力,以合适比例的醇—水混合液作为溶剂较好,具体的配比需要实验摸索。

（4）量子点的共敏化。单一种类的量子点的光吸收范围窄,可应用多种量子点或结合染料敏化剂共敏化。染料敏化剂是 DSC(染料敏化电池)的核心组分,与 QD 相比具有更广的光吸收范围(比如钌染料能吸收大部分的可见光)。使用染料除了拓展光吸收范围外,还能减少量子点的电荷复合损失,有效提高电荷的分离效率。根据检索结果,目前关于量子点共敏化的文献还比较少,对于已沉积的量子点对后续制备量子点的粒径、形貌以及后者对前者的透光率等参数的影响缺乏系统性的研究。

（5）彩虹结构的电池。Kamat 等学者提出了彩虹结构的 QDSC,将不同尺寸的量子点有序组装在 TiO_2 纳米管阵列中,工作电极吸收不同波长的太阳光,增加入射光的有效捕获率。结合不同类型的量子点,QDSC 的吸光范围大幅度拓宽。这种电池既有小尺寸量子点的电子快速注入的特点,又有大尺寸量子点光吸收范围广的优势,有望成为进一步提升 QDSC 的光电转化效率的可行方案。

6.2.2.3　钙钛矿太阳能电池

钙钛矿($CaTiO_3$)是一种配位化合物,单晶体属立方晶系,广义化学式为 ABO_3。A 是半径较大的碱金属、碱土金属或个别稀土金属离子,不参与光催化,作用是调节 B-O 键角,稳定晶格结构。B 是过渡或稀土金属离子,是光催化活性中心。有光催化特性的钙钛矿有钛酸盐、钽酸盐和铌酸盐等,其薄膜生长条件、掺杂以及钙钛矿的复合会引起晶格畸变。天然钙钛矿纯的矿物比较少见,一般只存在大量的类质同象混入物,如稀土元素铌等。钙钛矿原石及其晶胞结构见图 6-4。

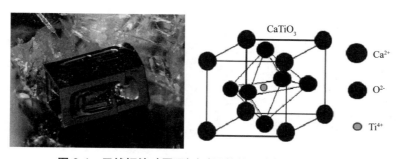

图 6-4　天然钙钛矿原石(左)及其单晶体晶胞结构(右)

钙钛矿太阳能电池(Perovskite Solar Cells)是以人工合成的钙钛矿型的有机金属卤化物半导体薄膜作为吸光层的新型太阳能电池。最常用的钙钛矿吸光材料是 ABX_3(如甲胺铅碘 $CH_3NH_3PbI_3$,其禁带宽度为 1.51 eV,在太阳光波长范围 400~800 nm 有较大的吸收系数),也是载流子传输材料。钙钛矿 ABX_3 晶体结构一般为立方体或八面体。在钙钛矿晶体中, A 作为有机胺阳离子(如 $CH_3NH_3^+$)位于立方晶胞的中心,被 12 个 X 离子(Cl^-、Br^-、I^- 等卤素阴离子或 SCN^-)包围成配位立方八面体,配位数为 12;B 离子(如 Pb^+、Sn^+ 等)位于立方晶胞的角顶,被 6 个 X 离子包围成配位八面体,配位数为 6,其中 A 离子和 X 离子半径相近,共同构成立方密堆积的空间结构,见图 6-5。

2009 年,钙钛矿作为一种人工合成材料($CH_3NH_3PbBr_3$ 和 $CH_3NH_3PbI_3$)首次用于太阳能电池,其制备简单(最初用旋涂法)、性能优异、成本低廉、商业价值巨大,因此大放异彩。近年,全球顶尖科研机构和大型跨国公司(如英国牛津大学,瑞士洛桑联邦理工学院,日本松下、夏普、东芝等)都投入了大量人力物力,致力于提高性价比,力争早日实现量产。

图 6-5　钙钛矿晶体三维空间结构图

　　钙钛矿太阳能电池中，A 离子通常为 $CH_3NH_3^+$（RA = 0.18 nm，表示键长，下同），其他如 $NH_2CH=NH_2^+$（RA = 0.23 nm）、$CH_3CH_2NH_3^+$（RA = 0.19~0.22 nm）也有一定的应用。B 离子指金属阳离子，主要有 Pb^{2+}（RB = 0.119 nm）和 Sn^{2+}（RB = 0.110 nm）。X 离子为卤族阴离子，即 I^-（RX = 0.220 nm）、Cl^-（RX = 0.181 nm）和 Br^-（RX = 0.196 nm）。钙钛矿太阳能电池结构见图 6-6，介孔结构的钙钛矿太阳能电池组成为：FTO 导电玻璃、TiO_2 致密层、TiO_2 介孔层、钙钛矿层、HTM 层、金属电极。在此基础上，Snaith 等把多孔支架层 n-TiO_2 换成绝缘材料 Al_2O_3，形成一种介观超结构的异质结型太阳能电池。更进一步，去掉绝缘的支架层，制备出类似于 p-i-n 结构的平面异质结电池。Grätzel 等还在介孔结构基础上将 HTM 层去掉，形成 $CH_3NH_3PbI_3/TiO_2$ 异质结，制出一种无 HTM 层结构。此外，Malinkiewicz 等人把钙钛矿材料作为吸光层用在有机太阳能电池之中。

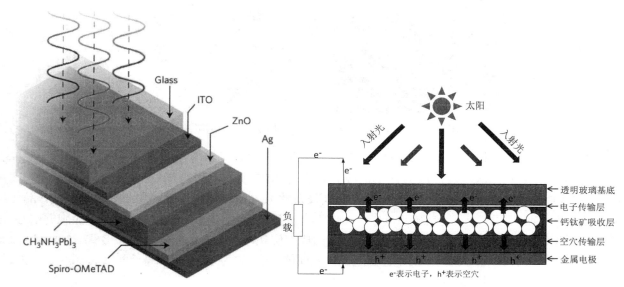

e⁻表示电子，h⁺表示空穴

图 6-6　钙钛矿太阳能电池结构及原理图

　　太阳光照时，钙钛矿层吸收光子产生电子—空穴对。由于钙钛矿激子束缚能的差异，这些载流子或者成为自由载流子，或者形成激子。而且，钙钛矿材料往往具有较低的载流子复合概率和较高的载流子迁移率，所以载流子的扩散长度较大（电子和空穴的扩散长度分别为 130 nm 和 100 nm），寿命较长。

　　这些未复合的电子和空穴分别穿过电子传输层和空穴传输层被收集，即电子从钙钛矿层传输到等电子传输层，被 FTO 收集；空穴从钙钛矿层传输到空穴传输层，被金属电极收集。当然，这些过程中不免有一些载流子的损失,如电子传输层的电子与钙钛矿层空穴的可逆复合、电子传输层的电子与空穴传输层的空穴的复合(钙钛矿层不致密的情况)、钙钛矿层的电子与空穴传输层的空穴的复合。要提高电池的整体性能,这些载流子的损失应该降到最低。最后,通过连接 FTO 和金属电极的电路而产生光电流。目前,钙钛矿太阳能电池势头良好,但仍有若干关键因素制约钙钛矿太阳能电池的实用化,主要表现在以下几个方面。

(1)钙钛矿太阳能电池在潮湿或光照条件下的长期稳定性不好,吸收层材料会分解。但研究表明以 $CH_3NH_3Pb(I_{1-x}Br_x)_3$ 为吸光材料,改变 I 和 Br 的比例,可获得比较高效稳定的钙钛矿太阳能电池。

(2)吸收层中含有可溶性的重金属离子 Pb^{2+}、Sn^{2+},不利于环保。

(3)现今,制备钙钛矿太阳能电池应用最广的是旋涂法,还有反溶剂法、顺序沉积法等。旋涂法难于制作大面积、连续和均匀的钙钛矿薄膜,故需对其他更好的制备工艺技术进行探索,以期能制备高效的大面积钙钛矿太阳能电池,便于以后的工业化生产。现今,钙钛矿层的成膜工艺广泛采用热分解法。Barrows 等学者用超声喷雾成膜工艺制备 $MAPb(I_{1-x}Cl_x)_3$ 薄膜,用于反型钙钛矿太阳能电池中,获得了 11.1% 的光电转化效率。基于 $MAPb(I_{1-x}Cl_x)_3$ 薄膜吸光层,Matieocci 等学者制备出面积为 16.8 cm² 的钙钛矿太阳能电池模块,获得了 5.1% 的光电转化效率。在空气中 100 mW/cm² AM1.5 光照 335 h 后,器件效率仍保持初始效率的60%,这为钙钛矿太阳能电池的商业化奠定了基础。

(4)钙钛矿太阳能电池工作机理的研究还有待增强。如在太阳光中,近红外和红外光占有相当大的比例,如果降低 ABX_3 材料的禁带宽度,把光吸收范围延伸至近红外和红外区,可大幅度提升钙钛矿太阳能电池的光电流密度。钙钛矿结构中,B-X-B 键角对调节材料的带隙至关重要。因此,通过改变不同卤素阴离子和金属阳离子来调控钙钛矿材料的结构和性质具有实际意义。对卤素阴离子,从 Cl⁻ 到 I⁻ 半径增大,导致 ABX_3 的晶格常数变大,禁带宽度变窄,钙钛矿材料的吸收光谱发生红移。按不同比例在 $CH_3NH_3SnI_3$ 中掺入 Br⁻ 之后,材料的禁带宽度在 1.3~2.15 eV 之间变化,相应的吸收太阳光波长范围介于 650~950 nm。经过调节优化 Br⁻ 与 I⁻ 之间的比例,用一步法制得以 $CH_3NH_3SnIBr_2$ 为吸光层的钙钛矿太阳能电池,最高光电转化效率为 5.73%。$CH_3NH_3Sn_{1-x}Pb_xI_3$ 钙钛矿材料中,通过改变 Sn 与 Pb 的比例,把吸收边延伸到 1 050 nm 的近红外区域,最大短路电流达到 20 mA·cm⁻²(对应 $x=0.5$)。混合 $CH_3NH_3Sn_{1-x}Pb_xI_3$ 钙钛矿材料的能级不是随 x 的变化在 1.3~1.5 eV 之间呈线性变化,而是都小于 1.3 eV。

(5)钙钛矿薄膜的质量直接决定钙钛矿太阳能电池的性能。但我们至今对控制钙钛矿薄膜质量的精确反应机理以及主要影响因素(如溶剂,反应组分、浓度及配比,反应温度等)的理解还不够透彻。有报道称,实验证实,黑暗条件对于反溶剂法制备钙钛矿薄膜是有利的,然而对于顺序沉积法来说情况相反,有利的条件变成了光照。

2017 年 2 月,杭州纤纳光电科技有限公司开发的钙钛矿太阳能电池转换效率为 15.2%,首次打破之前由日本保持的钙钛矿太阳能电池的世界纪录。此后,分别在当年 5 月和 12 月,以 16% 和 17.4% 的转换效率实现了一年三破世界纪录的佳绩。后来,他们又将钙钛矿小组件转换效率提升至 17.9%,稳定输出效率达17.3%。该结果再一次证明中国在钙钛矿领域的技术领先优势。2019 年《物理学报》报道,钙钛矿/硅异质结太阳电池获得的开路电压为 1 780 mV,转换效率为 21.24%,这为高效的平面 a-Si: H/c-Si 异质结太阳电池和钙钛矿/硅异质结叠层太阳电池的研究提供了借鉴和指导。

6.2.3　太阳能光分解利用

太阳能光分解利用是指在太阳光照下,一种反应物发生分解反应,生成多种新物质的过程。这是由于当分子吸收的光子能量大于或等于分子的化学键的离解能时,分子就会直接解离,光解离作为最基本的光化学过程,可以使处于电子激发态的分子发生光化学反应。在太阳能光化学利用中,基于光分解水制取 H_2(或 O_2)是十分热门的课题,因为 H_2 的燃烧值极高而不污染环境。其基本原理是:太阳光照时,能量不小于半导体催化剂禁带宽度的光子被吸收,电子从价带顶跃迁到导带,形成自由移动的电子—空穴对,电子和空穴在内电场作用下分离,移动到催化剂表面处,水在电子和空穴作用下解离,生成 H_2 和 O_2。基本的反应过程如式(6-1)及(6-2)所示。

$$2H^+ + 2e^- \rightarrow H^2 \uparrow \qquad\qquad (6\text{-}1)$$

$$2H_2O + 4h^+ \rightarrow O_2 \uparrow + 4H^+ \qquad\qquad (6\text{-}2)$$

目前,在可见光照射下,基于过渡金属离子掺杂的纳米半导体材料的光催化制氢引起了广泛关注。它将表面改性的 TiO_2、ZnO、CdS 等纳米颗粒悬浮在水中,通过分解水制氢。图 6-7、图 6-8 分别示出了纳米 TiO_2 光解水制氢的机理及相关的电荷转移过程。

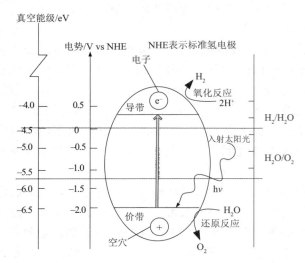

图 6-7　纳米 TiO_2 光催化分解水制氢机理示意图　　　图 6-8　纳米 TiO_2 光催化电荷转移过程简图

纳米半导体颗粒可看成是一个个微电池悬浮在水中,它们像太阳能电池一样起作用,电极没有像光电化学电池那样在空间上分开,甚至对电极也在同一个颗粒上。需注意的是,作为光解水的半导体光催化剂,必须满足 2 个条件:

(1)禁带宽度要大于水的电解电压(理论值为 1.23 eV);

(2)半导体价带位置应比 O_2/H_2O 的电位偏正,导带位置应比 H_2/H_2O 的电位偏负。

在光分解水制氢的半导体光催化剂中,目前以基于纳米 TiO_2 的体系最为常见。纳米 TiO_2 的制备方法有溶胶—凝胶法、化学气相沉积法和液相沉积法等。研究证实,有光催化活性的 TiO_2 呈锐钛矿型,非晶态和金红石型的 TiO_2 基本没有该特性。纳米 TiO_2 使用寿命长,催化效率较稳定,长时间使用不失活。但在实用中也存在一些缺陷。

(1)虽然 TiO_2 对太阳光稳定,但由于 TiO_2 的能隙较大(3.2 eV),要用波长小于 387.5 nm 的紫外光才能激发。

(2)影响半导体光催化效率的要素之一是光生电子—空穴对的复合。由于电子和空穴极易复合,势必降低高活性氧化基团的产率,导致催化效率下降。从实用角度考虑,为了保证在光催化反应中溶液的稳定和氢气顺利析出,往往需在溶液里加入某些物质(如牺牲剂等),构成一个更为复杂的光催化体系。

6.2.4　光合作用

光化学转换是指吸收太阳光能引起化学反应而转换为化学能的过程。其基本形式有光合作用和利用化学变化储存太阳能的光化学反应。

6.2.4.1　自然光合作用

自然光合作用即光能合成作用。自然界中,绿色植物、藻类和某些细菌在可见光照下,通过光化学反应,经由光合色素(如叶绿素),将 CO_2(或 H_2S)和 H_2O 转化为有机物(如葡萄糖、淀粉等),释放出 O_2(或 H_2)。光合作用是综合利用太阳能最有效的方式,全球每年由光合作用合成的生物质约为 2 200 万吨。

影响植物光合作用的因素有光照强度、CO_2 浓度、温度、水分和一些矿物元素等。光合作用过程分为光反应和暗反应两个阶段。光反应从水中夺取电子进行分解(氧化),生成储存能量的物质三磷酸腺苷(ATP),并激活随后还原反应的物质烟酰胺腺嘌呤二核苷酸磷酸(NADPH,一种核苷酸类辅酶,分子式为$C_{12}H_{29}N_7O_{17}P_3$)。暗反应会利用 ATP 和 NADPH,使 CO_2 发生还原反应,制造碳水化合物。前者必须在光照下进行,并随着光强的增加而增强,后者有无光照都可以进行。暗反应需要光反应提供能量和自由基。在较弱光照下生长的植物,其光反应进行较慢,故当 CO_2 浓度提高时,光合作用速率并没有随之增加;光照增强时,蒸腾作用随之增强,叶片温度下降,以避免晒伤;当炎热夏天的中午光照过强时,为了防止植物体内水分过度散失,植物进行适应性调节,气孔关闭。虽然光反应产生了足够的 ATP 和自由基,但气孔关闭,CO_2 进入叶绿体中的分子数减少,暗反应中葡萄糖($C_6H_{12}O_6$)的产生速率减慢。图 6-9 为自然光合作用的基本过程和机理简图。

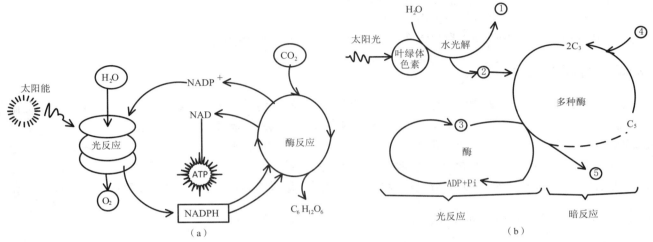

图 6-9　自然光合作用基本过程和机理简图

(a)光合作用基本过程;(b)光合作用基本机理

　　绿色植物靠叶绿素把太阳能转化为化学能,实现生长,如能揭示光化学转换的规律,便可实现人造叶绿素发电、储能。光合作用是一系列复杂的代谢过程的总和,是把太阳能转换为化学能并储存的生物化学过程。

6.2.4.2　人工光合作用

　　人工光合作用通过模拟自然光合过程,把 CO_2 和 H_2O 转变为 O_2、H_2 或有机物。目前,在实验室里已实现利用太阳能人工光合作用制得氢气、氧气和甲酸等。图 6-10 是日本松下公司的人工光合作用实验装置。

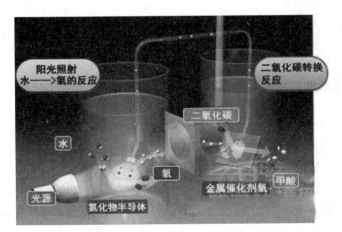

图 6-10　日本松下公司的人工光合作用实验装置和过程图

　　光合作用的光系统 II(PS II)是自然界唯一能够利用太阳能高效、安全地将水裂解,获得电子、质子并释放出氧气的生物系统。对其结构和微观原理的研究一直是光合作用研究领域的热点和难点。2011 年以来,

PSⅡ的晶体结构研究取得突破性进展,其核心色素、辅基及水裂解催化中心(OEC)的空间结构均已被揭示,这为人工光合作用的研究提供了重要的依据。如日本丰田中央研究所用 H_2O、CO_2 和太阳能,在全球首次成功合成了甲酸(HCOOH)。他们在人工光合作用系统中,在光反应中采用"光催化剂",暗反应中采用由半导体和金属配合物构成的催化剂。将光催化剂激发的电子通过铜线提供给金属配合物,使 CO_2 发生还原反应生成甲酸。与紫外光催化剂相比,金属配合物利用可见光实现光催化。从实用的角度看,其价格明显低于基于稀有金属的光催化剂。虽然丰田中研所光转化为有机物的效率只有 0.04%,但具有极其重大的科学意义和潜在的实用价值。将来,利用人工光合作用产生甲醇和烷烃等液体燃料,即"太阳能燃料"(Solar Fuel)成为可能。如果利用太阳能制造液体燃料,便可继续使用现有的汽油及轻油基础设施。在人工光合作用领域,今后亟待开展的研究工作包括:

(1)揭示生物和人工水裂解催化剂的催化原理和过程;

(2)研发稳定、高效、廉价的仿生水裂解催化剂;

(3)构建高效人工光驱动水裂解体系,探索光解水新机理,获得清洁能源。

6.2.5 光敏化学利用

光化学反应中,分子吸收太阳光能量跃迁到高能态,将能量传递给不能吸收光子的分子,促使其发生化学反应,光子本身不参加化学反应,恢复到原态。这类分子构成的物质叫做光敏剂。在光照下,由光敏剂引发的化学反应称为光敏化学反应。现在,比较热门的研究领域是膜的光敏化学利用,即模仿生物膜制成双分子层类脂膜,加入光敏色素,使之成为色素双分子膜。膜厚通常小于 10 nm。受光照的色素分子,产生异号的光生电荷,电荷分离到膜的两边,分别起氧化和还原作用,形成跨膜电动势,类似于绿色植物的光合膜。

6.2.6 利用太阳能分解水制氢

近年来,染料敏化电池和量子点敏化电池的光电转化效率不断提高,实验室效率已达到 10% 左右。我国已建有小型基于染料敏化电池的光伏发电系统示范点,离大面积推广应用为期不远。离实用尚远的太阳能光化学利用技术是人工光合作用和可见光分解水制氢气。光解水制氢是太阳能光化学转化与储存的最好途径之一。因为氢燃烧后只生成水,不污染环境,且便于储存和运输。

把太阳能转化为电能,光解水制氢可以通过电化学过程来实现。绿色植物的光合作用就是通过叶绿素吸收太阳光,把光能转化为电能,借助电子转移过程将水分解的。20 世纪 70 年代,科学家利用 $n\text{-}TiO_2$ 半导体作阳极,以铂黑作阴极,制成太阳能光电化学电池。在太阳光照射下,阴极和阳极分别产生氢气和氧气,两电极间的导线有电流通过,即光电化学电池在光照下同时实现了分解水制氢、制氧和获得电能。这引起科学界重视,被认为是太阳能利用技术上的突破。但是,光电化学电池只能吸收紫外光和近紫外光,制氢效率很低,电极易腐蚀,性能不稳定,所以至今尚未达到实用要求。

之前,纳米 TiO_2 被用作水分解制氢的光催化剂,但只有在紫外光照下才能发挥作用。2003 年报道的紫外光区活性最高的光催化剂,即 La 掺杂 $NaTaO_3$ 催化剂,分解水制氢的量子效率达到 56%,在实验上证明光能转化为化学能的量子效率突破 50%。由于地面上紫外光在太阳光谱中仅占 5%,提高太阳能利用率的关键是开发可见光响应的光催化剂,因为可见光区的辐射功率占太阳光谱 40% 以上。2000 年以来,科学家们开始大力研发可见光活性的光催化剂,产氢量子效率不断提高,这些成果为推动氢燃料进入实用化阶段带来希望。2006 年报道的最高效率的可见光催化剂,在不加牺牲剂时分解水产氢量子效率达到 2.5%。2011 年,武汉理工大学的研究表明,合适配比的 Cu、W 共掺杂的 $NaTaO_3$ 可较好地抑制空位氧缺陷形成,降低光生载流子的复合概率,从而提高光催化活性。2012 年,日本东京大学教授堂免一成(Kazunari Domen)课题组在《美国化学学会会志(JACS)》报道了纳米 $Rh_{2-y}Cr_yO_3/GaN$:ZnO 固溶体光催化剂在 400 nm$<\lambda<$500 nm 可见光照下,水分解制氢效率在 3 个月保持不变。2013 年报道的可见光分解水产氢量子效率已达 6%。一些可见光催化分解水制氢的同时,还降解部分污染物,具有产生清洁能源和改善环境的双重功效。2017 年,美国圣地亚哥大学的华人女学者顾竞通过原子层沉积法(ALD)将 TiO_2 沉积到电极表面提高电极的稳定性,并

进一步通过廉价的水分解催化剂使电极表面保持水的分解活性。用廉价非晶态 MoS_2 催化剂修饰过的半导体电极的稳定性可以与贵金属铂、钌修饰过的电极表面稳定性相当。该研究的创新性在于以往的研究虽然也尝试将 TiO_2 作为光阴电极的稳定层,但是催化层一般是贵金属异相催化剂。更为关键的是,在高温加热的条件下,催化剂层 MoS_2 和保护层 TiO_2 形成了一个互相镶嵌的结构,进一步提高了电极的稳定性。2019年,王文超等学者研究了超薄 MoS_2 纳米片/ TiO_2 核壳结构利用太阳能分解水的过程,通过锂离子剥离,成功制备具有高活性的超薄 MoS_2,并原位嵌入 TiO_2 核壳结构体相中。超薄 MoS_2 因其高的表面能,与 TiO_2 形成了有效的电子传输通道,提高了载流子分离效率,提升了光催化制氢的速率。核壳结构的 TiO_2 有效抑制了体相中超薄 MoS_2 的团聚与失活,而超薄 MoS_2 提供了更多的活性位点,两者相得益彰。研究结果表明,与块状 MoS_2 相比,超薄 MoS_2 作为电子受体有效地抑制了光生电子和空穴的复合,其活性系数增加,有效促进了电荷的分离。同时,超薄 MoS_2 与核壳结构 TiO_2 之间形成的紧密界面和化学键,保证了电子转移的稳定性,进而提高了光催析氢活性(2 443 $\mu mol \cdot g^{-1} \cdot h^{-1}$),相较于纯 TiO_2 和块状 MoS_2 修饰的 TiO_2,其活性分别提高了1 000% 和 470%。时间分辨荧光(ns-PL)动力学结果表明,将超薄 MoS_2 嵌入到核壳结构 TiO_2 中,有效加速了电子迁移,缩短了电子的荧光寿命,证实了 TiO_2 与超薄 MoS_2 之间存在显著的电子转移和捕获过程。该工作证明了均匀嵌入的 MoS_2 薄片可以取代贵金属(Pt)作为提高光催化性能的助催化剂。

以 TiO_2 为主体的光催化剂分解水制氢有内在的物理制约,如带隙可调的范围不够大、利用的太阳光能量范围比较窄等。要进一步提高利用太阳能光催化分解水的产氢效率,必须从光催化机理入手,以开发高效、稳定和长寿命的光催化剂体系为突破口。近几年研究发现,负载助催化剂对于绝大多数半导体材料是必需的。这说明在光催化分解水的热力学和动力学限制条件中,突破光催化剂表面反应动力学限制是关键,但单一钙钛矿光催化剂也存在类似的局限性。这是未来考虑采用复合钙钛矿薄膜光催化剂分解水的缘由。氢是理想的清洁能源,燃烧值为 142 MJ/kg,是天然气的 3 倍多;在空气中燃烧产物是水,对环境无污染,可循环使用和安全储存。但目前分解水制造氢的效率太低,光催化剂在可见太阳光区存在衰减,稳定性不理想,氢燃料离实用尚有很大距离。据日本通产省评估,当可见光催化分解水产氢量子效率达到 15% 以上时,就有工业化太阳能制氢的实用价值。

6.2.7　存在的问题与展望

作为太阳能光电利用主要部件的染料敏化电池和量子点敏化电池等,目前制备材料还比较昂贵,光电转化效率较低,但比传统光伏电池成本低很多,有很大的发展空间。改进染料敏化电池的光阳极、开发廉价高效稳定的染料以及采用固态电解质是发展趋向。对基于纳米 TiO_2 的光阳极来说,可采用对 TiO_2 进行金属离子掺杂、TiO_2 与其他半导体复合、催化剂表面修饰改性等手段调整其能带结构,拓宽吸收光波长范围,充分利用可见光;通过 TiO_2 表面沉积贵金属或金属氧化物、加入电子俘获剂等,可减小光生电子—空穴对的复合率,提高其光催化效率;提升量子点敏化电池的转化效率,应从新原理、新材料和结构设计等方面入手。目前,太阳能光分解水制氢技术的量子效率还较低,远远达不到实用化程度,应着力研发新型、高效和长寿命的可见光催化剂,以大幅度提高量子产率。人工光合作用研究方面,目前日本居于世界领先地位,我国正奋起直追,迎头赶上。在这方面应加强学科交叉协同、优势互补、共同攻关及大学间的研究合作,加大研究经费投入力度,有条件的科研院所应率先开展相关的基础研究,力争取得原创性的重大成果。

相对于传统光伏电池,以染料敏化电池和量子点敏化电池为代表的光化学电池的成本更低,制备工艺更简单,但目前光电转化效率还较低,科研上的努力已使转化效率逐年提高,商业化前景初见端倪。太阳光分解水制氢技术方面,各国以研发高效、廉价的可见光催化剂为目标,进展迅速,制氢量子产率逐步提升。虽然现在这些技术尚达不到实用化水平,但发展空间巨大,市场前景广阔。

6.3　太阳能海水淡化工程

太阳能海水淡化是利用太阳能对海水脱盐生产淡水,实现水资源循环利用的开源增量技术,可增加陆地淡水总量,且不受时空和气候影响,可以保障居民饮用水和工业用水等。太阳能蒸馏海水淡化的核心装置是太阳能蒸馏器。蒸馏器由一个水槽组成,水槽内有一个黑色多孔的毡心浮洞,槽顶上盖有一块透明、边缘封闭的玻璃覆盖层。太阳光穿过透明的覆盖层投射到黑色绝热的槽底,转换为热能。因此,塑料芯中的水面温度总是高于透明覆盖层底的温度,水从毡芯蒸发,蒸汽扩散到覆盖层冷却为液体,排入蒸馏槽中。

当前,太阳能蒸馏器的研发主要集中在材料的选取、各项热性能指标的改善以及将它与各类太阳能集热器结合上。目前,已工业化的太阳能蒸馏器的加热部件采用空气集热器,得到的高温空气随后经过加湿装置,而加湿装置里的海水由纳米塑料集热器加热,热水和高温空气充分接触,使得海水蒸发,得到高湿高温空气,加湿率达到90%以上;高温高湿的空气通过冷凝器,将淡水冷凝出来,达标的淡水被收集在淡水箱中。与传统动力源和热源相比,太阳能具有安全、环保等优点,将太阳能采集与脱盐工艺结合是一种可持续的海水淡化技术。太阳能海水淡化技术由于不消耗常规能源、无污染、所得淡水纯度高等优点而倍受重视。图6-11给出了太阳能蒸馏海水淡化系统图。

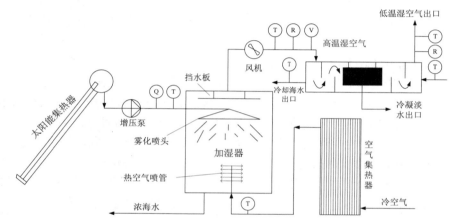

图 6-11　太阳能蒸馏海水淡化系统

为了提高太阳能利用率,可在传统的太阳能蒸馏海水淡化装置中加装太阳跟踪系统。为综合利用太阳能,借助海边风大的优势,利用风光互补发电为海水淡化装置供电,配备计算机远程监控系统,自动化水平显著提高。需注意两个问题:一是在风光互补发电小于系统最低能耗或没有风及太阳能不足时,如何通过补充其他能源以维持最低的淡水产量;二是对新型海水淡化系统进行多工况优化控制,以适应风电的波动特性,维持单位产水量的能耗基本不变。图6-12是一种基于风电和远程监控的太阳能蒸馏海水淡化装置。

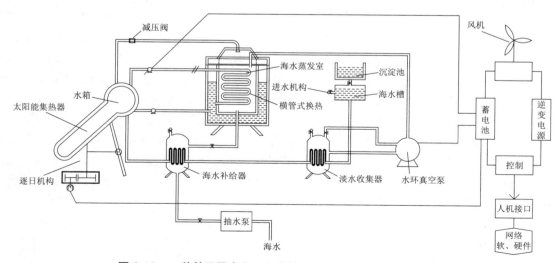

图 6-12　一种基于风电和远程监控的太阳能蒸馏海水淡化装置

2018 年,南京大学朱嘉教授团队将氧化铝多孔模板结合金属纳米颗粒自组装技术,创新性地设计了一种新型吸收体材料,在 400 nm 到 10 μm 波段具有 99% 的太阳光吸收效率。结合新型界面光热转换设计,将这种材料应用到海水淡化上,光热蒸汽转化效率可达 90%,并且水质达到了世界卫生组织(WHO)规定的饮用水标准。在此基础上,该团队进一步实现蒸汽熔存储利用和太阳能水电联产,依靠太阳光和自然水源两种地球上最充沛的资源,即可实现洁净水和电的联产。同时,该团队也将界面太阳能蒸汽技术创新性地推广到了污水处理、灭菌等领域,均取得了较好的结果。这项科技成果引起了国际学术界和产业界的广泛关注,《科学》杂志以《新的水纯化系统可帮助世界解渴》为题进行专文介绍。这一新型太阳能海水淡化技术显示出广阔的前景,不但可以为贫困、偏远地区提供经济的饮用水,也可为海洋、沙漠、军事等特殊地区及应用领域提供小型、便携的供水,有可能为世界性的水资源缺乏问题贡献"中国水方案"。总之,如何综合利用太阳能光热 + 风光互补发电 + 其他形式的能源,提高太阳能海水淡化的能效比是值得深入研究的课题。比如,有课题组正在研究用太阳能 + 风能对海水预热,使用太阳光聚焦系统有效增加太阳光能密度,使金属热管的吸热端吸收足够的热量,使预热海水达到最佳闪蒸沸点,通过负压导向冷凝管路,完成在低沸点下的淡化过程。

6.4　太阳能污水处理工程

6.4.1　太阳能+微生物处理污水

生活污水收集后进入污水处理系统内的格栅井(内部设有过滤格栅,可滤除污水中的悬浮物、粗粒、不溶性 COD、SS 等),栅渣清理后,将水外运安全处理。经过粗处理后含有有机、无机等物质的污水进入厌氧池,在此利用厌氧微生物降解污水中的有机物,使复合链大分子的有机物降解为单链的小分子。污水和从沉淀池回流的含磷污泥在厌氧状态下释放出磷,在太阳能好氧池内可吸收大量的磷,从而通过排放污泥进行去磷。污水中的部分氨氮在太阳能好氧池内被转化为 $NH_3\text{-}N$,经过回流泵污水进入厌氧池,反硝化菌利用污水中的有机物作为碳源,将回流混合液中带入的大量氮氧化物还原为 N_2 释放,去除氨氮。在经过太阳能好氧反应后,污水中的污染有机物已经被微生物基本消解,混合液流入沉淀池进行处理。为保证生化池的污泥浓度,要将沉淀池的污泥回流到前池中。

6.4.2　太阳能反渗透处理污水

太阳能作为一种环境友好的绿色能源,与反渗透技术结合,开辟了太阳能利用的新方向。在上世纪 90 年代,就有将太阳能与反渗透技术结合的相关研究,即借助太阳能光伏发电提供的电能,用电能驱动反渗透装置中的水泵,利用太阳能集热器提升进水温度。

反渗透作为一项先进的水处理技术,系统中泵的运行压力较高,通常在 1.8 MPa 以上,电能消耗较大,太阳能光伏发电为水泵提供动力。太阳能反渗透系统的核心部件是反渗透膜,整个装置的主要参数是运行压力和进水温度。进水温度通常作为保护反渗透膜的限制条件,规定不超过 45 ℃,在工业上一般控制进水温度在 25 ℃左右。影响反渗透膜运行的因素大致可划分为三大类,见图 6-13。

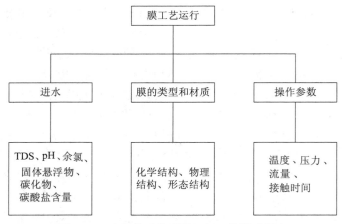

图 6-13　太阳能反渗透膜运行工艺影响因素

这是一项非常有前景的技术,目前其发展受制于太阳能的低利用率与高投资。为了解决这些问题,不少学者进行了相关的研究,发现当操作压力一定时,升高水温,产水量增加,电导率仅略微下降。Nisan 等学者利用 ROSA 模型分析了运行参数与进水量之间的关系,从理论上证实了升高进水温度可降低制水成本。当控制压力保持在 0.90 MPa 时,进水温度从 18 ℃提高到 38 ℃,产水量从 6.5 L/min 增加到 8.8 L/min,提高了 35.5%;若保证产水量为 8.0 L/min,提升相同的温度,可将反渗透运行压力从 1.18 MPa 降至 0.80 MPa,能耗降低 32.2%。因此,在工业上利用太阳能提升反渗透装置的进水温度,能够降低能耗。

6.4.3　太阳能光催化处理污水

太阳能光催化处理污水借助光催化剂吸收太阳光,产生电子—空穴对,使水中的污染物发生氧化—还原反应,生成新物质,同时把污染物分解。光催化反应器是光催化技术处理污染物的核心装置,高效的光催化反应器的设计与制造是利用太阳能光催化降解污染物的重要环节之一。反应器装的是光催化剂(如纳米 TiO_2 等)在废水中的悬浮体系。悬浮体系具有处理容量大,反应器内压低,用于吸收、反应的有效催化表面积大,污染物从液体到光催化剂的传质速率快等优点。然而,悬浮体系在处理结束后需要将光催化剂粉末从处理的废水中分离出来,增加了操作步骤,提高了处理费用,且分离过程复杂,不能应用于大规模的废水处理过程。要实现工业化应用,太阳能光催化反应器必须结构简单、反应效率高、能够长期稳定运行和处理成本适中。目前已发展到工程规模并有可能实现商业化的反应器主要有 3 种类型:抛物槽型反应器、平板型反应器和复合抛物面反应器。抛物槽型反应器截面图见图 6-15。

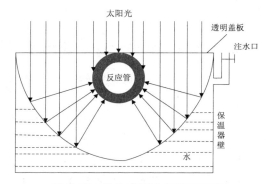

图 6-15　抛物槽型反应器截面图

这种反应器的优点是不加化学药剂,缺点是随着污水流速的增大,污染物的降解率下降很快,日处理量有限,日照不足时,尾端可接化学污水处理器。从工业应用出发,光反应器一般用低成本的固相催化剂(如纳米多孔 TiO_2 等)。目前,实验用的光催化剂的载体主要有硅胶、玻璃纤维网、空心玻璃珠、石英光纤、空心陶瓷球、聚合物薄膜和沸石等。Tamme 等发明的反应器主体是压力容器,光催化剂固定床将压力容器隔成 2 部分。一端与采光器连接的光导纤维穿过反应器侧壁伸入容器内,光导纤维在反应器侧壁上的排列确保引入的圆锥形光束相互交叠,均匀地照射在光催化剂固定床的一侧。待处理的废水由导管引入反应器,在穿过固定床时发生光催化反应,然后由固定床的另一侧经导管流出反应器。该反应器的主要缺点是,由于待处理废水中污染物质对光子的吸收和散射大大减少了光催化剂吸收的光子数,降低了光催化剂的活性,因而降低了反应器的效率。

6.4.4　综合利用太阳能处理污水

一种综合利用太阳能的污水处理装置见图 6-16,包括处理箱和净水箱。净水箱固定连接在处理箱的侧面,处理箱侧面开有通孔,处理箱通过通孔与净水箱连通。处理箱和净水箱的下表面固定有支撑腿,净水箱的上表面固定连接有圆盘支撑座,圆盘支撑座的内部活动连接有转动支架,圆盘支撑座的上表面固定连接有蓄电池,转动支架的外表面固定连接有转动把手,转动支架的顶部装有太阳能光伏发电板,经由电气控制器与蓄电池电连接。处理箱的顶部插装进水管,箱内设过滤网和过滤夹板,过滤夹板的上表面装设重力传感器,处理箱顶部镶嵌有吸污管,固定连接自吸泵。吸污管的另一端镶嵌在自吸泵的外面,自吸泵连接排污管。净水箱的上表面连接储污箱,排污管贯穿并延伸至储污箱的内部,净水箱的上表面接有智能控制器,净水箱的侧面接有液压泵,液压泵的侧面通过液压管连接伸缩杆。伸缩杆贯穿并延伸至净水箱的内部,伸缩杆的另一端连接在底座上。底座的侧面连接电机,电机的输出轴外表面连接支撑杆,支撑杆的另一端接有毛刷,净水箱的侧面固定镶嵌出水管。

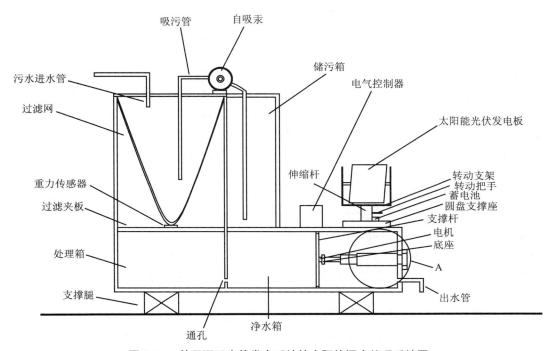

图 6-16　基于逐日光伏发电系统的太阳能污水处理系统图

本系统通过圆盘支撑座、转动支架和转动把手改变太阳能电池板的方向,使太阳能电池板接收阳光直射,进而可以产生充足电力,方便又经济,通过蓄电池为自吸泵和电机供电,达到了节能的目的。过滤网能对污水中的杂质进行过滤。通过电机和毛刷,把净化箱内沉淀的杂质清理干净,解决了太阳能污水处理装置价格昂贵和不利于推广的问题。

参 考 文 献

[1] 王慧,胡晓花,程洪志. 太阳能热利用概论 [M]. 北京:清华大学出版社,2013.

[2] 张成方. 太阳能热利用技术 [M]. 杭州:浙江科学技术出版社,2011.

[3] 王光伟,胡智军,王亮,等. 一种新型自动追光发电烹饪两用智能太阳灶 [J]. 天津职业技术师范大学学报,2015,25(4):15-17,21.

[4] 孙如军,袁家普,王会. 太阳能热水系统施工管理与验收 [M]. 北京:清华大学出版社,2014.

[5] 宋明军,王志伟,赵鹏. 甘肃省全钢架结构塑料大棚建造技术 [J]. 甘肃农业科技,2015(2):77-80.

[6] 郭新. 临洮县钢架竹木结构塑料大棚的搭建及应用 [J]. 甘肃农业科技,2014(2):61-62.

[7] 张希舜,邱庆,张庆功. 太阳能与建筑一体化工程施工技术 [M]. 北京:中国建筑工业出版社,2013.

[8] 王光伟,沈洁,杨旭,等. 太阳能光伏发电主要技术及应用评述 [J]. 天津职业技术师范大学学报,2014,24(4):1-5.

[9] 张培明,黄建华,廖东进. 太阳能光电利用基础 [M]. 北京:化学工业出版社,2014.

[10] 刘靖,狄建雄,俞雅珍. 光伏发电系统安装与调试实训教程 [M]. 北京:化学工业出版社,2012.

[11] [日] 太阳光发电协会. 太阳能光伏发电系统的设计和施工 [M]. 宁亚东,译. 北京:科学出版社,2013.

[12] 张兴然. 太阳能光伏发电技术研究 [J]. 天津工程师范学院学报,2009,19(4):46-48.

[13] BENJAMIN K, ROBERT M, DAN T,等. 太阳能发电技术的应用与发展 [J]. 上海电力,2009(4):336-340.

[14] 郝春云,杨明辉,杨海涛,等. 叠层太阳能电池的研究与发展 [J]. 化工新型材料,2004,32(12):19-22.

[15] 赵争鸣,刘建政,孙晓瑛,等. 太阳能光伏发电及其应用 [M]. 北京:科学出版社,2005.

[16] AGROUIA K, COLLINS G. Characterization of EVA encapsulant material by thermally stimulated current technique[J].Solar energy materials and solar cells, 2003,80(1):33-45.

[17] 郑照宁,刘德顺. 中国光伏组件价格变化的学习曲线模型及政策建议 [J]. 太阳能学报,2005,26(1):93-98.

[18] 陈磊. 太阳能发电系统的原理及发电效率的提高 [J]. 宁夏机械,2009(4):47-48.

[19] 刘峰,张俊,李承辉,等. 光伏组件封装材料进展 [J]. 无机化学学报,2010,28(3):429-436.

[20] 张兴磊,杨丽丽,张东凤. 户用光伏发电系统中太阳能电池板的匹配设计 [J]. 青岛农业大学学报(自然科学版),2008,25(2):153-156.

[21] 刘东冉,陈树勇,马敏,等. 光伏发电系统模型综述 [J]. 电网技术,2011,35(8):47-52.

[22] 李金刚. 智能光伏组件的研究与应用 [D]. 无锡:江南大学,2008.

[23] 黄原. 蓄电池光伏充放电控制器的设计 [D]. 武汉:武汉理工大学,2009.

[24] 张艳红,张崇巍,张兴,等. 一种新型光伏发电充放电控制器 [J]. 可再生能源,2006(5):71-73.

[25] 胡雨亭,徐文城. 基于微控制器的光伏充放电控制器的设计 [J]. 电气自动化,2013,35(1):35-37,57.

[26] 李春华,朱新坚,吉小鹏,等. 光伏系统中蓄电池管理策略研究 [J]. 系统仿真学报,2012,24(11):2378-2382.

[27] 邢相洋. 基于DSP28335的三相光伏逆变器研制 [D]. 曲阜:曲阜师范大学,2012.

[28] 董密,罗安. 光伏并网发电系统中逆变器的设计与控制方法 [J]. 电力系统自动化,2006,30(20):97-102.

[29] 胡明辅,别玉,卜江华. 太阳能集热器阵列流量均布模型 [J]. 太阳能学报,2011,32(1):60-65.

[30] 孙如军,袁家普,王会. 太阳能热水系统施工管理与验收 [M]. 北京:清华大学出版社,2014.

[31] 潘雷.集中集热—分户储热太阳能热水系统的实例分析 [J].建筑热能通风空调,2013,32(4):40-42.

[32] 王永磊,张克峰,李红兰.自然循环太阳能热水系统常见故障分析 [J].能源与环境,2005(2):84-85.

[33] 张喜明,白莉,于立强,等.强制循环太阳能热水系统的实验研究 [J].吉林建筑工程学院学报,2006,23(2):12-14.

[34] 杨启岳,赵敏,周鑫发,等.热泵与太阳能利用技术 [M].杭州:浙江大学出版社,2014.

[35] 周玲,田瑞,高虹,等.连接方式对自然循环太阳能热水系统的影响 [J].能源工程,2008(6):30-33.

[36] 王晓梅.太阳能热利用基础 [M].北京:化学工业出版社,2014.

[37] 吴晓春,杨田.太阳能热水系统在高层住宅中的应用探讨 [J].给水排水,2012,38(12):77-81.

[38] 张景文,王震宏,高为浪,等.基于单片机的太阳能热水系统智能控制系统 [J].西华大学学报(自然科学版),2008,27(5):25-28.

[39] 朱果.基于 PLC 的太阳能热水系统控制系统设计 [D].郑州:郑州轻工业学院,2011.

[40] 胡玉林.基于物联网技术的温室智能控制系统设计与实现 [D].杭州:浙江农林大学,2018.

[41] 张健,周文和,丁世文.被动式太阳房供暖实验研究 [J].太阳能学报,2007,28(8):861-864.

[42] 井光娥.零消耗被动式太阳能房系统设计与研究 [D].青岛:青岛科技大学,2012.

[43] 刘宇宁.太阳房系统的研究进展 [C]// 全国暖通空调制冷 2010 年学术年会资料集,2010:286.

[44] 梁盼,刘圣勇,孙兵兵,等.主动式太阳房的设计与试验 [J].河南农业大学学报,2011,45(2):201-203.

[45] 周燕,谢军龙,沈国民,等.主动式太阳房的应用技术 [J].能源工程,2003,2:17-19.

[46] 刘加平,杜高潮.无辅助热源被动式太阳房热工设计 [J].西安建筑科技大学学报,1995,27(4):370-374.

[47] 杨旸,郑军.光伏电池制造工艺与应用 [M].北京:高等教育出版社,2011.

[48] 杨杰,王素美.3 kW 屋顶并网光伏发电系统的设计方案 [J].能源研究与利用,2012,2:32-33.

[49] 郑照宁,刘德顺.中国光伏组件价格变化的学习曲线模型及政策建议 [J].太阳能学报,2005,26(1):93-98.

[50] 刘丽红.太阳能光伏发电逐日自动控制系统的设计 [D].太原:山西大学,2013.

[51] 王海鹏,郑成聪,徐丹,等.基于单片机的太阳自动跟踪装置的设计与制作 [J].科学技术与工程,2010,10(19):4651-4655.

[52] 马一鸣.太阳能光伏发电的应用技术 [J].沈阳工程学院学报(自然科学版),2008,4(4):301-305.

[53] 张凌.单相光伏并网逆变器的研制 [D].北京:北京交通大学,2007.

[54] 刘维彬.三相光伏并网逆变器控制策略的研究 [D].南京:南京邮电大学,2013.

[55] 李晶,许洪华,赵海翔,等.并网光伏电站动态建模及仿真分析 [J].电力系统自动化,2008,32(24):83-87.

[56] 赵争鸣,雷一,贺凡波,等.大容量并网光伏电站技术综述 [J].电力系统自动化,2011,35(12):101-107.

[57] 宋景慧,徐齐胜,代彦军,等.太阳能聚光集热及其应用技术 [M].北京:中国电力出版社,2017.

[58] 王辉.太阳能光热发电系统中储热材料研究进展 [J].科技信息,2013(3):399-400.

[59] 陈晨,张亮.关于我国开展太阳能光热发电标准化的若干建议 [J].电器工业,2012,1:60-62.

[60] 陈昕,范海涛.太阳能光热发电技术发展现状 [J].能源与环境,2012,1:90-92.

[61] 张争,夏勇.太阳能光热发电的发展现状及前景分析 [J].长江工程职业技术学院学报,2013,30(1):24-26.

[62] 李琼慧.太阳能光热发电发展现状与市场前景 [J].电器工业,2011(8):28-30.

[63] 鄂青,於雨庭.太阳能在智能建筑中的应用 [J].武汉工程大学学报,2013,35(7):70-75.

[64] 唐征岐,虞辉.太阳能光伏发电系统应用技术 [J].上海电力,2008(2):111-114.

[65] 杨静涛,贾晖杰,吕国东.并网光伏电站发电量影响因素分析 [J].太阳能,2013(17):40-42,45.

[66] 刘助仁.新能源:缓解能源短缺和环境污染的新希望 [J].科技与经济,2008,21(1):35-37.

[67] 董婉，孟涛，陈强. 染料敏化太阳能电池二氧化锡光阳极表面原子层沉积氧化铝研究 [J]. 光谱学与光谱分析，2014，34（1）：172-174.

[68] 田永书. 染料敏化太阳能电池光阳极的优化 [D]. 重庆：重庆大学，2012.

[69] 张晓. 染料敏化太阳能电池中电解质的研究和染料的量子设计 [D]. 上海：复旦大学，2007.

[70] KALYANASUNDARAM K, GRÄTZEL M. Applications of functionalized transition metal in photonic and optoelectronics[J].Coordination chemistry reviews, 1998, 177（1）:347-414.

[71] 李少彦. 染料敏化太阳能电池的研究 [D]. 北京：北京交通大学，2008.

[72] 瞿三寅. 基于吡咯并吡咯二酮共轭桥链的敏化染料及其性能 [D]. 上海：华东理工大学，2013.

[73] 韩金龙. 多三苯胺染料敏化太阳能电池的研究 [D]. 上海：华东理工大学，2013.

[74] 张海. 二噻吩并吡咯类新型染料的合成及其在染料敏化太阳能电池中的应用研究 [D]. 广州：华南理工大学，2013.

[75] 武国华，孔凡太，翁坚，等. 有机染料及其在染料敏化太阳能电池中的应用 [J]. 化学进展，2011，23（9）：1929-1935.

[76] 罗华明，刘志勇，白传易，等. 基于二氧化钛纳米管的染料敏化电池光阳极研究 [J]. 无机材料学报，2013，28（5）：521-526.

[77] 裴娟. 三苯胺类光敏染料用于染料敏化太阳能电池的研究 [D]. 天津：南开大学，2009.

[78] HE J X, HUA J L, HU G X, et al. Organic dyes incorporating a thiophene or furan moiety for efficient dye-sensitized solar cells[J].Dyes and Pigments, 2014, 104:75-82.

[79] 杨健茂，胡向华，田启威，等. 量子点敏化太阳能电池研究进展 [J]. 材料导报，2011，25（12）：1-4.

[80] GONZALEZ-PEDRO V, XU X, MORA-SERÓI, et al. Modeling high-efficiency quantum dot sensitized solar cells [J]. ACS Nano, 2010, 4（10）: 5783-5790.

[81] HOSSAIN M A, JENNINGS J R, Koh Z Y, et al. Carrier generation and collection in CdS/CdSe-sensitized SnO_2 solar cells exhibiting unprecedented photocurrent densities [J]. ACS Nano, 2011, 5（4）: 3172-3181.

[82] PAN Z X, ZHANG H, CHENG K, et al. Highly efficient inverted type-I CdS/CdSe core/shell structure QD-sensitized solar cells [J]. ACS Nano, 2012, 6（5）: 3982-3991.

[83] HANNA M C, NOZIK A J. Solar conversion efficiency of photovoltaic and photoelectrolysis cells with carrier multiplication absorbers [J]. Journal of Applied Physics, 2007, 100（7）:074510（1-8）.

[84] KAMAT PRASHANT V. Boosting the efficiency of quantum dot sensitized solar cells through modulation of interfacial charge transfer [J]. Accounts of Chemical Research, 2012, 45（11）:1906-1915.

[85] LEE H J, YUM J H, HENRY C, et al. CdSe quantum dot-sensitized solar cell exceeding efficiency 1% at full-sun intensity [J]. The Journal of Physical Chemistry C, 2008, 112（30）:11600-11608.

[86] 卫会云，王国帅，吴会觉，等. 量子点敏化太阳能电池研究进展 [J]. 物理化学学报，2016，32（1）：201-213.

[87] KOPIDAKIS N, SCHIFF E A, Park N G, et al. Ambipolar diffusion of photocarriers in electrolyte-filled nanoporous TiO_2[J]. The Journal of Physical Chemistry B, 2000, 104（16）: 3930-3936.

[88] HENDRY E, KOEBERG M, O' REGAN B, et al. Local field effects on electron transport in nanostructured TiO_2 revealed by terahertz spectroscopy[J]. Nano Letters, 2006,6（4）: 755-759.

[89] ETGAR L, MOEHL T, GABRIEL S, et al. Light energy conversion by mesoscopic PbS quantum dots/TiO_2 heterojunction solar cells [J]. ACS Nano, 2012, 6（4）:3092-3099.

[90] SANTRA P K, NAIR P V, THOMAS K G, et al. $CuInS_2$-sensitized quantum dot solar cell. Electrophoretic deposition, excited-state dynamics, and photovoltaic performance [J]. Journal of Physical Chemistry Letters, 2013, 4（4）:722-729.

[91] WATSON D, MARTON A, STUX A, et al. Influence of surface protonation on the sensitization efficiency

of porphyrin-derivatized TiO$_2$ [J]. The Journal of Physical Chemistry B, 2004, 108（31）:11680-11688.

[92] DIAMANT Y, CHEN S E, et al. Core-shell nanoporous electrode for dye sensitized solar cells: the effect of the SrTiO$_3$ shell on the electronic properties of the TiO$_2$ core [J]. The Journal of Physical Chemistry B, 2003, 107（9）:1977-1981.

[93] WU C F, WEI J. The problems occurred during the development of quantum dot sensitized solar cell and the solution to them [J]. Functional Materials, 2013, 44（1）:1-7.

[94] 宋孝辉, 汪敏强, 邓建平, 等. 量子点敏化太阳能电池的结构优化及性能分析 [J]. 科学通报, 2013（30）: 3052-3061.

[95] ZHU D H, ZHONG R, CAO Y, et al. Size-dependent electron injection and photoelectronic properties of CuInS$_2$ quantum dot sensitized solar cells [J]. Acta Physico-chimica Sinica, 2014, 30（10）:1861-1866.

[96] JOU J H, SHEN S M, LIN C R, et al. Efficient very-high color rendering index organic light-emitting diode[J]. Organic Electronics, 2011, 12（5）:865-868.

[97] LEE Y L, CHANG C H. Efficient poly-sulfide electrolyte for CdS quantumdot-sensitized solar cells[J].Power Sources, 2008, 185:584-588.

[98] SANTRA P K, KAMAT P V. Mn-doped quantum dot sensitized solar cells: a strategy to boost efficiency over 5% [J]. Journal of the American Chemical Society, 2012, 134（5）: 2508-2511.

[99] NING Z J, YUAN C Z, TIAN H N, et al. Type-Ⅱ colloidal quantum dot sensitized solar cells with a thiourea based organic redox couple[J]. Journal of Materials Chemistry, 2012, 22（13）:6032-6037.

[100] LEE J W, SON D Y, AHN T K, et al. Quantum-dot-sensitized solar cell with unprecedentedly high photocurrent[J]. Scientifc Reports, 2013, 3（1）: 1050-1052.

[101] YANG Z, CHEN C Y, ROY P, et al. Quantum dot-sensitized solar cells incorporating nanomaterials[J]. Chemical communications, 2011, 47（34）:9561-9571.

[102] LEE H, WANG M, CHEN P, et al. Efficient CdSe quantum dot-sensitized solar cells prepared by an improved successive ionic layer adsorption and reaction process[J]. Nano letters, 2009, 9（12）:4221-4227.

[103] SHEN Q, KOBAYASHI J, DIGUNA L J, et al. Effect of ZnS coating on the photovoltaic properties on CdSe quantum dot-sensitized solar cells [J]. Journal of Applied Physics, 2008, 103（8）: 084304（1-5）.

[104] TACHIBANA Y, UMEKTITA K, OTSUKA Y, et al. Performance improvement of CdS quantum dots sensitized TiO$_2$ solar cells by introducing a dense TiO$_2$ blocking layer [J]. Journal of Applied Physics, 2008, 41（10）: 102002（1-4）.

[105] ZHANG Q X, CHEN G P, YANG Y Y, et al. Toward highly efficient CdS/CdSe quantum dots-sensitized solar cells incorporating ordered photoanodes on transparent conductive substrates [J]. Physical Chemistry Chemical Physics, 2012, 14（18）:6479-6486.

[106] 陈俊帆, 任慧志, 侯福华, 等. 钙钛矿 / 硅叠层太阳电池中平面 a-Si: H/c-Si 异质结底电池的钝化优化及性能提高 [J].2019, 68（2）:028101-1-028101-11.

[107] 王光伟, 杨旭, 葛颖, 等. 太阳能光热利用主要技术及应用评述 [J]. 材料导报, 2015, 36（1）:1-6.

[108] 王丹. 半导体氧化物光阳极的表面/界面修饰及水分解性能研究 [D]. 长春:东北师范大学, 2014.

[109] 虞晓云, 陈洪燕, 匡代彬. 高效率Ⅱ~Ⅵ族（CdS, CdSe, CdTe）量子点敏化太阳能电池 [J]. 太阳能, 2013, 1:22-26, 51.

[110] WANG J, MORA-SERÓ I, PAN Z X, et al. Core/shell colloidal quantum dot exciplex states for the development of highly efficient quantum-dot-sensitized solar cells[J]. Journal of the American Chemical Society, 2013, 135（42）:15913-15922.

[111] 陈方, 刘晓倩, 魏香凤, 等. 钙钛矿太阳能电池 ABX$_3$ 层研究进展 [J]. 齐鲁工业大学学报（自然科学版）, 2016, 30（5）:1-8.

[112] 陆新荣,赵颖,刘建,等. ABX₃ 型钙钛矿光伏材料的结构与性质调控 [J]. 无机化学学报,2015,31(9):
       1678-1686.

[113] 张纯喜. 从自然光合作用到人工光合作用 [J]. 中国科学:化学,2016,46(10):1101-1109.

[114] 刘美英. 钽基氮氧化物上可见光光催化分解水制氢研究 [D]. 大连:中科院大连化物所,2006.

[115] 林仕伟,潘能乾,张烨,等. 人类终极能源梦:太阳光分解水制氢研究进展 [J]. 科技导报,2013,31
       (14):70-75.

[116] 陈喜蓉,董新法,林维明. 太阳能光催化分解水制氢研究进展 [J]. 现代化工,2006,26(12):25-29.

[117] 孟凡明,周明飞,蔡琪,等. 纳米 TiO₂ 薄膜的制备与表面形态研究 [J]. 真空科学与技术学报,2008,28
       (1):72-75.

[118] 张景臣. 纳米二氧化钛光催化剂 [J]. 合成技术及应用,2003,183(3):32-36.

[119] 徐文慧,王光伟,朱绮萱. 纳米 TiO₂ 的主要制备方法及光催化特性评述 [J]. 天津职业技术师范大学学
       报,2011,21(2):57-60.

[120] 郑菁,李敦钫,陈新益,等. 光催化分解水体系概述 [C]// 可再生能源规模化发展国际研讨会暨第三届
       泛长三角能源科技论坛. 南京:东南大学出版社,2006:127-131.

[121] 李灿. 掺杂 NaTaO₃ 光催化剂的制备与光解水制氢性能研究 [D]. 武汉:武汉理工大学材料复合新技术
       国家重点实验室,2011.

[122] OHNO T, BAI L, HISATOMI T, et al. Photocatalytic water splitting using modified GaN: ZnO solid solu-
       tion under visible light: long-time operation and regeneration of activity[J]. Journal of the American Chem-
       ical Society, 2012, 134(19): 8254-8259.

[123] 杨学灵,徐悦华. 实用型 TiO₂ 光催化反应器的研究 [J]. 应用化工,2009,38(1):124-129.

[124] 毛莉莉,陈建林,朱征,等. 银系列可见光催化剂的研究进展 [J]. 材料导报,2012,26(7):58-61.

[125] 胡艳,袁春伟. 太阳能光催化废水处理反应器发展 [J]. 太阳能学报,2003,24(3):401-407.